"十二五"普通高等教育本科国家级规划教材

中国轻工业"十四五"规划教材

高等学校食品科学与工程类专业主干课程配套教材

食品安全概论

（第二版）

主编　郝建雄　胡　滨

中国轻工业出版社

图书在版编目（CIP）数据

食品安全概论 / 郝建雄，胡滨主编. --2 版.
北京：中国轻工业出版社，2025. 6. -- ISBN 978-7
-5184-5201-9

Ⅰ. TS201. 6

中国国家版本馆 CIP 数据核字第 20243S83R0 号

责任编辑：巩孟悦
策划编辑：马　妍　　责任终审：劳国强　　封面设计：锋尚设计
版式设计：砚祥志远　　责任校对：朱　慧　朱燕春　　责任监印：张　可

出版发行：中国轻工业出版社（北京鲁谷东街 5 号，邮编：100040）
印　　刷：三河市万龙印装有限公司
经　　销：各地新华书店
版　　次：2025 年 6 月第 2 版第 1 次印刷
开　　本：787×1092　1/16　印张：19. 75
字　　数：492 千字
书　　号：ISBN 978-7-5184-5201-9　定价：50. 00 元
邮购电话：010-85119873
发行电话：010-85119832　010-85119912
网　　址：http://www. chlip. com. cn
Email: club@ chlip. com. cn

190529J1X201ZBW

本书编写人员

主　　编	郝建雄	河北科技大学
	胡　滨	四川农业大学
副 主 编	郭泽镔	福建农林大学
	辜雪冬	西藏农牧学院
	李　真	河南农业大学
参编人员	（按姓氏拼音字母排序）	
	胡高爽	河北科技大学
	胡　阳	集美大学
	李巧玲	河北科技大学
	刘爱平	四川农业大学
	刘　磊	西藏农牧学院
	孙哲浩	河北科技大学
	赵丹丹	河北科技大学
	赵　霞	河北科技大学
	郑学超	河北科技大学
	朱成林	西南民族大学

PREFACE | # 前言（第二版）

随着消费者对食品需求的提升，食品安全问题越来越受到关注与重视。食品安全与人们的健康密切相关，也关系到国家发展和社会稳定。与食品安全相关的国家标准、法律法规、研究方法和成果等在不断地更新与完善，原有教材已不能满足新时代食品学科的发展需要。本书的修订从科学技术发展、社会需求与教学改革出发，结合食品工艺学、食品安全导论、食品法规与标准等专业课程，力求兼顾知识的系统性与先进性。

全书共十三章，主要介绍食品安全的概念、存在的问题及发展现状，食物量安全与营养素安全，天然有毒物质、环境污染、生物性污染、化学性物质、食品包装对食品安全的影响及控制方法，食品加工中的食品安全性问题，新型食品及其安全性，食品安全性评价，食品法规与标准，食品安全性检验与在线检测技术，食品安全性管理等内容。相比于前一版教材，本书主要修订内容如下：结合课程思政育人目标，把党的二十大精神写入教材，在思想内涵式建设方面加强顶层设计，统筹规划；更新食品安全国家标准、检验方法标准、生产经营规范标准及管控食品安全风险相关文件和数据；体现食品安全控制、食品安全检测的科技前沿技术，突出科技进步在食品安全治理方面的重要作用；对食品安全案例进行整理和更新，突出不同时代背景下的典型食品安全问题和应对措施，进一步体现教材的应用性和实践性。

本书由全国多位从事食品安全教学与研究工作的教师共同编写，编写分工如下：第一章由河北科技大学赵丹丹、赵霞编写，第二章、第三章由四川农业大学胡滨编写，第四章由河北科技大学郝建雄、胡高爽编写，第五章由四川农业大学刘爱平编写，第六章由西藏农牧学院辜雪冬、刘磊编写，第七章由福建农林大学郭泽镔编写，第八章、第十章由河南农业大学李真编写，第九章由河北科技大学郑学超编写，第十一章由西南民族大学朱成林编写，第十二章由河北科技大学李巧玲、孙哲浩编写，第十三章由集美大学胡阳编写。本书由郝建雄、赵丹丹、郑学超、赵霞负责统稿。

本书可作为高等学校食品科学与工程、食品质量与安全等专业食品安全课程的教学用书，也可供相关专业研究生、科研人员等参考使用。

本书在编写出版过程中，得到了河北科技大学教务处及食品与生物学院等各级领导、老师的大力支持，特别感谢河北科技大学陈辉教授的指导，还有编者所在院校的帮助和支持，在此深表谢意。

由于编者水平有限，不足与疏漏之处在所难免，敬请广大读者及专家同行批评指正。

编者

2025 年 3 月

CONTENTS | 目录

本书数字资源索引

第一章

01

绪论

学习目标

1. 掌握食品安全的定义和内涵。
2. 了解食品安全研究的主要内容及食品安全领域存在的主要问题。
3. 认识食品安全研究的重要性。

食物是人体生长发育必需的物质，是人体获得各类营养素和所需能量的重要来源。自古以来，人们在实践中逐渐懂得了合理利用食物是维持人体生命和健康、保证身体正常生长发育及从事各种活动的重要因素和条件，因此古人有“民以食为天”“安身之本，必资于食”“五谷为养，五果为助，五畜为益，五菜为充”等重要总结，现代人也知晓“合理营养、平衡膳食、促进健康”的深刻含义。

“国以民为本，民以食为天，食以安为先”凝练了食品安全的重要意义，说明食品是人们生活的最基本必需品，食品安全与否关系到人们的健康和生命的安全，甚至是子孙后代的延续与健康，关系到国民健康和国家的昌盛，关乎农产品、食品的安全信用程度和国际形象、食品行业的健康发展，也关系到社会稳定和国家安全，所以应受到各国政府的高度重视。党的二十大报告提出，“把保障人民健康放在优先发展的战略位置”。人类的健康面临多重因素的影响，其中，食品安全方面出现的问题是威胁因素之一。近年来出现的食品安全事件表明食品安全控制依然存在紧迫性和必要性。确保食品安全，既是当前的重要工作，又是长期艰巨的重大任务。

然而，食品安全控制与国家经济的发展、人民生活水平的提高、医疗卫生条件的改善以及计划免疫工作的持久开展未能平行发展。相反，新技术和化学品的广泛使用甚至恶意使用、不科学的种养殖方式、工业废弃物的不良管理等使食品安全问题愈加凸显，同时，环境治理的长期性、综合性和反复性的特点迫使环境污染成为长期影响食品安全的重要问题。当今世界，世界各国普遍面临食品安全问题，食品安全仍然是各国关注的焦点与重点研究的课题。

第一节　食品安全的概念

一、食品安全的内涵

“安全性”一词是基于“损害的危险性”的反义词而使用的，常被解释为无风险性和无损伤性。世界卫生组织（World Health Organization，WHO）1984 年在题为《食品安全在卫生和发展中的作用》的文件中，曾把“食品安全”与“食品卫生”作为同义语，将其定义为“生产、加工、贮存、分配和制作食品过程中确保食品安全可靠、有益于健康并且适合人消费的种种必要条件和措施”。随着科学的发展，1996 年，世界卫生组织在其发表的《加强国家级食品安全性计划指南》中将二者加以区别：“食品安全”被解释为“对食品按其原定用途进行制作和食用时不会使消费者受害的一种担保”，表达了食品在规定的使用方式和用量的条件下长期食用，对食用者不产生不良反应的实际担保。不良反应包括由于偶然摄入所导致的急性毒性和长期微量摄入所导致的慢性毒性，也就是食品中因含有可能损害或威胁人体健康的有毒、有害物质或因素，而导致消费者急性、慢性中毒或感染疾病，或产生危及消费者及其后代健康的隐患。“食品卫生”则界定为“为确保食品安全性和适用性，在食物链的所有阶段必须采取的一切条件和措施”，也就是从食物原料生产一直到餐桌食用必须有安全保证手段，在法律法规、各种管理制度及科学技术措施严格执行下维持和创造一种洁净、有利于健康的环境。我国一直沿用的《食品卫生法》已经在 2009 年被《中华人民共和国食品安全法》(简称《食品安全法》)取代，而《食品安全法》在 2015 年、2018 年和 2021 年分别进行了修订或修正，也说明了两者的关联与区别。

近 30 年间，我国的大多数研究所采用的有关食品安全的定义是在世界卫生组织的文件基础上提出来的，是一个易被理解和接受的定义，即“食品安全”是指食品中不应含有可能损害或威胁人体健康的有毒、有害物质或因素，从而避免导致消费者急性、慢性中毒或感染疾病，或产生危及消费者及其后代健康的隐患。这一定义是基于对食品安全的良好愿望与期待。而事实上，各种复杂因素的存在使食品安全不可能达到零风险。因此，美国学者 Jones 提出了绝对安全性和相对安全性的概念。绝对安全性是确保不可能因食用某种食品而危及健康或造成伤害的一种承诺，也就是食品应绝对没有风险。由于客观上人类的任何一种饮食消费都存在风险，绝对安全或零风险很难达到。相对安全性是指一种食物或成分在合理食用方式和正常食用量下，不会导致健康损害的实际确定性。由于食品中存在可能引起健康损害的物质，即存在危害（hazard），且危害与剂量相关，毒理学概念为“剂量决定毒性”，即危害的暴露水平低于允许摄入量所产生的健康损害极小。因此，不同食品中的有害物质引起健康损害的可能性是不同的。在一定条件下能够引起某种健康损害出现的概率称为危险性、危险度或风险度（risk）。任何食物、食物成分甚至营养成分，尽管其对人体有益或其毒性极低，但食用过量、食用方法不当或食用者自身的一些内在条件等原因都可能危及健康，如食盐摄入过量、饮酒过量会伤及身体；一些微量元素如硒摄入剂量低于 50μg/d 会导致心肌病变，而高于 200μg/d 也会出现急性或慢性中毒；偏食使某些物质在体内积蓄产生毒害或造成营养失衡。另外，食品本身含有的天然毒素以及生产过程中人为施加的农药、化肥、兽药、添加剂等，也增加了食品的安全风险。某些食品的安全性又因人而异，如鱼、蟹、蛋、乳等对大多数人是营养丰富、美味可口的食物，而对少数有过敏症的人来说可能产生毒性反应，带来危险。由此可见，一种食品是否安全不仅取决于外来不良因素的影响，如食品本身、食品加工方法以及食用方式、食用数量等是否得当合理，也取决于食用者的身体状态。从另一个角度看，食品"绝对安全"和"相对安全"的区别某种程度上反映了消费者与管理者、生产者、科学界对食品安全的认识差异。前者认为后者应当提供没有风险的食品，把不安全食品归因于生产、技术和管理的不当。而后者则从食品组成及食品科技的现实出发，认为食品安全并不是零风险，而是应在提供最丰富的营养和最佳品质的同时，力求把风险降到最低限度。这两种不同的认识既对立又统一，是人类从需要与可能、现实与长远的不同角度对食品安全的认识逐渐发展与深化的表现。

实际上，对食品安全的概念一直有多重含义的讨论，有学者认为食品安全应分为狭义食品安全和广义食品安全，前者指一个国家对供人们直接食用的各种食品的营养、质量、卫生、检疫等能否满足社会正常运转和消费者正常生活需求程度的衡量。任何一个环节出现问题（特别是质量、营养），又不能及时纠正与解决，就会影响人们的生活与健康，给社会稳定、家庭生活带来种种冲击和不便。后者指一个国家对供人们直接食用的各种食品和原料性食品的生产、储存、加工、保鲜、营养、质量、卫生、检疫、价格、库存、市场供应等能否满足社会正常运转和消费者需求程度的衡量。任何一个环节出现问题又不能及时纠正与解决，就会对人们正常生活造成影响。20 世纪下半叶，随着毒理学、免疫学、分子生物学、分析化学和超微量分析等学科研究手段的提高，有些曾被认为是绝对安全、无污染的食品被发现含有某些有毒、有害物质，长期食用可导致消费者慢性中毒或危及其后代的健康；而许多被公布为有毒的化学物质，实际上在环境和食品中以极微量的形式广泛存在，并在一定含量范围对人体健康有益。

食品安全是一个不断发展的问题，在人类认识自然、改造自然的过程中会不断出现新问题。例如，虽然转基因作物已经在许多国家广泛种植和食用，但其是否安全，仍无定论。

食品安全的内涵和范围包括两个方面：一是食品的充足供应（food security），即解决人类的贫穷、饥饿，保证人人有饭吃（需要政府、农牧渔业生产加工、社会服务部门的保证）。二是食品的安全与营养（food safety），即人类摄入的食品不应含有可能引起食源性疾病的污染物，应无毒、无害，并能提供人体所需要的基本营养元素（需要政府、农牧渔业、卫生法制与监督、食品加工企业以及食品消费者的共同保证）。

二、食品安全相关概念

（1）食品　各种供人食用或者饮用的成品和原料以及按照传统既是食品又是药品的物品，但是不包括以治疗为目的的物品。

（2）食品安全　食品无毒、无害，符合应当有的营养要求，对人体健康不造成任何急性、亚急性或者慢性危害。

（3）预包装食品　预先定量包装或者制作在包装材料、容器中的食品。

（4）食品添加剂　为改善食品品质和色、香、味以及为防腐、保鲜和加工工艺的需要而加入食品中的人工合成或者天然的物质，包括营养强化剂。

（5）用于食品的包装材料和容器　包装、盛放食品或者食品添加剂用的纸、竹、木、金属、搪瓷、陶瓷、塑料、橡胶、天然纤维、化学纤维、玻璃等制品和直接接触食品或者食品添加剂的涂料。

（6）用于食品生产经营的工具、设备　在食品或者食品添加剂生产、销售、使用过程中直接接触食品或者食品添加剂的机械、管道、传送带、容器、用具、餐具等。

（7）用于食品的洗涤剂、消毒剂　直接用于洗涤或者消毒食品、餐具、饮具以及直接接触食品的工具、设备或者食品包装材料和容器的物质。

（8）食品保质期　食品在标明的贮存条件下保持品质的期限。

（9）食源性疾病　食品中致病因素进入人体引起的感染性、中毒性等疾病，包括食物中毒。

（10）食物中毒　摄入被有毒有害物质污染的食品或者摄入含有毒有害物质的食品后出现的急性、亚急性疾病。

（11）食品安全事故　食源性疾病、食品污染等源于食品，对人体健康有危害或者可能有危害的事故。

（12）食品真实性　食品在符合安全和质量要求的基础上，其本质、来源、特性和声称是真实的、无可争议的且满足预期的性质。食品真实性是满足食品的质量和安全两个属性之外，所预期的“真”或“假”的性质、其与食品质量、食品安全并列构成食品的三大属性。

（13）食品掺伪　食品掺假、掺杂和伪造的总称。

①食品掺假：向食品中非法掺入物理形状或形态相似的非同种物质，该类物质仅凭感官不易鉴别，需借助仪器、分析手段和有鉴别经验的人才能确定。

②食品掺杂：在食品中非法加入非同一种类或同一种类的劣质物质。掺入的杂物可通过仔细检查凭感官辨认出来，该类物质范围广、种类多，如糯米中掺大米、米中掺沙石。

③食品伪造：人为地用若干种物质经加工仿造，充当某种食品销售的违法行为。

第二节　食品安全研究的主要内容与意义

一、影响食品安全的重要因素与危害

食品中有可能存在天然或被污染的有害因子，可能对人体带来安全隐患和伤害，这些有害因子通常称为食源性危害，依据来源分为天然毒素和外界污染物，依据性质分为生物性危害、化学性危害、物理性危害。食品工业进步发展过程中，也会遭遇过度追求经济利益，采取恶劣手段在食品中掺伪、掩饰等问题，如采用极端手段掩饰食品腐败变质、增加食品重量、以次充好、假冒替代、超量使用食品添加剂以及违法使用工业助剂等，这些按其性质属于化学性危害与物理性危害。

（一）生物性危害

1. 细菌性危害

细菌性危害指细菌及其毒素产生的危害。细菌性危害涉及面广、影响大、问题多。控制食品的细菌性危害是目前食品安全性问题的主要研究内容。

2. 真菌性危害

真菌性危害主要包括霉菌及其毒素对食品造成的污染与危害。致病性霉菌产生的霉菌毒素通常致病性很强，并伴有致畸性、致癌性，是引起食物中毒的一种严重生物性危害。

3. 病毒性危害

病毒有专性寄生性，不能在食品中繁殖，但食品为病毒提供了良好的生存与传播条件。

4. 寄生虫危害

寄生虫危害主要指寄生于动物体内的有害生物，通过食物进入人体后，引起人类患病的一种危害。

5. 虫、鼠危害

昆虫、老鼠不仅可作为病原体的宿主，传播危害人体健康的疾病，还能引起过敏反应、胃肠道疾病。

（二）化学性危害

食品中的化学性危害包括食品原料本身含有的，在食品加工过程中污染、添加以及由化学反应产生的各种有害化学物质。

1. 天然毒素及过敏原

天然毒素是生物本身含有的或生物在代谢过程中产生的某种有毒成分，如河豚毒素、氰苷等。

过敏原一般是蛋白质，但只有少数蛋白质能引起过敏，这些蛋白质通常能耐受食品加工、加热和烹调，并能抵抗肠道消化酶的作用。致敏性食品包括八大类，分别为谷类、贝类、蛋类、鱼类、乳类、豆类、树籽类及其制品、含亚硝酸盐类的食品。

2. 农业投入品残留

食品中农药残留的危害是由于对农作物施用农药、环境污染、食物链和生物富集作用以及贮运过程中食品原料与农药混放等造成的直接或间接的农药污染。一些农药在自然界中降解速度极慢，严重污染土壤，进而有可能反复通过食品原料进入人体。

为了预防和治疗畜禽与鱼贝类疾病，通过直接用药或在饲料中添加大量药物，造成药物残留于动物组织中，进而通过食物进入人体造成危害。

为了促进动物的生长与发育、缩短植物的生长周期，在原料生产阶段添加动植物激素。这类激素残留可能引起人体生长发育和代谢紊乱。常见的动物类激素有蛋白质类激素和胆固醇类激素。

3. 重金属超标

重金属主要通过环境污染、含金属化学物质的使用以及食品加工设备、容器对食品的加工污染等途径进入食品中，造成重金属含量超标。

4. 添加剂的滥用或非法使用

食品添加剂对于食品生产具有重要作用，在标准规定下使用食品添加剂，其安全性具有保证。但如果不科学使用甚至滥用食品添加剂，则会对人体带来慢性毒害，包括致癌、致畸、致突变等。

5. 食品包装材料、容器与设备带来的危害

食品包装材料、容器与设备带来的危害指各种食品包装材料、容器和食品用工具、设备直接或间接与食品接触过程中，材料中有害物质（如聚合物单体）的溶出对食品造成的污染

危害人体。

6. 加工不当的危害

加工不当的危害指由原料带来或在加工过程中形成的一些有害物质。例如，由于原料受环境污染及加工方法不当带来的多环芳烃类化合物，由环境污染、生物链进入食品原料中的二噁英等，高温油炸或烘烤食品产生的苯并[a]芘等。此外，还有食品吸附外来放射性物质造成的食品放射性污染。

（三）物理性危害

物理性危害包括各种外来物质、在食品消费过程中可能使人致病或致伤的任何非正常的杂质，其多是由原材料、包装材料以及在加工过程中由于设备、操作人员等原因带来的一些外来物质，如玻璃、金属、石头、塑料等。

这些污染物会出现在原料种养殖、收获、农业生产过程、加工、贮存、运输、销售、食用整个链条中，应通过深入研究食品中已认知的危害因素及潜在的危害因素的性质、结构、毒性、中毒剂量、检测方法及预防与控制等，建立相关的数据库，为相关法律法规的制定提供依据，以保证食品的安全性。

（四）食品掺伪的危害

1. 掺伪的几种情况

掺伪食品对人体健康的危害取决于添加物的理化性质，主要分为以下 4 种情况。

（1）添加物原属正常食品或原辅料，但来源不明，质量难以保证。

（2）添加物是杂物，如米中掺入沙石、面粉中掺入滑石粉等杂质。人食用后，可能对消化器官黏膜产生刺激和伤害。

（3）添加物具有明显的毒害作用，或具有蓄积毒性。如用尿素、抗生素浸泡豆芽，用除草剂催发无根豆芽，将添加绿色染料的凉粉当作绿豆粉制成凉粉等。这些添加物除了会对胃部造成恶性刺激，还可能对人体产生蓄积毒性，有致癌、致畸、致突变等危害。

（4）添加物是被细菌污染而腐败变质的物质，或掺入过期食品，造成食物中毒。

2. 掺伪物质

目前已经被发现的掺伪物质主要有以下 10 种。

（1）甲醛　掺伪者常将其用于食品的防腐，它会损害人体肝脏、肾脏，有潜在致癌性。

（2）吊白块　吊白块又称甲醛次硫酸氢钠，掺伪者常将其添加到面粉等食品中，用作漂白剂。它可损害肝脏、肾脏，有潜在的致癌性，是禁用于食品的漂白剂。

（3）甲醇　甲醇是假酒中的毒性成分，摄入后可造成视神经萎缩、视力减退，严重者可导致双目失明，甚至死亡。一般摄入 15mL 甲醇可导致严重中毒，30mL 可导致死亡。

（4）硼酸、硼砂　掺伪者常将其用作食品的膨松剂和防腐剂。该物质在体内排泄很慢，可产生蓄积毒性。成人食入 1~3g 即可引起中毒，成人致死量约为 20g，幼儿致死量约为 5g。

（5）可溶性钡盐（如氯化钡、硝酸钡等）　可溶性钡盐有兴奋肌肉组织的作用。掺伪者常将其掺入蜂蜜、乳制品等食品中。钡离子可引起内脏出血等，人摄入 0.2~0.5g 氯化钡可引起中毒，1.5~3g 可导致死亡。

（6）水杨酸　由于水杨酸对各种微生物的生长发育有很强的抑制作用，掺伪者常将其用作食品的防腐剂。水杨酸加热时分解为酚和二氧化碳，可引起慢性中毒。

（7）硫酸铜　掺伪者常将其用于果汁的护绿。人食入 0.3g 可刺激胃部黏膜，引起呕吐，长期食用可导致死亡。

(8) β-萘酚 由于β-萘酚对酵母菌等有抑制作用，掺伪者常将其用作酱油的防腐剂。β-萘酚毒性很强，食入后可引起蛋白尿、血尿等，食入量大时还可能导致膀胱癌。

(9) 黄樟素 掺伪者常将其用于食品的调香，但该物质有致癌作用。

(10) 蓖麻油 掺伪者常将其掺入食用植物油中。食用含蓖麻油的食品后，可引起急性中毒性肝病、出血性胃肠炎等，也可引起呼吸及血管运动中枢麻痹，导致呼吸循环衰竭。

二、食品安全检测方法的建立与研究

食品安全问题与国际食品贸易一直以来存在密切的关系，因此检测方法、检测技术、在线快速检测等研究一直作为食品工作者研究的重要内容。

用现代理化分析、生物学、生理学及统计学等理论和技术对影响食品安全性的因素进行定性分析、定量分析，通过数据处理与统计进一步确定危害因素的毒性大小和对机体可能产生的危害进行评价，可以在食用之前预测食品是否存在某些风险，为确保食品安全和人体健康提供理论依据和技术保障。

对食品原料及其来源、食品加工过程的各个环节进行严格的调查分析，甚至人群暴露调查分析，同时对食品及其原辅料等的污染程度进行研究、检测鉴定，为制定食品安全性研究的指标提供依据。

食品安全的主要研究方法涉及食品化学、食品分析、生物化学、分子生物学、微生物学、免疫学、遗传学、病理学、毒理学、生物统计学等。其中，毒理学研究在食品安全性评价中占主导地位。我国于2014年由国家卫生和计划生育委员会修订发布了GB 15193. 1—2014《食品安全国家标准 食品安全性毒理学评价程序》，其任务为通过选用实验动物作为中毒模型，来研究外源性化学物质与机体的相互作用以及对机体的各种可能影响，并进一步外推至人类，做出安全性评价。通过全面分析动物实验得到的资料，综合评价在实际生产环境中，外源性化学物质对人群可能造成的危害，为制定包括卫生标准在内的各种预防措施提供实验依据。

毒理学研究方法包括体外试验和整体试验两种类型。

(1) 体外试验 体外试验分为微生物体外试验和哺乳动物体外试验。前者在外源性化学物质诱变性和致癌性的筛选方面具有特殊重要意义。后者可分几种不同的水平：器官水平、细胞水平、亚细胞水平、分子水平。分子水平体外试验在毒理学研究中的应用越来越广泛，其对进一步研究毒物引起的毒性作用机理，尤其是在研究毒物的遗传毒性、慢性毒性方面具有重要意义。

(2) 整体试验 整体试验通常按染毒的持续时间不同而分为急性、亚急性、亚慢性及慢性毒性试验。欧美毒理学界提出了减少或部分取代使用实验动物的“替代试验方法”，即使用微生物、细胞、组织、基因动物（包括虚拟的数据库）等来预测外来化学物质对人体的毒性。

化学性危害物检测技术研究主要采用化学分析、仪器分析、免疫分析等方法。

电子舌、电子鼻研究不仅可以应用于食品感官评价，其对预测食品安全临界点也有重要意义。

致病微生物检测技术研究，除了传统培养检测方法外，生物化学检测方法，免疫检测方法中酶联免疫吸附法、乳胶凝集法、荧光抗体法、免疫扩散法、抗体探针法，分子生物学中基因探针法、分子印迹法、聚合酶链反应法（PCR）等技术取得迅速发展。

三、食品安全研究的意义

进入21世纪后，食品安全一直成为世界各国重点关注与大力解决的问题，无论是发达国家还是发展中国家均面临严峻考验。现代技术的应用产生的生态平衡破坏与新技术的副作用在发达国家产生了新的食品安全问题，如疯牛病、二噁英事件。而一些发展中国家仍面临卫生条件差、监管力度有限、法制不健全、违法生产与加工、伪劣食品、食源性疾病等带来的食品安全困扰。战乱、贫困地区与国家还面临膳食营养素不足导致的营养性疾病。2008 年我国三聚氰胺事件的危害面之大、影响之恶劣、对产业发展的冲击是前所未有的。二噁英事件导致的比利时政府集体辞职成为食品安全史中重要的政治事件。因此，食品安全不仅危害人体健康和生命安全，也对社会、国家造成重大的政治影响。

第三节　食品安全的发展历史

随着社会的发展与变化，对食品安全卫生与人类健康问题的研究也越来越深入。经过政府监督管理部门、食品企业和学术界的共同努力，食品安全与人类健康问题的研究在近几十年内得到了飞速发展，在保障消费者健康、促进国际食品贸易与发展国民经济等方面发挥了重要作用。

人类对食品安全的认识是一个历史发展过程。在人类文明早期，不同地区和民族以长期生活经验为基础，在不同程度上形成了一些有关饮食卫生和安全的禁忌禁规。人类对食品安全与自身健康关系的认识不断地积累并加以深化。在 3000 多年前的周朝，我国不仅能控制卫生条件制造出酒、醋、酱等发酵食品，而且已经设置了“凌人”，专司食品冷藏防腐。《唐律》中规定了处理腐败食品的法律准则：“脯肉有毒，曾经病人，有余者速焚之，违者杖九十；若故与人食并出卖，令人病者，徒一年，以故致死者绞”。还形成了许多关于饮食卫生和安全的禁忌，孔子对其学生说“五不食”：“鱼馁而肉败不食，色恶不食，臭恶不食，失饪不食，不时不食”。

国外也有类似的食品卫生管理的记述，如中世纪罗马设置专管食品卫生的“市吏”。由于生产的发展促进了社会的产业分工、商品交换、阶级分化，出现利欲与道德的对立，食品交易中出现了制伪、掺假、掺毒、欺诈现象。古罗马帝国时代就曾蔓延为社会公害。当时制定的罗马民法对防止食品的假冒、污染等安全性问题做过广泛的规定，违法者可判处流放或劳役。

英国为解决石膏掺入面粉、出售变质肉类等事件，在 1266 年颁布了《面包法》，禁止出售任何有害人体健康的食品。但制伪掺假食品仍屡禁不绝。有记载 18 世纪中叶英国杜松子酒中查出浓硫酸、杏仁油、松节油、石灰水、玫瑰香水、明矾、酒石酸盐等掺假物。直到 1860 年，英国国会通过了新的食品法，再次加强食品安全控制。由于食品检验缺乏灵敏有效的手段，制伪、掺假、掺毒技术层出不穷，食品安全的法律法规滞后，从古罗马中世纪直到近代食品安全问题长期存在于欧洲食品市场。

在美国，19 世纪中后期资本主义市场经济的发展在缺乏有效法制的情况下，食品安全与卫生问题也恶性发展。有文章提到牛奶掺水、咖啡掺碳在当时的纽约很常见，更有在牛奶中加甲醛、肉类用硫酸、黄油用硼砂做防腐处理的事例。一些肮脏不堪的食品加工厂把腐烂变质的肉变成美味香肠、把三级品变成一级品的事件被写成报告文学，令社会震动。当时美国农业部的官员在报刊上惊呼：由于商人的肆无忌惮和消费者的无知，使购买那些有害食品的百姓经常处于危险之中。1906 年，美国国会通过了第一部对食品安全、诚实经营和食品标签进行管理的国家立法——《纯净食品与药物法》。同年还通过了《肉类检验法》。这些法律对美国州与州之间的食品贸易加强了安全性管理。

19 世纪初，自然科学长足进步，给现代食品安全学奠定了自然科学基础。

1803—1873 年，Liebig 建立了食品成分分析法，对后来的食品成分检测有重要意义。

1837 年 Scthwann 与 1863 年 Pasteur 关于食品腐败是微生物作用过程的论述，以及随后提出的巴氏消毒法至今仍在应用。

1885—1888 年，Salmon 与 Gaertner 发现了沙门氏菌，成为现代食品安全学早期发展的里程碑。

1851 年后，随着商品经济的发展，各商家为牟取暴利，食品掺假伪造相当猖獗。为控制食品掺假伪造，保持商品信誉，提高竞争能力，也使消费者受益，各国相继开始立法。1851 年法国颁布《取缔食品伪造法》，1860 年英国颁布《防止饮品掺伪法》。

20 世纪中期以后，科学技术带动了工农业生产，但由于生产盲目发展，环境污染现象严重，公害泛滥导致食品严重污染。在这一时期，人们发现了新的来源不同、种类各异的食品污染因素，如毒鱼、毒贝、毒草以及黄曲霉毒素、单端孢霉烯族化合物等百余种霉菌毒素；同时发现了更多种类的人畜共患疾病病原、寄生虫、肠道病毒等生物性污染物。然而，食品污染因素中发展最快、最具特征的是各种化学性物质和食品添加剂的应用。化学性污染物中相当一部分可以通过食物链生物富集作用造成食品严重污染。1948 年生效的《关税与贸易总协定》（General Agreement on Tariffs and Trade，GATT）中对食品和农产品采取的贸易障碍对保护人类是必要的。1953 年，世界贸易组织（World Trade Organization，WTO）政府体系和世界卫生组织关注了在食品中化学物质用量增加的问题。

20 世纪末期，随着科学的进步和生活条件的进一步改善，食品污染对人类健康的威胁与不少学者的设想相反，其危害性非但未降低，反而对消费者健康的威胁越来越大。20 世纪对食品安全性新问题的社会反应和政府对策，最早见于发达国家。如在 1906 年《联邦食品和药品法》的基础上，美国国会在 1938 年通过了新的《联邦食品、药品和化妆品法》，1947 年通过了《联邦杀虫剂、杀菌剂和杀鼠剂法》，之后又陆续进行多次修订，至今仍为美国保障食品安全的主要联邦法律。其中，《联邦食品、药品和化妆品法》规定：凡农药残留量超过规定限量的农产品禁止上市出售；食品工业使用任何新的添加剂前必须提交其安全性检验结果，原来已使用的添加剂必须获准列入“公认安全”（GRAS）名单才能继续使用；凡被发现可使人或动物致癌的物质，不得认为是安全的添加剂而以任何数量使用。《联邦杀虫剂、杀菌剂和杀鼠剂法》规定：任何农药在为一定目的使用时不得“对环境引起不适当的有害作用”；每一种农药及其每一种用途（如用于某种作物）都必须申请登记，获准后才能合法出售及应用；凡登记用于食用作物的农药应由国家环境保护局（EPA）根据申请厂商提交的资料批准其各自用途的食品残留限量，即在未加工的农产品及加工食品中允许的最高农药残留限量。世界卫生组织和联合国粮农组织（Food and Agriculture Organization of the United Nations，FAO）自 20 世纪 60 年代组织制定了《食品法典》，并数次修订，规定了各种食品添加剂、农药及某些污染物在食品中允许的残留限量，供各国参考，并借以协调国际食品贸易中出现的食品安全标准问题。至此，尽管还存在大量有关添加剂、农药等化学品的认证与再认证工作，以及食品中残留物限量的科学制定工作有待解决，但控制这些化学品合理使用以保障丰足而安全的食品生产与供应，其策略与途径已初步形成，食品安全性管理开始走上有序的轨道。

在我国，近代食品安全的研究与管理起步较晚，但近半个世纪以来食品卫生与安全状况有了很大的改善。一些食源性传染病得到了有效的控制，农产品和加工食品中的有害化学残留也开始纳入法制管理的轨道。我国于 1982 年制定了《食品卫生法》（试行），经过 13 年的试行阶段于 1995 年由全国人民代表大会常务委员会通过，成为具有法律效力的食品卫生法规。2009 年，我国政府针对食品安全现状决定实施《食品安全法》，至此，我国的食品安全法制体系进入了确立和完善阶段。随后，2015 年第十二届全国人民代表大会常务委员会第十四次会议、2018 年第十三届全国人民代表大会常务委员会第七次会议以及 2021 年第十三届全国人民代表大会常务委员会第二十八次会议分别对《食品安全法》做了修订或修正，对我国食品安全的研究、监督具有重要意义，逐步形成并巩固了当今预防为主、风险管理、全程控制、社会共治的食品安全工作原则。

20 世纪后期，特别是进入世纪之交的 20 世纪 90 年代以来，人类在自身发展过程中对全球生态环境以及食物链的不良影响，通过一系列食品安全事件显露出来。这就使食品安全性再次成为人类面临的重大生活或生存问题，从多个侧面被提上社会的议程。新的致病性微生物引起食物中毒、畜牧业中滥用兽药（如抗生素、激素类物质）的副作用、食品的核素污染、疯牛病事件、三聚氰胺奶粉事件以及“镉大米”事件等，都是有代表性的。目前，食源性疾病的暴发性流行仍在世界不同国家不断发生。微生物污染引起的食源性疾病问题依旧突出。如最为常见的沙门氏菌病是经由灭菌不充分的鸡蛋、牛奶及其制品如冰淇淋、奶酪等传播的；现代低温、冷冻条件有利于一些嗜冷性致病菌发育繁殖，如李斯特氏菌、耶尔森氏菌等导致妇幼群体产生更严重的疾病，并呈增多势头；肠道出血性大肠杆菌 O157：H7（enterohemorrhagic Escherichia coli，EHEC）感染的食源性疾病，曾在欧洲、美国、日本、中国香港等国家和地区先后导致多起群体染病的暴发性病案。此外，在癌症及其他与饮食营养有关的慢性病上升、化学药物对人类特别是妇幼群体危害日益明显以及动物性食品在饮食结构中重要性增大的条件下，兽药使用不当、饲料中过量添加抗生素及生长促进素对食品安全性的影响逐渐突出。一些研究认为，某些致病菌（如沙门氏菌和大肠杆菌 O157：H7）与滥用抗生素产生新的高抗性致病菌系相关。新的食源性疾病的出现与发展，是在食品生产、加工、保存以及品种、消费方式发生变化条件下食品安全性新态势的反映。把抗生素作为饲料添加剂虽有显著的增产防病作用，但会导致抗生素对人的医用效果逐渐不敏感。世界卫生组织呼吁减少用于农业的抗生素种类和数量，但由于兽药产品对现代畜牧业的重要支撑作用及其给畜牧业和医药工业带来的丰厚经济效益，要把兽医用药纳入有节制的合理使用轨道远非易事。由于人工合成激素（如己烯雌酚等）被发现对人有严重的副作用（包括后代致癌），欧洲除已建立较严格的有关各种兽药的使用限制外，还禁止激素处理的肉类进口。此外，自英国科学家发现疯牛病可使人感染导致致命疾病后，欧洲特别是英国的养牛业和牛肉市场陷入严重的危机。在人类进入核时代以后食品的核安全问题，世界范围的核试验、核事故已构成对食品安全性的新威胁。1986 年发生在苏联切尔诺贝利的核事故，是人类迄今已知的最严重核事故，使几乎整个欧洲都受到核沉降的影响，牛羊等草食动物比较明显，欧洲许多国家当时生产的牛奶、肉类、肝脏中都发现存在超量的 I-131、Cs-137、Ag-110 等放射性核素而被大量弃置。当时日本在牛奶中测出有超出常量 4~5 倍的 I-131。远在南美的巴西也在从德国进口的乳制品中发现 Cs-137 含量超标 10 倍。2011 年日本福岛第一核电站发生核泄漏和 2023 年日本核污水排海，均引起公众对相关区域食品安全的担忧。已经多年研究被认定较为安全的食品辐照技术，受核辐射对人体危害的深远心理影响，在商业上的应用长期受阻，相关研究和立法也进展缓慢。

为了防止食品污染对人类健康的影响，保障消费者的健康权益，WHO 和 FAO 以及世界各国均加强了食品安全工作，包括机构设置、强化或调整政策法规、监督管理和科技投入。2000 年，在日内瓦召开的第 53 届世界卫生大会首次通过了有关加强食品安全的决议，将食品安全列为 WHO 的工作重点和最优先解决的领域。2022 年，WHO 发布了《2022—2030 年全球食品安全战略》，制定了全球食品安全战略，旨在指导和支持成员国努力优先考虑、计划、实施、监测和定期评估行动，不断加强食品安全系统建设和促进全球合作。各国政府陆续采取措施，建立和完善食品安全管理体系和法律、法规。美国、欧洲等国家及地区不仅对食品原料、加工品有较为完善的标准与检测体系，而且对食品生产的环境以及食品生产对环境的影响都有相应的标准、检测体系以及相关法规、法律。

历史表明，食品安全问题已远远超出传统的食品卫生或食品污染的范围，成为人类赖以生存和健康发展的整个食物链的管理与保护问题。尽快在可持续发展的理念指导下遵循自然界和人类社会发展的客观规律，组织和管理好安全、健康的人类食物链，必须有科学研究、政策支持、法律法规建设，而且必须有消费者的主动参与和顺应市场规律的经营策略。食品安全问题的社会属性，则需要科学家、企业家、管理者和消费者的共同努力，从行政、法制、教育、传媒等不同角度，提高消费者和生产者的素质，排除自然、社会、技术因素中的有害负面影响，并着眼于未来世界性食品贸易前景，整治整个食物链上的各个环节，使提供给社会的食品越来越安全。

近年来，与食品安全相关的问题与事件层出不穷，其原因第一是科学技术发展使人们对有害因素重新认识，第二是不法企业利益驱动，第三是由于环境对食品原料的影响。面对食品安全问题，要做好生产监管、市场监测，严肃法律法规，强化执法力度，以达到保护国民健康的目的。

食品安全事件

第四节 我国食品安全现状与展望

食品安全问题是关系到人民健康和国计民生的重大问题。随着全球经济一体化和贸易自由化的发展，食品安全已经成为影响国际贸易竞争力的重要因素，食品安全也关乎未来我国农业和农村产品经济结构与产业结构的战略性调整。

一、我国食品安全存在的问题与发展态势

（一）食品安全存在的问题

（1）微生物造成的食源性疾病问题依旧存在。如图 1-1 所示，2021 年和 2022 年国家市场监管总局公布的食品安全监督抽检不合格项目分布情况，微生物污染问题在各类不合格项

中占比仍在20%以上，是仅次于农药残留的第二大不合格项。

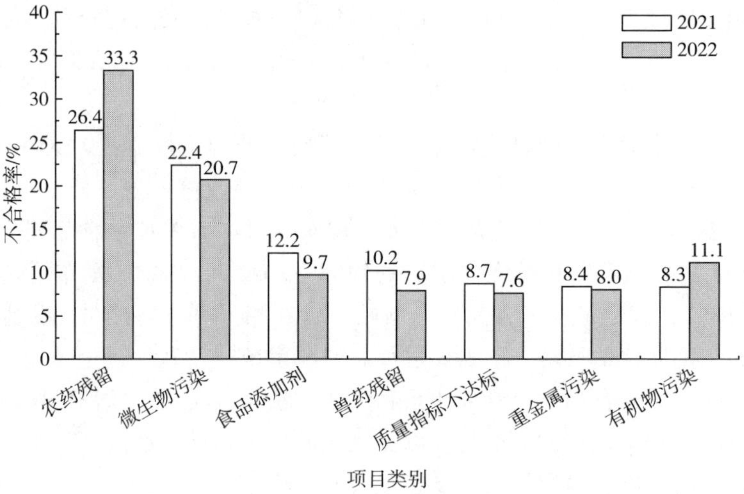

图1-1　2021年和2022年食品安全监督抽检不合格项目分布

（2）化学污染造成的食品安全性问题比较严重，特别是种植业和养殖业的源头污染对食品安全的威胁严重。目前，我国很多江河受到不同程度的污染，我国海域的“赤潮”现象屡有发生。在工业污染物中尤以重金属污染和持久性有机污染物污染最为严重，而未经处理的工业废水、城市污水用于农田灌溉的现象时有发生，在这种环境下种植和养殖的农产品的安全性受到了影响。

（3）国际局势不可避免地对我国食品贸易带来巨大影响。我国食品被进口国拒绝、扣留、退货、索赔和终止合同的事件时有发生，我国畜禽肉长期因兽药残留问题而出口欧盟受阻，酱油由于氯丙醇污染问题而影响了向欧盟和其他国家出口。

（4）违法生产经营食品问题。城乡接合部的一些无证企业和个体工商户及家庭式作坊成为制假售假的集散地。

（5）食品工业中使用新原料、新工艺给食品安全带来了许多新问题。现代生物技术（如转基因技术）、益生菌和酶制剂等技术在食品中的应用、食品新资源的开发等既是国际关注的食品问题，也是我们亟待研究和重视的问题。

（6）检测的关键技术不够完善。对于一些重要食源性危害的检测，其检测技术还不能满足食品安全控制的需要。

（7）危害性分析技术应用不广。危害性分析是世界贸易组织（WTO）和国际食品法典委员会（Codex Alimentarius Commission，CAC）强调的用于制定食品安全技术措施的必要技术手段，也是评估食品安全技术措施有效性的重要手段。

（8）关键控制技术需要进一步研究。在食品中应用良好农业规范（Good Agricultural Practice，GAP）、良好兽医规范（Good Veterinary Practice，GVP）、良好操作规范（Good Manufacturing Practice，GMP）、危害分析与关键控制点（Hazard Analysis and Critical Control Point，HACCP）等食品安全控制技术，对保障产品质量安全十分有效。而在实施GAP和GVP的源头治理方面，我国科学数据还不充分，需要进一步研究。我国部分食品企业虽已应用了

HACCP 技术，但缺少结合我国国情的覆盖各行业的 HACCP 指导原则和评价准则。

(9) 食品安全技术标准体系与国际标准接轨程度有待加强。国际有机农业和有机农产品的法规与管理体系主要可以分为 3 个层次，即联合国层次、国际性非政府组织层次和国家层次。联合国层次的有机农业和有机农产品标准由联合国粮农组织（FAO）与世界卫生组织（WHO）制定。我国食品安全技术标准与国际标准还存在一定差距，其制定应参照 FAO 和 WHO 等国际标准。

(二) 食品安全的研究与发展现状

(1) 构建完善了“农田到餐桌”的技术、质量、认证全程质量监控标准体系，已形成了符合国情的安全食品生产和加工体系，以及“生产基地—龙头企业—品牌—市场”良性运转的产业链条。

(2) 产业整体水平显著提高。在国家食品安全相关法律和法规指引下，更多的食品企业对原料验收、生产加工、产品储运及销售的全过程进行规范，建立食品安全管理体系。如图 1-2 所示，我国国家市场监管部门公布的历年食品安全监督抽检合格率情况（略去部分年份数据），我国的食品安全监督抽检合格率从 1994 年的 82.3%大幅增涨至 2016 年的 96.8%，且自 2017 年以来，合格率稳定在 97%以上。

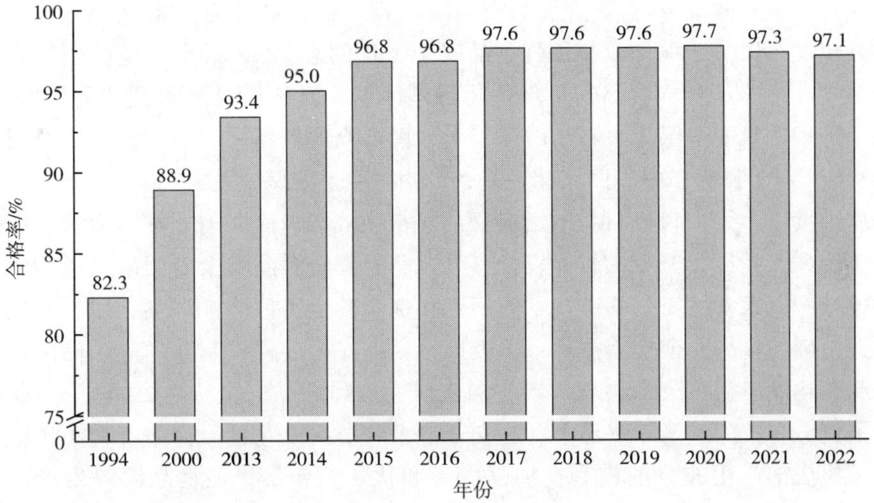

图 1-2 历年食品安全监督抽检合格率

(3) 食品安全科技创新体系建立且成果显著。科技创新投入有效提升了食品安全领域的创新活力，食品安全科技创新能力不断增强。围绕有害物防控、风险分析以及食品与人类营养健康关系等领域，重点突破了风险评估、检验检测、溯源与预警以及安全控制等一批关键技术“瓶颈”。

(4) 食品质量与安全教育人才培养体系已形成。我国食品安全方面专业人才的培养主要分为短期培训、本科教育和研究生教育。短期培训由政府和企业组织，主要面向生产一线的生产者和经营者开展。从 2001 年开始，西北农林科技大学、浙江工商大学、上海海洋大学、河北科技大学、吉林大学等一批高校已先后开始招收食品质量与安全专业本科生。目前，从事食品科学研究的硕士点科研院所和高校、博士点科研院所和高校均已设立，并得到了快速发展，学生培养质量不断提升，有效推动了我国食品质量与安全教育体系的进一步完善。

二、我国食品安全的展望

食品安全在日益频繁的国际食品贸易中显示出越来越重要的作用，我国加入世界贸易组织（WTO）后，食品工业的发展迎来新机遇，也对我国食品生产与流通中的安全性保证提出了新的挑战。由于食品贸易的全球化，食品安全问题也具有“全球化”。

由于食品安全问题关系到人类的身体健康和生命安全，关系到经济健康发展和社会稳定，当今各国政府对食品安全问题愈加重视。2010 年 2 月 10 日，中国政府网发布《国务院关于设立国务院食品安全委员会的通知》。国务院食品安全委员会是国务院食品安全工作的高层次议事协调机构，主要职责是分析食品安全形势，研究部署、统筹指导食品安全工作；提出食品安全监管的重大政策措施；督促落实食品安全监管责任。2013 年 12 月 23 日，习近平总书记在中央农村工作会议上指出“用最严谨的标准、最严格的监管、最严厉的处罚、最严肃的问责，确保广大人民群众‘舌尖上的安全’”。2015 年 4 月 24 日，第十二届全国人民代表大会常务委员会第十四次会议修订通过了《食品安全法》，其在当时被评价为“史上最严的食品安全法”。该《食品安全法》从落实监管体制改革和政府职能转变成果、强化企业主体责任落实、强化地方政府责任落实、新监管机制方式、完善食品安全社会共治、严惩重处违法违规行为等方面对 2009 版《食品安全法》作了修改和补充。2019 年 5 月 9 日，中共中央、国务院发布《关于深化改革加强食品安全工作的意见》，指出“坚持新发展理念，遵循‘四个最严’要求，建立食品安全现代化治理体系，提高从农田到餐桌全过程监管能力，提升食品全链条质量安全保障水平，增强广大人民群众的获得感、幸福感、安全感，为实现‘两个一百年’奋斗目标和中华民族伟大复兴的中国梦奠定坚实基础”。

今后应继续以“面向世界科技前沿、面向经济主战场、面向国家重大需求、面向人民生命健康”为引领，持续提升我国食品安全科技水平，健全食品安全专门研究机构，加大人力与物力的投入；探索食品安全关键技术的研究和食源性危害危险性评估技术；采用可靠、快速、便携、精确的食品安全检测技术；积极推行食品安全过程控制技术等。健全食品安全应急反应机制；建立与完善法律法规体系，深入研究国际食品安全法典，研究 WTO 规则中的食品安全条例，有效应对国际贸易中食品安全技术壁垒；建立我国食品安全法规体系的基本框架；赋予执法部门更充分的权利；加强立法和执法监督等。在食品原料生产、加工、运输、销售中大力推广 ISO 9001、ISO 9002、ISO 14000、HACCP 体系和 GMP、绿色食品、有机食品等体系认证。同时，积极推进认证机构社会化改革，加强对认证机构的监督管理，规范认证行为。积极开展食品加工新技术、新工艺、新材料加工食品的安全性评价技术研究。加强食品安全高层次人才的培养和民众食品营养与食品安全知识的教育。

思考题

1. 食品安全的内涵是什么？
2. 我国食品安全存在的问题有哪些？
3. 对于食品安全的研究与发展你有哪些建议？

第二章

02

食物量安全与营养素安全

学习目标

1. 掌握膳食营养素参考摄入量的分类和意义以及营养素的生理功能与安全。
2. 掌握膳食结构与营养素不平衡的安全问题。
3. 掌握食物过敏的概念、发生原因及常见的致敏食物。

第一节 概　　述

随着经济的发展和社会的进步，人们对食物营养与自身健康更加关注，健康和营养适当的人，是社会发展进步的结果，又是对社会发展做出贡献的主体。目前，各国均根据国情有针对性地采取一些做法或进行干预，如营养师制度、营养改善计划及相关的法律法规等。习近平总书记强调，没有全民健康，就没有全面小康。合理丰富的饮食是身体健康的重要基础。我国不仅为消除营养缺乏和改善居民健康提供了经济基础、物质基础，同时也引导膳食结构、生活方式和疾病谱的变化。为及时了解居民膳食结构、营养和健康状况及其变化规律，揭示社会经济发展对居民营养和健康状况的影响，为国家制定相关政策、引导农业及食品产业发展、指导居民采纳健康生活方式提供科学依据，我国开展了中国居民营养与健康状况调查，公布了《中国居民营养与慢性病状况报告（2020 年）》《中国居民膳食指南科学研究报告（2021）》，制定了《国民营养计划（2017—2030 年）》，对国民营养与健康及卫生保健水平和人口素质提高等方面有积极意义。

从各类研究资料及人群暴露情况看，当今世界有两类情况值得深思，一是由于战争、严重的自然灾害、环境恶化、贫穷、社会不平等、缺少教育导致食物（品）的匮缺，出现营养素摄入不足的营养缺乏性疾病，其中主要是蛋白质、微量营养素（包括微量矿物质元素和维生素）缺乏。目前全世界依然有大量人群处于微量营养素缺乏状态。二是在一些经济发达国家或地区相继出现与营养素摄入过剩和营养素不平衡有关的各种慢性非传染性疾病，如心脑血管病、糖尿病等。而面对我国当前仍然严峻的慢性病防控形势，中共中央、国务院高度重视，将实施慢性病综合防控战略纳入《“健康中国 2030”规划纲要》，将合理膳食和重大慢性病防治纳入健康中国行动，进一步聚焦当前国民面临的主要营养和慢性病问题，从政府、社会、个人（家庭）三个层面协同推进，通过普及健康知识、参与健康行动、提供健康服务等措施，积极有效应对当前挑战，推进实现全民健康。

目前，许多国家基于本国国情制订推荐营养素供给量（recommended dietary allowances，RDAs）和膳食营养素参考摄入量（dietary reference intakes，DRIs），力图帮助个体和人群安全地摄入各种营养素，避免可能产生的营养缺乏或营养过剩的危害。我国自1955年开始采用“每日膳食中营养素供给量”表达建议营养素摄入水平，作为膳食质量标准，设计和评价群体膳食的依据，并作为制订食物发展计划和指导食品加工的参考。虽然曾对一些营养素的推荐量进行修订、丰富和完善，但直到1988年中国营养学会最后一次修订，RDAs的概念和应用没有发生本质变化。进而引入DRIs新概念，修订1988年的RDAs，制订《中国居民膳食营养素参考摄入量》，成立了“制订中国居民DRIs专家委员会”（简称DRIs委员会）秘书组，2000年4月完成了《中国居民膳食营养素参考摄入量》的制订工作。在2013年修订版中增加了与慢性非传染性疾病有关的三个指标：宏量营养素可接受范围、预防非传染性慢性病的建议摄入量和特定建议值，标志着较系统的新概念DRIs在中国开始使用，不仅具有很高的学术价值也具有其应用意义。2023年，基于科学性、先进性、整体性、延续性原则，结合当前国内外营养与慢性病的研究进展对《中国居民膳食营养素参考摄入量》做了进一步完善，特别制定了不同水平需要量的制定程序，对每个环节的技术要点进行了统一，并对生物标志物、功能标志物以及确定因果关系、判断依据充分可靠等给予了细致确定。在更多地增加以中国居民为对象的研究结果以及最新中国居民营养与健康调查数据的基础上，首次针对年龄分组、身高和体重代表值、母乳成分参考数值、不同孕妇体重增加值以及身体活动水平等，制定或修订了基础参考数值。

DRIs是在RDAs基础上发展起来的一组每日平均膳食营养素摄入量的参考值，主要包括平均需要量（estimated average requirement，EAR）、推荐摄入量（recommended nutrient intake，RNI）、适宜摄入量（adequate intake，AI）、可耐受最高摄入量（tolerable upper intake level，UL）、宏量营养素可接受范围（acceptable macronutrient distribution ranges，AMDR）、预防非传染性慢性病的建议摄入量（proposed intakes for preventing non-communicable chronic disease，PI-NCD）和特定建议值（specific proposed levels，SPL）七个指标。其中，常用指标的具体含义如下。

1. 平均需要量（EAR）

EAR是根据个体需要量的研究资料制定的，是根据某些指标判断可以满足某一特定性别、年龄及生理状况群体中50%个体需要量的摄入水平。这一摄入水平不能满足群体中另外50%个体对该营养素的需要。EAR是制定RDAs的基础。

2. 推荐摄入量（RNI）

RNI相当于传统使用的RDAs，是可以满足某一特定性别、年龄及生理状况群体中绝大多数（97%~98%）个体需要量的摄入水平。长期摄入RNI水平，可以满足身体对该营养素的需要，保持健康和维持组织适当的储备。RNI的主要用途是作为个体每日摄入该营养素的目标值。RNI是以EAR为基础制定的。如果已知EAR的标准差，则RNI定为EAR加两个标准差，即RNI=EAR+2SD。如果关于需要量变异的资料不够充分，不能计算SD，一般设EAR的变异系数为10%，RNI=1.2×EAR。

3. 适宜摄入量（AI）

在个体需要量的研究资料不足，不能计算EAR，不能计算RNI时，可设定AI来代替

RNI。AI 是通过观察或实验获得的健康人群某种营养素的摄入量。如纯母乳喂养的足月产健康婴儿，从出生到4~6个月，营养素全部来自母乳。母乳供给的营养素量就是婴儿的 AI，AI 的主要用途是作为个体营养素摄入量的目标。

AI 与 RNI 相似之处是二者都用作个体摄入的目标，能满足目标人群中几乎所有个体的需要。AI 和 RNI 的区别在于 AI 的准确性远不如 RNI，数值可能显著高于 RNI。因此使用 AI 要比使用 RNI 更加谨慎。

4. 可耐受最高摄入量（UL）

UL 是平均每日可以摄入某营养素的最高量。这个量对一般人群中的几乎所有个体都不至于损害健康。如果某营养素的毒副作用与摄入总量有关，则该营养素的 UL 是依据食物、饮水及补充剂提供的总量而定。如果毒副作用仅与强化食物和补充剂有关，则 UL 依据其来源制定。

人体每天都需要从膳食中获得一定量的各种必需营养成分。当一个人群的平均摄入量达到 EAR 水平时，人群中有半数个体的需要量可以得到满足。当摄入量达到 RNI 水平时，几乎所有个体均没有发生缺乏症的危险。摄入量在 RNI 和 UL 之间较为安全，一般不会发生缺乏也不会中毒。摄入量超过 UL 水平再继续增加，则产生毒副作用的可能性随之增加（图 2-1）。

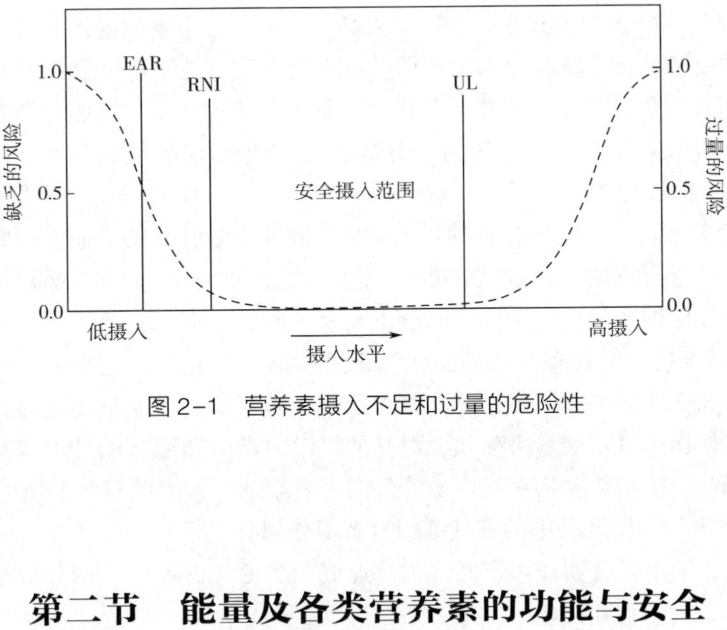

图 2-1　营养素摄入不足和过量的危险性

第二节　能量及各类营养素的功能与安全

一、能量

一切生物都需要能量来维持生命活动，人类为了维持生命、生长、发育、繁衍和从事各种活动，每天必须从外界摄取一定的物质和能量。人体所食用的食物中所含的营养素只有碳水化合物、蛋白质、脂肪能够在体内产生能量，其生理能值分别为 4kcal/g、4kcal/g 和 9kcal/g，营养学将这三种营养素称为“产能营养素”。此外，酒中的乙醇也能提供较高的热能。

人体能量的需要量应与人体能量的消耗量相一致，即摄入量等于消耗量。人体中能量的消耗主要由三方面构成，即基础代谢消耗、体力活动消耗、食物特殊动力作用的消耗；对于婴幼儿、儿童、孕妇、乳母，能量的消耗还应包括机体生长、乳汁分泌等特殊生理活动所消耗的能量。中国居民膳食能量推荐摄入量可参考《中国居民膳食营养素参考摄入量（2023版）》，其中列明了不同人群的能量需求，后文中的各营养素的推荐摄入量均可以参照此书。

如果人体处在饥饿状态导致能量摄入不足，机体会动用自身能量储备甚至消耗自身组织以满足生命活动对能量的需要，最终出现生长发育缓慢、消瘦、体力和抵抗力下降，甚至生命活动停止导致死亡。反之，若能量摄入过剩，则过多的能量会以脂肪形式储存于体内而发生不正常的脂肪积累，不仅引起肥胖性疾病，而且成为心血管疾病、糖尿病、一些癌症、退行性疾病的易发因素。因此，合理摄入能量，让能量供需平衡是营养学最基本的论题，也可避免因能量不足或过剩引发疾病。

二、碳水化合物的生理功能与安全

人体能量的50%~65%来自碳水化合物。食物中的碳水化合物以多种形式存在，粗略可分为多糖、寡糖、双糖、单糖，而多糖又可以分为可利用多糖与不可利用多糖。

（一）碳水化合物的主要生理功能

（1）提供能量　膳食中的碳水化合物是人类最经济、最主要的能源，凡是能被人体利用的碳水化合物均能经消化系统转化为葡萄糖，进入细胞后可进一步分解并产生能量。

（2）构成机体组织　碳水化合物参与机体、细胞的多种活动，糖脂是细胞膜、神经组织的重要成分，糖蛋白是抗体、酶、激素的组成成分，核糖与脱氧核糖是生物体内重要的遗传物质DNA和RNA的成分。

（3）参与营养素代谢　碳水化合物在人体的代谢并不是独立的，而是同脂肪、蛋白质共同通过三羧酸循环进行氧化，分解释放能量。脂肪代谢产物乙酰辅酶A必须与糖代谢中间产物草酰乙酸结合才能彻底氧化，否则代谢就不完全，形成丙酮、β-羟丁酸和乙酰乙酸（称为酮体），足量的碳水化合物具有维持脂肪代谢正常、抗生酮的作用。当蛋白质与碳水化合物一起被摄入时，氮在体内的贮留量比单独摄入蛋白质时要多。当能量不足时，增加碳水化合物的供给量，可使血中氨基酸水平降低，对其他组织的供应和尿氮的排出均减少，以保留氮重新被利用。因此，碳水化合物对蛋白质的代谢也有影响，具有节省蛋白质的功能。

（4）解毒作用　机体肝脏中的葡糖醛酸有解毒作用。

除以上功能，碳水化合物还可和其他物质形成黏多糖、糖蛋白、糖苷脂等生理上极为重要的物质，参与生命的新陈代谢。

（二）适宜摄入量

中国营养学会建议中国成年居民膳食中碳水化合物应提供50%~65%的膳食总能量，添加糖（如蔗糖、糖浆）摄入量不超过50g/d，最好低于25g/d。

三、脂质的生理功能与安全

脂质是人体需要的重要营养素，其种类繁多，与营养关系密切的是脂肪、磷脂、胆固醇。脂质的主要食物来源为食用油脂、坚果类等。婴幼儿膳食中脂肪所占比例相对成人高一些。

（一）脂质的生理功能

（1）供给能量 脂肪是生物体能量贮存最紧凑的形式，是能量最高的营养素。

（2）构成生物膜和机体成分 磷脂和胆固醇是构成细胞膜的成分，脑髓及神经组织含有磷脂，一些固醇则是合成体内固醇类激素（如肾上腺皮质激素、性激素和维生素 D_3 等）的必需物质。

（3）供给人体必需脂肪酸 人体所需的必需脂肪酸靠食物脂肪来提供。必需脂肪酸是所有细胞结构，尤其是线粒体的重要组成部分。如果缺乏，往往会使线粒体结构产生变异，进而使代谢紊乱，皮肤产生炎症，微血管的通透性不正常等。

（4）提供脂溶性维生素并促进其吸收和利用 脂肪是维生素 A、维生素 D、维生素 E、维生素 K 的良好溶剂，这些维生素随脂肪的吸收同时被吸收，当食物中脂肪缺乏或对脂肪的吸收发生障碍时，体内脂溶性维生素也会缺乏。

（5）调节体温和保护内脏器官 人体吸收的脂肪，在体内消耗剩余时可形成皮下脂肪。皮下脂肪具有防止热量散失的作用，各器官间隙中的脂肪具有缓冲震动和机械损伤的作用。

（二）脂肪与疾病

（1）脂肪缺乏 脂肪缺乏影响细胞膜的组成，影响脂溶性维生素吸收，从而影响机体免疫能力。

（2）脂肪摄入过量 脂肪摄入过量特别是饱和脂肪酸摄入过高，导致血胆固醇、甘油三酯和低密度脂蛋白升高，动脉粥样硬化形成，增加患心血管疾病的危险；调查资料表明，高脂膳食中的某些脂肪与乳腺癌、直肠癌呈正相关。肥胖也使甘油三酯在脂肪组织中积累过多，是导致冠心病、糖尿病、脑卒中的潜在因素。

（3）反式脂肪酸 反式脂肪酸对人体健康的影响有降低记忆力、容易发胖、易引发冠心病。法国国家健康与医学研究所的一项研究成果表明，反式脂肪酸能使有效防止心脏病及其他心血管疾病的高密度脂蛋白（high density lipoprotein，HDL）的含量下降。反式脂肪酸会增加人体血液的黏稠度和凝聚力，容易导致血栓的形成，对于血管壁脆弱的老年人来说，危害尤为严重。怀孕期或哺乳期的妇女，过多摄入含有反式脂肪酸的食物会影响胎儿的健康。反式脂肪酸会减少男性激素的分泌，影响生长发育期的青少年对必需脂肪酸的吸收。反式脂肪酸还会对青少年中枢神经系统的生长发育造成不良影响。反式脂肪酸主要有三种来源：一是氢化植物油，多见于油炸食品，也存在于一些零食之中。二是牛、羊等反刍动物的肉和奶，反式脂肪酸含量占总脂肪酸的4%~11%，牛奶、羊奶中的含量占总脂肪酸的3%~5%。三是温度过高的油，精炼油及烹调油加热温度过高时，部分顺式脂肪酸会转变为反式脂肪酸。

中国营养学会建议中国居民膳食中脂肪应提供20%~30%的膳食总能量，年龄越小，脂肪供能占总能量的比例可以适当增加，但成年人脂肪摄入量不宜超过总能量的30%。

四、蛋白质的生理功能与安全

蛋白质是生命存在的形式，是生命的物质基础。复杂的生命活动需要千万种具有独特功能的蛋白质的配合与执行才能完成。机体摄取足够的蛋白质时，全身的细胞才能维持正常的机能，并保证健康。蛋白质的主要食物来源为肉、鱼、豆、蛋、乳等。

（一）蛋白质的生理功能

（1）生长、更新和修补组织的材料　成年人体内蛋白质含量约为16%，是皮肤、内脏、肌肉、骨骼、指甲、头发、脑的基本成分。生长、发育需要蛋白质组成新的细胞组织，胶原蛋白和弹性蛋白等构成骨骼、肌腱和结缔组织的支架。蛋白质进行修补和更新机体组织，特别是在感染、外伤、手术等情况下，体内排出氮量会增加，充足的蛋白质的修补功能更加明显。如蛋白质供应不足，直接影响儿童的生长发育；成年人体质会下降，患病率增高；伤口愈合缓慢，病程迁延、恶化，影响康复。

（2）供给必需氨基酸　氨基酸是构成蛋白质的基本单位。人体内各种不同类别的蛋白质，均由20种氨基酸组成。膳食中蛋白质经消化、分解成氨基酸被人体吸收利用。各种氨基酸对于人体都是必不可少的。成人有8种氨基酸不能合成或合成速度远不能适应人体的需要，被称为必需氨基酸。必需氨基酸包括异亮氨酸、亮氨酸、赖氨酸、甲硫氨酸、苯丙氨酸、色氨酸、苏氨酸、缬氨酸。对于婴幼儿，必需氨基酸还包括组氨酸。必需氨基酸对人体有重要意义。

（3）酶、激素、部分维生素的合成中起重要作用　酶是生物催化剂，其化学本质是蛋白质，如淀粉酶、胃蛋白酶等。含氮激素的成分中也有蛋白质及其衍生物，如生长激素、胰岛素等。烟酸可由色氨酸转化，在调节生理功能、催化代谢过程中起着十分重要的作用。

（4）供给能量　人体每日所需能量10%～20%来自蛋白质。

（5）增强免疫力　构成白细胞和抗体、补体需要有充分的蛋白质。人体中吞噬细胞来自骨髓、脾、肝、淋巴组织，长期缺乏蛋白质，这些组织显著萎缩，失去制造白细胞和抗体的能力，机体抗病能力下降。具有抑制病毒和一定抗癌作用的干扰素，也是糖与蛋白质的复合物。

（6）维护神经系统的正常功能　氨基酸的衍生物是神经传导中的重要递质，蛋白质质量的改变可明显地影响大脑皮层的兴奋与抑制过程。合理的蛋白质摄入能维护大脑兴奋与抑制过程的平衡。蛋白质营养对婴幼儿的生长发育、智力发育更为重要。蛋白质缺乏，脑细胞就会减少，智力发育将受到抑制和损害。

（7）遗传信息的控制　遗传物质主要是含有脱氧核糖核酸的核蛋白。遗传信息的表达受蛋白质和其他因素的制约。

（8）维持毛细血管的正常渗透压和血液的酸碱平衡　血浆胶体渗透压由其所含蛋白质（特别是白蛋白）的浓度所决定。缺乏蛋白质，血浆中蛋白质含量减少，血浆胶体渗透压就会降低，组织间隙水分潴留过多，出现水肿。蛋白质与其他缓冲质（碳酸盐、磷酸盐等）维持血液酸碱平衡。

此外，蛋白质还有运输、参与凝血等功能。

（二）蛋白质推荐摄入量与安全问题

蛋白质推荐摄入量详见《中国居民膳食营养素参考摄入量（2023版）》，成年男性和成年女性的RNI分别为65g/d和55g/d。

（1）蛋白质缺乏　蛋白质缺乏会导致人体免疫力下降、伤口久不愈合、恶性黏液状水肿等。蛋白质缺乏往往与能量缺乏共同存在，儿童表现为生长发育迟缓、体重减轻、淡漠、贫血、易激怒以及干瘦或水肿。“毒奶粉”事件其中问题之一是奶粉中蛋白质严重缺少甚至没有，而以奶粉为唯一食物的幼童则会出现危及生命问题。缺乏蛋白质对生命体来说是致命的，如果机体丢失体内蛋白质达到20%以上，生命活动就会被迫停止运行。

（2）蛋白质过量 理论上讲，无论是成人还是儿童，体内蛋白质一直处于过高水平会增加肾脏负荷。目前没有足够的依据设定成人可耐受最高摄入量（UL），但蛋白质过多摄入会造成膳食营养不平衡，影响人类寿命，也会增加疾病的危险性。浓缩大豆蛋白和分离大豆蛋白中蛋白质含量可达到95%，0.5kg上述蛋白质相当于推荐量的8倍，若以它代替主食大米，短期每日进食会出现不耐受反应。

五、维生素的生理功能与安全

维生素为机体必需的有机化合物，属于微量营养素，而自身代谢又不能产生，所以需由食物提供。维生素在维护人体健康、促进生长发育和调节生理功能方面有重要意义。维生素可以按其溶解性分为脂溶性维生素和水溶性维生素两大类。

脂溶性维生素包括维生素A、维生素D、维生素E和维生素K。其共同特点：化学组成只含C、H、O；溶于脂肪及脂溶剂，不溶于水；食物中与脂类共存；在肠道吸收时与脂肪经淋巴系统吸收；摄入人体后大部分贮存于脂肪组织中；不能从尿液中排出，因此大剂量摄入会引起中毒。

水溶性维生素包括B族维生素和维生素C。B族维生素包括维生素B_1（硫胺素）、维生素B_2（核黄素）、维生素B_3（烟酸）、维生素B_6（吡哆素）、维生素B_{12}（钴胺素）、叶酸、泛酸、生物素。其共同特点：化学组成除含C、H、O外，还有N、S、Co等；溶于水，不溶于脂肪及脂溶剂；在满足机体需要后多余的部分由尿液排出；大多数以辅酶或辅基形式参与机体新陈代谢的酶促反应体系；缺乏症状出现较快；营养状况大多可通过血或尿进行评价。

另外，胆碱、肌醇、对氨基苯甲酸、硫辛酸和生物类黄酮物质被称为“类维生素”，这些物质也是水溶性的，目前常常作为功能性因子出现在保健食品或特殊人群的食品中。

（一）维生素A

维生素A又称视黄醇、抗干眼病因子，是一种比较复杂的不饱和一元醇。纯品是黄色结晶体。其主要食物来源为鱼肝油、肝脏、胡萝卜等。动物体内具有视黄醇生物活性的维生素A称为已形成的维生素A，包括视黄醇、视黄醛、视黄酸和视黄基酯复合物，视黄基酯复合物并不具有维生素A的生物活性，但它能在肠道中水解产生视黄醇。植物体不含已形成的维生素A，但某些植物含类胡萝卜素，被摄食后可在小肠和肝细胞内转变成维生素A，被称为维生素A原。目前已发现的类胡萝卜素约600种，仅约1/10是维生素A原，其中最重要的是β-胡萝卜素；相当一部分的类胡萝卜素，如叶黄素、番茄红素、玉米黄素和辣椒红素等不能分解形成维生素A，因而不具有维生素A的活性。凡是能影响脂肪吸收的因素都会影响维生素A的吸收。其生理功能：维持正常的视觉反应，维持正常的骨骼发育，维持上皮组织的正常形态与功能，抗癌，促进生长、细胞分化、造血、生殖及提高免疫力。

维生素A长期供给不足时首先出现暗适应能力下降，可能会患夜盲症；上皮组织分化不良，主要表现为皮肤粗糙、干燥、鳞状等角质化改变。口腔、消化道、呼吸道黏膜失去滋润性、柔软性，使细菌易于侵入而感染疾病，特别是儿童易患支气管肺炎等严重疾病；儿童缺乏首先影响骨骼发育，齿龈增生与角化，影响牙釉质细胞发育，使牙齿停止生长。影响雄性动物精子的形成，使雌性动物雌激素分泌的周期性变化消失。

维生素A是脂溶性维生素，如果大量摄入人体，可因体内蓄积而引起中毒。维生素A中毒的发生，一般是由于一次或多次连续摄入大剂量的维生素 A，常常是大于成人推荐量的100倍，或大于儿童推荐量的20倍。其症状包括恶心、呕吐、头疼、厌食等。一般由食物摄入的维生素 A 量不会引起中毒。而目前，世界上大多数国家人群处于维生素 A 摄入不足状态。

维生素 A 的参考摄入量常用视黄醇活性当量（retinol activity equivalent，RAE）来表示膳食或食物中所有具有视黄醇活性的物质：膳食或食物中总视黄醇当量（μg RAE）= 膳食或补充剂来源全反式视黄醇（μg）+1/2 补充剂纯品全反式 β-胡萝卜素（μg）+1/12 膳食全反式 β-胡萝卜素（μg）+1/24 其他膳食维生素 A 原类胡萝卜素（μg）。

我国成人维生素 A 推荐摄入量（RNI），男性为770μg RAE/d，女性为660μg RAE/d。维生素 A（不包括胡萝卜素）的可耐受最高摄入量（UL），成人为3000μg RAE/d。

（二）维生素 D

维生素 D 是类固醇的衍生物，可分为维生素 D_2 和维生素 D_3，具有脂溶性，耐高温和抗氧化，当脂肪酸败则可引起维生素 D 的破坏。主要的食物来源包括鱼肝油、肝脏、蛋黄、牛奶。

维生素 D 的主要生理功能是对钙、磷代谢产生影响，从而影响骨骼生长、影响肌肉和神经系统的功能。活化的维生素 D 可促进钙质的吸收，进而使骨质钙化，维持正常的骨骼。维生素 D 缺乏可导致肠道对钙、磷吸收减少，肾小管对钙和磷重吸收减少，使尿中排磷增多，血浆磷浓度下降，影响骨钙化，造成骨骼和牙齿的矿物质沉积异常。婴幼儿缺乏维生素 D 容易发生佝偻病；成人尤其是孕妇、乳母和老人，缺乏维生素 D 容易发生骨质软化症和骨质疏松症。

通常由食物补充维生素 D 一般不会过量，但过量补充维生素 D 制剂可能会有毒副作用。长期每日摄入25μg 维生素 D 可引起中毒，这其中可能包括一些对维生素 D 较敏感的人，但长期每天摄入125μg 维生素 D 则肯定会引起中毒。中毒的症状：钙吸收增加出现高钙血症、高钙尿症，钙沉积于心脏、血管、肺、肾小管等软组织中，会出现异常口渴、肌肉无力、关节疼痛、眼睛发炎、皮肤瘙痒、厌食、嗜睡、呕吐、多尿、便秘与腹泻等症状。

维生素 D 既来源于膳食，又可由皮肤合成，因而较难估计膳食维生素 D 的摄入量。中国营养学会推荐，在钙、磷供给量充足的条件下，成人维生素 D 的 RNI 为10μg/d，UL 为50μg/d。维生素 D 的量可用 IU 或 μg 表示，换算关系是1IU 维生素 D=0. 025μg 维生素 D。

（三）维生素 E

20世纪20年代初，美国科学家发现，雄性白鼠生育能力下降、雌性白鼠易于流产与缺乏一种脂溶性物质有关。1938年，瑞士化学家卡拉合成了这种物质，命名为生育酚，即维生素 E。目前已有8种具有维生素 E 活性的化合物从植物中分离出来，包括4种生育酚（tocopherols，即 α-T、β-T、γ-T、δ-T）和4种生育三烯酚（tocotrienols，即 α-TT、β-TT、γ-TT、δ-TT）。其中 α-生育酚生物活性最高，故通常以 α-生育酚作为维生素 E 代表进行研究。

维生素 E 是淡黄色油状物，脂溶性，对氧十分敏感。油脂酸败加速维生素 E 的破坏。维生素 E 在自然界分布较广，主要食物来源有麦胚油等食用油脂、蛋、肝脏、肉类等。

维生素 E 的生理功能：维生素 E 能促进性激素分泌，使男性精子活力和数量增加；使女性雌激素浓度增高，提高生育能力，预防流产；高效抗氧化作用，保护生物膜中多不饱和脂肪酸不受自由基的攻击，抗癌；抗动脉粥样硬化；维护骨骼肌、心肌、平滑肌和心血管系统的正常功能；提高免疫力、预防衰老。可抑制眼睛晶状体内的过氧化脂反应，使末梢血管扩张，改善血液循环，预防近视发生和发展。在更年期综合征、美容等方面也有一定应用。

缺乏维生素 E 时会出现生殖障碍、肌肉营养不良、神经系统功能异常、循环系统损害；儿童发育中的神经系统对维生素 E 较为敏感。

维生素 E 的毒性相对较小。每天摄入 0.8~3.2g 维生素 E 有可能出现肌肉无力、视觉模糊、复视、恶心、腹泻以及维生素 K 的吸收和利用障碍。维生素 E 中以 α-生育酚活性最高，维生素 E 活性可用 α-生育酚当量（α-tocopherol equivalence，α-TE）表示，规定 1mg α-TE 相当于 1mg RRR-α-生育酚（d-α-生育酚）的活性，相当于 1.49IU。如将 α-生育酚生物活性定为 1 α-TE/mg，β-生育酚的相对活性为 0.5 α-TE/mg，γ-生育酚的相对活性为 0.1 α-TE/mg，三烯酚的相对活性为 0.3 α-TE/mg。人工合成生育酚被称为全消旋 α-生育酚或 *dl*-α-生育酚，活性相当于天然 *d*-α-生育酚活性的 74%。天然食物中生育酚和生育三烯酚共同存在，估计膳食中维生素 E 的总量可按照下列公式计算：

膳食中总 α-TE 当量（mg）=［1×α-生育酚（mg）］+［0.5×β-生育酚（mg）］+［0.1×γ-生育酚（mg）］+［0.02×δ-生育酚（mg）］+［0.3×α-生育三烯酚（mg）］。

我国现行成人膳食维生素 E 的 AI 为 14mg α-TE/d，UL 为 700mg α-TE/d。

（四）维生素 B_1

维生素 B_1 又称硫胺素、抗神经炎素。在细胞中以焦磷酸硫胺素形式参与机体新陈代谢。其生理功能：与机体能量代谢有关，与神经系统功能有关，与心脏功能有关。

食用加工过度精细的谷物类、膳食单一化、烹饪不当、机体处于特殊生理状态或机体吸收利用障碍等，容易出现维生素 B_1 缺乏和不足，临床表现为成人脚气病和婴儿脚气病。维生素 B_1 的摄入量与机体总能量摄入密切相关，一般应按照总能量的摄入推算维生素 B_1 的摄入量。我国膳食维生素 B_1 的 RNI 为成年男性 1.4mg/d，女性 1.2mg/d。

（五）维生素 B_2

维生素 B_2 又称核黄素，在体内主要以辅酶或辅基形式参与生物氧化过程，也参与维生素 B_6 和烟酸的代谢。维生素 B_2 在促进蛋白质、脂肪、碳水化合物的代谢，促进生长，维护皮肤的完整性，对眼的感光过程，水晶体的角膜呼吸过程方面具有重大作用。

以植物性食物为主的膳食，维生素 B_2 不足是存在的重要营养问题。人类维生素 B_2 缺乏会造成细胞的氧化作用、能量与物质代谢发生障碍，表现为疲倦、乏力，继而出现“口腔生殖系综合征”，如唇炎、舌炎、口角炎、皮炎、阴囊炎等；也会影响维生素 B_6 和烟酸代谢。动物试验表明，缺乏维生素 B_2 会出现贫血、脂肪肝及先天畸形。

维生素 B_2 的供给量应与能量摄入呈正比。我国膳食维生素 B_2 的 RNI 为成年男性 1.4mg/d，女性 1.2mg/d。

（六）叶酸

叶酸在生物体内以四氢叶酸的形式参与机体新陈代谢，是一碳单位传递的辅酶，参与 DNA、RNA 中嘌呤与嘧啶的合成，在氨基酸相互转化中充当一碳单位载体，参与血红蛋白及肾上腺素、胆碱、肌酸等物质合成。

叶酸缺乏会导致红细胞的发育成熟发生障碍，造成巨幼红细胞贫血症。育龄妇女体内缺乏叶酸，造成新生婴儿神经管畸形。

大剂量叶酸摄入造成毒副作用，临床曾有大剂量服用叶酸干扰抗惊厥药物以致癫痫病人发生惊厥。有报道称，叶酸会影响锌元素吸收，导致胎儿发育迟缓。此外，叶酸会掩盖维生素 B_{12} 缺乏早期表现而导致神经系统受损。

食物叶酸生物利用率仅 50%，而叶酸补充剂与膳食混合时的生物利用率为 85%，比单纯来源于食物的叶酸利用率高 1.7 倍，因此叶酸摄入量应以膳食叶酸当量（Dietary Folate Equivalent，DFE）来表示，计算公式为：DFE（μg）= 膳食叶酸（μg）+1.7×叶酸补充剂（μg）。

我国膳食中成人叶酸 RNI 为 400μg DFE/d，孕妇叶酸 RNI 为 600μg DFE/d，UL 为 1000μg DFE/d。

（七）维生素 C

维生素 C 又称抗坏血酸，是含六个碳原子的 α-酮基内酯的酸性多羟基化合物，具有酸的性质。自然界有 L-型和 D-型两种抗坏血酸，D-型无生物活性。

维生素 C 的纯品无色无臭、有酸味，溶于水，不溶于脂溶剂，极易氧化，在碱性环境、加热或与铜、铁共存时极易被破坏，在酸性条件下稳定。植物和多数动物可利用六碳糖合成维生素 C，但人体不能合成，必须靠膳食供给。

维生素 C 是机体内的强抗氧化剂，可还原超氧化物、羟自由基及其他活性氧化剂，可使双硫键（—S—S—）还原为巯基（—SH），与其他抗氧化剂一起清除自由基，在氧化防御系统中起重要作用。维生素 C 作为底物和辅酶因子参与许多重要生物合成的羟化反应，如促进组织中胶原蛋白形成。在脑和肾上腺组织，维生素 C 作为羟化酶辅酶参与神经递质的合成。参与肝脏中胆固醇的羟化作用生成胆酸，有降胆固醇的作用。维生素 C 在维护骨骼、牙齿正常发育，预防心血管疾病等方面发挥重要作用。此外，维生素 C 可将 Fe^{3+} 还原为 Fe^{2+} 以及将叶酸还原为四氢叶酸，有利于非血红素铁的吸收和叶酸利用；维生素 C 可阻断亚硝胺的形成，对铅、砷、苯及细菌毒素等具有解毒作用，是临床上常用的解毒剂之一。

维生素 C 严重摄入不足可引起坏血病（scurvy），主要临床表现为毛细血管脆性增加，皮下组织出血，牙龈肿胀、出血、萎缩，常有月经过多以及便血；婴儿坏血病的早期症状是四肢疼痛引起的仰蛙形体位，移动其四肢都会使其疼痛以至哭闹。维生素 C 缺乏还导致骨钙化不正常及伤口愈合缓慢等症状。

维生素 C 很少引起明显毒性，仅见轻微的不良反应，大量摄入维生素 C 可能引起依赖症。由于维生素 C 在体内分解代谢重要终产物是草酸，当长期服用过量维生素 C 时，可出现草酸尿以至形成泌尿道结石。

我国成人维生素 C 的 RNI 为 100mg/d，UL 为 2000mg/d。

六、无机盐的生理功能与安全

无机盐又称矿物质，根据其在体内的含量可分成常量元素如钙、磷、镁、钠、钾、氯、硫等和微量元素如铁、碘、铜、锌、硒、锰、钴、铬、钼、氟、镍、硅、钒、锡等。

（一）常量元素的生理功能

（1）参与机体组织的构成　常量元素参与骨骼、牙齿、神经、肌肉、血液等的构成。

（2）调节生理功能，维持人体正常代谢　常量元素可维持渗透压，保持水平衡，保持血液酸碱平衡，维持神经、肌肉的应激性，维护心脏的正常功能及参与消化和生物氧化等。

（二）微量元素的生理功能

（1）酶与维生素必需的活性因子　呼吸酶含铁和铜、谷胱甘肽过氧化酶含硒、维生素 B_{12} 含钴等。

（2）参与激素作用　甲状腺素含碘、胰岛素含锌。如果微量元素不足，对内分泌产生影响。锌不足可影响胰岛功能。铬是葡萄糖耐量因子的重要组成成分，缺乏时可影响碳水化合物代谢，成为老年性糖尿病的诱因。

（3）影响核酸代谢，与细胞癌变相关。

（4）协同常量元素发挥作用。

（三）部分元素的功能与安全

（1）钙　钙是人体含量最多的无机元素，正常成人体内含钙总量约为1200g，相当于体重的2.0%。其中约99%集中在骨骼和牙齿中，主要以轻磷灰石［$Ca_{10}(PO_4)_6(OH)_2$］结晶的形式存在；其余1%的钙，一部分与柠檬酸螯合或与蛋白质结合，另一部分则以离子状态分布于软组织、细胞外液和血液中，统称为混溶钙池。

钙是骨骼发育的基本原料，除了直接影响身高外，还具有其他重要的生理功能，如促进体内某些酶的活动，调节酶的活性作用；参与神经、肌肉的活动和神经递质的释放；钙与镁、钾、钠等离子保持一定比例，使神经、肌肉保持正常的反应。调节激素的分泌。血液的凝固、细胞黏附、肌肉的收缩活动也都需要钙。钙还具有调节心律、降低心血管的通透性、控制炎症和水肿、维持酸碱平衡等作用。

钙缺乏主要影响骨骼的发育和结构，临床表现为婴幼儿的手足抽搐症和成人的骨质疏松症。婴儿缺钙主要是由于孕妇在怀孕期间钙摄入不足，母乳中的钙含量过低而引起；幼儿、学龄儿童、青少年缺钙的主要原因是含钙食品摄入过少、户外活动较少。钙吸收减少的主要原因有维生素D合成障碍，导致肠道钙吸收减少；婴幼儿、儿童长期缺钙和维生素D可导致生长发育迟缓，骨软化、骨骼变形，严重者可导致佝偻病，出现“O”形或“X”形腿。成人骨质疏松症常见于中年之后，女性多于男性，主要原因是中老年雌激素分泌减少；随着年龄增长，钙调节激素的分泌失调导致骨代谢紊乱。老年人由于消化功能降低，也易发生钙的缺乏；户外活动减少也是老年人易患骨质疏松症的重要原因之一。钙摄入不足还影响牙齿的质量，增加患龋齿的风险。

在应用钙制剂或者营养补充剂时，应注意钙过量引发的不良作用，过量摄入钙会增加患肾结石的危险性，出现奶碱综合征。高钙膳食会影响其他必需元素的生物利用，如抑制铁吸收，降低锌生物利用，对镁代谢有潜在副作用。

我国成人膳食钙的RNI为800mg/d，UL均为2000mg/d。

（2）钾　钾是人体中重要的阳离子，主要分布于细胞内，约占98%，其余在细胞外。肾脏是维持钾平衡的主要调节器官。

钾的生理功能包括维持碳水化合物、蛋白质的正常代谢，维持细胞正常渗透压，维持神经肌肉的应激性和正常功能，维持心肌正常功能，降低血压，维持细胞内外酸碱平衡。

缺乏钾时表现为肌无力及瘫痪，一般从下肢开始；肢体麻木、肌肉压痛；呼吸衰竭；肠麻痹与肠梗阻。

体内钾过多，血钾高于 5.5mmol/L，可出现毒性反应，出现细胞内碱中毒和细胞内酸中毒，神经肌肉极度疲乏软弱，四肢无力，下肢为重，腿反应消失，吞咽、呼吸及发音困难，心率缓慢。

我国成人膳食钾的 AI 为 2000mg/d。运动员出汗失钾较多，运动后恢复中蛋白质与糖原的合成均需钾，可适当提高。

（3）钠　钠是人体中一种重要无机元素，成人体内钠含量大约占体重的 0.15%，是细胞外液中的主要阳离子，占总体钠的 44%～50%。骨骼中钠占总体钠的 40%～47%，细胞内液含量较低，仅占总体钠的 9%～10%。人体钠的来源主要是食物。

钠的生理功能包括调节体内水分，维持酸碱平衡，组成钠泵而维持细胞内外的渗透压平衡，参与糖代谢和氧的利用，维持血压正常，增强神经肌肉的兴奋性。

禁食、少食、高温与重体力作业、过量出汗、反复呕吐、腹泻、使用利尿剂等易导致钠缺乏，当失钠达到 0.75～1.2g/kg 体重时可能会出现恶心、呕吐、视力模糊、心率加速、脉搏细弱、血压下降、肌肉痉挛、疼痛反应消失，严重失钠时出现淡漠、昏迷、外周循环衰竭、急性肾功能衰竭而死亡。

长期摄入高剂量食盐或肾功能受到影响，易发生血钠过高，出现口渴、面部潮红、烦躁不安、精神恍惚、谵妄等，严重者会导致死亡。每天摄入 35～40g 食盐可引起急性中毒，出现水肿、血压升高、血浆胆固醇升高、胃黏膜上皮细胞破裂等。有资料显示长期摄入高剂量食盐可能会增加胃癌发生风险。

我国 65 岁以下居民膳食钠的 AI 为 1500mg/d，65 岁以上居民膳食钠的 AI 为 1400mg/d。

（4）碘　碘是人体必需的微量元素，与酪氨酸共同合成甲状腺素。

碘的生理功能通过甲状腺素完成，促进物质分解产生能量，维持基本生命活动，保持体温；支持垂体生理功能；促进儿童体格发育；促进脑发育。

碘缺乏是指由于自然环境缺碘，造成从胚胎发育到成人期的碘摄入不足而引起的一组有关联疾病的总称。环境缺碘是碘缺乏病的主要原因，可通过食物链的作用使生活在该地区人群发生碘缺乏。碘缺乏病分为地方性甲状腺肿大和地方性克汀病。前者主要表现为甲状腺肿大而使颈部肿大，这是由于缺碘使甲状腺素合成分泌不足，引起垂体大量分泌促甲状腺素，导致甲状腺组织代偿性增生而发生腺体肿大。后者主要是婴幼儿缺碘引起生长发育迟缓、智力低下、运动功能障碍等症状。妇女若在怀孕期间缺碘，可导致流产、早产、死胎、胎儿先天畸形等。

中国是世界上碘缺乏病分布广泛、病情较严重的国家之一。据 20 世纪 70 年代调查，我国各省、自治区、直辖市（除上海市）均有不同程度的碘缺乏病流行。20 世纪 50 年代以来，我国在部分病区开始了食盐加碘，使严重流行的碘缺乏病得到了有效控制，但距离消除还有较大差距。1994 年，我国采取了以普遍食盐加碘为主的防治策略，到 2015 年底，全国 94.2%的县实现了消除碘缺乏病的目标。

碘过量是摄入明显超过人体需要量的碘导致碘营养过剩的状态，碘过量的主要原因有水源性碘过量、食源性碘过量和药物性碘过量。目前，没有确切的证据表明碘摄入过量与甲状腺癌发病风险的增加有关。碘摄入过量也会对妊娠女性健康和妊娠结局产生不良影响。我国河北、山东、山西等省的部分地区，约有 3000 万居民生活在高水碘地区。部分居民由于饮用高碘水，或食用高碘食物造成了高碘性甲状腺肿大。为了降低高水碘地区居民碘摄入过量的风险，对水源性高碘地区实施供应未加碘食盐策略，同时在一些高水碘地区采取改水措施来降低居民碘暴露的水平，并已取得显著效果。

我国成人膳食碘的 RNI 为 120μg/d，UL 为 600μg/d。

（5）铁　铁是人体必需的微量元素，由于铁的来源、吸收受到多因素影响，因此铁缺乏仍是全球特别是发展中国家主要的公共营养问题。

铁是制造红细胞的主要原料，是血红蛋白、肌红蛋白和细胞色素的重要组分，铁通过血红蛋白与氧可逆结合、通过肌红蛋白在肌肉组织中转运和储存氧以及通过细胞色素在呼吸过程中传递电子而参与体内氧的运输和组织呼吸过程。此外，铁能催化β-胡萝卜素转化为维生素 A、促进嘌呤与胶原的合成以及药物在肝脏的解毒等。铁还可提高机体免疫力，增加中性粒细胞和吞噬细胞的吞噬功能，使机体的抗感染能力增强。

长期膳食中铁供应不足，可引起机体铁缺乏，继而导致缺铁性贫血，多见于婴幼儿、孕妇及乳母。另外，月经过多、痔疮、消化道溃疡以及肠道寄生虫等疾病引起的出血，也是铁缺乏的重要原因之一。缺铁性贫血不只是表现为贫血，而且是属于全身性的营养缺乏病。由于体内缺铁程度及病情发展早晚不同，贫血的临床表现存在差异性。体内铁缺乏分为三个阶段，第一阶段为铁减少期，即体内储存铁减少，血清铁浓度下降，无临床症状；第二阶段为红细胞生成缺铁期，该阶段血清铁浓度下降，运铁蛋白浓度降低，游离原卟啉浓度升高，但血红蛋白浓度尚未降至贫血标准；第三阶段为缺铁性贫血期，此时血红蛋白和红细胞比积下降，并伴有缺铁性贫血的临床症状，如头晕、气短、乏力、记忆力减退以及脸色苍白等。

铁摄入过量的危害可分为急性中毒和慢性中毒。前者主要出现在给予大剂量铁剂之后，特征是胃肠道出血性坏死、血性腹泻、凝血不良、代谢性酸中毒等。后者是由于机体无主动排铁功能，铁在机体中长期过量蓄积，可能会出现以损害各种器官、血色素沉着症为特征的现象。

我国成年男性膳食铁的 RNI 为 12mg/d，女性 18mg/d。铁的 UL 为 42mg/d。

（6）硒　硒是地壳中的一种稀有元素，进入人体的硒与蛋白质结合发挥其功能。

硒具有良好的抗氧化功能，有效清除过量的自由基；能提高机体免疫力；通过脱碘酶调节甲状腺素影响全身代谢，具有较强的抗肿瘤作用。

我国科学家首先证实缺硒是发生克山病的重要原因。克山病是一种以多发性灶状心肌坏死为主要病变的地方性心肌病。目前认为，人群中缺硒现象与其生存的地理环境中硒元素含量偏低以及膳食中硒摄入量不足有关。流行病学调查显示，克山病分布于我国 14 个省、自治区的贫困地区，多数发生在山区和丘陵地带，主要易感人群是 2~6 岁的儿童和育龄妇女。调查发现，病区人群血、尿、头发以及粮食中的硒含量明显低于非病区。采用亚硒酸钠进行干预能取得较好的预防效果。此外，缺硒可能也是大骨节病发生的主要原因之一。大骨节病是一种地方性、多发性、变形性的骨关节疾病，它主要发生在青少年，严重影响骨骼的发育和日后的劳动生活能力。虽然它的发病原因至今尚未完全阐明，但通过补硒可以缓解症状，对病人骨关节的修复有促进作用，而且还可以防止恶化，目前还不能完全有效控制大骨节病的发生。

在我国的湖北恩施和陕西紫阳高硒地区发生过过量硒进入人体内造成中毒的病例，表现为头发脱落、指甲变形、烦躁、疲乏、外周神经病等。

我国成人膳食硒的 RNI 均为 60μg/d，UL 为 400μg/d。

（7）锌　锌是一种分布于人体所有组织和器官中的微量元素，与儿童生长发育、智力密切相关。

锌是生物体中许多重要酶的成分，调节细胞分化和基因表达，维持细胞膜的结构与功能，组成味觉蛋白，提高人体免疫力，在激素产生、储存、分泌中起重要作用。

锌缺乏会导致味觉障碍、食土癖，免疫力低下，皮肤疾病如伤口愈合慢、皮炎，眼部疾病如暗适应减慢，儿童生长发育不良、生长迟缓、认知行为改变，男性不育，胎儿发育迟缓甚至畸形率增高等。

一般少有发生锌中毒，空气及水源污染或误服大量锌化合物，出现口、咽及消化道糜烂，唇及声门肿胀，腹痛，泻、吐以及水和电解质紊乱。锌中毒严重者可见血压升高、气促、瞳孔散大、休克、抽搐等。

我国成年男性膳食锌的 RNI 为 12.0mg/d，女性 8.5mg/d，UL 为 40mg/d。

七、水的生理功能

水对人体具有重要生理意义，人体若断水 3d 或机体失水达体重的 20%将死亡，其生理功能包含：构成身体不可缺少的材料，许多水溶性营养物质的溶剂，直接参与水解、水合反应，调节体温，体内排出废物的媒介，体内自备的润滑剂，与蛋白质、脂肪和碳水化合物的代谢密切相关。《中国居民膳食指南（2023）》指出，人体水需要量主要受年龄、身体活动、环境温度等因素影响。低身体活动水平的成人每天至少饮水 1500~1700mL。在高温或高身体活动水平的条件下，应适当增加饮水量。来自食物中水分和膳食汤水大约占 1/2，推荐一天饮水和整体膳食（包括食物中的水，汤、粥、奶等）水摄入共计 2700~3000mL。

第三节　膳食结构与营养素不平衡的安全问题

在当代食品安全性问题中营养素不平衡必须引起人们重视，特别是能量过剩和脂肪、碳水化合物、盐等摄入过多以及膳食纤维、某些矿物质和维生素等摄入不足，使近年患高血压、冠心病、肥胖症、糖尿病、癌症等慢性病的病人显著增多。人体是一个复杂的有机体，时时刻刻都在进行着各种生化反应，反应物来自食物中的各类营养素，尽管各种营养素对人体生理代谢有重要意义，但需注意营养素摄入量的合理性，缺乏会导致营养不良，摄入过量同样会有害于身体健康。正如维持化学反应的平衡一样，任何营养素都应有一个量的平衡与限制。而针对人体的不同生理时期、不同作业人群，如孕产妇、手术病人、接触有毒物人群、运动员、高温条件下人群，各种营养素的摄入量有所不同。对普通健康人群，各类营养素的摄入量也是有一定范围的。

新中国成立 70 多年来，我国的营养保障和供给能力显著增强，人民健康水平持续提升，人均期望寿命从 35 岁提高到 77.3 岁，居民营养不足与体格发育问题持续改善，主要表现为居民膳食能量和宏量营养素摄入充足，优质蛋白质摄入不断增加，居民平均身高持续增长，农村 5 岁以下儿童生长迟缓率显著降低，这些都是食物供应充足、膳食质量提高的主要贡献。然而，受社会经济发展水平不平衡、人口老龄化和不健康饮食生活方式等因素的影响，我国仍存在一些亟待解决的营养健康问题。一是膳食不平衡的问题突出，其成为慢性病发生的主要危险因素。高油高盐饮食在我国仍普遍存在，青少年含糖饮料消费逐年上升，全谷物、深色蔬菜、水果、奶类、鱼虾类和大豆类摄入普遍不足。二是居民生活方式明显改变，身体活动总量下降，能量摄入和消耗控制失衡，超重肥胖成为重要公共卫生问题，膳食相关慢性病问题日趋严重。三是城乡发展不平衡，农村食物结构有待改善。农村居民奶类、水果、水产品等食物的摄入量仍明显低于城市居民，油盐摄入、食物多样化等营养科普教育急需下沉基层。四是婴幼儿、孕妇、老年人等重点人群的营养问题应得到特殊关注。五是食物浪费问题依然存在，居民营养素养还需提高。

第四节　食物过敏

一、基本概念

食物过敏

摄入的食物或食品添加剂可能引起机体异常反应，包括人体对食物成分或食品添加剂引起的免疫反应（IgE 介导和非 IgE 介导的免疫反应）及非免疫性副反应，如食物不耐受、中毒性、代谢性、药理性和特异体质的反应以及精神心理因素所引起的食物异常反应（abnormal reaction of food），其中食物过敏是人们对食物产生的一种不良反应，属于一种免疫反应，进食少量有关食物即可诱发食物过敏，与食物或食品添加剂的生理作用无关。除了食物过敏外，还可能出现食物中毒（food poisoning）、食物不耐受（food intolerance）、药理样食物反应（pharmacologic food reaction）、假性食物过敏（food pseudo-allergy）等非免疫反应，这类反应与食物摄入量存在较大关系。

（1）免疫反应　机体对外来物质具有天然的抵抗能力，产生免疫反应和机体消化道的正常消化、吸收和排泄过程。而有些人的天生免疫反应机制会将食物中蛋白质和多肽等视为抗原，如同人体抵抗致病的细菌和寄生虫等时将其作为抗原一样，这种天然防御功能会引发一些人的食物过敏反应。当食物进入这些人的机体后，即使是很少量，机体也会产生异常的免疫反应，涉及各种免疫病理过程，伴随各种临床症状。

（2）食物过敏　食物过敏是由于某种食物或食品添加剂等引起的 IgE 介导和非 IgE 介导的免疫反应，导致消化系统或全身性的变态反应。如果吃了鱼虾、花生、馅饼或饮用一杯牛奶出现呕吐、呼吸急促等，应判断发生了食物过敏。一个人在摄入对其致敏的食物几分钟到 2h 内会出现比较典型的症状，如口腔发痒、喉舌肿胀、呼吸困难、荨麻疹、呕吐、腹绞痛、腹泻、血压下降、失去知觉甚至死亡。

（3）食物不耐受　食物不耐受是指食物或食品添加剂引起的异常生理反应，是由食物或食品添加剂引起的非免疫反应（如中毒性、药理性、代谢性、感染性反应及其他非免疫因素所致的异常反应），它与食物异常反应的主要区别是不涉及免疫反应，但可由非免疫因素引起的肥大细胞释放炎症介质参与。

（4）食物中毒　食物中毒是由于进食被毒物污染或本身具有毒性的食物或食品添加剂，在效应部位积累到一定量而产生的全身性疾病，可分为细菌性食物中毒和非细菌性食物中毒两大类。毒物可来自被污染的微生物与食物本身（如河豚、生鱼胆等），也可源于其他化学物质（如砷、汞、有机磷农药等）。此异常反应一般无免疫因素参与。

（5）药理样食物反应　药理样食物反应指食物及其衍生物或食品添加剂中含有内源性药理作用样物质（如咖啡因、组胺等），摄入机体达到一定量后，产生的某种药物所具有的药理作用及表现。

（6）假性食物过敏　假性食物过敏多指由于精神及心理因素引起的食物异常反应，其临床表现类似食物过敏，但不涉及免疫机制介导的化学介质的释放。

从许多资料看，儿童食物过敏反应的患病率为6%~8%，牛奶是最常见的过敏食物。随着年龄的增长，食物过敏症的发病率明显下降。一些食物过敏患者还会伴有支气管哮喘，对牛奶过敏的儿童，哮喘的发病率可高达26%。

目前尚缺乏系统资料有力区分食物过敏与食物不耐受，有些食物会引起严重过敏反应，甚至因为在肺中引起气道阻塞、严重的低血压和喉头与舌头水肿引起窒息而威胁生命。

随着全球经济一体化和食品贸易趋于国际化，食物过敏所表现的地域性及饮食习惯差异性将更具有潜在风险。因此，检测与评估食物过敏原的生物学活性十分重要。食物过敏原的生物学活性主要指食物过敏原激发机体引起过敏症的能力或潜力，一是食物过敏原激发已致敏个体发生过敏的能力，虽然引起过敏症的程度因人而异，但作为食物标签应针对特定的人群标明食物成分及其含量以起到很好的提示作用。二是食物或特定成分初次进入机体后诱发机体致敏的可能性。

二、食物诱发过敏与肠道防御机制的途径

（一）过敏反应发生的原因

1. 食物过敏的发病机制

临床上变态反应中Ⅰ型变态反应为狭义的变态反应，又称过敏反应。其特点是症状发生迅速，与机体的IgE有关，所以称为IgE介导的速发型超敏反应。食物过敏属于此类变态反应。

诱发Ⅰ型变态反应的诱因即抗原，如食物、花粉、尘螨、真菌等，仅对少数敏感者能诱发出特异的IgE抗体。IgE在血液中停留24~48h，很快与肥大细胞表面和嗜碱性粒细胞的高亲和力受体以及巨噬细胞、单核细胞、淋巴细胞、嗜酸性粒细胞和血小板上的低亲和力受体结合，使机体致敏。若无相同抗原再次进入，致敏状态持续半年或数年后消失。当有相同抗原再次进入机体与固定于肥大细胞等表面的特异的IgE抗体结合，会启动肥大细胞引起一系列的生物化学的变化，释放多种炎症化学介质。如组织胺等原发性介质的释放，使平滑肌收缩、血管扩张、渗出增加，几分钟内出现症状后迅速消失，以后的症状为继发性介质前列腺素、白细胞介素等与嗜酸性粒细胞释放的多种介质和毒性蛋白等一起引起一些反应。临床表现为过敏性休克、支气管哮喘、变应性眼炎、荨麻疹、血管性水肿等，严重时可致死。临床表现的严重程度不仅与食物中致敏原的强弱有关，也与宿主的易感性有关。IgE介导的变态反应诱发的临床症状发病较快，可发生于进食后2h内，甚至可以短至几分钟。有时极微量就可引起十分严重的过敏症状。

2. 胃肠道的防御机制

机体有一套防御机制，因此，并不是每个人都对致敏性食物过敏，大多数人并不过敏。即便是对食物过敏的人，也会有时过敏，而有时又不过敏，即人群有耐受性，对致敏食物可能没有反应。

（1）黏膜和胃肠道的屏障作用。胃肠道的主要功能是将进入机体的食物进行处理，使之降解至能被吸收，并转变为供细胞生长用的能量。这个过程包括各种消化酶（如胃蛋白酶、胰酶和溶蛋白酶）降解食物抗原等。肠道能起到防止食物抗原进入体内的保护作用，肠道黏膜分泌的分泌型免疫球蛋白 IgA 能阻断食物抗原进入体内。但婴儿的免疫和非免疫的防御机能尚未成熟。

（2）食物中蛋白质进入体内，在消化酶作用下消化成为氨基酸和小分子多肽，也会诱发免疫反应，产生食物的特异 IgG、IgM 和 IgA 抗体，然后与食物抗原结合而去除。

（二）食物诱发过敏的途径

大多数人是通过摄入食物引发过敏，也有人因吸入花粉或空气过敏。研究者认为 85%的婴儿变态反应与食物有关。婴儿发病率较高的原因是食物是其出生后接触最多的抗原物质，且其肠道的屏障作用和免疫系统发育均不够成熟。食物过敏的发生也与个体的遗传易感性有关。

食物诱发小儿过敏的途径包括胃肠道、呼吸道、皮肤、母乳、胎盘等。食物变态反应常见于出生后最初几年，2~3 岁就对该食物产生耐受，症状随之消失。

三、食物致敏原

食物的种类很多，只有一部分容易引起过敏。一般同族的食物常具有类似的致敏性，以植物性食物更为明显，如对花生过敏的患者对其他豆科类植物也会有不同程度的过敏。各国家、各地区的饮食习惯不同，机体对食物的适应性也就有相应的差异，因而致敏的食物也不同。如西方人认为羊肉极少引起过敏，但在我国羊肉比猪肉的致敏性高；西方人对巧克力、草莓、无花果等过敏较多，在我国则极少见到。来自西方的研究资料中显示，易引起过敏的食物为牛奶、鸡蛋、巧克力、小麦、玉米、坚果类、橘子、柠檬、草莓、洋葱、猪肉、某些水产品、火鸡及鸡等。在我国容易引起过敏的食物有以下几类：富含蛋白质的食物，如牛奶、鸡蛋；海产类，如鱼、虾、蟹、鱿鱼、蛤蚌类、海贝、海带；有特殊气味的食物，如洋葱、蒜、葱、韭菜、香菜、羊肉；有刺激性的食物，如辣椒、胡椒、酒、芥末、姜；某些生食的食物，如生番茄、生花生、生栗子、生核桃、桃、葡萄、柿子等；某些真菌或发酵食物，如蘑菇、酒糟、米醋；一些外来而不常吃的食物等。

成人与儿童在引起致敏的食物类型上存在差别。成人最常见的具有致敏性的食物包括虾、龙虾、蟹和其他贝类；花生（引起严重过敏反应的主要食物之一）、核桃和其他坚果；鱼和鸡蛋。对于儿童，鸡蛋、牛奶、花生、大豆和小麦是主要的过敏原，其中对牛奶、鸡蛋、大豆和小麦的过敏最为突出，而通常对花生、鱼、虾的过敏相对不突出。

食物致敏原指的是能引起免疫反应的食物抗原分子。几乎所有食物致敏原都是蛋白质，大多数为水溶性糖蛋白，相对分子质量 1 万~6 万。每种食物蛋白质可能含有几种不同的致敏原。

食物致敏原的特点：①任何食物（包括萝卜在内）都可诱发变态反应。②食物中仅部分成分具致敏原性，如牛奶至少含有 20 种能诱发产生抗体的蛋白质成分，其中只有 5 种具有致敏原性，它们是酪蛋白、β-乳球蛋白、甲种乳白蛋白、牛丙种球蛋白和牛血清白蛋白。后3种加热易降解，故前两种更重要。鸡蛋中蛋黄含有相当少的致敏原，而蛋清中的23种糖蛋白里有卵白蛋白、类黏蛋白和卵转铁素卵为主要致敏原。③食物致敏原具有可变性，加热可使大多数食物的致敏原性降低，但有一些食物烹调加热后致敏原性不变，甚至增加。常规巴氏消毒不仅不能使一些牛奶蛋白质降解，像β-乳球蛋白等的致敏原性还会增加。一般情况下，胃的酸度增加和消化酶的存在，可减少食物的致敏原性。④混合食物有交叉反应，许多蛋白质可有共同的抗原决定簇，使致敏原具有交叉反应性。如至少有50%牛奶过敏者对山羊奶也过敏，对鸡蛋过敏者可能对其他鸟类的蛋过敏。交叉反应不存在于牛奶和牛肉之间，也不存在于鸡蛋和鸡肉之间。植物的交叉反应性比动物明显，如对大豆过敏也可能对豆科植物的其他成员如扁豆、花生等过敏；患者对花粉过敏也有可能对水果和蔬菜有反应；多数对桦树过敏者也对苹果、桃子、杏子、樱桃、胡萝卜以及大量其他水果和蔬菜有反应；许多对艾蒿过敏者也对伞形科蔬菜如芹菜根、茴香、胡萝卜和一些调料有反应。⑤对食物的中间代谢产物过敏，如多肽等中间代谢产物过敏的患者出现症状较晚，一般在进食2~3h后，不过这种过敏情况少见。

四、食物过敏的分类

（一）常见食物变态反应疾病

（1）严重过敏反应　常涉及多个靶器官，偶尔可危及生命。皮肤症状有荨麻疹、血管性水肿或麻疹样皮疹；消化道症状如唇、舌和上颚发痒和肿胀，拒食、呕吐、腹泻或便秘；呼吸道症状有鼻过敏、喉水肿等；也会有眼过敏症状、低血压等。症状出现的次序，最早出现的常是皮肤和黏膜症状，严重者常伴有呼吸道症状。食物诱发的婴儿哮喘比较多见，年长儿和成人食物虽可诱发多种过敏症状（包括休克在内），但诱发哮喘的已不多见。

（2）变应性嗜酸性粒细胞胃肠病（allergic eosinophilic gastroenteritis）　该病特点为胃或小肠壁有嗜酸性粒细胞浸润，常有外周血嗜酸性粒细胞增多，但没有血管炎。临床症状与肠壁嗜酸性粒细胞浸润程度有关，常表现为饭后恶心、呕吐、腹疼、间歇性腹泻，成人有体重减轻，幼婴有生长发育停滞。肌层浸润导致胃壁和小肠壁变厚和僵硬，临床可出现阻塞征象；可继发缺铁性贫血和低白蛋白血症。

（3）婴儿肠绞痛　婴儿肠绞痛表现为婴儿阵发性烦躁不安、极度痛苦地喊叫、腿蜷缩、腹膨胀、排气多，一般于出生后2~4周发病，到3~4周痊愈。

（4）运动诱发严重过敏反应　进食如甲壳类、蔬菜、水果或软体动物后进行运动，会引起严重过敏反应；而只吃有关食物不运动就不会诱发过敏症状。进食两种以上诱发过敏的食物更易于出现症状。

（5）口腔变态反应综合征　花粉过敏的患者在进食某种或几种水果或蔬菜几分钟后，口咽部如唇、舌、上颚和喉发痒和肿胀，很少累及其他靶器官，症状消失较快。实际上，这是接触性荨麻疹的一种表现。

（二）非IgE介导的食物变态反应

除了食物过敏，对食物的不良反应在免疫方面还可能涉及Ⅱ型、Ⅲ型、Ⅳ型超敏反应。

（1）谷胶致敏肠病　又称乳糜泻。谷胶（gluten）俗称面筋，患者对面筋过敏，其中主要致敏物为可溶于酒精的麦胶蛋白，存在于小麦、燕麦与大麦等。本病属于不可逆的遗传性缺损，对谷胶致敏可持续终生。原来认为本病的发病机制为非免疫机制，现有研究结果显示可能为细胞免疫介导的Ⅳ型变态反应致病机制。临床典型表现为外观瘦弱、营养不良、贫血、腹膨隆、排大量恶臭的脂肪便，口服脂肪或碳水化合物吸收不良。从谷物中去掉谷胶2~3个月后组织修复，症状改善，但避食谷胶需持续终生。

（2）食物诱发小肠结肠炎综合征　1周至3个月的婴儿最常见，患儿水泻严重，可能伴有呕吐、营养不良，易发生水和电解质平衡严重失调，甚至死亡。最常见的致敏食物是牛奶和大豆蛋白。

五、食物致敏性标签

食物致敏性标签的标识是避免食物致敏原引起食物过敏反应的重要办法，目前已经成为许多国家法规的强制性要求。目前，在我国 GB 7718《食品安全国家标准　预包装食品标签通则》中，要求对致敏物质进行标识，包括含有麸质的谷物及其制品、甲壳纲类动物及其制品（如虾、龙虾、蟹等）、鱼类及其制品、蛋类及其制品、花生及其制品、大豆及其制品、乳及乳制品（包括乳糖）、坚果及其果仁类制品。

六、食物过敏的防治措施

（1）避免食物致敏原　避免食物致敏原即完全不摄入含致敏物质的食物，这是预防食物过敏最有效的方法。如在经过临床诊断或根据病史已经明确判断出过敏原后，应当完全避免再次摄入此类过敏原食物。如对牛奶过敏的人，就应该避免食用含牛奶的一切食物，如添加了牛奶成分的雪糕、冰淇淋、蛋糕等。对含有麸质蛋白的谷物过敏的患者，要终身禁食全谷物类食物。

（2）对食物进行加工　通过对食物进行深加工，可以去除、破坏或减少其中过敏原的含量，如可以通过加热的方法破坏生食物中的过敏原，也可以通过添加某种成分改善食物的理化性质、物质成分，从而达到去除过敏原的目的。

（3）标识致敏食物标签　标识致敏食物标签有利于食物过敏者避免食用。

（4）一旦发生食物过敏需对症处理　对 IgE 介导的过敏反应，可适当给予抗组胺类药物。

思考题

1. 膳食营养素参考摄入量包含哪些方面？其意义是什么？
2. 举例说明膳食营养素有什么生理功能，过量摄入或缺乏营养素有什么危害？
3. 解析膳食结构与营养素不平衡的安全问题。
4. 什么是食物过敏？具有致敏性的常见食物有哪些？
5. 试述食物致敏原的化学本质及其分类。如何预防食物过敏？

第三章

03

天然有毒物质与食品安全性

学习目标

1. 掌握食物中常见的天然植物性毒素及预防措施。
2. 掌握食物中常见的天然动物性毒素及预防措施。
3. 掌握毒蘑菇中毒原因及预防措施。

第一节　食物中的天然植物性毒素

一、概述

植物是许多动物赖以生存的食物，世界上有 30 多万种植物，可用作人类主要食物的不过数百种，这是由于植物体内的毒素限制了它们的应用。

植物毒素是指植物产生的能引起人和动物致病的有毒物质。植物毒素大部分属于苷类、生物碱、棉酚、毒蛋白和酶类等。

有毒植物分布在整个植物界，从藻类到蕨类，从裸子植物到被子植物，大部分的科都能产生毒素。目前，我国有毒植物约有 1300 种，分别属于 140 个科。植物的毒性主要取决于其所含的有害化学成分，如毒素或致癌的化学物质，它们虽然量少，却严重影响了食品的安全性，增加了食源性疾病发生的风险。因此，研究食物中的天然植物性毒素，对防止植物性食物中毒具有重要的现实意义。

二、常见植物中的有毒物质

（一）苷类

1. 氰苷

氰苷是结构中含有氰基的苷类，其水解后产生氢氰酸，从而对人体造成危害，因此，有人将氰苷称为生氰糖苷。氰苷由糖和含氮物质（主要为氨基酸）缩合而成，能够合成氰苷的植物体内含有特殊的糖苷水解酶，将氰苷水解产生氢氰酸。氰苷在植物中分布广泛，它能麻痹咳嗽中枢，因此有镇咳作用，但过量可引起中毒。氰苷对人的致死量以体重计为 18mg/kg。

氰苷引起的慢性氰化物中毒现象也比较常见，在一些以木薯为主食的非洲和南美地区，就存在慢性氰化物中毒引起的疾病。虽然含氰苷植物的毒性决定于氰苷含量的高低，但还与摄食速度、植物中催化氰苷水解酶的活力以及人体对氢氰酸的解毒能力大小有关。

（1）中毒机制　氰苷的毒性主要来自氢氰酸和醛类化合物的毒性。氰苷所形成的氢氰酸被吸收后，随血液循环进入组织细胞，并透过细胞膜进入线粒体，与线粒体中细胞色素氧化酶的铁离子结合，导致细胞的呼吸链中断，造成组织缺氧，体内的二氧化碳和乳酸量增高，机体陷入内窒息状态。氢氰酸的中毒最小剂量以体重计为0.5~3.5mg/kg。

（2）预防措施

①不直接食用各种生果仁，杏仁、桃仁等果仁在食用前要反复用清水浸泡，充分加热，以去除或破坏其中的氰苷。

②在习惯食用木薯的地方，要注意饮食卫生，严格禁止生食木薯，食用前去掉木薯表皮，用清水浸泡薯肉，使氰苷溶解出来。

③发生氰苷类食物中毒时，应立刻给中毒者口服亚硝酸盐或亚硝酸异戊酯，使血液中的血红蛋白转变为高铁血红蛋白，高铁血红蛋白的加速循环可将氰化物从细胞色素氧化酶中脱离出来，使细胞继续进行呼吸作用。再给中毒者服用一定量的硫代硫酸钠进行解毒，被吸收的氰化物可转化成硫氰化物而随尿排出。

2. 皂苷

皂苷是类固醇或三萜系化合物的低聚配糖体的总称。由于其水溶液振摇时能产生大量泡沫，与肥皂相似，所以称皂苷，又称皂素。皂苷易与红细胞膜的胆固醇结合成不溶性化合物，因而有溶血作用。皂苷由肾脏排出，因此对肾脏也有毒性作用。同时，皂苷对黏膜，尤其对鼻黏膜的刺激性较大。内服量过大可引起食物中毒。含有皂苷的植物有豆科、蔷薇科、葫芦科、苋科等。

3. 芥子苷

芥子苷主要存在于甘蓝、萝卜、油菜、芥菜等十字花科植物中，种子中含量较多，比茎、叶高20倍以上。

芥子苷中毒表现为甲状腺肿大，导致生物代谢紊乱，阻止机体正常的生长发育，精神萎靡，食欲减退，呼吸减弱，伴有胃肠炎、血尿等，严重者甚至死亡。

（1）中毒机制　芥子苷在植物组织中硫葡糖苷酶的作用下，可水解为硫氰酸酯、异硫氰酸酯及腈，并释放出葡萄糖和HSO_4^-。腈的毒性很强，能抑制动物生长或致死，其他几种分解物都有不同程度的致甲状腺作用，主要由于它们可阻断甲状腺对碘的吸收而使之增生肥大。

（2）预防措施

①采用高温（140~150℃）或70℃加热1h，破坏菜籽饼中芥子酶的活性。但该法会造成干物质流失，易破坏营养成分。

②采用微生物发酵中和法将已产生的有毒物质除去，即通过寻找和培育能够降解芥子苷的菌株，经发酵破坏菜籽饼中的芥子苷，而不破坏其营养成分。

③选育不含或仅含微量芥子苷的优良品种。

（二）生物碱

1. 茄碱

茄碱又称龙葵素或龙葵苷，主要存在于发芽的马铃薯中，其一般含量为0.005%~0.01%。

当马铃薯发芽后，其幼芽和芽眼部分的茄碱含量高达 0.3%~0.5%，人食用发芽的马铃薯可能引起食物中毒。

（1）中毒机制　茄碱对胃肠黏膜有较强的刺激作用，对呼吸中枢有麻痹作用，并能引起脑水肿、充血，且对红细胞有溶血作用。

（2）预防措施

①马铃薯应放在低温、无阳光照射的地方，以防止生芽变绿。

②发芽较多的马铃薯不能食用；食用发芽较少的马铃薯时，应剔除芽和芽眼，并把芽眼周围削掉一部分，这种马铃薯应煮熟或烧熟食用。烹调时可加些醋，以破坏茄碱，使之无毒。

2. 秋水仙碱

秋水仙碱主要存在于黄花菜等植物中。食用未处理或处理不当的黄花菜，即可引起食物中毒。中毒表现为胸闷、头痛、腹痛、呕吐、腹泻等，严重者出现血尿、血便与昏迷等。

（1）中毒机制　主要是麻痹中枢神经系统。

（2）预防措施

①最好食用干制品，用水浸泡发胀后食用。

②鲜黄花菜食用时要按照正确的方法去毒，且避免食用过多。

（三）棉酚

棉花属棉葵科，棉籽可榨油，是一种适于食用的植物油。粗制生棉籽油中有毒物质主要是棉酚、棉酚紫和棉酚绿三种。它们存在于棉籽的色素腺体中，其中以游离棉酚含量最高。棉酚是棉籽中的一种芳香酚，主要分布于棉花的叶、茎、根和种子中。

棉酚是萘的衍生物，分子式为 $C_{30}H_{30}O_8$，相对分子质量 518，该化合物在结构上有三种形式，即醛、烯醇、醌式互变异构体，分子结构如图 3-1 所示。

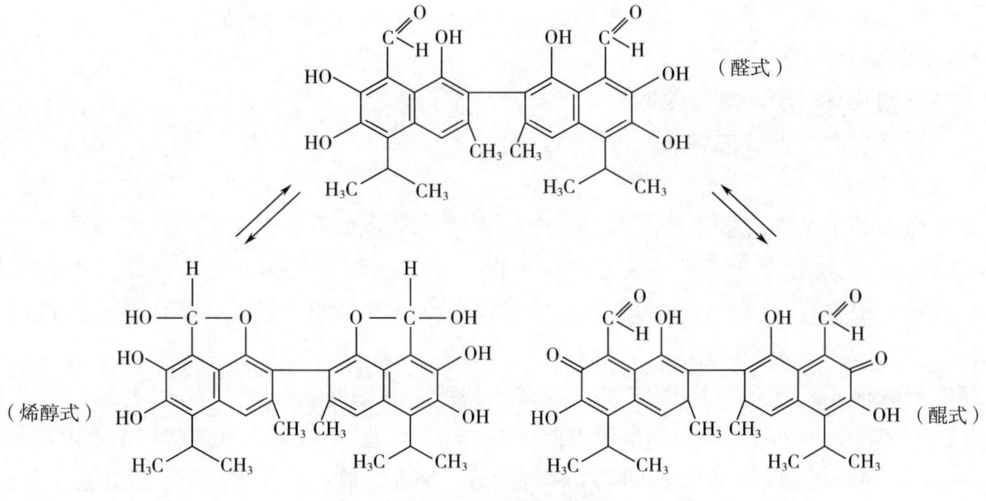

图 3-1　棉酚的分子结构

棉酚多呈游离状态，棉籽中含有 0.15%~2.8%的游离棉酚。

棉酚中毒者表现为中枢神经、心、肝、肾等损害。长期食用粗制棉籽油，可出现皮肤潮红、烧灼难忍、口干、无汗或少汗，并伴有四肢麻木、心慌无力等症状。棉酚可影响生育功能，还会引起低血钾，出现肢体瘫软等症状。

（1）中毒机制　游离棉酚是一种含酚毒苷，或为血浆毒和细胞原浆毒，对神经、血管、实质性脏器细胞等都有毒性。

（2）预防措施

①不要食用粗制生棉籽油。

②榨油前，必须将棉籽粉碎，经蒸炒加热脱毒后再榨油。

③榨出的毛油再加碱精炼，则可使棉酚逐渐分解破坏。

④成品棉籽油中游离棉酚含量不得超过 200mg/kg，棉酚超标的棉籽油严禁食用。

⑤对中毒者予以催吐，洗胃及导泻，并对症治疗。

（四）毒蛋白

1. 胰蛋白酶抑制剂

胰蛋白酶抑制剂是一组功能性蛋白质或蛋白质复合物，主要存在于大豆和谷类中。

胰蛋白酶抑制剂对热稳定性较高，在 80℃下加热仍残存 80%以上的活性，延长保温时间，并不能降低其活性。

（1）中毒机制　胰蛋白酶抑制剂活性很高时能抑制胰蛋白酶对蛋白质的分解活性，引起人体对蛋白质消化吸收率下降，降低蛋白质的营养价值。

（2）预防措施　对含有胰蛋白酶抑制剂的食品原料，可采用 100℃处理 20min 或 120℃处理 3min 的灭活方法，使胰蛋白酶抑制剂丧失 90%以上的活性。

2. 红细胞凝集素

红细胞凝集素主要存在于大豆、菜豆和扁豆中，儿童对大豆红细胞凝集素较为敏感，中毒后可出现头晕、头痛、呕吐、腹泻等症状。

（1）中毒机制　大豆中含有 4 种红细胞凝集素，是由两对 α 和 β 链组成的糖蛋白系列物。其特异性糖为 *N*-乙酰-D-半乳糖胺，具有使人类红细胞凝集的活性。

（2）预防措施

①在烹调菜豆时应炒熟、煮透。

②豆浆应煮沸后继续加热数分钟才可饮用。

3. 蓖麻毒素

蓖麻为一年生草本或多年生灌木，原产于非洲，现分布于热带至温带。蓖麻传入我国已有 1400 多年，主要分布于东北、内蒙古、河北、广东、广西、福建、海南、云南、四川等地。蓖麻种子中含有对热不稳定的毒素，国外曾将蓖麻毒素作为候选化学武器，并进行了野外试验，但从未在战场上应用过。

蓖麻全株有毒，种子毒性最大，主要含蓖麻毒素，儿童吃 3~4 颗、成人吃 20 颗种子即可中毒死亡。蓖麻中毒潜伏期较长，一般为食后 3~24h，也有到 3d 才出现症状。中毒表现为全身无力、恶心、呕吐、血尿、头痛、腹痛、体温上升、血压下降，严重者痉挛、昏迷甚至死亡。

（1）中毒机制　蓖麻毒素与细胞接触时，使核糖体失活，从而抑制蛋白质合成。只要有一个蓖麻毒素分子进入细胞，就能使这个细胞的蛋白质合成完全停止，最终杀死这个细胞。另外，蓖麻毒素可诱导细胞因子的产生，引起体内氧化损伤，诱导细胞凋亡。

（2）预防措施

①可用0.5%～1%的鞣酸或2%的高锰酸钾溶液洗胃，内服盐类泻剂以导泻，排出毒物；并服用绿豆、甘草水解毒。

②静脉注射复方氯化钠溶液，维持水和电解质平衡。

③给予碳酸氢钠，使尿液碱化，防止血红蛋白沉积于肾而导致肾功能衰竭。

④注射抗蓖麻毒血清。

（五）硝酸盐和亚硝酸盐

硝酸盐广泛分布于水、土壤和植物中，在人体内和食品中，硝酸盐常常转化为亚硝酸盐。亚硝酸盐是一种允许使用的食品添加剂，只要控制在安全范围内使用不会对人体造成危害。但过量食用亚硝酸盐会产生食物中毒，中毒者的表现为头痛、头晕、恶心、呕吐、腹痛，严重者呼吸困难、昏迷，甚至死亡。

亚硝酸盐食物中毒全年均有发生。多数由于误将亚硝酸盐当作食盐食用而引起食物中毒，也有食入含有大量亚硝酸盐的蔬菜而引起的食物中毒，多发生在农村或集体食堂。

（1）中毒机制　亚硝酸盐为强氧化剂，经消化道吸收进入血液后，可将血液中的正常铁血红蛋白氧化成高铁血红蛋白，从而失去携带氧的功能，造成组织缺氧，产生一系列相应的中毒症状。亚硝酸盐的中毒剂量为0.3～0.5g，致死量为1～3g。亚硝酸盐中毒潜伏期的长短与摄入的亚硝酸盐量和中毒的原因有关。误食纯亚硝酸盐而引起的中毒一般在食后10min左右发病，大量食用含亚硝酸盐蔬菜或其他原因引起的中毒多在食后1～3h发病，潜伏期也可长达20h。中毒的主要症状有：由于组织缺氧引起的发绀现象，如口唇、舌尖、指（趾）甲及全身皮肤青紫，称肠源性青紫症；并有头晕、头痛、乏力、心率加快、恶心、呕吐、腹痛、腹泻等症状，严重者昏迷、惊厥、大小便失禁，常死于呼吸衰竭。

（2）预防措施

①在食品加工中避免过量加入硝酸盐和亚硝酸盐。如我国GB 2760—2024《食品安全国家标准　食品添加剂使用标准》中规定，在肉制品中硝酸盐的使用量不得超过0.5g/kg，亚硝酸盐的使用量不得超过0.15g/kg。亚硝酸盐在肉制品中的残留量（以亚硝酸钠计）除西式火腿（熏烤、烟熏、蒸煮火腿）类≤70mg/kg，肉罐头类≤50mg/kg外，其余肉制品≤30mg/kg。

②尽量少吃隔夜的剩菜，尤其是叶菜类。因为叶菜类蔬菜中含有较多的硝酸盐，在一定条件下其中的硝酸盐可还原成亚硝酸盐，食用后容易引起食物中毒。

③少吃腌制过的蔬菜。因为在蔬菜的腌制过程中，亚硝酸盐的含量升高，如腌制过的青菜亚硝酸盐的含量可高达78mg/kg。

（六）紫质及其衍生物

紫质及其衍生物是植物中所含的对光过敏性物质，灰菜、刺菜、马齿菜、杨树叶、柳树叶、洋槐叶等植物中都含有较多该类物质。

（1）中毒机制　紫质及其衍生物进入体内，可导致机体对日光的敏感性增强，在阳光照射的部位引起皮炎。

（2）预防措施

①在食用前先用开水焯一下，再用水反复浸泡。

②晒成干菜食用。

第二节 食物中的天然动物性毒素

一、水产类

1. 河豚毒素

河豚是无鳞鱼的一种，全世界有 200 多种，我国有 70 多种。其肉鲜美，但含有剧毒物质。河豚鱼类广泛分布于温带、亚热带及热带海域，是近海食肉性底层鱼类。我国沿海从南到北均有河豚鱼类分布，其中黄海、渤海和东海是世界上河豚种类和数量最多的海区。

河豚毒素无色、无味、无臭，稳定性好，在中性及弱酸性溶液中比较稳定，在强酸性的溶液中分解，在弱碱性的溶液中部分分解，pH14 时，河豚毒素全部分解成喹唑啉化合物，失去毒性。

河豚毒素是一种毒性强烈的非蛋白类神经毒素，分子式 $C_{11}H_{17}O_8N_3$，相对分子质量 319.27。

河豚毒素主要分布在河豚的卵巢、肝脏、肾脏、血液和皮肤中。河豚内脏毒素含量的多少因部位及季节而异。卵巢和肝脏有剧毒，其次为肾脏、血液、眼睛、鳃和皮肤。如鱼死亡时间较长，内脏和血液中的毒素也会慢慢渗入肌肉中，引起中毒。每年 2~5 月是河豚的卵巢发育期，毒性较强，6~7 月产卵后，卵巢退化，毒性减弱。引起人们中毒的河豚毒素有河豚素、河豚酸、河豚卵巢毒素及河豚肝毒素等。

河豚毒素的毒性比氰化钾高 1000 倍，0.5mg 河豚毒素即可使人中毒死亡。河豚毒素的理化性质比较稳定，采用加热和盐腌的方法均不能破坏其毒性。

（1）中毒机制　河豚毒素的毒理作用现已证明主要是阻碍神经和肌肉的传导，使骨骼肌、横膈肌及呼吸神经中枢麻痹，导致呼吸停止。

（2）中毒症状　河豚中毒的临床表现分为四个阶段。中毒的初期，首先感到发热，接着便是嘴唇和舌间发麻，头痛、腹痛、步态不稳，同时出现呕吐。第二阶段，出现不完全运动麻痹，运动麻痹是河豚中毒的重要特征之一。呕吐后病情的严重程度和发展速度加快，不能运动，知觉麻痹，语言障碍，出现呼吸困难和血压下降。第三阶段，运动中枢完全受到抑制，运动完全麻痹，生理反射降低。由于缺氧，出现发绀，呼吸困难加剧，各项反射渐渐消失。第四阶段，意识消失。河豚中毒的另一个特征是患者死亡前意识清楚，当意识消失后，呼吸停止，心脏也很快停止跳动。

（3）预防措施

①加强卫生宣传教育，不私自购买、捕捞、食用野生河豚，这是预防河豚中毒最有效的方法。

②依法管理：2016 年，《农业部办公厅　国家食品药品监督管理总局办公厅关于有条件放开养殖红鳍东方鲀和养殖暗纹东方鲀加工经营的通知》明确，有条件放开养殖红鳍东方鲀和养殖暗纹东方鲀加工经营；养殖基地必须经过农业部备案，严禁不符合规定条件的单位和个人从事河豚加工活动；允许餐饮单位加工制作有资质的养殖基地和加工企业提供的有包装

的河豚加工产品，河豚毒素含量不高于 2. 2mg/kg（以鲜品计）。同时，禁止经营养殖河豚活鱼和未经加工的河豚整鱼，禁止加工经营所有品种的野生河豚。

③消费者在采购、食用养殖加工河豚产品时仔细查验商品包装上的生产企业名称、原料基地备案号、可追溯二维码及加工企业编号。

2. 肉毒鱼类毒素

生活在热带、亚热带海域因食用有毒藻类的鱼含有一种称为“雪卡”的毒素，它常存在于鱼体肌肉、内脏和生殖腺等组织或器官中，它是不溶于水的脂溶性物质，对热稳定，是一种外因性和累积性的神经毒素。它具有胆碱酯酶阻碍作用，类似有机磷农药中毒的性质。

（1）中毒机制　该毒素可以阻断细胞膜 Na^+通道，造成神经系统传导障碍而产生麻痹作用；该毒素也具有抑制 Ca^{2+}作用，浓度高时对心脏有直接损害作用。

（2）中毒症状　初期感觉口渴，唇舌和手指发麻，并伴有恶心、呕吐、头痛、腹痛、肌肉无力等症状，几周后可恢复。很少出现死亡，其死亡原因较复杂，病人大多死于心脏衰竭。

（3）预防措施　肉毒鱼类毒素不能在日常烹调、蒸煮中去除，食用前需在专业人员指导下，确认鱼无毒后才可以食用。

3. 组胺

青皮红肉的鱼类肌肉中组胺酸含量较高，当受到富含组胺酸脱羧酶的细菌污染，并在适宜的环境条件下（10～30℃，特别是 15～20℃下，鱼体盐分浓度在 3%～5%时，pH7 或稍低的中性偏酸性环境中），组胺酸即被组胺酸脱羧酶脱去羧基而产生组胺，当组胺积蓄至一定量时，食后便有中毒危险。大肠杆菌、产气杆菌、变形杆菌、无色菌和细球菌等均能使组胺酸分解产生组胺。青皮红肉的鱼类主要有金枪鱼、鲐鱼、刺巴鱼、沙丁鱼等。

（1）中毒机制　组胺中毒主要是刺激心血管系统和神经系统，促使毛细血管扩张充血，使毛细血管通透性增加，使血浆进入组织，血液浓缩，血压下降，心率加快，使平滑肌发生痉挛。

（2）中毒症状　这种中毒发病快，潜伏期一般为 0. 5～1h，长者可达 4h。主要表现为脸红、头晕、心率加快、胸闷和呼吸急迫等。部分病人眼结膜充血、瞳孔散大、脸发胀、四肢麻木、荨麻疹。但大多数人症状轻、恢复快，死亡者少。

（3）预防措施

①捕到青皮红肉的鱼类后应及时冷藏，向市场供应的鲜鱼应加冰保质，对体型较厚的鱼类加工时要劈开背部以利于盐分渗入，使蛋白质较快凝固，用盐量不低于 25%。

②避免食用不新鲜或腐败变质的鱼类，防止中毒。

③制定鱼类食品中组胺最大允许含量标准，GB 2733—2015《食品安全国家标准　鲜、冻动物性水产品》中规定高组胺鱼（鲐鱼、金枪鱼）组胺低于 40mg/100g，其他海水鱼类组胺低于 20mg/100g。

4. 蛤类毒素

蛤类含有石房蛤毒素（saxitoxin，STX），又称甲藻毒素，为一种相对分子质量较小的非蛋白类神经毒素。该毒素呈白色，可溶于水，易被胃肠道吸收；热稳定，100℃加热 0. 5h 毒性仅减少一半；若 pH 升高会迅速分解，但对酸稳定。其毒性很强，对人经口的致死量为 0. 54～0. 90mg。石房蛤毒素主要存在于石房蛤、文蛤与花蛤等蛤类以及海蟹中。

（1）中毒机制　石房蛤毒素属于麻痹型神经毒，为强神经阻断剂，能阻断神经和肌肉间神经冲动的传导。

（2）中毒症状　其潜伏期短，仅几分钟，最长不超过4h。症状初期为唇、舌、指间麻木，随后四肢、颈部麻木，运动失调，伴有头晕、恶心、胸闷乏力，甚至死亡，其死亡率为5%~18%。

（3）预防措施

①中毒无有效解药，应尽早采取催吐、洗胃、导泻的方法排出毒素。

②在pH3的条件下煮沸3~4h可破坏石房蛤毒素。

③食用贝类前应彻底清洗，制作时先除去内脏及周围的暗色部分，并采取水煮后捞肉、弃汤的烹调方法，使毒素含量降至最低。

5. 螺类毒素

螺类已知有8万多种，其中少数种类含有毒物质。其有毒部位分别在螺的肝脏或鳃下腺、唾液腺内，误食或过食可引起中毒。螺类毒素属于非蛋白类麻痹型神经毒素，易溶于水，耐热耐酸，且不被消化酶分解破坏。

（1）中毒机制　同蛤类毒素。

（2）中毒症状　头晕、呕吐及手指麻木等神经性麻痹症状。

（3）预防措施

①食用螺类食品时，应反复清洗、浸泡，并采取适当的烹饪方法，以清除或减少食品中的毒素。

②定期对海水进行监测，当海水中大量存在有毒的藻类时，应同时监测捕捞的螺类所含的毒素量。

③发现中毒者，应采取催吐、洗胃、导泻等措施，尽早排出体内毒素。

6. 海兔毒素

海兔属后鳃贝类，贝壳已退化，仅剩一层薄而透明的角质层，软体部分几乎全部裸露。海兔又称海珠，是生活在浅海中的贝类。它的种类很多，其卵含有丰富的营养，是我国东南沿海地区人们喜爱的食品，并可入药。

海兔主要生活在浅海潮流较流畅、海水清澈的海湾，以各种海藻为食，其体色和花纹与栖息环境中的海藻相似。当它们食用某些海藻之后，身体就能很快地变为这种海藻的颜色，并以此来保护自己。我国已知海兔有19种，广泛分布于福建、广东、广西、海南等地。海兔的体内有毒腺，分泌海兔毒素等有毒物质。

（1）中毒机制　海兔体内的毒腺又称蛋白腺，能分泌一种酸性乳状液体，气味难闻。海兔的皮肤组织中含一种有毒性的挥发油，对神经系统有麻痹作用。海兔毒素（图3-2）是神经毒素，其药理活性与乙酰胆碱相似。根据生物活性和溶解性的不同，可将毒素分为醚溶和水溶两类。其中醚溶毒素具有升血压特性，它能使动物兴奋、过敏、瘫痪、缓慢死亡；而水溶毒素具有降血压特性，可使动物惊厥、呼吸困难、流涎，突然死亡。

（2）中毒症状　中毒表现为多汗、流泪、流涎不止，腹泻、腹痛，呼吸困难，严重者全身痉挛，甚至死亡。

（3）预防措施

①通过洗胃、催吐排出毒物：早期中毒患者喝温盐水或蛋清，可减少毒素吸收。因毒素

溶于脂肪，可进食熟猪油催吐，并口服泻药，进行导泻。

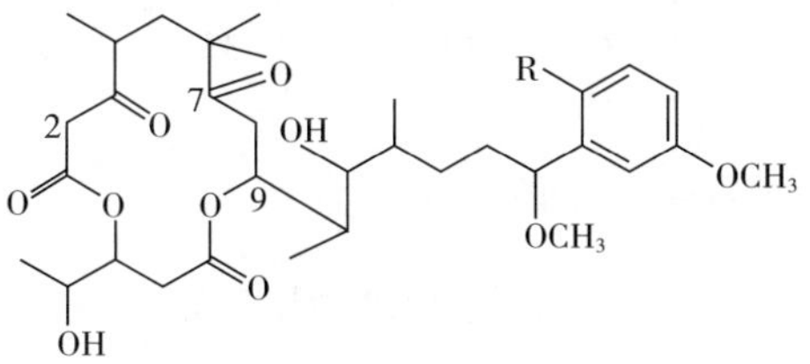

图 3-2　海兔毒素结构式

②全身治疗：采用阿托品 1～2mg 肌肉注射，可减轻或解除大部分中毒症状；用 10% 葡萄糖酸钙静脉注射，可减轻神经系统症状；用维生素 B_6 对症状有所缓解。

③对症治疗：局部疼痛时，用冷水冲洗或湿敷；全身剧痛时用吗啡；呼吸困难时吸氧；严重者进行气管插管或气管切开。

7. 海参毒素

海参生活在海水中的岩礁底、沙泥底、珊瑚礁底。它们活动缓慢，在饵料丰富的地方，其活动范围很小，主要食物为混在泥沙或珊瑚泥沙里的有机质和微小的动植物。海参是珍贵的滋补食品，有的还具有药用价值。但少数海参含有毒物质，食用后可引起中毒。全世界的海参有 1100 种，分布在各个海洋，其中有 30 多个品种有毒。在我国沿海有 60 多种海参，其中 18 种有毒。多数含毒海参的内脏和体液中都存在海参毒素。当海参受到刺激或侵犯时，从肛门射出毒液或从表皮腺分泌大量黏液状毒液抵抗侵犯或捕获小动物。

（1）中毒机制　海参毒素是一类皂苷化合物，具有类似配糖体变态的羊毛甾醇。海参毒素具有强的溶血作用，这可能是脊椎动物中毒致死的主要原因。此外，海参毒素还具有细胞毒性和神经肌肉毒性。人除了误食海参发生中毒外，还可因接触由海参排出的毒黏液引起中毒。

（2）预防措施　食用海参前需在专业人员指导下，确认无毒后才可以食用。

二、两栖类

蟾蜍科有 13 个属，其中以蟾蜍属种类最多，全世界有 250 种以上。蟾蜍又称癞蛤蟆，主要用作药材。它的形态与青蛙相似，但其背部为黑色，全身有点状突起。蟾蜍为两栖类动物，以肺呼吸，辅以皮肤呼吸。蟾蜍皮肤由表皮和真皮组成，具有保护、防御、感觉、防止水分蒸发、辅助呼吸等功能。在外界环境的影响下，真皮和表皮中的色素细胞可引起体色的改变，使体色与生活环境相适应，这种改变了的体色称为保护色。

（1）中毒机制　蟾蜍的耳后腺及皮肤腺能分泌一种具有毒性的白色浆液。蟾蜍分泌的毒液成分复杂，有 30 多种，主要的毒性成分是蟾蜍毒素，在超剂量使用时将损害心肌，引起心率缓慢、心律不齐，最后导致心力衰竭而死亡。其病理变化主要表现为心脏呈舒张状态，心肌纤维断裂，外膜水肿及有出血斑点，心、脑、肺、肝、脾、肾和肾上腺血管显著扩张、充血等。

（2）中毒症状　主要表现为恶心、呕吐、腹胀、头痛、头晕、嗜睡、出汗，严重者抽搐、昏迷甚至死亡。蟾蜍中毒的死亡率较高，且无特效的治疗方法。

（3）预防措施

①不食用蟾蜍。

②如因治疗需要，应在医生的指导下食用，且食用量不宜过大。

③中毒后，应及时催吐、洗胃、导泻。

④中毒后，应补液，促进毒素的排泄，并给予维生素 B_1、维生素 C 等。

三、其他动物组织

1. 肾上腺皮质激素

在家畜中由肾上腺皮质分泌的激素为脂溶性类固醇激素。

（1）中毒机制　如果人误食了家畜肾上腺，会因该类激素浓度增高而干扰人体正常的肾上腺皮质激素的分泌活动，引起系列中毒症状。

（2）预防措施　加强监督，屠宰家畜时将肾上腺除净，以防误食。

2. 甲状腺激素

甲状腺激素是由脊椎动物的甲状腺分泌的一种含碘酪氨酸衍生物。甲状腺激素的理化性质非常稳定，600℃以上的高温才可以破坏，一般烹调方法难以去毒。

（1）中毒机制　大量的甲状腺激素可扰乱机体正常的内分泌系统活动；还能影响下丘脑功能；使组织细胞氧化速率提高，分解代谢作用增强，产热增加，各器官系统活动平衡失调。

（2）预防措施

①屠宰家畜时将甲状腺除净，且不得与“碎肉”混在一起出售，以防误食。

②一旦发生甲状腺中毒，可用抗甲状腺素药及促肾上腺皮质激素急救，并对症治疗。

3. 动物肝脏中的毒素

肝脏是动物最大的解毒器官，动物体内各种毒素，大都经过肝脏处理、转化、排泄或结合，进入动物体内的细菌、寄生虫往往也在肝脏中生长、繁殖，因此患病动物的肝脏存在许多潜在的不安全因素，即便是健康动物的肝脏由于含有高胆固醇、高维生素 A，食用也须谨慎，特别是中老年人。

动物肝脏中的毒素主要是胆酸、牛磺胆酸和脱氧胆酸，其中，牛磺胆酸的毒性最强，脱氧胆酸次之，结构式如图 3-3 所示。

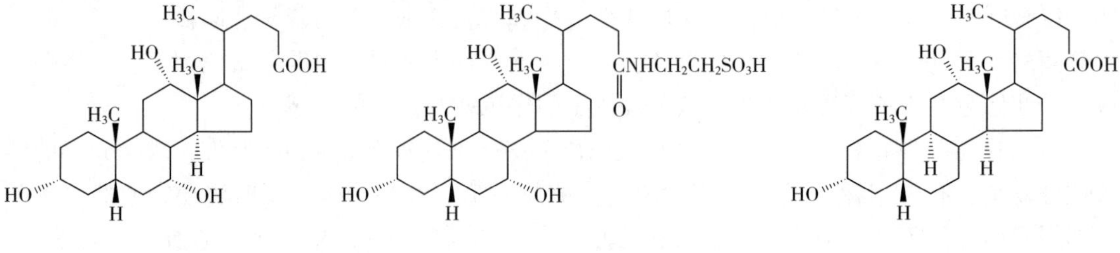

（1）胆酸　（2）牛磺胆酸　（3）脱氧胆酸

图 3-3　胆酸、牛磺胆酸和脱氧胆酸结构式

（1）中毒机制　脱氧胆酸对结肠癌、直肠癌的发生有促进作用。此外，各种动物的肝脏

中维生素 A 的含量都较高，在一般情况下，维生素 A 是不表现任何毒性的营养物质。当摄入量超过一定限度后，可能产生某些不良反应甚至中毒。研究表明，人每天摄入 100mg（约 3000IU）/kg 体重维生素 A 即可引起慢性中毒。

（2）预防措施

①选择健康肝脏食用。若肝脏瘀血、异常肿大，流出被污染的胆汁或可见虫体等，均视为病态肝脏，不可食用。

②一次摄入的肝脏不能过多。

第三节 毒蘑菇和麦角毒素

一、毒蘑菇

蘑菇属真菌植物，我国的蘑菇种类繁多、形态各异、分布广泛。蘑菇含有多种氨基酸、糖和维生素，是人们喜爱的一种食物。目前，我国已知可食用的蘑菇有 1000 多种，有毒蘑菇有 400 多种，其中含剧毒可对人有致死危险的有 40 多种。由于蘑菇生长条件不同，不同地区发现的毒蘑菇种类也不同，且大小形状不一，所含毒素也不一样。

1. 流行病学特点

国家食源性疾病监测结果显示，我国近几年毒蘑菇中毒事件呈上升趋势，除西南、华中等传统高发区外，其他地区也呈现多发态势，多以家庭散发为主，严重威胁人民群众身体健康和生命安全。我国毒蘑菇中毒事件主要发生在 5~10 月高温多雨季节，各省发病高峰虽然具有明显差异，但均与温度和降水有密切关系。在雨后，气温开始上升，毒蘑菇迅速生长。常由于个人采摘野生鲜蘑菇，又缺乏识别有毒与无毒蘑菇的经验，将毒蘑菇误认为无毒蘑菇食用。

2. 中毒表现

毒蘑菇种类繁多，其有毒成分和中毒症状各不相同。根据所含有毒成分的临床表现，一般可分为以下 5 种类型。

（1）胃肠型 误食含有胃肠毒素的毒蘑菇引起，常以胃肠炎症状为主。中毒的潜伏期比较短，一般 0.5~6h，主要症状为剧烈的腹痛、腹泻、恶心、呕吐，体温不高。病程短（2~3d），一般经过适当对症处理可迅速恢复，死亡率低。引起此型中毒的毒蘑菇代表为黑伞蕈属和乳菇属的某些蕈种，毒素可能为类树脂物质（resinlike）。

（2）神经精神型 误食毒蝇伞、豹斑毒伞等毒蘑菇引起。导致此型中毒的毒蘑菇中含有引起神经精神症状的毒素，此型中毒潜伏期为 1~6h。临床表现除有胃肠症状外，还有副交感神经兴奋症状，如多汗、流涎、流泪、大汗、瞳孔缩小、脉搏缓慢等，少数病情严重者可出现谵妄、精神错乱、幻视、幻听、狂笑、动作不稳、意识障碍等症状，也可有瞳孔散大、心跳过速、血压升高、体温上升等症状。如果误食牛肝蕈属中的某些毒蘑菇中毒时，还有特有的“小人国幻觉”，患者可见一尺高，穿着鲜艳的小人在眼前跑动。经及时治疗后症状可迅速缓解，病程一般 1~2d，死亡率低。

引起此类型中毒的毒素主要有：①毒蝇碱（muscatin）。为一种生物碱，溶于乙醇和水，不溶于乙醚。存在于毒蝇伞蕈、丝盖伞蕈属、杯伞蕈属及豹斑毒伞蕈等中。这几种蘑菇在我国北方许多省市均有生长。②蜡子树酸（ibotenicacid）及其衍生物。毒蝇伞蕈属的一些毒蘑菇含有此类物质。这种毒素可引起幻觉症状，色觉和位置觉错乱，视觉模糊。③光盖伞素（psilocybin，裸盖菇素）及脱磷酸光盖伞素（psilocin）。存在于裸盖菇属及花褶伞属蕈类，一般食入1~3g干蕈即可引起中毒。这种毒素可引起幻觉、听觉和味觉改变，发声异常，烦躁不安。④幻觉原（hallucinogens）。主要存在于橘黄裸伞蕈中，我国黑龙江、福建、广西、云南等均有此蘑菇生长。摄入此蘑菇15min即出现幻觉，视力不清，数小时后可恢复。

（3）溶血型　误食鹿花蕈等引起。其毒素为鹿花毒素（gyromitrin），属甲基联胺化合物，有强烈溶血作用，可使红细胞遭到破坏。可出现贫血、黄疸、血尿、肝脏肿大，严重的有生命危险。此毒素具有挥发性，对碱不稳定，可溶于热水。此类中毒潜伏期一般6~12h，多于胃肠炎症状后出现溶血性黄疸、肝脾肿大，少数病人出现蛋白尿，有时溶血后有肾脏损害。严重中毒病例可因肝、肾功能受损和心衰而死亡。

（4）肝肾损伤型　此型中毒最严重，病死率非常高。可损害人体的肝、肾、心脏和神经系统，其中对肝脏损害最大，可导致中毒性肝炎。按其病情发展一般可分为6期：①潜伏期；②胃肠炎期；③假愈期：胃肠炎症状消失后，病人精神状态较好，无明显症状，给人以病愈感觉，其实此时毒素已进入肝脏等器官并造成损害，大约经过1d左右，病情突然恶化，进入内脏损害期。轻度病人肝损害不严重，可由此期进入恢复期；④内脏损害期：严重中毒病人在发病2~3d后出现内脏损害症状；⑤精神症状期：主要由肝损伤后出现肝昏迷引起；⑥恢复期。有毒成分主要为毒肽类（phallotoxins）和毒伞肽类（a-manitoxins），存在于毒伞蕈属、褐鳞小伞蕈及秋生盔孢伞蕈中。此类毒素剧毒，对人致死量为0.1mg/kg体重，可使体内大部分器官发生细胞变性。含此毒素的新鲜蘑菇50g即可使成人致死，几乎无一例外。发生中毒如不及时抢救死亡率很高，可达50%~60%，其中毒伞蕈属中毒可达90%。

（5）光过敏性皮炎型　误食胶陀螺菌引起。中毒时身体裸露部位如颜面出现肿胀、疼痛，特别是嘴唇肿胀、外翻，形如猪嘴唇。还有指尖疼痛、指甲根部出血等。

3. 预防措施

发生毒蕈中毒要及时催吐、洗胃、导泻、灌肠，迅速排出毒物，根据不同症状和毒素情况采取不同治疗方案。如胃肠炎型可按一般食物中毒处理；神经精神型可采用阿托品治疗；溶血型可以用肾上腺皮质激素治疗，同时给予保肝治疗；肝肾损伤型可用二巯基丙磺酸钠治疗，保护体内含巯基酶的活性；光过敏性皮炎型可使用安其敏、马来酸氯苯那敏、苯海拉明、氢化可的松、维生素C等药物治疗。

预防毒蘑菇中毒最安全的方法——不采、不买、不卖、不吃野生蘑菇。毒蘑菇与可食用蘑菇很难区分，民间百姓虽有一定实践经验，如在阴暗肮脏处生长的、颜色鲜艳的、形状怪异的、分泌物浓稠易变色的、有辛辣酸涩等怪异气味的蘑菇一般为毒蘑菇。但以上经验没有科学依据，无法适用。还要加大预防毒蘑菇中毒相关知识的宣传力度，充分利用宣传媒体做到家喻户晓，妇孺皆知。此外，各地相关部门要健全完善毒蘑菇中毒防控工作责任体系，加大对农村宴席、街头摊点、农贸市场的监管力度，禁止销售、加工、食用自采或来路不明的野生蘑菇。

二、麦角毒素

麦角毒素是麦角中的主要活性有毒成分，是以麦角酸（图 3-4）为基本结构的一系列生物碱衍生物，如麦角胺、麦角新碱和麦角毒碱等。

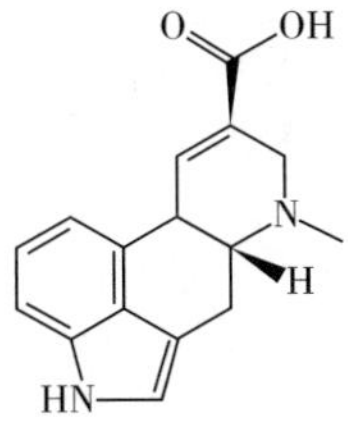

图 3-4　麦角酸结构式

麦角是麦角菌侵入谷壳内形成的菌核，通常寄生于黑麦上，小麦、大麦、水稻、谷子、玉米、高粱等也可被侵害。麦角的毒性稳定，可保持数年不受影响。

麦角胺类和麦角毒碱类都不溶于水，只有麦角新碱类易溶于水。麦角生物碱可产生吲哚基的颜色反应，可在有氨水的碱性条件下溶于氯仿。

（1）中毒机制　氨基酸麦角碱类可直接作用于血管使其收缩，导致血压升高，使迷走神经兴奋，引起心动过缓。大剂量氨基酸麦角碱能损害毛细血管内皮细胞，导致血管栓塞和坏死，并使肾上腺素的升压作用反转。人误食被麦角污染的食品后会引起麦角中毒症，通常食用含 1%以上麦角的粮食即可引起食物中毒，含量达 7%即可引起致命性食物中毒。

（2）中毒症状　中毒表现为 3 种类型。

①痉挛型：感觉疲劳、头昏、周身刺痛感、手脚麻木、四肢无力、胸闷和胸痛，有时出现腹泻，常持续数周，继而出现疼痛性抽搐和肢体痉挛。中毒患者病死率为 10%~20%。

②坏疽型：主要表现为四肢麻木，痛感、触觉消失，皮肤发黑、皱缩、干瘪变硬等。

③混合型：其临床表现兼有痉挛型和坏疽型麦角中毒的特点。

（3）预防措施

①加强田间管理，清除杂草及自生麦。

②不同作物轮作。

③选用不带菌核的种子或对麦角菌有抵抗力的农作物品种。

④清除麦收后留在麦田里的麦角。

思考题

1. 氰苷的中毒机制是什么？预防措施有哪些？
2. 哪些鱼肉中容易生成组胺？组胺的形成原因是什么？
3. 毒蘑菇的中毒类型有哪些？

第四章

04

环境污染与食品安全性

学习目标

1. 掌握食物中常见的环境污染的类别及防控措施。
2. 掌握大气污染、水体污染和土壤污染对食品安全性的影响。
3. 掌握食品中放射性污染物的概念及控制措施。
4. 掌握食物链生物富集及环境中内分泌干扰物对食品安全性的影响及防控措施。

第一节 概　　述

环境和食品都是人类生存的基本保证，生态安全和食品安全是国家安全体系的重要基石。人类科学技术的发展和物质文明的进步，给社会和经济生活带来繁荣昌盛的同时也带来了一些环境问题。自然资源受到破坏，严重影响着食品安全与人体健康，同时也制约了生产的发展。环境问题已经成为影响人类社会发展的重要问题。党的十八大以来，以习近平同志为核心的党中央把生态文明建设作为关系中华民族永续发展的根本大计，开展一系列开创性工作，坚决向污染宣战，推进绿色低碳发展，加强生态保护修复。

一、环境污染

（一）化学性污染

1. 大气的化学性污染

大气中的化学性污染物种类多，理化性质复杂，毒性也各有不同，主要为矿物燃料燃烧和工农业生产。

（1）日常生活污染源　日常生活中，常用天然气、煤等来取暖、烹饪，这个过程会产生二氧化硫、一氧化碳、一氧化氮、总悬浮微粒、多环芳烃以及砷、汞、镉等重金属元素。此外，现代化的交通运输工具所用的汽油、柴油、航空煤油等在燃烧过程中，也会产生一氧化碳、氮氧化物、碳氢化物、硫化物、有机铅化合物等。

（2）工业生产污染源　工业生产过程中排放到大气中的污染物种类多、数量大，是城市或工业区大气的重要污染源。例如，有色金属冶炼工业排出二氧化硫、氮氧化物以及含重金属元素的烟尘；石油化工企业排放二氧化硫、硫化氢、二氧化碳、氮氧化物；磷肥厂排出氟化物；钢铁工业在炼铁、炼钢、炼焦过程中排出粉尘、硫氧化物、氰化物、一氧化碳、硫化氢、酚、苯类、烃类等；酸碱盐化工工业排出二氧化硫、氮氧化物、氯化氢及各种酸性气体；农药工业排出氯气、氯化氢等无机物以及种类繁多的挥发性有机物；食品工业中生产酱油等调味品过程中排放硫化氢、氨气、单环芳香烃等恶臭废气，以及萘、蒽、菲、联苯、三苯甲烷等有机废气。

（3）农业生产污染源　农药、化肥对提高农作物的产量具有重要作用，但是也带来了诸多环境污染问题。例如，采用喷雾、喷粉、泼浇等施用农药的方式会造成农药药剂颗粒飘逸到大气中，此外黏附在作物表面和土壤表面的农药通过蒸发、蒸腾后也可进入大气。化肥对大气的影响主要集中在氮肥上，土壤中的氮肥可经过氨挥发、硝化和反硝化反应产生 N_2O 等进入大气。

2. 水体的化学性污染

水是生命的源泉，是包括人类在内所有生命生存的重要资源，容易被人类的生产生活过程污染。水体的化学污染主要来源于工业废水、生活污水及农村污水和灌溉水。

（1）工业废水　工业废水是水体重要的污染源，量大、面广、含污染物多，成分复杂，处理比较困难。工业废水包括生产废水、生产污水及冷却水，是指工业生产过程中产生的废水和废液，其中含有随水流失的工业生产用料、中间产物、副产品以及生产过程中产生的污染物。

（2）生活污水　生活污水主要是粪便、洗涤污水和医院污水。生活污水中含有纤维素、淀粉、糖类、脂肪、蛋白质等有机物，特点是含氮、含硫和含磷高，在厌氧细菌作用下，易产生硫化氢、硫醇、粪臭素等恶臭物质。

（3）农村污水和灌溉水　由于农田使用化肥和农药，灌溉后排出的水或雨后径流中，常含有农药和硝酸盐，对水体影响很大。如农药直接投入水体，或施用后土壤中残留的农药以及水溶性大、吸附性能弱的农药都容易随水淋溶进入地下水中。化肥的过量使用也会导致氮、磷等从耕地流入水体，造成水体硝酸盐、亚硝酸盐含量增多。

3. 土壤的化学性污染

除自然污染源（如含重金属或放射性元素的矿床）外，土壤污染物主要来自废水、固体废弃物、农药、化肥、牲畜排泄物、生物残体和大气沉降物等。污染物种类有重金属、有害的无机污染物，以及有机农药、酚等有害有机化合物。大气和水体的化学性污染，通过沉降、灌溉、地下水渗透等方式均可造成土壤的化学性污染。

（二）物理性污染

物理性污染是指由物理因素引起的环境污染，包括电磁辐射、噪声、光污染、热污染等。环境的物理性污染直接或间接的都可以对食品安全造成影响，目前关注较多的包括热污染和水中悬浮物污染等。

1. 热污染

来自各种工业过程的冷却水，若不采取措施，直接排入水体，可能引起水温升高，水体中物理化学反应和生物反应速度会加快，由此带来的后果是多方面的。如有毒物质毒性加强，需氧有机物氧化分解速度加快，耗氧量增加，水体缺氧加剧等。

2. 水中悬浮物污染

水中悬浮物污染是指污水排入水体后，改变水体的物理特性，使水体浊度增高，悬浮物增加，出现多种颜色，水面漂浮泡沫、油膜等现象。悬浮物可影响植物的光合作用，减少氧气溶入，对水生生物不利。

（三）生物性污染

生物性污染是指生物有机体对人类或环境造成的不良影响。与食品安全相关的生物性污染包括微生物、病毒、寄生虫和昆虫对环境造成的污染。其中微生物污染主要有细菌与细菌毒素污染、霉菌与霉菌毒素污染等。

（四）放射性污染

在自然界和人工生产的元素中，有一些能自动发生衰变，并放射出肉眼看不见的射线，这些元素统称为放射性元素或放射性物质。在自然状态下，来自宇宙的射线和地球环境本身的放射性元素一般不会给生物带来危害。20 世纪 50 年代以来，人的活动使人工辐射和人工放射性物质大大增加，环境中的射线强度随之增强，危及生物的生存，从而产生了放射性污染。放射性污染很难消除，射线强弱只能随时间的推移而减弱。

放射性污染的特点：①绝大多数放射性核素毒性，按致毒物本身重量计算，均高于一般的化学毒物。②按放射性损伤产生的效应，可能影响遗传，给后代带来隐患。③放射性剂量的大小只有辐射探测仪才可以探测，非人的感觉器官所能知晓。④射线的辐照具穿透性，特别是 γ 射线可穿透一定厚度的屏障层。⑤放射性核素具有蜕变能力。⑥放射性活度只能通过自然衰变而减弱。

由于放射性的特点，其给人类带来了非常大的危害。①直接损伤：放射性物质直接使机体物质的原子或分子电离，破坏机体内某些大分子如脱氧核糖核酸、核糖核酸、蛋白质分子及一些重要的酶。②间接损伤：各种放射线首先将体内广泛存在的水分子电离，生成活性很强的 H^+、OH^- 和分子产物等，继而通过它们与机体的有机成分作用，产生与直接损伤作用相同的结果。③远期效应：主要包括辐射致癌、白血病、白内障、寿命缩短等方面的损害以及遗传效应等。

二、环境污染的防控措施

党的十八大以来，习近平总书记提出生态文明建设和生态环境保护的一系列新理念、新思想、新战略，谋划开展了一系列根本性、长远性、开创性工作。我国在环境保护方面做了一系列的工作。

在政策法规和国家标准方面，针对环境污染和食品安全问题，先后出台和修订了一系列法规和标准。包括《中华人民共和国环境保护法》（2014 年修正），《中华人民共和国大气污染防治法》（2018 年修正）和 GB 3095—2012《环境空气质量标准》，《中华人民共和国水污染防治法》（2017 年修正）和 GB 3838—2002《地表水环境质量标准》，以及《中华人民共和国土壤污染防治法》（2019 年 1 月 1 日实施）和 GB 15618—2018《土壤环境质量　农用地土壤污染风险管控标准（试行）》，此外还包括《中华人民共和国食品安全法》（2021 年修正）和 GB 2762—2022《食品安全国家标准　食品中污染物的限量》等食品安全相关法规和标准。

在治理环境污染方面，我国污染治理力度之大前所未有。国务院发布实施大气、水、土壤污染防治三大行动计划，坚决向污染宣战。我国加大化解钢铁、煤炭等过剩产能和淘汰落后产能工作力度，单位产品主要污染物排放强度不断降低，资源能源效率不断提升。我国能源消费结构发生积极变化，成为世界利用新能源、可再生能源第一大国。环境基础设施建设加速推进，成为全世界污水处理、垃圾处理能力最大的国家。根据我国生态环境部官方网站的通报显示，我国在工业集聚区水污染防治工作、土壤防治工作、大气防治污染工作等方面均取得了阶段性进展，有效地改善了生态环境。

三、环境污染与食品安全

影响食品安全性的因素很多，其中环境污染对食品安全性的影响较大。食品作为环境中物质、能力交换的产物，其原料采收、生产、加工、贮存、运输、销售、食用都在一个开放的系统中完成。在这个从农田到餐桌的整个周期链条中，都可能出现因环境污染因素导致的食品质量下降与被污染问题。

GB 2762—2022《食品安全国家标准　食品中污染物限量》对食品中的化学性污染物进行了限量规定，该标准中污染物定义为：食品在从生产（包括农作物种植、动物饲养和兽医用药）、加工、包装、贮存、运输、销售，直至食用等过程中产生的或由环境污染带入的、非有意加入的化学性危害物质。由此可见，环境中的化学性污染可以直接或间接影响食品安全。环境中的硫氧化物、氮氧化物、氯气、氟化物、氰化物等无机化合物，多环芳烃、酚类化合物、二噁英、多氯联苯、*N*-亚硝基化合物、有机农药等有机化合物，以及镉、汞、铅、砷等重金属均有可能通过各种途径污染食品。

环境的物理性污染也引发严重的食品安全问题。人类大量使用塑料制品，导致环境、食物和饮水中含有大量塑料微粒，这种无法降解、无法消化的污染物已开始对食品安全和人类健康造成危害。

放射性污染也是危害食品安全的重要方面。2011 年 3 月，日本东部海域发生 9 级特大地震并引发海啸，位于日本本州东海岸的福岛核电站严重受损并引发了一系列核泄漏事故。核泄漏造成大量放射性物质直接污染海域、饮用水、土壤，造成了当地和周边的食物污染、食品供应链以及食品贸易的破坏。

环境的生物性污染和食源性致病微生物导致的食品安全问题也一直是我国食品风险监测的重要方面。《中国食品安全发展报告（2018）》指出，我国食品安全四大主要风险中，微生物污染问题最为严重。对我国主要食用农产品、食品抽检发现的不合格样品中，微生物污染占比达到 32.74%。寄生虫和虫卵污染主要是通过病人、病畜的粪便间接通过水体或土壤污染食品或直接污染食品。如华支睾吸虫病的传播有赖于粪便中的虫卵进入水体，经过水体而进入淡水鱼虾等宿主，而生食淡水鱼的习惯导致了华支睾吸虫病的高发生率。国际癌症研究署（International Agency for Research on Cancer，IARC）于 2009 年将华支睾吸虫列为第一类致癌物质。昆虫污染主要包括粮食中的甲虫、螨类、蛾类以及动物食品和发酵食品中的蝇、蛆等。

由环境污染引发的食品安全重大事件

第二节　大气污染对食品安全性的影响

一、大气污染

1. 定义

大气污染是指进入大气中的污染物和由它转化成的二次污染物在大气中的浓度超过了大气环境的容许量，直接或间接地对人类生活、生产和身体健康等方面产生不良影响的现象。大气环境质量对人类生活有直接的影响，还与植物的生长密切相关，尤其是农作物生长更容易受大气环境的影响。由于植物生长位置固定不变，当大气环境中污染物到达一定浓度，某些污染物会随着气体的交换进入植物体内并积累。有害物质的积累可直接造成初级农产品的食用安全问题，还可通过植物性饲料富集于动物性食物，最终通过食物链传递到人类。除此之外，大气污染物还可以通过沉降和降水而污染水体和土壤，造成立体污染。可见，大气污染可从多方面影响食品安全和人体健康。

2. 大气污染物的种类

大气污染物是指由于人类活动或自然过程排入大气的并对环境或人产生有害影响的物质。大气污染物的种类很多，理化性质非常复杂，毒性也各不相同，主要分为有害气体（硫氧化物、氮氧化物、碳的氧化物、碳氢化合物、卤族元素及化合物等）和总悬浮颗粒物两大类。对农业生产危害较大的污染物是：硫氧化物（二氧化硫、三氧化硫、三氧化二硫、一氧化硫等）；氮氧化物（氧化亚氮、一氧化氮、二氧化氮、三氧化二氮等）；碳的氧化物（二氧化碳和一氧化碳）；碳氢化合物（甲烷、乙烷等烃类气体）；卤族元素及化合物（含氟气体、氟化物、含氯气体等）；总悬浮颗粒物（金属类飘尘、煤烟粉尘、矿物粉尘、酸雾等）。

3. 污染来源和危害

大气污染按其来源可分为天然污染源和人为污染源，包括来源于矿物燃料（如煤和石油等）燃烧、工农业生产、交通运输中排放的有害物质，居民日常生活活动以及腐烂的动植物挥发等。天然污染源是指自然界向大气排放的污染物或地点地区，如由于火山爆发产生的灰尘、二氧化硫、硫化氢等污染物，或自然逸出的瓦斯气，以及发生森林火灾、地震等自然灾害的地方。人为污染源按其存在的形式可分为固定污染源（如烟囱、工业排气筒等）和移动污染源（汽车、火车、飞机等）。

（1）总悬浮颗粒物（TSP）污染　空气中总悬浮颗粒物是指飘浮于空气中的粒径小于100μm的微小固体颗粒和液粒，其中直径大于10μm的称为降尘，可因重力很快降落到地面。粒径小于10μm的称为飘尘，又称为可吸入颗粒物（PM10或IP）。可吸入颗粒物因粒小体轻，能在大气中长期飘浮，飘浮范围从几公里到几十公里，可在大气中不断蓄积，使污染程度逐渐加重。可吸入颗粒物成分复杂，并具有较强的吸附能力，如可吸附各种金属粉尘、强致癌物3,4-苯并芘、病原微生物等。总悬浮颗粒物由天然及人为来源产生，它主要来源于燃料燃烧时产生的烟尘、生产加工过程中产生的粉尘、建筑和交通扬尘、风沙扬尘以及气态污染物经过复杂物理化学反应在空气中生成的相应的盐类颗粒。

（2）二氧化硫（SO_2）污染　二氧化硫是一种常见的和主要的大气污染物，是一种无色有刺激性的气体。二氧化硫主要来源于含硫燃料（如煤和石油）的燃烧，含硫矿（特别是含硫较多的有色金属矿石）的冶炼，发电、化工、炼油和硫酸厂等的生产过程。

（3）氮氧化物（NO_x）、一氧化碳、碳氢化物的污染　大气中的氮氧化物、一氧化碳和碳氢化物主要来自汽车尾气、石油和煤燃烧的废气及大量使用挥发性有机溶剂等。氮氧化物主要是对呼吸器官有刺激作用。由于氮氧化物较难溶于水，因而能侵入呼吸道深部细支气管及肺泡，并缓慢地溶于肺泡表面的水分中，形成亚硝酸、硝酸，对肺组织产生强烈的刺激及腐蚀作用，引起肺水肿。一氧化碳通过呼吸道进入血液，与血液中的血红蛋白结合速度比氧气快250倍，阻碍氧与血红蛋白结合成氧合血红蛋白（HbO_2），造成低氧血症，致使人体组织缺氧，影响中枢神经系统和酶的活动。

（4）化学性和生物性污染　大气中有害化学物质大部分是有机物，如多环芳烃及其衍生物等，小部分是无机物，如砷、镍、铍、铬等。在大气污染严重的城市，烟尘和汽车废气中，可检出30多种多环芳烃组分，其中3,4-苯并芘的存在比较普遍，致癌性也最强。20世纪50年代以来，各国城市居民的肺癌发病率和死亡率都在逐渐增高，而且显著高于农村。大气的生物性污染物主要有花粉、一些霉菌孢子和病原菌。花粉、霉菌孢子由空气传播，能引起一些人的过敏反应。空气变应原可诱发鼻炎、气喘、过敏性肺部病变。抵抗力较弱的病原微生物在日光照射、干燥的条件下容易死亡，一般空气中数量很少；抵抗力较强的病原微生物，如结核分枝杆菌、炭疽杆菌、化脓性球菌等，能附着在尘粒上污染大气，使人患肺结核等传染病。

二、大气污染对食品安全的影响

大气污染物对农作物的危害种类很多。长期暴露在污染空气中的动植物由于有毒污染物，或通过沉降和降水而污染水体与土壤，被农作物吸收并富集于蔬菜、瓜果和粮食中，造成其生长发育不良或受阻，甚至发病或死亡，从而影响了食品资源的安全性，并通过食物和饮水在人体内蓄积，造成急慢性中毒。

1. 二氧化硫

二氧化硫是对农业危害最广泛的空气污染物。二氧化硫的危害主要是产生危害植物的伤斑以及形成酸雨。典型的二氧化硫伤害症状是出现在植物叶片的叶脉间的伤斑，由于二氧化硫破坏叶绿素，使植物叶片枯黄、脱落，树干枯死，水稻减产等。伤斑的形状为不规则的点状、条状或块状坏死区，坏死区和健康组织之间的界限比较分明。

由于植物本身特性的差异，各种植物对二氧化硫的敏感程度不同，同一株植物的不同生育阶段对二氧化硫的敏感程度也不同，幼苗期和抽穗开花期比较敏感。国外研究报道，几种主要农作物的抗性指标为（在二氧化硫浓度为1.25mg/L的环境中处理1h出现受害症状的抗性指数为1.0）：大麦1.0，棉花1.0，紫苜蓿1.0，萝卜1.2，甘薯1.2，大豆1.5，小麦1.5，茄子1.7，苹果1.8，豇豆1.9，葡萄2.2~2.3，桃2.3，马铃薯3.0，玉米4.0，柑橘6.5~6.9，玉米花丝和花穗21.0。

2. 氟化物

氟化物是重要的大气污染物，土壤、矿石中都含有微量的氟元素，以氟化氢、氟化钠、氟化钙等化合物状态存在于自然界中。煤中也含有氟，燃烧时也会放出氟化氢气体。除此之外，水泥厂、陶瓷厂、钢铁厂等工业生产地也可释放出大量氟化物。氟具有在植物体内富集的特点，在受氟污染的环境中生产出来的茶叶、蔬菜和粮食一般氟含量较高。受氟污染的农作物还会通过畜禽食物链，对人的食品造成污染。氟被吸收后95%以上沉积在骨骼里，使骨骼中的钙质减少，导致骨质硬化和骨质疏松。由氟在人体内的积累引起的最典型的疾病为氟斑牙（齿斑）和氟骨症（骨增大、骨质疏松、关节肿痛等）。

3. 氯气

大气中一般情况下氯气浓度很低，对植物的毒性也不强，很少对植物产生明显危害。但在化工厂、电化厂、制药厂、农药厂、玻璃厂、冶炼厂、自来水净化厂等企业偶然事故时，会有大量氯气逸散，使植物受到急性危害。氯气进入植物组织后，与水作用生成具有强氧化性的次氯酸，有较大破坏作用。氯气的急性危害症状与二氧化硫相似，伤斑主要在叶脉间出现，呈不规则的点状或块状，受伤组织与健康组织间无明显分界，同一叶上常常相间分布着不同程度的受害伤斑或会使其失绿黄化，有时呈现一片模糊。各种植物对氯气的抗性不一，敏感植物有白菜、菠菜、韭菜、葱、番茄、菜豆、洋葱、冬瓜、向日葵、芝麻、大麦等；抗性中等的植物有甘薯、水稻、棉花、玉米、高粱、西瓜、马铃薯、茄子、辣椒、板栗、石榴、玉米等；抗性强的植物有枇杷、山桃、无花果等。

4. 酸雨

酸雨是指pH<5.6的雨水、冻雨、雪、雹、露等大气降水，被称为“空中死神”，它是因人类活动或自然灾害等原因导致区域降水酸化的一种污染现象。

酸雨的形成机理非常复杂。酸雨的发生和浓度及大气污染程度成正比。煤炭等石化燃料燃烧时，排放的二氧化硫和氮氧化物等污染物与大气中的水蒸气结合，生成硫酸和硝酸，是酸雨物质的主要来源。酸雨可破坏水生生态系统，导致河流、湖泊水体酸化，浮游生物的种类减少，危及鱼类等水生生物的生存。酸雨或酸化的水体可与土壤等发生化学反应，使土壤中的金属元素从土壤或底泥中溶出，进入水体后对水生生物产生毒害作用，再通过食物链对人类健康造成影响。除此之外，酸雨还可以直接影响农作物的生长，受到酸雨侵蚀的叶子，细胞膜透性下降，叶绿素含量低，叶色发黄、退绿，光合作用降低，农作物的抗病虫能力减弱，导致农作物生长缓慢或死亡。此外，酸雨会改变土壤的物理化学性质，使土壤释放出大量有害的化学物质，影响植物和土壤中一些小动物、微生物的正常生长发育，抑制有机物的分解和氮的固定，造成土壤贫瘠化，进而危害农作物的生长发育。

5. 空气颗粒物

空气颗粒物是造成空气污染和雾霾天气的主要原因，对居民的健康和生活带来严重威胁，且颗粒物越小，其危害越大。如大于10μm的煤粒会在各种作物的嫩叶、新梢、果实等柔嫩组织上形成污斑。叶片上的降尘物能影响光合作用和呼吸作用正常进行，引起褪色、生长不良，甚至死亡。果实在早期受害，被害部分木栓化，果皮粗糙，质量降低；在成熟期受害，则受害部分易腐烂。粒径在2.5~10μm的颗粒物，能够进入呼吸道，沉积在咽喉与气管等上呼吸系统，但部分可通过痰液等排出体外，对人体健康危害相对较小；细颗粒物PM1.0~2.5可以进入支气管等下呼吸系统；更细的颗粒物PM0.1~1.0则能够进入肺部，超细颗粒物PM0.1能够穿透肺泡进入血液循环系统，并通过血液输往全身，对人体健康造成严重危害。

沥青烟雾也是空气颗粒污染物的一种，为一种红黄色的烟尘，产生于大规模的筑路及利用沥青作原料或燃料的工厂。沥青化学成分复杂，除含炭粒外，还含有多种有机化合物，如苯酚、萘和多环芳烃类的3,4-苯并芘等致癌物质。沥青烟雾给附近的农田造成高度污染。受沥青烟雾污染的作物，常常会沾染一层发黑、发黏的物质，给作物带来严重的危害，且一般不能直接食用。不应在沥青制品如油毡、柏油路上铺晒粮食、食品，以防止食品受到污染。

6. 复合污染物

大气污染时，实际上常常是两种或两种以上的污染物同时作用，造成对植物的伤害。例如，在工业区周围的植物常被二氧化硫污染，由于汽车排气，又掺杂了氧化烟雾的污染。排放氟化氢的企业，往往同时有大量二氧化硫排出。同一工厂排出的废气中，也往往含有两种以上的大气污染物。由两种或多种污染物造成的危害称为复合污染。污染物间相互作用，对植物造成危害的总效果有几种情况：相加作用和相乘作用是指两种污染物同时存在时造成的危害，超过各种污染物单独存在时的总和，如二氧化硫和氟化氢或氧乙酰基硝酸酯常表现相加作用，二氧化硫与甲醛间有相乘作用。相减作用即有相互抵消，减轻危害的作用，如氯化氢和氨同时存在时，发生中和作用，生成氯化铵烟尘，从而对植物的毒性在一定程度上得以抵消。在植物的症状表现上，复合污染导致更为复杂的表现。

三、食品中大气污染物的控制

（1）加大绿化造林力度，发挥绿植阻尘功能。充分利用植物的阻挡和吸附净化作用，开展植树造林等综合防治措施，减缓大气污染状况。

（2）改变能源消费结构，推广清洁能源应用。调整能源结构，推广清洁能源的生产和使用。优化煤炭使用方式，推广煤炭清洁高效利用，逐步降低煤炭在一次能源消费中的比重，改进燃烧装置和燃烧技术，减少煤炭生产、使用、转化过程中的大气污染物排放。

（3）采用合理加工方式，控制有害物质生成。如对苯并芘的控制，可加强环境治理，减少环境对食品的污染；对熏制食品来说，可以对熏烟进行净化处理或使用不含苯并芘的液体熏烟剂；对于油炸食品，油炸温度越高，产生的苯并芘越多，控制油炸温度在160~180℃较为理想；粮食、油料种子不在柏油路晾晒，以防止沥青沾污；机械化生产食品时，要防止润滑油污染食品，或改用食用油做润滑剂。

（4）建立健全法律法规，加强企业整治力度。工业企业通常是大气污染物的主要排放源，针对这些企业，相应地区的政府环保部门应该做好监管，采取有效措施规范企业生产行为，严格治理超标排污，保护大气环境。此外对工业区域的布局应更为合理，将工业园区建到距离居民区、农业种植区、养殖区等较远的地方，减少工业污染对居民和农业生产的影响。

第三节　水体污染对食品安全性的影响

一、水体污染

1. 定义

水体污染，是指水体因某些物质的介入，改变了天然水的物理、化学或生物学的性质和组成，影响人类对水的利用价值或危害人类健康的现象。水体污染可使优质农用耕地减少，农作物减产，食物数量和质量安全受到影响。用受污染的水灌溉农田，可使污染物等通过粮食、蔬菜、鱼等食物链迁移到人体内，危害人类健康。

水环境容量是指在不影响水的正常用途的情况下，水体所能容纳的污染物的量或自身调节净化并保持生态平衡的能力。水环境容量是制定地方性、专业性水域排放标准的依据之一，环境管理部门还利用它确定在固定水域允许排入污染物的量。

2. 水体污染物种类

水体污染物从化学角度可分为有机污染物和无机污染物两类。有机污染物根据其是否具有毒性又分为有机无毒物和有机有毒物。有机无毒物如碳水化合物、脂肪、蛋白质等；有机有毒物如苯酚、多环芳烃、有机氯农药等。无机污染物中的无毒物如酸、碱、一般无机盐、氮、磷等植物营养物质；有毒物如重金属、砷、氰化物、氟化物等。

对食品安全性有影响的污染物有三类：①无机污染物，包括各类重金属盐（如汞、镉、铅、砷等）和氰化物、氟化物等。②有机污染物，主要为苯酚、多环芳香烃，以及各种人工合成的性质稳定、具有蓄积性的有机化合物，如多氯联苯和有机农药等。③病原体，主要是各种病毒、病原菌和寄生虫等。

3. 水体污染物来源及危害

水体污染物是指造成水体水质、水中生物群落和水体底泥质量恶化的各种有害物质或能量。水体污染物的来源主要有工业污染源、生活污染源和农业污染源等。

（1）工业污染源　工业废水的排放是水体污染的最主要来源。废水的水质、水量因企业、产品、工艺、原料以及企业管理方式的不同等差异很大。工业废水具有排放量大、涉及面广、成分复杂、毒性大、不易净化、处理难等特点。

（2）生活污染源　主要是生活洗涤水，一般固体物质<1%，多为无毒的需氧有机物、无机盐类、病原微生物和洗涤剂等，含氮、磷、硫多，细菌多，用水量具有季节变化规律等是生活污水的主要特点。

（3）农业污染源　包括牲畜粪便、农药、化肥、农村污水等。农村污水的显著特点是农药、化肥含量高以及有机质、植物营养素、病原微生物含量高。水体污染可直接引起受污染水体中水生生物中有害物质的蓄积，而对陆生作物的影响主要通过污水灌溉的方式进入。

水体污染对人体健康的影响主要有：①能够引起急性和慢性中毒。通过饮水或食物链便可能造成中毒，如甲基汞、镉、砷、铬、氰化物、农药、多氯联苯等都能引起中毒。铅、钡、氟等也可对人体造成危害。这些急性和慢性中毒是水体污染对人体健康危害的主要方面。②具有致癌作用。如砷、铬、镍、铍、苯胺、3,4-苯并芘和其他的多环芳烃、卤代烃等污染水体后，可以在悬浮物、底泥和水生生物体内蓄积。长期饮用含有这类物质的水，或食用体内蓄积有这类物质的生物可能诱发癌症。国内外医学研究表明，80%~90%的癌症直接或间接与环境有关。据调查，饮用受污染水的人，肝癌和胃癌等癌症的发病率比饮用清洁水的高 61.5%左右。③能够发生以水为媒介的传染病。可能引起细菌性肠道传染病，如伤寒、副伤寒、痢疾、肠炎、霍乱、副霍乱等。肠道内常见病毒如脊髓灰质炎病毒、腺病毒、传染性肝炎病毒等，皆可通过水体污染引起相应的传染病。某些寄生虫病如阿米巴痢疾、血吸虫病、贾第虫病以及由钩端螺旋体引起的钩端螺旋体病等，也可通过水体传播。

二、水体污染对食品安全的影响

水体污染引起的食品安全问题，主要由水体中的污染物在动植物中积累而造成。水中的污染物能够通过植物根系的吸收向地上部分和果实中转移，使有害物质在作物中积累。

1. 富营养化污染物

富营养化污染物主要来源于人和动物的排泄物，生活污水，降水和地表径流对磷灰石、硝石、鸟粪层等的冲刷以及农用化肥的流失，另外还来自化工、冶金、石油化工、油漆颜料、煤气、炼焦、鞣革、化肥等工业废水。

氮、磷、有机碳等富营养化污染物（尤其是磷元素）在水体中超量将会使水体质量恶化。主要表现为：水体感官指标下降、鱼类窒息或中毒死亡、影响作物生长、加速湖泊衰亡等。氮肥的过量使用和化肥厂排放的废水，既可成为农田灌溉的肥水资源，改善土壤肥力水平，也可因为灌溉水中含氮量过多导致作物贪青倒伏和硝态氮在作物体内过量积累。过量施氮可导致蔬菜维生素 C、糖分、氨基酸以及粗蛋白质含量明显下降，贮存性能降低以及蔬菜中大量的硝酸盐累积，影响人体健康。

2. 酚类污染物

酚类污染物是芳香族羟基化合物，现广泛存在于水体之中，美国环保署已将 11 种酚类污染物列入优先分析有机污染物之中，酚类化合物为细胞原浆毒物，能刺激皮肤和黏膜，毒害神经，使蛋白质凝固。长期饮用被酚污染的水，能引起头昏、出疹、瘙痒、贫血及各种神经系统症状，甚至中毒，损伤肝脏。人饮用酚浓度为 14mg/kg 的水可对胃肠产生影响，饮用酚浓度为 140mg/kg 的水，则可导致人死亡。我国规定生活饮用水中酚的含量要低于 0.002mg/L。

3. 石油类污染物

石油的工业废水主要来源于石油的开采、炼制、储运、使用和加工过程。石油类污染物不仅对水质和水生生物有相当大的危害，还会影响食品的品质。漂浮在水面上的油类可迅速扩散，形成油膜，阻碍水面与空气接触，使水中溶解氧减少，造成生物窒息。

高浓度石油废水灌溉土地，生产的稻米煮成的米饭有汽油味，人们食用受石油废水污染的食品会感到恶心。油类含有多环芳烃致癌物质 3,4-苯并芘等，可通过灌溉的土壤、植物根系吸收进入植物，在植物内积累，经水生生物富集后危害人体健康。石油污染对幼鱼和鱼卵危害极大，油膜和油块附着在幼鱼和鱼卵上，使鱼卵不能成活或致幼鱼死亡。石油使鱼虾类水产品产生石油臭味。

4. 苯及其同系物

工业上在制造和使用苯的过程中，会产生含苯的废水和废气。苯及其同系物影响人的神经系统，轻则引起头晕、无力和呕吐等症状；剧烈中毒能麻醉人体，使人失去知觉，甚至死亡。用含苯 25mg/L 的污水灌溉农作物，小麦中的苯残留量在 0.10~0.11mg/kg，扁豆、白菜、番茄、萝卜等蔬菜中苯残留量在 0.05mg/kg 左右。尽管蔬菜中苯的残留率较低，但蔬菜的品质下降，如用含苯 25mg/L 的污水灌溉的黄瓜淡而无味、涩味增加，含糖量下降 8%。我国规定，灌溉水中苯的含量不得超过 2.5mg/L。GB 18918—2002《城镇污水处理厂污染物排放标准》中规定了几种芳香烃每日最高允许排放浓度，如表 4-1 所示。

表 4-1　几种芳香烃最高允许排放浓度（日均值）

选择控制项目	标准值/(mg/L)	选择控制项目	标准值/(mg/L)
苯	0.1	氯苯	0.3
甲苯	0.1	1,4-二氯苯	0.4
邻-二甲苯	0.4	1,2-二氯苯	1.0
对-二甲苯	0.4	对硝基氯苯	0.5
间-二甲苯	0.4	2,4-二硝基氯苯	0.5
乙苯	0.4		

5. 氰化物

氰化物是一种危害极大的剧毒物质，具有强挥发性，易溶于水，有苦杏仁味。水体中氰化物的含量是衡量水质的一个重要指标，也是水质监测的必要参数，其超标会对人体和动植物产生较大危害。氰化物经人体消化道或呼吸道进入体后，迅速被吸收，与高铁型细胞色素氧化酶结合，变成氰化高铁型细胞色素氧化酶，失去传递氧的作用，引起组织缺氧而导致中毒。急性中毒症状表现为呼吸困难、痉挛、呼吸衰竭导致死亡。氰化氢对人的致死量平均为50μg，氰化钠约为100μg，氰化钾约为120μg。慢性中毒是少量长期接触所致，或反复多次地发生轻度的急性中毒，从而引起人体的一些不良反应，主要表现有头痛、头昏、失眠、记忆力及注意力减退、食欲不振、恶心腹痛、便秘、尿频、心前区压迫感、血压低、心悸、呼吸困难、全身肌肉酸痛或刺痛，病情发展则精神萎靡、智力减退、甲状腺增大、性功能减退，皮肤接触可产生斑疹、丘疹和疱疹等。

氰化物是植物本身固有的化合物，在植物体内自然氰化物种类有几百种。污水中的氰化物可以被作物吸收，其中一部分通过自身解毒作用形成氰苷，贮藏在细胞中；另一部分氰化物分子中的C和N原子经过植物代谢合成天冬酰胺，从而将有毒性的氰化物转化为无毒的产物。GB 5084—2021《农业灌溉水质标准》规定农田灌溉用水中氰化物含量≤0.5mg/L；GB 3838—2002《地表水环境质量标准》中规定Ⅴ类地表水水质限值为0.2mg/L。国际组织及部分国家规定的食品和饮水中氰化物限量标准如表4-2所示。

表 4-2　食品和饮水中氰化物限量标准

国际组织/国家	食物（以HCN计）		饮用水（以HCN计）	
	名称	限量值/(mg/kg)	名称	限量值/(mg/L)
国际食品法典委员会(CAC)	—	—	天然矿泉水	0.070
欧盟（EU）	饮料、食品	1	饮用水	0.050
	灌装果核饮料	5		
	牛轧糖、果仁糖浆及其相似替代物	50		
美国	—	—	瓶装水	0.200

续表

国际组织/国家	食物（以 HCN 计）		饮用水（以 HCN 计）	
	名称	限量值/（mg/kg）	名称	限量值/（mg/L）
日本	水果、蔬菜	5	矿泉水	0.010
	油豆、黄豆、白豆、萨尔塔豆、利马豆等	500		
	谷物	75		
	小麦粉	6		
	其他豆类、豆糊、豆酱、杏仁和李子提取物	不得检出	饮用水	0.010
	软饮料	0.01		
俄罗斯	—	—	饮用水	0.035
英国	饮料	0.05	饮用水	0.050
加拿大	—	—	饮用水	0.200
中国	植物蛋白饮料	0.05	瓶装纯净水	0.002
	蒸馏酒和配制酒（以木薯为原料）	≤5	天然矿泉水	0.010
	蒸馏酒和配制酒（以代用品为原料）	≤2		
	NY/T 432—2021《绿色食品　白酒》	≤1		
	原粮	5	生活饮用水	0.050

注："—"为未制定标准。

6. 氟化物

氟及其化合物广泛存在于自然水体中，氟的污染除与工业生产排放的含氟废水有关外，还与地质环境有关。氟的人为污染主要来自冶金、钢铁、焦炭、玻璃、陶瓷、电镀、农药、化肥和含氟矿物的生产废水。被氟化物污染的农田灌溉水进入农田或被农作物吸收，既污染了土壤，影响了土壤的理化性质，也直接或间接地影响了农作物的生长发育，造成农作物减产，使农作物的品质下降。含氟废水进入农田，对作物叶片的危害症状与含氟废气的危害症状相似。我国 GB 5084—2021《农业灌溉水质标准》规定，一般地区农田灌溉用水中氟化物含量≤2mg/L，高氟地区≤3mg/L。

7. 重金属

重金属是指密度大于 5g/cm^3 的金属，包括铅、镉、汞等金属元素，除此之外，非金属元素砷具有与重金属相似的化学性质，被人们归于重金属的研究范围。在没有人为污染的情况下，水体中的重金属含量取决于水与土壤、岩石的相互作用，其值一般很低，不会对人体健康造成危害。但重金属矿山、冶炼、电镀、化工等工业废水和部分生活污水中含有大量重金属物质，如汞、铬、镉、铜、铅、砷等。这些重金属主要来自矿山、冶炼、电镀、化工工业废水，未经处理或处理不达标的污水灌入农田，会造成农作物的污染。当植物生长环境受重金属污染严重时，植物根系会吸收水环境中的可溶态重金属离子。如果植物体长时间生长在受重金属污染的环境中，会导致植物组织内重金属过高，对细胞结构、细胞分裂、生理代谢等活动产生不良的影响，进而影响植物体的次生结构。经过生物链的生物放大作用，在生物体内成千上万倍地富集，通过食物进入人体，造成慢性中毒。污灌中重金属在农作物中的残留情况如表4-3所示。

表4-3　　污灌中重金属在农作物中的残留情况

重金属	灌水浓度/(mg/L)	作物残留量/(mg/kg)	残留特征	GB 5084—2021《农田灌溉水水质标准》/(mg/kg)
汞	水稻：0.005	水稻糙米：>0.01	植物残留各器官分布不均，水稻：根>茎叶>谷壳>糙米	0.001
镉	小麦：2.5 水稻：0.1	籽粒：0.89 籽粒：0.54	植物不同生长期吸收量不同，水稻：根>茎干>稻壳>糙米	0.01
铅	水稻：1.0	根：120 茎叶、穗：痕量	在植物体内迁移较低，多积累在根部	0.2
铬	水稻：0.1	根：120 茎叶：3.36 糙米：0.096	主要积累在作物的根、茎、叶，在籽粒中积累较少	0.1
砷	水稻：1.0	大米：1.77	植物不同生长期敏感性有差异	0.05
硒	0.11~0.20	长期灌溉，可能产生植物积累	—	0.02

8. 污水中的病原微生物

由于来源复杂，污水中不仅含有机污染物，同时还存在大量病原微生物，对人体健康和生态环境安全造成巨大威胁。污水处理厂一直是病原微生物潜在的重要汇集地，研究者在未经处理的污水、医院收集的污水和二次处理后的污水中均发现病毒的核酸样本。此外，相关研究发现，很多病原微生物随着污水进入城市污水处理系统后，在几天甚至几个月内仍然具有感染能力。受生活污水、医院污水及垃圾等污染的水中，常含有各种病原菌、病毒和寄生虫。其所产生污染的特点是数量大、分布广、存活时间长、繁殖速度快、易产生抗药性等，传统的二级生化污水处理及加氯消毒后，某些病原微生物仍能大量存活。许多人类和动物的疾病，是通过水体或水生生物传播病原的，如肝炎、霍乱、细菌性痢疾等。

三、食品中水体污染物的控制

1. 加强工业废水的源头治理

按照节能、降耗、减污和提高生产效率的原则，全面推行废水排放量最小化、清洁生产。

（1）加强对工业企业的执法力度。

（2）严格工业项目环保审批。

（3）大力推行清洁生产。

（4）提高工业废水处理及利用的水平。

2. 加强城市废水污染的控制

（1）科学编制城市水资源利用的整体规划，坚持可持续发展战略，根据城市经济社会发展实际，制定好城市的近期、中期、远期水资源综合利用整体规划和水污染控制规划。

（2）抓好城市排水管网建设和改造。进一步完善城区排水设施建设，逐步实现雨污分流，与城市污水处理厂建设衔接。

（3）建设城市污水处理厂，要根据城市规模和污水水质实际情况，科学论证引进污水处理高效低耗成套工艺、技术和设备，防止出现部分处理建筑物和设备闲置的问题，使有限的建设资金发挥出更大的社会、环境效益。污水处理厂建设也要注重消除自身对环境的影响，成为无污染的绿色工程。

3. 加强农业面污染的控制

（1）推行节水灌溉、水肥一体化、保护性耕作和生态沟渠等技术。

（2）维持和提高农业生态系统内在消纳农业面源污染的能力，实现源头减量、过程阻断、养分再利用和生态修复防控面源污染的综合性策略。

4. 加强城市污水处理中病原微生物去除技术研究

（1）氯消毒技术　氯是一种强氧化剂，氯消毒技术是污水处理系统中使用最早的病原微生物去除技术之一。常用的消毒剂有液氯、二氧化氯和次氯酸钠，其作用原理主要为含氯消毒剂溶于水生成的次氯酸可以起到杀菌作用。

（2）臭氧消毒技术　臭氧是一种高效的氧化剂，对病原微生物具有强大的杀菌作用，已被广泛用于供水工程和污水处理系统中。臭氧通过产生高反应性自由基，导致细菌细胞壁裂解、核酸氧化变性以及蛋白质的碳氮键断裂，最终使微生物和病毒灭活。同时，臭氧对于寄生虫的去除更为有效，研究发现臭氧消毒对于隐孢子虫和蓝氏贾第鞭毛虫的去除效率远高于氯消毒。

（3）紫外线消毒技术　紫外线消毒是一种清洁有效的消毒技术，它不仅具有很高的病原微生物灭活效率，并且不会产生消毒或氧化副产物。紫外线（波长通常为254nm）通过破坏细菌、病毒和单细胞微生物的DNA和RNA结构，抑制蛋白质的合成，进而灭活病原微生物。

第四节　土壤污染对食品安全性的影响

土壤指位于陆地表面能够生长植物的疏松多孔物质层及其相关自然地理要素的综合体，其厚度一般在2m左右。土壤不但为植物生长提供机械支撑能力，而且为植物生长发育提供所需要的水、肥、气、热等肥力要素，是地球上生命活动不可缺少的重要物质。土壤也是生态系统物质交换和物质循环的中心环节，它是各种废弃物的天然收容和净化处理场所。只有清洁的土壤，才能生产安全的食品。土壤是人类生存和生活的重要自然环境，与食品安全和人类的营养健康有着密切的关系。

一、土壤污染

1. 定义

土壤污染，是指人类在生产和生活过程中所产生的有毒有害污染物进入土壤并积累到一定程度，超过土壤的自然本底含量和土壤自净能力的限度，在土壤里积累，引起土壤的物理、化学和生物学性质发生改变，土壤质量恶化，降低农作物的产量和质量，并影响食品安全，危害人体健康的现象。

2005 年 4 月至 2013 年 12 月，我国开展了首次全国土壤污染状况调查。全国土壤环境状况总体不容乐观，部分地区土壤污染较重，耕地土壤环境质量堪忧，工矿业废弃地土壤环境问题突出。现如今，城市化建设步伐加快，工业经济高速发展，涉及的各类工程建设的规模与数量大大提升，生产过程中产生的废弃物的数量和类别也逐渐增多，污染土壤环境，导致土地资源锐减。再加上广大人民群众的生活水平不断提升，私家车的数量逐渐增加，汽车尾气排放严重影响着人们的生活环境，存在于尾气当中的重金属元素通过降雨、吸附等方式进入土壤，破坏土壤的性质，加之个别地区矿产开发控制工作开展不到位，石油化工提炼生产排放物等均会对土壤生态平衡产生巨大威胁，从而导致土壤污染问题。

2. 土壤污染物的种类和来源

土壤污染的类型按照污染物属性，可分为人为污染源和自然污染源。按照污染场所，可分为农田、矿区、工业区、老城区及填埋区等污染场区。按照污染物的存在状态可分为单一污染、复合污染及混合污染。按照污染物的种类可分为无机污染物、有机污染物和病原体。

无机污染物主要包括酸、碱、重金属（铜、汞、铬、镉、镍、铅等）盐类，放射性元素铯、锶的化合物，含砷、硒、氟的化合物等。有机污染物主要包括剧毒和残留期长的化学农药、酚类、氰化物、石油、合成洗涤剂、多环芳烃等。病原体主要包括由人畜粪便处理不当、垃圾堆放不妥、生活污水、工业废水和医院污水等未经无害化处理灌溉农田，或利用其底泥施肥等带来的有害微生物等，包括肠道致病菌、肠道寄生虫（蠕虫卵）、钩端螺旋体、炭疽杆菌、破伤风杆菌、肉毒梭状芽孢杆菌、霉菌和病毒等。

土壤污染的特点是具有隐蔽性和潜伏性，不像水体和大气污染容易察觉。土壤污染具有累积性，不像在大气和水体中那样容易扩散和稀释，同时也使土壤污染具有很强的地域性。此外，土壤污染具有难治理性，大气和水体受到污染，切断污染源之后通过稀释和自净化作用有可能使污染问题不断逆转，但是积累在污染土壤中的难降解污染物很难靠稀释和自净化作用来消除。土壤污染一旦发生，仅仅依靠切断污染源的方法很难恢复，有时要靠换土、淋洗土壤等方法才能解决，其他治理技术见效较慢。

二、土壤污染物对食品安全性的影响

1. 土壤中的有机物

目前我国土壤的有机物污染比较严重，对农产品和人体健康的影响已开始显现。如我国从 1959 年起在长江中下游地区用五氯酚钠防治血吸虫病，其中的杂质二噁英已造成区域性二噁英类污染，洞庭湖、鄱阳湖底泥中的二噁英含量较高。我国已于 1984 年停止使用有机氯农药，土壤中的残留量已大大降低，但仍有检出。同时，随着城市化和工业化进程的加快，城市和工业区附近的土壤有机污染日益加剧，多氯联苯、多环芳烃、塑料增塑剂、除草剂、丁草胺等，这些高致癌物质可以很容易地在重工业区周围的土壤中被检测到，而且超过国家标准数倍。酚类污染物可长期残留于土壤中，并在植物中蓄积，使植物具有酚的臭味，对植物具有致癌、致畸、致突变作用，可使植物减产或枯死，降低植物的产品质量。一般来说，随着土壤中酚浓度的升高，植物中的酚残留也会增加。调查显示，蔬菜中酚类的含量高于土壤酚类含量，二者之比大于 1。土壤酚类污染物与食品安全密切相关，其可以通过"土壤—植物（微生物)—动物—人类"的食物链，逐渐在动植物体内富集，降低农作物的产量和质量，直接或间接地危害人类和动植物的生命健康。氰化物的大规模应用带来土壤氰化物污染问题。土壤含氰浓度低时，植物一般不积累氰化物，只有当土壤中的含氰量相当高时，植物中的含氰量才显著升高，且通常植物氰的含量低于土壤氰含量。土壤氰化物污染可造成农作物大量减产。极少量的氰化物就可使人中毒，导致供氧受阻甚至死亡。氰化物的平均致死剂量为 0. 7~3. 5mg/kg 体重，因此，食品中的氰化物应受到严格管控。

2. 土壤中的重金属

在工农业高速发展的现代，土壤重金属污染问题已成为全世界强烈关切的环保问题。土壤重金属污染，是指重金属通过水解、沉降和各种生化反应进入周边土壤环境，从而使农田中的重金属化学物质浓度值超标，土壤理化特性出现变化，进而影响土壤生态功能和使用价值的过程。2014 年《全国土壤污染状况调查公报》显示，镉、汞、砷、铜、铅、铬、锌、镍 8 种无机污染物点位超标率分别为 7. 0%、1. 6%、2. 7%、2. 1%、1. 5%、1. 1%、0. 9%、4. 8%。重金属在土壤中大多以碳酸盐、硫酸盐、磷酸盐、氢氧化物、硫化物等形式固定在土壤中，不能被土壤中的微生物分解，滞留时间长，难以迁移。土地资源是人类生存与发展的基础，土壤重金属污染则会带来重大的安全隐患，耕地中的重金属浓度超标会对粮油经济作物的新陈代谢系统产生恶性危害，从而损害农作物的品质。

3. 污泥对食品安全的影响

工业废水和生活污水的污泥中常含有某些有毒有害物质，如寄生虫卵、病原微生物、合成有机物及重金属离子等。污泥中重金属的种类和数量变化很大，主要取决于污水处理厂处理工业废水的情况。污泥中含有细菌和寄生虫卵，施用未杀菌的污泥易污染牧草和蔬菜，导致疾病的传播。由于污泥易于腐化发臭，颗粒较细，密度高，且不易脱水，若处理不当，任意排放，就会污染水体、土壤和空气，危害环境，影响人类健康。表 4-4 显示了中国不同地区城市污泥中重金属含量。

表 4-4 中国不同地区城市污泥中重金属含量（2017—2022 年）

地区/标准	城市/pH	含量/(mg/kg)							
		Cu	Zn	Pb	Ni	Cr	Cd	As	Hg
华北	北京	280	121	52	53	168	0. 43	12. 12	0. 07
	天津	455	909	22	77	57	0. 29	12. 35	—

续表

地区/标准	城市/pH	含量/(mg/kg)							
		Cu	Zn	Pb	Ni	Cr	Cd	As	Hg
华东	上海	246	591	61	33	59	1.35	—	—
	杭州	89	380	48	92	47	1.40	14.70	2.70
东北	沈阳	195	842	41	45	156	2.13	30.43	3.73
	长春	172	632	—	28	71	—	—	—
华南	东莞	1206	1097	68	258	594	1.58	27.53	1.96
华中	武汉	332	405	81	160	134	7.10	10.00	1.90
西南	昆明	154	1040	69	70	94	9.12	20.98	2.92
西北	西安	178	596	67	39	183	4.83	—	—
	拉萨	123	369	35	22	25	1.26	24.88	—
国家标准	pH≥6.5	1500	3000	1000	200	1000	20	75	15
	pH<6.5	800	2000	300	100	600	5	75	5

注：表中“—”表示该项指标未检测。

4. 土壤中的农药

化学农药是消灭植物病虫害的有效药物。迄今农药的品种已发展到上千种，成为决定现代化农业生产效率和提高产量的重要因素。但某些农药及其代谢物的理化性质稳定，在土壤中长期残留积累，当积累到一定程度，与土壤的自净效应产生脱节、失调，危及农业环境生物时，致使农作物及畜产品中出现微量的残留农药而污染食品，危害人体健康。

5. 土壤中的化肥

现代农业生产离不开化肥，但大量的、没有节制的、非科学地施用化肥不仅造成很大浪费，也使土壤板结、酸性加重，破坏土壤结构和生态系统，造成水土流失，污染周围环境，降低农产品的品质，给作物的食用安全带来一系列问题。

6. 土壤中的固体废弃物

堆放或填埋的固体废弃物及其渗出液会污染土壤，并通过土壤和水体在植物体内聚集，进而进入食物链，影响人类健康。例如，电池中含有大量的重金属（锰、铅、汞）等，这些重金属可以水解。如果废电池被弃置在土壤中，会逐渐被腐蚀，其中的重金属慢慢溢出，污染土壤和水源，再通过食物链，危害人体健康。

三、食品中土壤污染物控制

土壤污染问题是亟需解决的重大环境问题之一。土壤污染物可影响农作物产量和品质，并随食物链进入人体，产生食品安全问题，危害人类健康。因此必须采取适当的措施，对土壤中污染物进行控制，减少其造成的危害。

1. 减少污染

（1）控制和消除工业“三废”的排放　严格控制工业“三废”的排放量，禁止向农用地排放重金属或其他有毒有害物质含量超标的污水、污泥，以及可能造成土壤污染的尾矿、矿渣等。同时，对工业“三废”进行净化与回收处理。

（2）合理施用农药、化肥　在农药的施用上，应严格按照操作规程进行。根据农药特性及农作物生长特点，合理选择高效、低毒、低残留的农药或生物农药，并选用合适的施药方法，减轻农药对农产品的污染。定制农药安全施用间隔，严格控制农药用量及次数，确保农产品的农药残留量符合相关标准。积极推广腐植酸肥料、竹炭生物质有机肥等新型绿色肥料。

（3）加强土壤污水灌区的管理　污水灌溉易导致土壤污染问题特别是重金属的污染，因此灌溉的污水必须符合《农田灌溉水质标准》。应限定灌溉的污水类型，严格禁止工业废水和医疗污水进入农田灌溉渠道，避免重金属、难降解有机物等物质进入土壤。

2. 治理已被污染土壤

（1）改良土壤　增加土壤有机质和黏粒含量，改良砂性土壤，增加土壤胶体数量和种类，增加土壤对有毒物质的吸附能力，从而降低污染物在土壤中的活性，提高土壤对污染物的容量。同时可以通过分离和培育新的微生物品种，改善微生物土壤环境，增加微生物降解作用，提高土壤的净化能力。

（2）土壤污染修复　常见的土壤污染修复主要有物理、化学、生物、生态学原理等几种。物理修复分离技术是当前土壤污染修复中常用的技术手段，包括土壤污染蒸气浸提修复技术和热处理修复技术。土壤污染蒸气浸提修复技术主要是通过有效降低土壤空隙内部蒸气压力的方式，将污染物转化为蒸气，去除土壤污染物的治理方法。而热处理修复技术是借助高温方式彻底消除土壤中含有的微生物或有毒物质，减少土壤中有害污染物质的含量，最终达到净化处理土壤的技术。

（3）调整污染区种植结构　在重金属污染严重的区域，选择抗性强、吸收少的作物进行种植。由于根是植物吸收重金属的主要器官，且移动性较强的重金属如镉等可通过导管向上迁移到叶片，因此不应种植根菜或叶菜类，改为林地或种植对重金属吸收少的经济作物。

3. 土壤生态保护策略

（1）加强政策规划　土壤环境建设是土壤环境保护以及土壤污染综合治理工作的重要内容之一，政府部门必须在落实相关政策的前提下，做好区域内土壤环境建设状况的调查工作，并以此为基础制定和实施土壤环境保护的相关政策。

（2）加强预防机制　相关部门必须在开展土壤污染环境治理和保护工作时，采取有效措施将土壤环境控制措施落到实处，加大土壤污染控制保护宣传工作的力度，向农民详细讲解土壤污染造成的危害以及预防手段，引导农民合理运用土壤污染治理措施控制土壤污染问题，提高土壤污染修复效果，确保农业生产的安全顺利进行。

（3）加强防治宣传　各地区政府部门在开展土壤污染预防工作时，应该充分重视土壤污染预防控制知识宣传教育工作的力度，向企业或个人详细讲解土壤重金属污染对人们正常生产生活产生的危害，要求企业或个人掌握各种不同的土壤重金属污染预防和治理技术，在全社会范围内营造良好的土壤重金属污染预防和治理环境，提升我国土壤重金属污染修复工作的质量和效率。

第五节　放射性物质对食品安全性的影响

一、放射性污染来源

食品可以吸附或吸收外来的放射性核素，当食品中的放射性高于自然界放射性本底时，称为食品的放射性污染，主要来自以下几个方面。

1. 天然放射性物质

天然放射性物质在自然界中分布很广，它存在于矿石、土壤、天然水、大气及动植物的所有组织中，特别是鱼贝类等水产品对某些放射性核素有很强的富集作用，使得食品中放射性核素的含量明显超过周围环境。

2. 核武器试验的沉降物

在大气层进行核试验的情况下，核弹爆炸的瞬间，由炽热蒸气和气体形成大球（即蘑菇云），携带着弹壳、碎片、地面物和放射性烟云上升，随着与空气的混合，辐射热逐渐损失，温度渐趋降低，于是气态物凝聚成微粒或附着在其他的尘粒上，最后沉降到地面。

3. 核燃料循环的“三废”排放

原子能工业的中心问题是核燃料的产生、使用与回收，核燃料循环的各个阶段均会产生“三废”，对周围环境带来一定程度的污染。

4. 医疗照射引起的放射性污染

目前，由于辐射在医学上的广泛应用，已使医用射线源成为主要的环境人工污染源。

5. 其他

放射性元素在工农业、科研和生活上的应用也会向环境排放一定量的放射性物质。辐射污染来源主要是：工业、医疗、军队、核舰艇或研究用的放射源，因运输事故、遗失、偷窃、误用，以及废物处理等失去控制，而对居民造成大剂量照射或环境污染。农业上含铀等放射性元素的磷肥，常使放射性物质在农作物中积累。一般居民消费用品，包括含有天然或人工放射性核素的产品，如放射性发光表盘、夜光表以及彩色电视机产生的照射，虽对环境造成的污染很低，但也有研究治理的必要。

核工业包括医学、科研中使用的放射性同位素示踪研究产生的液态排出物，尽管浓度较小，但总量较大，处理不及时流入环境中会造成食品污染；核电站对沿海周边的环境也存在潜在的风险，通过海洋食物链进入人体。

二、放射性物质与食品安全

1. 放射性核素污染食品的途径

食品中的放射性物质有来自地壳中的放射性物质，称为天然本底；也有来自核武器试验或和平利用放射能所产生的放射性物质，即人为的放射性污染。

食品的放射性污染途径一般包括 3 个方面，即直接污染、间接污染和食物链转移途径。突发的核事件早期造成的污染为直接污染，即空中核爆炸试验的沉降物的污染，污染进入大气，再由降水流入海洋、陆地被植物吸收。其主要影响一些表面积较大的可食用植物的叶片和花朵，如菠菜等叶菜、卷心菜以及海洋中的海带、海藻等。这些海洋中的藻类极容易吸附由于降雨导致大气中吸附的、进入海洋的放射性物质，进而造成直接污染。间接污染主要是指大气、水和土壤等生长环境中的放射性核素直接被动植物吸收而使食品受到污染的过程。间接污染受多因素影响（如气候、核素的理化性质、动植物类别等），是一旦发生即长期伴随的过程。另外一个途径即食物链转移。生态系统中，物质的食物链转移是广泛存在的，不只是能量流动和物质循环通过食物链完成其后续过程，放射性核素同样也通过食物链进行传递与转移。其中，放射性核素通过食物链传递的方式对高等动物或水生生物的影响最为突出，在这一过程中，核素的食物链传递和间接污染通常伴随发生。食品污染的过程是放射性物质通过食物链各环节向食品进行转移，由于动植物的生活环境与生理特点各不相同，所以受到的污染程度也不尽相同。因此，全面评价食品的放射性污染十分必要。

2. 放射性污染食品对人体的危害

人体各部位很容易受到辐射损伤，尤其淋巴系统和性腺对放射特别敏感。人们长期大量食用由食物链进入人体的污染海产品会造成放射性损伤，最终可导致人体患放射性疾病，轻者出现食欲降低、记忆力变差、头痛、贫血等症状，重者出现恶性肿瘤、血液病、男性生育力下降、遗传变异甚至致死等，对婴幼儿、儿童、孕妇和老人影响最大。

摄入污染食品后放射性物质对人体内各组织、器官和细胞产生的低剂量长期照射效应，临床表现为对免疫系统、生殖系统的损伤和致癌、致畸、致突变作用。放射性核素通过食物链进入人体的量一般较低，其危害应主要考虑慢性损害及远期效应。放射性污染的食品进入体内可引起许多动物的多种组织的癌变，如主要引起骨肿瘤嗜骨性的锶-90、镭-226和钚-239，在肝中储留引起肝硬化及肝癌的铈-144和钴-60等，均匀分布于组织中的铯-137和钋-216等引起的肿瘤则分散在软组织中。有效半衰期越长，剂量越大，伤害作用也越大。因此，监测并检验核污染食品可以有效地预防放射性污染食品对人体造成的危害。

三、食品中放射性污染物的控制措施

1. 制定食品中放射性核素的限量标准

我国早在1977年就制定了《食品中放射性物质限量标准》和《食品放射性管理办法》。食品中放射性核素的检测方法比较如表4-5所示。

表4-5 食品中放射性核素的检测方法比较

分析方法	针对类型	主要检测核素	检测器	优点	缺点
α能谱分析法	α射线	^{238}Pu、^{239}Pu、^{210}Po和^{241}Am	闪烁检测器、正比计数器、半导体检测器、电流电离室	检出限低、灵敏度高	需要对核素进行富集、分离纯化，操作复杂，耗时较长
β能谱分析法	β射线	^{3}H、^{89}Sr、^{90}Sr、^{226}Ra和^{137}Cs	闪烁检测器、正比计数器、盖革计数器、半导体检测器	仅适用于纯β放射性核素或γ射线分支较少的核素	前处理复杂

续表

分析方法	针对类型	主要检测核素	检测器	优点	缺点
γ能谱分析法	γ射线	^{54}Mn、^{55}Fe、^{59}Fe、^{60}Co、^{65}Zn、^{95}Zr、^{95}Nb、^{103}Ru、^{106}Ru、^{110}Ag、^{125}Sb、^{131}I、^{134}Cs、^{137}Cs、^{141}Ce、^{144}Ce	闪烁检测器、半导体检测器	前处理简单，检测效率高，能量分辨能力强、装置体积小	成本高、影响其测量准确度的因素很多

2. 净化食品中放射性核素的方法

食品中的放射性污染物主要是铯、锶和碘，饮用水中的放射性污染物主要为铯、锶和钴。其中铯和锶可以吸附于铁上，利用酸性溶液冲洗可以除去；钴为水溶性的，转为3价时即形成沉淀，相关研究表明，EDTA螯合剂在水条件下封存钴将成为除去放射性污染物的热点。

3. 修复农业环境放射性污染

放射性核素通过食物链危及食品安全和人体健康。生长在被污染环境中的农作物或水生植物受到通过直接或间接途径进入农田或水体环境中放射性核素的潜在影响，长此以往，会通过食物链危害人们的身体健康。因此，为了避免源头污染，保证食物安全，农田或水体环境的放射性污染修复迫在眉睫。农业环境的放射性污染修复主要包括生物法、物理法和化学法。各种方法均有优缺点及适用场所的要求。因此，为治理修复放射性污染环境提供一种经济可靠、节能环保的技术十分重要，可为实现可持续发展、保护环境以及人类健康贡献一份力量。

第六节　食物链的生物富集对食品安全性的影响

一、基本概念

1. 生物蓄积

生物蓄积是指生物有机体在生长发育过程中直接从环境介质或从所消耗的食物中吸收并积累外源性化学物质的现象。

2. 生物富集

生物富集是指生物有机体或处于同一营养级上的许多生物种群，从周围环境中蓄积某种元素或难分解的化合物，使生物体内该物质的浓度超过环境中浓度的现象。生物蓄积作用是生物富集作用的一种体现形式。

3. 生物放大

生物放大是指在生态系统中，由于高营养级生物以低营养级生物为食，使某种元素或难分解化合物在生物有机体中的浓度随着营养级的提高而逐步增大的现象。因此，生物放大是针对食物链（生物系统中的各种生物之间，以摄食和被摄食的关系逐级传递物质和能量，彼此呈相互依存的链状关系，称食物链）关系而言的。

4. 生物浓缩系数

生物浓缩系数是指某种化学物质在生物机体内的浓度与其在环境介质中的浓度之比值，即式4-1。

$$BCF = C_b / C_e \tag{4-1}$$

式中 C_b——某种元素或难降解物质在机体中的浓度；

C_e——某种元素或难降解物质在机体周围环境中的浓度。

生物蓄积、生物富集和生物放大所具有的生物浓缩能力都可以用浓缩系数 BCF 来表示。生物浓缩程度的大小与物质本身的性质以及生物和环境等因素相关。

二、生物富集对食品安全性的影响

由于具有生物富集作用的污染物一般具有化学性质稳定且不易分解、在生物体内积累且不易排出等特点，所以，进入环境中的污染物即使是微量，也会因为生物富集作用随着食物链的延长而不断加强，使生物尤其是处于高营养级的生物受到毒害，影响食品（如各种副食、肉类、鱼类尤其是贝类）安全性，甚至威胁人类健康。近年研究发现，许多环境致癌物（如二噁英等）在环境中极其微量，但由于其具有难降解和生物放大作用，通过食物链转移，最终可导致对人群健康的危害。

具有生物富集作用的污染物主要是难分解的有机物和重金属等。

水体和土壤中的有机污染物会通过食物链发生传递和迁移，目前动物和人类都遭受有机污染物的污染和威胁。在有机污染物沿食物链传递和迁移的过程中，含量逐级增加，其富集系数在各营养级中均可达到惊人的程度。例如，已经禁用的 DDT 作为一种高效化学农药，曾经广泛用于防治害虫。DDT 具有很高的物理、化学和生物稳定性，能够随地球化学及人类活动迁移到地球的各个角落而不失去毒性。DDT 是脂溶性物质，在水中溶解度很低，仅为 0.0002mg/L，但能大量溶解在脂类化合物中，其浓度可达 100000mg/L，比在水中的溶解度大 5000 万倍。因此，当这类污染物与生物接触时，能迅速地被吸收，并贮存在体内脂肪中，很难被分解，也不易被排出体外，而在体内大量积累。美国某地曾经使用 DDT 防治某湖内的孑孓，使该湖湖水中残留 DDT。

重金属如铅、汞、镉、铬等通过食物链的放大作用，对人和生物的危害也很大。环境中的铅容易污染的食品主要是蔬菜。由于铅在土壤中以凝结状态存在，因此通过作物根系吸收量不大，主要是通过叶片从大气吸收。蔬菜中铅含量富集程度以叶菜最高，其次是根茎类、果菜类。汞主要蓄积于鱼体脂肪中，鱼是汞的天然浓缩器，鱼龄越大，体内富集的汞就越多。一般来说，食肉鱼（如鲇鱼等）体内汞含量大于食草鱼，吃鱼的鸟体内蓄积的汞更多。所以，鱼类消费时也应当多选食草鱼、淡水鱼。

三、如何减少生物富集的危害

为了有效防止有害物质通过食物链的生物放大作用造成对人、生物和环境的污染，必须采取一定的措施从源头减轻食品的污染。

（1）控制污染源，减少对环境的污染。例如，对于铅的污染，除了使用无铅汽油以减少污染和铅在食物链中的富集放大外，还应禁止在冶炼厂附近等铅污染严重的地区种植富集铅的作物。另外，要最大限度地减少化学农药使用量，加强植保技术推广；大力研究开发农药新品种，使用高效、低毒、低残留农药，最大限度地击中靶标生物而避免危及环境；高度重视生物防治技术的研究和推广应用。

（2）消除和减少已有污染物的富集。例如，培植或筛选对污染物有较高降解效能的菌株、植物，用于对土壤、水、肥的净化处理；而经特定有机化合物驯化的活性污泥，可降解多种近似的化合物，将污染物转化为 CO_2、水和其他无害化合物。在水体重金属修复领域，大量研究成果已经证明了微藻类在实际修复污水中的适用性，具备极好的应用前景。

（3）加强食品安全教育，引导正确消费观。公众在食品消费时应当掌握一些作物富集有害物质的知识，做到有选择地消费食物，从而减少对身体的危害。例如，尽量消费淡水鱼和食草鱼，不吃野味，尤其是以鱼为食的野鸟，对蔬菜的选择应考虑其对重金属的富集系数等。

第七节 环境内分泌干扰物对食品安全性的影响

一、内分泌干扰物的特征及分类

环境内分泌干扰物的主要特征为：①作用的延迟性。生物体在胚胎时期或幼年时期受到的影响可能会在成年或晚年才表现出来。②作用的复杂性。生物体在不同的生长阶段受到环境内分泌干扰物的影响会有不同的表现，通常暴露时期越早，响应程度越高。同时，不同暴露方式，不同暴露剂量对不同的组织器官也会造成不同的影响。③作用的协同性。当多种环境内分泌干扰物同时作用于生物体时，常会表现出协同效应，其作用大于单一物质效应的叠加。④去除的困难性。环境内分泌干扰物常具有亲脂性，生物和化学降解性较差，能够通过食物链富集放大，进入人体后不易排出。环境内分泌干扰物来源广泛，结构差异较大，分类方法也各有不同，根据其来源可分为以下几类。

（1）工业合成化合物类　包括双酚 A、多溴联苯、多氯联苯、邻苯二甲酸酯类、烷基酚类、二苯甲酮、硝基苯类、有机锡涂料、铅、镉和石油产品。

（2）农药、除草剂和杀虫剂类　包括双对氯苯基三氯乙烷（DDT）及其分解产物、六氯环己烷（六六六）、氯丹、氯酚类、阿拉特津、除草醚、杀草强、2,4-D 等。

（3）类固醇类雌激素　包括生物体自身排放的天然雌激素和人工合成的具有类似雌激素活性的药物。天然雌激素主要有雌二醇、雌三醇、雌酮等；类固醇类药物主要有口服避孕药和家畜生长促进剂，如己烷雌酚、己烷雌酚（DES）、17α-乙炔基雌二醇、炔雌醚等。

（4）重金属类　有机汞、镉等。

（5）植物和真菌性雌激素　植物性激素主要来源于豆科植物，如豆雌酚、异黄酮，在当归、茯苓、芦荟、石榴、枸杞等植物中也有发现；真菌性雌激素主要由真菌产生，如 2,4-二羟基苯甲酸内酯等，人体通过食物将其摄入体内。

根据环境内分泌干扰物的功能和作用方式，又可将其分为 4 类。

（1）类雌激素功能类　模拟体内天然雌激素作用于相应靶位或与相应受体结合。

（2）抗雌激素功能类　与生物体内雌激素受体结合，阻碍内源性激素与受体结合。

（3）类雄性激素功能类　模拟体内天然雄性激素作用于相应靶位或与相应受体结合。

（4）抗雄性激素功能类　与生物体内雄性激素受体结合，阻碍内源性激素与受体结合。

二、内分泌干扰物的危害

内分泌干扰物能通过直接或间接作用影响人类的神经系统。污染物可以直接作用于神经系统，扰乱内分泌系统功能；也可以直接作用于内分泌器官，通过影响内源性激素的分泌，对神经系统产生反馈调节，间接影响神经系统。已发现的内分泌干扰物中二噁英、PCBs以及植物性雌激素能够干扰人类的神经系统。

研究发现内分泌干扰物还是人类肿瘤发生的诱因之一。在乳腺癌患者体内，雌二醇及其相关代谢物（16α-羟雌酮、4-羟雌酮等）含量显著升高。具有抗雄性激素活性的有机氯农药可能是诱发睾丸肿瘤的原因之一。

生殖系统的疾病很可能通过母体而影响胎儿，造成儿童肿瘤，但这种因果关系尚未得到确切证实。同时，内分泌干扰物（如己烯雌酚、有机氯农药等）还可以通过影响内源性激素水平，对免疫系统产生刺激或抑制，导致免疫系统异常。

三、内分泌干扰物对食品安全的影响

（一）工业化合物对食品安全的影响

1. 二噁英类

二噁英是指氯代含氧三环芳烃类有机化合物的统称，城市垃圾、危险废物以及化石燃料的燃烧、森林火灾、纸张的漂白等是环境中二噁英的主要来源。二噁英具有较强的热稳定性和亲油性。它们的代谢半衰期长达7~11年，一旦进入生物体后难以分解排出，经食物链不断积累后，最终存在于生物体的脂肪组织中，如牛奶、牛肉、猪肉、家禽、海鲜等。这些食物被人体摄入后将会产生危害，包括免疫系统损害和生殖功能损害，甚至会引发癌症。

2. 多环芳烃类

多环芳烃是一类由两个或多个稠合芳环构成的有机化合物，可根据芳环数量分为低分子质量多环芳烃（含有2~4个芳环）和高分子质量多环芳烃（含有5个及以上芳环）。在大气环境中，高分子质量多环芳烃仅分布于大气颗粒中，低分子质量多环芳烃分布于气相和颗粒之间。碳水化合物、脂肪、蛋白质等有机化合物的不完全燃烧或热解会产生多环芳烃化合物。焙烤、干燥、烧烤等加工方式是食品中多环芳烃类物质的重要来源。研究表明，烘焙面包中多环芳烃的含量是面粉中的2~6倍；茶叶干燥后，其多环芳烃含量提高了2~210倍。多环芳烃类化合物具有致癌性、致畸性、基因毒性和免疫毒性，会对人体健康产生极大的危害。

3. 烷基酚类

烷基酚类化合物主要包括双酚A、辛基酚和壬基酚。双酚A常作为抗氧化剂或聚氯乙烯稳定剂用于环氧树脂和聚碳酸酯塑料的制备，这些树脂广泛用于食品包装材料。双酚A会被释放到环境中或迁移到食物中，然后通过空气和食物进入人体产生危害。我国已于2011年禁止将双酚 A 用于奶瓶的生产，但未禁止其在其他食品包装材料中的使用。辛基酚和壬基酚被广泛用于生产阴离子或非离子表面活性剂，也会用作乙基纤维素树脂、油溶性酚醛树脂等的稳定剂。双酚 A 和壬基酚均为亲油性化合物，易对动物性食品造成污染。

4. 邻苯二甲酸酯类

邻苯二甲酸酯类化合物也被称为塑化剂，能够增加聚氯乙烯的柔韧性。食品中该类物质污染主要源于食品包装或食品加工过程。该类化合物进入人体的主要途径包括食物摄入、经呼吸道进入或皮肤接触。它们在体内难以分解排出，会对机体产生致癌、致畸、致突变等作用。我国已于 2016 年发布了关于邻苯二甲酸酯类物质的食品国家标准，明确规定了其在食品中的含量限制范围。

5. 多氯联苯类

多氯联苯是一类以联苯为原料，经催化形成的氯代芳烃化合物，是一类典型的环境内分泌干扰物，具有致癌、致畸、致突变的生物特性。20 世纪 20 年代，该类化合物作为添加剂被广泛用于塑料加工、化工印刷等领域。随着日本等地因食用被多氯联苯污染的米糠油而爆发食品安全事件，人们意识到多氯联苯类物质具有严重危害，目前该类物质已被全球禁止生产。然而由于多氯联苯类物质极难降解，在生物体内的残留时间为 10~15 年，且具有高脂溶性，所以它们在环境和食品中的残留量仍较大。我国规定水产动物及其产品中多氯联苯的限量指标为 0. 5mg/kg。

6. 全氟化合物

全氟化合物是指脂肪酸碳链上的氢原子全部被氟原子所取代的有机化合物，具有较强的化学稳定性，被用于地毯、衣物涂料、家具保护膜、纸张等产品的生产，其中全氟辛基羧酸和全氟辛基磺酸的应用最为广泛。对我国 17 个城市食品中的全氟辛基羧酸和全氟辛基磺酸含量检测发现，全氟辛基羧酸的含量为 0. 06~12. 5ng/g，全氟辛基磺酸的含量为 0. 05~1. 99ng/g（以湿基计）。我国居民体内暴露的绝大多数全氟辛基羧酸来自陆地肉类食品，而全氟辛基磺酸则主要来自海产品的摄入。

（二）雌激素对食品安全的影响

雌激素类环境内分泌干扰物主要包括植物雌激素、真菌雌激素、天然雌激素和人工合成雌激素，它们多为脂溶性，且化学性质稳定。雌激素的滥用会造成潜在危害，干扰生物体内正常内分泌功能，使其生殖机能下降，损害免疫系统和神经系统等。

1. 植物雌激素

植物雌激素是指来源于植物的具有雌激素活性的非甾族杂环多酚类化合物。主要种类包括异黄酮类、木酚素类和香豆雌酚类等。异黄酮是常见的植物激素之一，广泛存在于豆类、谷物、水果和蔬菜等食品中，大豆中的含量尤为丰富，每 100g 大豆中大豆异黄酮的含量为 14~153mg。木酚素主要存在于亚麻、芝麻和橄榄等农作物中。香豆雌酚主要存在于苜蓿或紫花苜蓿及部分豆类中。植物雌激素对人体具有一定的积极作用，如对乳腺癌、前列腺癌、心血管病和骨质疏松等疾病有一定防治作用。但另一方面，植物雌激素对环境和生物体也具有潜在风险，有报道指出植物雌激素在生物体内富集后可干扰其内分泌系统，引起生殖功能的紊乱。

2. 真菌雌激素

有些真菌也会产生类雌激素的物质，如玉米赤霉烯酮对谷物和玉米产生污染，经食物链进入人体，产生内分泌干扰作用。

3. 人工合成雌激素

人工合成雌激素主要包括炔雌醇、己烯雌酚和双烯雌酚。炔雌醇可作避孕药，但在妊娠期间使用会导致胎儿畸形。己烯雌酚和双烯雌酚能够促进禽畜生长，可能被作为饲料添加剂使用，但其有致癌、致畸等负作用，我国已规定动物组织中不得检出己烯雌酚。

四、食品中内分泌干扰物的防治

内分泌干扰物已经成为全球性的环境污染问题，为了减少内分泌干扰物对食品安全的影响，我们应该采取有效的防治措施。

（1）制订法律法规，严格控制环境内分泌干扰物的排放。如促进固体废料的回收利用，降低其焚烧量，对于必须焚烧的固体废料，应当集中处理并严格控制焚烧条件。严格控制工业废水和生活污水的排放标准，降低水源中内分泌干扰物的污染。从根本上治理水、土壤和大气污染，以确保食品原料生产的优良生态环境。

（2）控制食品原料种植生产过程中化肥、农药、地膜和泡沫塑料的使用，实现农业投入品的减量使用和农药化肥的零增长。加强宣传教育，强化生产者的环保意识。大力发展生态农业，开发新技术解决农业病虫害问题。

（3）控制食品加工、包装和运输过程中环境内分泌干扰物的污染。对食品加工、包装和运输过程进行规范化管理，继续完善食品原料中各类环境内分泌干扰物的限量标准。

思考题

1. 环境污染的概念以及人类当前所面临的主要环境问题是什么？
2. 影响食品安全问题的主要环境因素包括哪些？
3. 大气污染、水体污染、土壤污染等对食品安全的影响有哪些？
4. 生物富集效应对食品安全的影响有哪些？
5. 食品中环境污染物的控制措施包括哪些？

第五章

05

生物性污染与食品安全性

学习目标

1. 掌握影响霉菌繁殖和产毒的因素，典型霉菌毒素的性质和毒性，以及霉菌及其毒素的防治措施。
2. 掌握细菌性食物中毒的类型，典型食源性致病菌的生物学特征、毒性及防治措施。
3. 了解典型食源性病毒、寄生虫和害虫的危害及防治措施。

第一节　霉菌与霉菌毒素污染对食品安全性的影响

一、概述

霉菌不是生物分类学名词，是真菌的一部分，属于藻状菌纲、子囊菌纲、担子菌纲的部分属种。其菌丝体发达而又没有较大的子实体，有细胞壁，无叶绿素，无茎根叶，寄生或腐生，有性或无性繁殖。

霉菌种类繁多，有45000多种。食品中常见的霉菌包括毛霉属（*Mucor*）、根霉属（*Rhizopus*）、曲霉属（*Aspergillus*）、青霉属（*Penicillium*）、木霉属（*Trichoderma*）、交链孢霉属（*Alternatar*）、镰刀菌属（*Fusarium*）等。多数霉菌对人类无毒，人们常常加以利用，如制酒、制醋、制豆腐乳、生产抗生素等。但有些霉菌污染食品后，能迅速繁殖，使其食用价值降低，甚至不能食用，造成巨大的经济损失。此外，有些霉菌还可以分泌毒素，可导致人畜中毒。

1. 影响霉菌繁殖和产毒的因素

影响霉菌繁殖和产毒的重要因素是食物基质的水分含量、环境温度、相对湿度及空气流通情况。

（1）水分和相对湿度　食品的水分活性越低，越不利于微生物增殖。粮食的水分含量为17%~18%，是霉菌繁殖与产毒的良好条件。曲霉、青霉和镰刀菌均为中生性霉菌，适于繁殖的环境相对湿度为80%~90%。如果相对湿度降至70%，米、麦平衡水分含量为14%，大豆平衡水分含量为11%，干菜、干果平衡水分含量为30%，此时霉菌不能产毒。

（2）温度　大部分霉菌在20~28℃均能生长，小于10℃和大于30℃时霉菌生长显著减弱，在0℃时几乎不长。但有的镰刀菌能耐受低温至-20℃。一般霉菌产毒的温度略低于生长最适宜温度。如黄曲霉生长最适温度为37℃，而产毒则以28~32℃为宜。

（3）基质　霉菌的营养来源主要是糖和少量氮、矿物盐，因此主要在含糖高的食品上生长，如粮食、饼干、馒头等。不同的基质对霉菌的生长和产毒有一定影响。如黄曲霉易在玉米、花生中产毒，而在大豆中产毒很低。

2. 霉菌毒素

霉菌毒素是霉菌在其所污染的食品中产生的有毒代谢物。霉菌分泌的毒素种类较多，目前已知的有300余种。一种霉菌可以分泌几种毒素，一种毒素可以由几种霉菌分泌。霉菌毒素的毒性可分为肝脏毒、肾脏毒、神经毒、细胞毒、类似性激素及致皮肤炎等。霉菌毒素中毒的表现为急性中毒、慢性中毒和“三致”作用等。与食品安全密切相关的霉菌毒素有黄曲霉毒素、赭曲霉毒素、杂色曲霉毒素、玉米赤霉烯酮、伏马菌素、单端孢霉烯族化合物、橘霉素等。

二、黄曲霉毒素

黄曲霉毒素（aflatoxin，AF）是由黄曲霉、寄生曲霉和集峰曲霉产生的一类代谢产物，具有极强的毒性和致癌性。黄曲霉常作为曲种应用于食品发酵工业。1961年发现污染了黄曲霉的花生饼能诱发大鼠肝癌，1962年鉴定为致癌物质，命名为黄曲霉毒素，该毒素主要污染粮食和油料作物，并能使动物发生急性中毒死亡，具有致癌性。

1. 化学结构与性质

黄曲霉毒素是一类结构相似的化合物，其基本结构均含有一个双氢呋喃环和一个氧杂萘邻酮。目前已分离鉴定出20余种，除了常见的AFB_1、AFB_2、AFG_1、AFG_2、AFM_1、AFM_2（图5-1），尚有多种黄曲霉毒素的代谢产物、异构物和相似物，如B_1-2,3-环氧化物、四氢脱氧-B_1、1-甲氧基B_2等。黄曲霉毒素毒性与结构有关，凡二呋喃环末端有双键者毒性较强，并有致癌性，如AFB_1、AFG_1和AFM_1。在天然污染的食品中以AFB_1最多见，而且其毒性和致癌性也最强，故在食品监测中常以AFB_1作为污染指标。

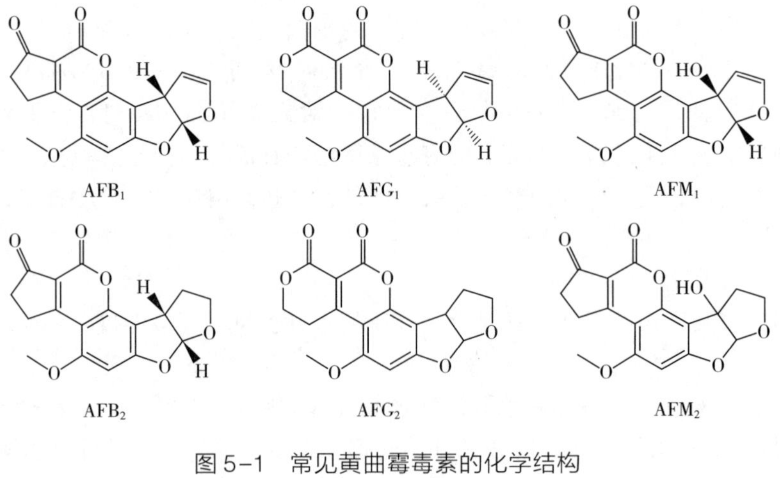

图5-1　常见黄曲霉毒素的化学结构

黄曲霉毒素在紫外光的照射下能发出强烈特殊荧光，B族毒素发出蓝色荧光（波长为425nm），而G族毒素发出绿色荧光（波长为450nm）。黄曲霉毒素的相对分子质量为312~

346，熔点为200~300℃，在熔解时，黄曲霉毒素也会随之分解。它难溶于水、正己烷、乙醚、石油醚，在水中的最大溶解度只有10mg/L，可溶于甲醇、乙醇、氯仿、丙酮、二甲基甲酰胺等有机溶剂。黄曲霉毒素的热稳定性非常好，分解温度高达280℃，所以一般烹调温度破坏很少，在加氢氧化钠的碱性条件下，黄曲霉毒素的内酯环破坏，形成香豆素钠盐可溶于水，故可据此予以去除。

2. 对食品的污染

黄曲霉毒素的污染有地区和食品种类的差别。我国以长江沿岸以及长江以南地区黄曲霉毒素污染严重，北方各省污染很轻。各类食品中，黄曲霉毒素主要污染粮油及其制品，其中花生、花生油、玉米污染严重，大米、小麦、面粉污染较轻，豆类很少受到污染。此外，干果类如胡桃、杏仁、榛子、无花果，动物性食品如乳及乳制品、干咸鱼中也有黄曲霉毒素污染。工业生产的发酵制品如酱、酱油中一般无污染。但家庭自制的发酵食品曾报道检出黄曲霉毒素。人工接种黄曲霉于水果、奶酪、豆制品等也可产毒，但量较少。

3. 中毒机制及症状

黄曲霉毒素有很强的急性毒性，也有明显的慢性毒性与致癌性。

（1）急性毒性　黄曲霉毒素是一种毒性极强的剧毒物，其毒性为氰化钾的10倍，敌敌畏的100倍，对人、畜均有强烈毒性。黄曲霉毒素属于肝脏毒，一次大量口服后，可出现肝实质细胞坏死、胆管上皮增生、肝脂肪浸润及肝出血等急性病变。少量持续摄入则引起肝脏纤维细胞增生甚至肝硬化等慢性损伤。

（2）慢性毒性　黄曲霉毒素持续摄入造成慢性毒性，其主要表现是动物生长障碍，肝脏出现亚急性或慢性损伤。其他症状如食物利用率下降、体重减轻、生长发育缓慢、母畜不孕或产仔少。

（3）致癌性　黄曲霉毒素是国际公认的毒性最强的化学致癌物质之一，可使鱼类、禽类、大鼠、猴等多种动物诱发实验性肝癌。是原发性肝癌公认的诱发因素之一。

三、赭曲霉毒素

赭曲霉毒素（ochratoxin）是曲霉属中的赭曲霉、蜂蜜曲霉、菌核曲霉、洋葱曲霉、孔曲霉、佩特曲霉和青霉属中的纯绿青霉、普通青霉、圆弧青霉等菌种所产生的一组次级代谢产物。赭曲霉毒素能毒害所有的家畜家禽，也能毒害人类，因此对人体健康和畜牧业的发展都有很大的危害。

1. 化学结构与性质

赭曲霉毒素包含7种结构类似的化合物，其中以赭曲霉毒素A（OTA）的毒性最强（图5-2），它是一种无色结晶化合物，溶解于极性有机溶剂，微溶于水和稀的碳酸氢盐中。赭曲霉毒素具有耐热性，用普通加热法处理不能将其破坏。在赭曲霉毒素结构中，酚羟基相邻的羰基中的氧原子或酰胺基中的氧原子都能与分子内的氢原子相结合，因此分子结构有很大差异。OTA带有C_1，毒性强；赭曲霉毒素B（OTB）则无C_1，毒性低。

2. 对食品的污染

OTA作为一种天然污染物可污染各种作物，主要是谷物。在谷物收割前，雨量过多或在储存时遭到雨淋均易受到OTA的污染。除在谷物和大豆中检出OTA外，在花生、棉籽、胡椒、鱼制品、火腿、面包中也检出OTA。烹调过程只能减少部分OTA。该毒素能侵入面包深层，故切除霉变面包的表层，仍不能去除。赭曲霉产生 OTA 的最低温度为 22℃，青霉为 4℃，最小水分活度均为 0.83~0.87。

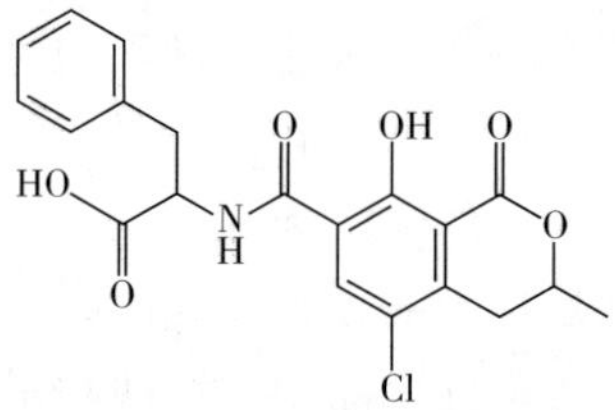

图 5-2 赭曲霉毒素 A 的化学结构

3. 中毒机制及症状

（1）急性毒性与慢性毒性 赭曲霉毒素具有烈性的肾脏毒性和肝脏毒性，当人畜摄入被这种毒素污染的食品和饲料后，发生急性或慢性中毒，赭曲霉毒素对大鼠经口半数致死量（LD_{50}）为 20mg/kg 体重。赭曲霉毒素主要损害肾脏，表现为肾曲管萎缩、肾间质纤维化及肾小球透明样变等。除肾脏外，鸭雏的肝脏可出现严重脂肪病变，大鼠的肝脏可见肝细胞透明样病变、点状坏死和灶性坏死。

（2）“三致”作用 赭曲霉毒素能引起肾脏的严重病变、肝脏的急性功能障碍、脂肪变性、透明变性及局部性坏死，长期摄入有致癌作用。此外，赭曲霉毒素还具有致畸性和致突变性。给孕期 7~12d 的小鼠腹腔注射 5mg/kg 体重的 OTA，出现胎鼠死亡率增加、胎鼠重量降低，并出现露脑、无眼、小眼、唇裂、短颌、并趾或多趾畸形等。OTA 溶于丙二醇，注入孵育 48h、72h、92h 的鸡蛋气室中，注入量为 0.5~0.7mg/蛋，孵育第 8d 时检查，可见露脑、露脏等畸形。

四、杂色曲霉毒素

杂色曲霉毒素（sterigmatocystin）是由杂色曲霉、构巢曲霉、寄生曲霉、黄曲霉等产生的有毒化合物。杂色曲霉毒素是一组化学结构近似的有毒化合物，目前已确定结构的有 10 余种（图 5-3），其熔点为 246~248℃，耐高温，不溶于水及强碱性溶液，难溶于多种有机溶剂，但易溶于氯仿、乙腈、吡啶和二甲基亚砜等有机溶剂。据报道，感染了杂色曲霉的玉米在 27℃下，21d 可产生杂色曲霉毒素超过 12g/kg。杂色曲霉毒素最初于 1954 年从杂色曲霉的培养物中分离出来。杂色曲霉毒素具有强烈的致癌性，是二甲基亚硝胺的 10 倍。

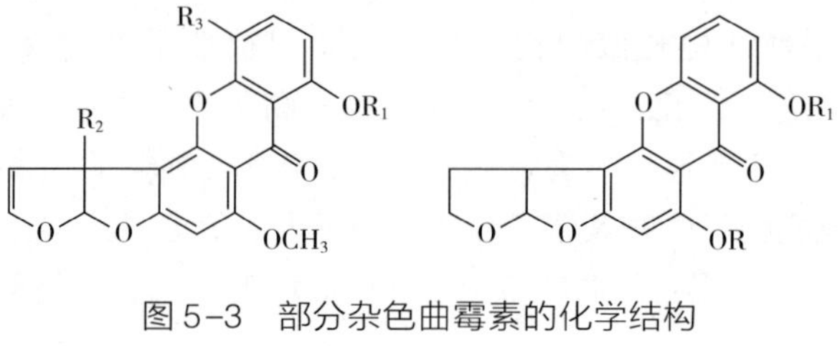

图 5-3 部分杂色曲霉素的化学结构

杂色曲霉和构巢曲霉广泛分布于自然界，在大米、玉米、花生和面粉等中均曾分离出。从我国现有状况看，它们不是储粮中主要污染菌，但在少数地区和粮食品种中也占有相当大的比重。

五、玉米赤霉烯酮

玉米赤霉烯酮（zearalenone），又称 F-2 毒素（图 5-4），是由禾谷镰刀菌、黄色镰刀菌、木贼镰刀菌等产生的一类结构相似的化合物。玉米赤霉烯酮首先由赤霉病玉米中分离出来。玉米赤霉烯酮不溶于水、二硫化碳和四氯化碳，溶于碱性水溶液、二甲基甲酰胺、吡啶、氯仿、甲醇、乙醇、苯等，微溶于石油醚等。

玉米赤霉烯酮具有类似雌激素的作用，可与雌激素受体结合而影响细胞核的雌激素转录，刺激含雌激素受体的乳腺癌细胞增长。给牲畜饲喂储藏在潮湿低温条件下的饲料常常出现“雌性发情综合征”，主要是由于饲料中含有发霉的玉米。猪对该毒素最敏感，主要表现为青春期雌性猪外阴充血和水肿，严重时阴道和直肠脱垂，乳房肿大和乳头肥大，成年猪还可引起不孕症。雄性猪可引起乳房突起等。人误食后会对怀孕、排卵及胎儿的发育造成影响。

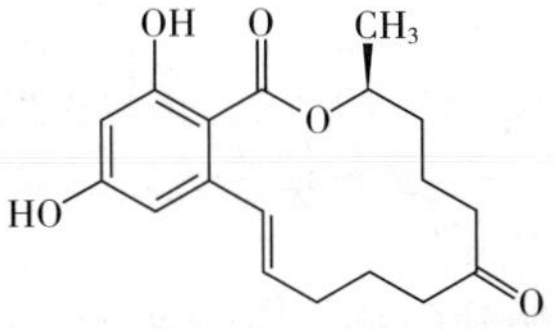

图 5-4　玉米赤霉烯酮的化学结构

自然界中存在 5 种以上的玉米赤霉烯酮，产生该毒素的真菌在 16～24℃和相对湿度为 85%时产毒最多，收获后维持潮湿状态的玉米最易受污染。此外，大麦、小麦、燕麦、稻谷、蚕豆、甘薯、甜菜、芝麻等也可被污染。虫害、潮湿气候及储藏不当均可诱发玉米赤霉烯酮的产生。

六、伏马菌素

伏马菌素（fumonisins）于 1988 年首先由 Bezuidenhact 及 Gelderblow 等在南非研究马属动物霉玉米中毒时发现，是由串株镰刀菌产生的水溶性代谢产物，为一类由不同的多氢醇和丙三羧酸组成的结构类似的双酯化合物。目前发现的伏马菌素有 11 种，以伏马菌素 B1 为主（图 5-5）。伏马菌素是细胞毒同时也是致癌物，从动物实验中发现，伏马菌素主要损害肝肾功能，可引起马脑白质软化症、猪肺水肿、羊肾病变、大鼠肝中毒及肝癌等。伏马菌素主要污染玉米及其制品。

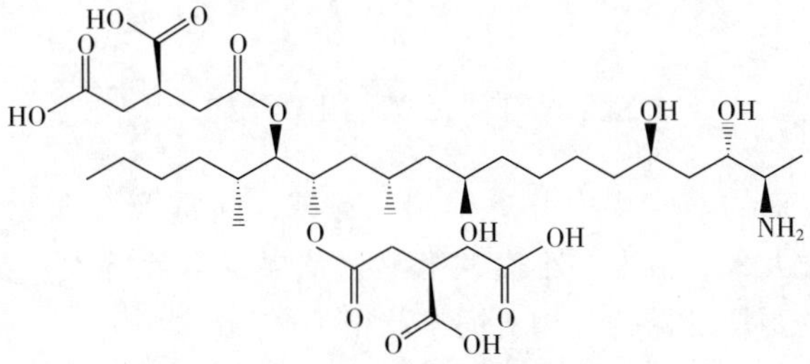

图 5-5　伏马菌素 B1 的化学结构

七、单端孢霉烯族化合物

单端孢霉烯族化合物（trichothecenes）是由头孢霉、镰孢霉、葡萄状穗霉和木霉等代谢产生的一组生物活性和化学结构相似的有毒代谢产物，均具有四环倍半萜烯结构，主要种类有 T-2 毒素［图 5-6（1）］、脱氧雪腐镰刀菌烯醇［图 5-6（2）］、雪腐镰刀菌烯醇［图 5-6（3）］等。单端孢霉烯族化合物涉及的产毒菌种很多，产毒的条件较为复杂，所以在食品中出现的机会较多，其主要污染大麦、小麦、玉米等。

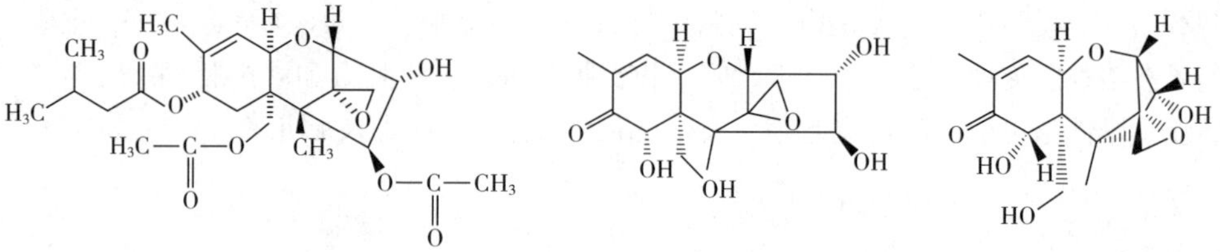

（1）T-2毒素　　（2）脱氧雪腐镰刀菌烯醇　　（3）雪腐镰刀菌烯醇

图 5-6　单端孢霉烯族化合物的化学结构

单端孢霉烯族化合物毒性作用的共同特点表现为较强的细胞毒性，可使分裂旺盛的骨髓细胞、胸腺细胞及肠道上皮细胞的细胞核崩溃，破坏膜的通透性和功能，破坏正常的造血功能，抑制免疫功能等。到目前为止，人类单端孢霉烯族毒素中毒的主要临床表现为消化系统和神经系统症状，如恶心、呕吐、头痛、头晕、腹痛、腹泻等。部分病人还有全身乏力、步伐不稳等似酒醉样症状。

八、与食品污染关系密切的其他霉菌毒素

1. 橘霉素

橘霉素又称为橘青霉素（图 5-7），常温下，橘霉素是一种柠檬黄色的结晶。在长波紫外灯的激发下能发出黄色荧光，其最大紫外吸收在 253nm（$\varepsilon=8279$）和 319nm（$\varepsilon=4710$）处，熔点为 172℃。溶于甲醇、乙酸乙酯、苯、丙酮、氯仿、乙腈，微溶于二乙醚、乙醇，难溶于水，但是可以溶解于稀氢氧化钠、碳酸钠和乙酸钠溶液中。

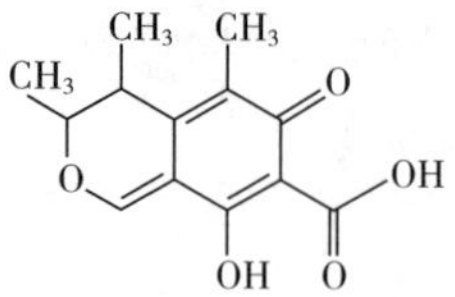

图 5-7　橘霉素的化学结构

橘霉素最早从橘青霉的培养物中分离得到，青霉、曲霉及红曲霉中也可代谢产生橘霉素。橘霉素广泛存在于大米、玉米、小麦、米醋、苹果、果汁等农产品和食品中。在我国，被橘霉素污染的食物主要是发霉的谷物、饲料及相关产品。

橘霉素具有一定的抗菌作用，最初被作为一种抗生素使用。随后的毒理学研究表明，橘霉素能够通过影响动物体内肾脏线粒体功能、影响体内大分子的合成，达到使细胞死亡的效

果。此外，橘霉素还能导致动物肾小管扩张、肾脏肿大、上皮细胞坏死等病变。相关研究已经证明，对肾脏的毒害是橘霉素直接作用导致的，并且还伴随有糖尿或蛋白尿等症状。经口途径喂食小鼠橘霉素，其 LD_{50} 为 110mg/kg。当橘霉素与赭曲霉毒素等毒素同时存在于动物体内时，会产生协同作用，增强其对 DNA 的损伤。

2. 麦角生物碱

麦角生物碱（ergotalkloids）是人们最早认识到的一类真菌毒素。麦角菌生长于禾本科植物的子房内，形成菌核，由于菌核形成时多露出子房以外，形状像动物的角，故称为麦角。麦角化合物有 100 多种，其中最具生物活性的是麦角生物碱。麦角生物碱又可分为麦角胺、麦角毒碱和麦角新碱三大类。麦角生物碱的毒性非常稳定，正常的烹调温度不能将其破坏。人误食后会引起恶心、呕吐、腹痛、腹泻、头晕乏力、呼吸困难、血压上升、心脏衰竭、昏迷等。据报道，麦角生物碱对生物胺受体有作用，因而还可影响神经系统的传导功能。

九、霉菌及其毒素的防治措施

霉菌及其毒素对粮食的食用安全性构成了极大的危害，必须采取行之有效的应对措施。在多年的生产科研实践中，大体总结出防霉和去毒两种方法。

1. 防霉

防霉是预防粮食被霉菌及其毒素污染的最根本的措施，“防患于未然”才能从源头上解决好霉菌毒素危害人类健康的问题。

（1）在农业生产环节，要改变旧的生产习惯，小麦、稻谷等要及时收割、打碾、整晒，玉米要采用站杆扒皮、搭架晾晒、烘干等方式，尽快降低水分含量。要尽可能降低脱粒过程对粮谷籽粒的损伤，减少霉菌侵入粮粒而繁殖的机会。育种部门应将作物的抗霉性作为选育优良品种的条件之一，推广应用抗霉性强的粮食新品种。

（2）收购环节要严格按国家标准收购粮食，在入库前还要视粮食质量进行必要的整晒，使水分含量降至安全水分标准以下。杂质和不完善粒是虫害和霉菌的携带体，要尽可能地清理，为安全储粮打下好的基础。

（3）储存环节要严格控制粮食的水分含量和温度，粮谷类水分含量应控制在 13%以下，油料类应在 8%以下。储粮前仓库要清洁干燥，并根据粮温、库温、外温及相应的相对湿度采取通风降温降水措施。

2. 去毒

粮食被霉菌污染产生毒素后，为减少经济损失，保证食用安全卫生，应将毒素破坏或去除，有效而实用的方法有 4 种。

（1）去除霉粒法　霉变粮粒与正常粮粒在色泽、形态等方面有较大差异，故可用机械风选、色选、人工挑选等将霉变粒去除。

（2）机械加工法　受污染的大米，因毒素集中在米糠中，可通过碾轧去除糠粉，降低精米中的毒素含量；受污染的小麦、玉米类粮谷，毒素集中在皮层和胚部，采用碾剥制粉技术，可将皮、胚与胚乳较好地分离，如此制得的成品面粉中毒素含量会最大限度地减少。

（3）植物油精炼法　油料种子污染黄曲霉毒素后，榨制的油中含有毒素。黄曲霉毒素在碱性条件下，可使其结构中的内酯破坏形成香豆素钠盐，后者易溶于水，加碱精炼后再用水洗可将毒素去除；物理吸附法也可去除植物油中毒素，方法是在油中加入活性白陶土或活性炭等吸附剂，然后搅拌、静置、分离，毒素即被吸附而去除。

（4）发酵去毒法　污染了霉菌毒素的粮食，经发酵制成饴糖、酒、醋或酱油后，可去除大部分霉菌毒素，而以制醋和酱油效果最佳。同时，采用微生物吸附或降解也能在一定程度减少毒素。

第二节　细菌与细菌毒素污染对食品安全性的影响

食品在生产、加工、储藏、运输、销售以及消费过程中，随时都可能被微生物污染，其中，细菌对食品的污染是最常见的生物性污染，是食品最主要的安全问题。引起食品污染的细菌有多种，主要分为两类：一类为非致病菌，会降低食品的食用价值；另一类为致病菌和机会致病菌，它们在一定条件下可以以食品为媒介引起人类感染性疾病或细菌性食物中毒，是食品安全的主要问题之一。

细菌与细菌毒素污染对食品安全性的影响

细菌性食物中毒是指因摄入细菌性中毒食品（被致病菌或其毒素污染的食品）引起的食物中毒。细菌性食物中毒是食物中毒中最常见、最普遍、最具爆发性的一种食物感染，其发生率居食源性疾病的首位。

一、概述

1. 细菌性食物中毒的流行病学特点

细菌性食物中毒的流行病学特点主要有：①季节性强。绝大多数细菌性食物中毒发生在暖湿的夏秋季节（5～10 月）。②发病率高，病死率因中毒病原而异。常见的细菌性食物中毒菌种有沙门氏菌、变形杆菌、葡萄球菌等，大多数细菌性食物中毒病程短、恢复快、预后好、病死率低。但李斯特菌、小肠结肠炎耶尔森氏菌、肉毒梭状芽孢杆菌、椰毒假单胞菌酵米面亚种等引起的食物中毒病死率通常较高，为 20%～100%。③病因与致病食品之间有一定的规律性。动物性食品是引起细菌性食物中毒的主要食品，其中畜肉类及其制品居首位。鱼、奶、蛋类也占一定比例。植物性食品如剩饭、米糕、米粉等曾引起葡萄球菌、蜡样芽孢杆菌等食物中毒，家庭自制豆类及面粉类经厌氧发酵也可能引起肉毒梭状芽孢杆菌食物中毒。

2. 细菌性食物中毒发生的原因

发生细菌性食物中毒的原因主要有 3 个：①食物在制备、运输、分发等过程中受到致病菌的污染。②被致病菌污染的食物在较高的温度下存放（37℃左右），食品中充足的水分、适宜的 pH 及营养条件使致病菌大量生长繁殖或产生毒素。③被污染的食物未经烧熟煮透或煮熟后又受到带菌容器、食品加工工具的污染或食品从业人员带菌者的污染，食用后引起中毒。

3. 细菌性食物中毒的类型

细菌性食物中毒包括感染型、毒素型和混合型 3 类。

（1）感染型　由于人体食入含有大量活菌的食品而引起中毒。致病菌在肠道内继续生长繁殖，引起消化道感染，产生胃肠道症状。某些致病菌死亡裂解后释放内毒素，刺激体温调节中枢引起体温升高等症状。常见的感染型食物中毒病原菌有沙门氏菌属、变形杆菌属、致病性大肠杆菌等。

（2）毒素型　某些致病菌（如葡萄球菌）污染食物后繁殖并产生能引起急性胃肠炎反应的肠毒素（外毒素），人体食入大量细菌肠毒素污染的食物而发生中毒。肠毒素激活小肠黏膜细胞上的腺苷酸环化酶或鸟苷酸环化酶，使细胞内环磷酸腺苷或环磷酸鸟苷浓度升高，促使肠黏膜上皮细胞分泌功能改变，其对钠离子和水的吸收抑制而对氯离子的分泌亢进，使钠离子、氯离子和水在肠腔潴留而腹泻。常见的毒素型食物中毒有葡萄球菌肠毒素和肉毒梭状芽孢杆菌毒素食物中毒。

（3）混合型　中毒不仅与致病菌数量有关，而且与细菌生长过程中排泄到体外的外毒素、细菌死亡体内自溶所释放的内毒素有关，且经常是以上两种的协同作用发病，即为混合型，如副溶血性弧菌等。

不同中毒机制的食物中毒其临床表现通常不同，感染型食物中毒通常伴有发热，而毒素型食物中毒很少有发热的症状。一般而言，大多数感染型食物中毒潜伏期较长，毒素型食物中毒潜伏期因毒素类型而异，肉毒梭状芽孢杆菌、椰毒假单胞菌酵米面亚种等潜伏期较长，而葡萄球菌、副溶血弧菌等大多数毒素引起的食物中毒潜伏期通常较短。

二、沙门氏菌属

沙门氏菌属引起的食物中毒是我国发生的细菌性食物中毒中最为常见的。

1. 病原

沙门氏菌属属肠杆菌科，需氧或兼性厌氧，为一群寄生于人类和动物肠道中，具有鞭毛结构、生化反应和抗原结构相似的革兰氏阴性杆菌。沙门氏菌属已知有 2600 个以上的血清型，其中曾引起食物中毒的有鼠伤寒沙门氏菌、猪霍乱沙门氏菌、肠炎沙门氏菌、纽波特沙门氏菌、德尔卑沙门氏菌、副伤寒沙门氏菌、鸭沙门氏菌、牛沙门氏菌和马流产沙门氏菌等。在很多国家，以鼠伤寒沙门氏菌、猪霍乱沙门氏菌和肠炎沙门氏菌引起的食物中毒较多。

沙门氏菌在自然界生存力较强，生长温度为 10～42℃，最适温度 37℃，最适 pH6. 8～7. 8。沙门氏菌分布广，在外界生存力较强，水中虽不易繁殖，但仍可存活 2～3 周；在粪便或冰水中可存活 1～2 个月，在土壤里可以过冬，在咸肉、鸭和鸡蛋及蛋粉中可以存活很久。水经氯处理 5min 可将其杀灭。对热敏感，在 100℃水中立即死亡，在 80℃存活 2min，70℃存活 5min，60℃时 15min 死亡。乳及乳制品中的沙门氏菌经巴氏消毒或煮沸即迅速死亡。在水分活度大于 0. 95 的食品中，沙门氏菌容易被消毒的温度灭活，水分活度降低则对热抵抗力增加。

2. 中毒类型及表现

沙门氏菌属食物中毒的临床症状有胃肠炎型、类霍乱型、类感冒型和败血症型，其中胃肠炎型最为多见。大量沙门氏菌进入机体后，可在肠道内繁殖，并通过淋巴系统进入血液，引起全身感染。同时，沙门氏菌也可在肠系膜淋巴结和网状内皮系统中被破坏而释放内毒素。大量沙门氏菌及其毒素作用于胃肠道，可使胃肠道黏膜发炎、水肿、充血和出血，引起全身发热、腹痛、腹泻等急性胃肠炎症状。某些沙门氏菌如鼠伤寒沙门氏菌、肠炎沙门氏菌能产生肠毒素而引起毒素型中毒。

沙门氏菌属食物中毒潜伏期初期 12~24h。初期症状为头痛、恶心、食欲不振、全身乏力、寒战。后期出现呕吐、腹痛、腹泻，腹泻次数可达 7~8 次/d，为黄绿色水样便，可带脓血和黏液。多数病人有发热，体温可达 38~40℃，病程 3~5d，大多数患者预后良好。

3. 引起中毒的食品及其被污染的原因

引起沙门氏菌属食物中毒的食品，主要是畜肉及其制品，其次为家禽、蛋类、奶类、鱼虾及其制品。其他食品如豆制品和糕点有时也会引起中毒。因沙门氏菌不分解蛋白质，受污染的食品通常无感官上的变化，因此，更应引起注意。

沙门氏菌属食物中毒全年皆可发生，但主要发生在夏秋季。沙门氏菌属广泛分布于自然界，可在人和许多动物的肠道内繁殖。带菌宿主的粪便为该菌传染源之一。猪、牛、羊等健康家畜的带菌率约 1%，家畜、家禽感染沙门氏菌可引起原发性沙门氏菌病，如猪霍乱、牛肠炎等；健康带菌家畜在疲劳、衰弱时，肠道所带细菌也可进入血液而致全身感染，引起继发性沙门氏菌病。以上均称为生前感染。这种家畜的肉和内脏中带有大量沙门氏菌，处理或烹调不当可引起食物中毒。从畜禽宰杀到烹调加工的各个环节，通过土壤、水、容器、炊具或苍蝇、老鼠可使食物受到沙门氏菌的污染；人的带菌者也可使食物受污染；已感染沙门氏菌病畜的肉和内脏污染容器、炊具后，因与食物生熟交叉而致污染。以上均称宰后污染，也是引起中毒的重要原因。值得注意的是，在熟肉制品的加工销售过程中，由于刀、砧板、炊具、容器等生熟交叉污染或食品从业人员及带菌者污染，导致熟肉制品再次受沙门氏菌的污染。

此外，蛋类可因家禽带菌而污染，带菌牛羊所产的奶中也可含有大量沙门氏菌，水产品可经水源污染而带有沙门氏菌。

4. 预防措施及治疗

针对细菌性食物中毒发生的 3 个环节，采取针对性预防措施。

（1）防止污染　①加强对肉类食品生产企业的卫生监督及家畜、家禽屠宰前的兽医卫生学检验，并按有关规定处理。在屠宰健康家畜、家禽时应严格执行合理屠宰过程，防止肉尸受到胃肠内容物、带菌皮毛、粪便、污水、容器等污染。②加强对家畜、家禽屠宰后的肉尸和内脏的检验，防止被沙门氏菌感染或污染的畜、禽肉进入市场。经兽医确定为条件可食肉，则应按照无害化制度和要求在厂内进行彻底处理。③严格执行肉类食品生产企业的卫生监督，加强肉类食品在储藏、运输、加工、烹调或销售各个环节的卫生管理。尤其要防止熟肉制品被带菌生食物、带菌容器及食品从业人员带菌者污染。为此，加工食品的用具及容器应生熟分开，对食品从业人员应定期进行健康和肠道带菌检查，肠道传染病患者及带菌者应及时调换工作。

（2）控制繁殖　低温储藏食品是控制沙门氏菌繁殖的重要措施。因此，食品工业、集体食堂、食品销售网点均应配置冷藏设备，低温储藏肉类食品。此外加工后的熟肉制品应尽快食用，需储藏时应尽快降温，低温储藏并尽可能缩短储藏时间。

（3）在食用前彻底加热以杀灭病原菌　加热杀死病原菌是防止食物中毒的重要措施。为彻底杀灭肉类中可能存在的各种沙门氏菌并灭活其毒素，应使肉块深部的温度至少达到 80℃，并持续 12min。为此，加热肉块重量应不超过 1kg，持续煮沸 2.5~3h，蛋类应煮沸 8~10min。沙门氏菌食物中毒的治疗以对症处理为主，因呕吐、腹泻致失水、失盐者，补充水和电解质。对重症患者可考虑使用抗生素，并针对其症状分别采用镇静、升压或抗休克治疗等。

三、副溶血性弧菌

副溶血性弧菌食物中毒在许多沿海国家都有发生，也是我国沿海地区夏季常见的食物中毒。

1. 病原

副溶血性弧菌是一种分布极广的嗜盐性弧菌，存在于近岸海水、海底沉积物和鱼类、贝类等海产品中。副溶血性弧菌常呈弧状、杆状、丝状等多种形态，有鞭毛，运动活泼，革兰氏染色阴性。最适生长温度37℃、最适pH7.7~8.0，在含35g/L NaCl的培养基中生长最佳。副溶血性弧菌抵抗力较弱，75℃加热5min、90℃加热1min或1%食醋处理5min，均可将其杀灭，其对常用消毒剂抵抗力很弱。副溶血性弧菌在淡水中存活不超过2d，但在海水中可存活近50d。

2. 中毒类型及表现

副溶血性弧菌食物中毒主要由副溶血性弧菌的侵袭力和耐热性溶血毒素两者混合作用所致，属混合型食物中毒。

副溶血性弧菌食物中毒潜伏期一般为11~18h，最短者4~6h，长者可达32h。主要临床症状为上腹部阵发性绞痛，继而腹泻，每天5~10次。粪便呈水样或糊状，少数有黏液或黏血样便，约15%的患者出现洗肉水样血水便，但很少有里急后重症。多数患者在腹泻后出现恶心、呕吐。一般体温为37.7~39.5℃，回盲部有明显压痛。一般病程1~3d，恢复期较快，预后良好。重症患者可出现脱水、休克及意识障碍。

3. 引起中毒的食品及其被污染的原因

副溶血性弧菌广泛存在于近海和河流入海处的水体及鱼、虾、贝类中。海产鱼虾的平均带菌率接近50%，夏季可高达90%以上。沿海地区是我国副溶血性弧菌食物中毒的多发地区。但随着海产食品的市场流通，各地也有副溶血弧菌食物中毒的散在发生。7~9月是副溶血性弧菌食物中毒的高发季节。此外，引起中毒的食物还包括盐渍食品、禽、蛋类以及凉拌菜等。

食品被副溶血性弧菌污染的原因有：①近海海水及海底沉淀物中副溶血性弧菌对海产食品的直接污染，还可通过污染海域附近的塘、河、井水，使该区域淡水鱼、虾、贝类等也受到污染。②沿海地区饮食从业人员、健康人群及渔民等带菌人群可污染各类食物。③沿海地区炊具带副溶血性弧菌，食物容器、砧板、切菜刀等处理食物的工具生熟不分时，副溶血性弧菌可通过上述工具污染熟食或凉拌菜。

受副溶血性弧菌污染的食物在较高温度下存放，食用前不加热或生吃，或加热不彻底，或热制品受到带菌者、带菌生食品、带菌容器及工具等的污染，食物中副溶血性弧菌可随食物进入人体肠道，在肠道生长繁殖，当达到一定数量时，即可引起食物中毒。其产生的耐热性溶血毒素也是引起食物中毒的病因。

4. 预防措施及治疗

预防应紧紧抓住防止污染、控制繁殖和杀灭病原菌3个主要环节。其中控制繁殖和杀灭病原菌尤为重要，低温储藏各种食品，尤其是海产食品及各种熟制品。鱼、虾、蟹、贝类等海产品应烧熟煮透，蒸煮时需加热至100℃并持续30min。对凉拌食物（如海蜇）要清洗干净后置食醋中浸泡10min或在100℃沸水中漂烫数分钟以杀灭副溶血性弧菌。治疗以解痉补液对症治疗为主，除重症患者外一般不用抗生素。

四、变形杆菌

1. 病原

变形杆菌属为革兰氏阴性杆菌，属寄生于人和动物肠道中的肠杆菌科。变形杆菌食物中毒是我国常见的食物中毒之一。引起食物中毒的变形杆菌主要是普通变形杆菌、奇异变形杆菌、莫根氏变形杆菌3种。

变形杆菌属腐败菌，一般不致病，需氧或兼性厌氧，其生长繁殖对营养要求不高。在自然界广泛分布于土壤、污水和垃圾中，也可在人体肠道生存。变形杆菌对热抵抗力不强，55℃持续1h或100℃数分钟即可将其杀灭。现已证实，变形杆菌可产生肠毒素，具抗原性。

2. 中毒类型及表现

变形杆菌食物中毒的发生主要是感染型食物中毒，莫根氏变形杆菌还与过敏性组胺中毒有关。

变形杆菌食物中毒潜伏期一般12~16h，短者1~3h，最长达60h。主要临床表现为恶心、呕吐、发冷、发热、头晕、头痛、乏力、腹泻。其特点是腹痛剧烈，呈阵发性刀割样绞痛；腹泻水样便，常伴有黏液、恶臭，一日数次至10余次，体温多在39℃以下。发病率较高，为50%~80%。该中毒往往起病急、来势猛、病程较短，为1~3d，多数24h内恢复，一般预后良好。过敏型组胺中毒潜伏期30min至2h，主要表现为面部和上身皮肤潮红，头晕、头痛并有荨麻疹，病程1~2d。

3. 引起中毒的食品及其被污染的原因

变形杆菌广泛分布于自然界，可寄生于人和动物的肠道，食品受其污染的机会很多。人和食品中变形杆菌带菌率因季节而异，夏秋季较高，冬春季下降。引起变形杆菌食物中毒的食品主要是动物性食品，特别是熟肉以及内脏的熟制品。此外，凉拌菜、剩饭、水产品等也有引起变形杆菌食物中毒的报道。变形杆菌常与其他腐败菌共同污染生食品，使生食品发生感官上的改变。但熟制品被变形杆菌污染通常无感官性状的变化，极易被忽视而引起中毒。

食品被变形杆菌污染的原因有：①变形杆菌通过尘土、污水等污染食品。②人类带菌者对熟制品的污染。据报道，健康人肠道带菌率为1.3%~10.4%，腹泻病人肠道带菌率更高，达13.3%~52%。③被污染的食品工具、容器对熟制品的污染。生的肉类食品，尤其动物内脏变形杆菌带菌率较高，在食品烹调加工过程中，处理生、熟食品的工具、容器未严格分开，被污染的食品工具、容器可污染熟制品。

受变形杆菌污染的熟肉或内脏制品在夏秋季节的较高温度下存放，变形杆菌在食品中大量生长繁殖，食前未加热或加热不彻底，食后即引起食物中毒。

4. 预防措施及治疗

防止污染、控制繁殖和食用前彻底加热以杀灭病原菌是预防细菌性食物中毒发生的3个主要环节。变形杆菌属食物中毒的预防在上述基础上，尤其应控制人类带菌者对熟食物的污染及食品加工烹调中带菌生食物、食物容器、用具等对熟食物的污染。为此，食品企业、集体食堂应建立严格的卫生管理制度。变形杆菌食物中毒呈自愈性，治疗以对症治疗为主。吐泻剧烈者应补液，重症者可使用抗生素，过敏型给予抗组胺类药物。

五、致病性大肠杆菌

1. 病原

大肠杆菌属又称大肠埃希氏菌属，革兰氏阴性杆菌，50%左右菌株有周身鞭毛，能发酵乳糖及多种糖类，产酸产气，在自然界生存力强，在土壤、水中可存活数月。大肠杆菌在婴儿出生数小时后就进入肠道，并终生伴随，为人类和动物肠道的正常菌群，多不致病。当宿主免疫力下降或细菌侵入肠外组织和器官时，可引起肠外感染。大肠杆菌中有少数菌株能直接引起肠道感染，称致病性大肠杆菌。根据不同的生物学特性将致病性大肠杆菌分为：肠致病性大肠杆菌、肠产毒性大肠杆菌、肠侵袭性大肠杆菌、肠黏附性大肠杆菌、肠出血性大肠杆菌和弥散黏附性大肠杆菌，所引起的肠道感染包括“旅行者腹泻”、婴儿腹泻、出血性结肠炎等。

2. 中毒类型及表现

不同的致病性大肠杆菌有不同的致病机制。肠产毒性大肠杆菌、肠出血性大肠杆菌引起毒素型中毒，肠侵袭性大肠杆菌和肠致病性大肠杆菌引起感染型中毒。不同中毒机制导致不同的临床表现。

（1）毒素型中毒　肠产毒性大肠杆菌、肠出血性大肠杆菌是可以产生肠毒素的致病菌，其中毒机制为毒素型中毒。肠产毒性大肠杆菌食物中毒潜伏期一般 10~15h，短者 6h，长者 72h。临床症状为水样腹泻、腹痛、恶心，发热 38~40℃。易感染人群主要是婴幼儿和旅游者。肠出血性大肠杆菌产生具有肠毒素活性志贺样毒素，志贺样毒素是一种细胞毒素。部分肠出血性大肠杆菌，如 O157：H7，还可产生肠溶血性毒素。肠出血性大肠杆菌感染的前驱症状为腹部痉挛性疼痛和短时间的自限性发热、呕吐，1~2d 内出现非血性腹泻，后导致出血性结肠炎、严重腹痛和便血。

（2）感染型中毒　肠侵袭性大肠杆菌和肠致病性大肠杆菌是不产生毒素的致病菌，其中毒机制为感染型中毒。肠侵袭性大肠杆菌主要黏附结肠黏膜上皮细胞并生长繁殖，死亡后产生内毒素，引起肠黏膜细胞的炎性反应和溃疡，出现血性腹泻，病变酷似志贺氏菌感染，临床上出现痢疾样症状。肠致病性大肠杆菌在十二指肠、空肠和回肠上段大量繁殖，病菌黏附于微绒毛上，导致刷状缘破坏、绒毛萎缩、上皮细胞排列紊乱，临床上表现为水样腹泻、腹痛，易感人群为幼儿和儿童。

3. 引起中毒的食品及被污染的原因

大肠杆菌存在于人和动物的肠道中，随粪便排出而污染水源和土壤。受污染的水源、土壤及带菌者的手均可直接污染食物或通过食品容器再污染食物。各种食品被致病性大肠杆菌污染均可引起中毒。

4. 预防措施及治疗

防止食品污染，食用前对食品加热是预防该菌中毒的主要措施。大肠杆菌引起的食物中毒部分症状较重，应及时治疗，尽早使用抗生素。

六、葡萄球菌肠毒素

1. 病原

葡萄球菌属为革兰氏阳性球菌，需氧或兼性厌氧，最适生长温度为 37℃，最适 pH7.4，耐盐性强，能在含 100~150g/L 氯化钠的培养基上生长。葡萄球菌在无芽孢菌中抵抗力最强，耐干燥可达数日，80℃加热 30min 才被杀灭。能产生肠毒素（外毒素）的葡萄球菌主要是金黄色葡萄球菌。葡萄球菌肠毒素是一种蛋白质，可分为 A、B、C_1、C_2、C_3、D、E、F 8 种血清型，其中 A 型毒性最强，引起食物中毒较多见。肠毒素耐热，100℃加热 2h 才可破坏。随食物进入人体的肠毒素不被胃酸和体内蛋白酶破坏。

2. 中毒类型及表现

葡萄球菌肠毒素食物中毒的致病物质主要为肠毒素。肠毒素随食物进入人体后，作用于胃肠黏膜，引起充血、水肿，甚至糜烂等炎症变化及水与电解质代谢紊乱，出现腹泻，同时刺激迷走神经的内脏分支而引起反射性呕吐。从食入带有毒素的食物到发病，一般为 2~4h，最短 1h，最长 6h。主要症状为恶心，剧烈反复呕吐，上腹部剧烈疼痛，腹泻和水样便，体温一般正常。极个别患者出现剧烈吐泻可造成脱水而致虚脱或循环衰竭，病程 1~2d，预后良好。

3. 引起中毒的食品及其被污染的原因

引起葡萄球菌肠毒素食物中毒的食品有奶、肉、蛋、鱼及其制品，我国主要是乳及乳制品、含乳糕点、荷包蛋、糯米凉糕、剩饭、米酒等。

葡萄球菌广泛存在于自然界，是化脓性球菌之一，化脓部位常成为传染源，如患有化脓性皮肤病的疮疖或急性呼吸道感染以及口腔鼻腔炎症等患部。患有乳房炎的奶牛的奶及其制品和带有化脓性感染的牲畜肉等，也是传染源。正常人的鼻咽腔常带有葡萄球菌。

能够引起中毒的食品必须具备两个条件：①污染了葡萄球菌，污染越严重，该菌繁殖越快，越易形成肠毒素。②污染后具有细菌生长繁殖产毒的条件，产毒的最适 pH6.8~7.2，最适温度 20~37℃。温度越高产生肠毒素越快，通风不良，越易产生肠毒素；放置时间越长，产生肠毒素越多。含水分、蛋白质和淀粉多的食品（如奶油蛋糕、冰淇淋、冰棒等）或含油脂多的食品（荷包蛋、油炸鱼等）产毒较多。

4. 预防措施及治疗

（1）防止污染　颜面和手部有化脓性感染或患有呼吸道感染等带菌者，须暂时调离饮食服务工作岗位，防止葡萄球菌污染食物。奶牛如患化脓性乳腺炎，其奶不得食用或制造乳制品。患局部化脓性病灶的家畜、家禽宰后应将病变部位剔除，条件可食肉经高温处理后以熟制品出售。

（2）防止肠毒素的产生　低温保藏、通风良好和缩短贮存时间是防止产生肠毒素的重要措施。乳制品及糕点应放置于低温环境及时出售。剩饭菜应及时低温冷藏（5℃以下），或放在阴凉通风处不宜超过 4h，且食前必须充分加热。由于一般烹调温度不能破坏肠毒素，所以预防葡萄球菌肠毒素食物中毒，加热应在肠毒素形成之前，因为葡萄球菌本身对热敏感。

葡萄球菌肠毒素食物中毒的治疗以对症治疗为主，及时补充水和电解质，一般不需要使用抗生素。

七、肉毒梭状芽孢杆菌毒素

1. 病原

肉毒梭状芽孢杆菌（简称肉毒梭菌）是一种革兰氏阳性厌氧梭状杆菌，有芽孢，生长繁殖和产生毒素的最适温度为 18～30℃。当 pH 低于 4.5 或大于 9.0、温度低于 15℃或高于 55℃时，该菌不繁殖，不产生毒素。该菌芽孢抵抗力强，干热 180℃、5～15min，湿热 100℃、5h，高压蒸汽 121℃、30min 才能将其杀死。

肉毒梭菌为腐生菌，广泛分布于土壤和动物粪便中，借其芽孢长期存活。污染食品后，在适宜条件下（无氧，18～30℃）可大量繁殖并产生一种以神经毒性为主要特征的可溶性外毒素，即肉毒毒素，毒性比氰化钾强 10000 倍，对人的致死量约为 0.1μg，已发现 A、B、Cα、Cβ、D、E、F、G 8 种抗原型。我国发生的肉毒中毒多数为 A、B 两型，少数为 E 型。肉毒毒素不耐热，80℃、30min 或 100℃、10～20min 可完全破坏，pH>7.0 时可迅速分解，暴露在阳光下迅速失去活性。

2. 中毒类型及表现

肉毒梭菌食物中毒由其产生的神经毒素引起。肉毒毒素中毒的临床表现与其他细菌性食物中毒不同，以运动神经麻痹的症状为主，胃肠道症状少见。

潜伏期数小时至数天不等，一般 12～48h，最短 6h，长者可达 8～10d。通常潜伏期越短，病死率越高。肉毒毒素中毒的前驱症状为乏力、头晕、头痛、食欲不振、走路不稳等，少数有恶心、呕吐等胃肠道症状。

临床表现以对称性脑神经受损的症状为其特征，主要表现为眼部功能障碍及延髓麻痹。最初眼肌及调节功能麻痹，表现为视力模糊、眼睑下垂、复视、斜视、眼球震颤、瞳孔散大，继之咽部肌肉麻痹，造成吞咽困难、咀嚼无力、言语不清、声音嘶哑、唾液分泌减少、颈肌无力、头下垂等。继续发展可致呼吸肌麻痹，出现呼吸困难、呼吸衰竭，并因此死亡。肢体麻痹者少见，患者多神志清楚，不发热但脉搏加快。在得不到抗毒素治疗的情况下，病死率为 30%～70%，多发生在中毒后的 4～8d。

婴儿肉毒毒素中毒主要症状为便秘，头颈部肌肉软弱，吮吸无力，吞咽困难，眼睑下垂，全身肌张力减退，可持续 8 周以上。大多数 1～3 个月自然恢复，重症者可因呼吸麻痹而猝死。

3. 引起中毒的食品及其被污染的原因

引起中毒的食品可因饮食习惯、膳食组成和制作工艺的不同而有差异，美国常见于蔬菜和水果罐头，欧洲常见于火腿、腊肠和其他肉类食品，日本常见于鱼制品，而我国大部分是由植物性食品引起，绝大部分为家庭自制发酵食品，如臭豆腐、豆豉、豆酱、面酱等，也见于肉类和其他食品，如罐头食品、腊肉、熟肉等。

肉毒梭菌广泛分布于土壤、江河湖海淤泥沉积物、尘土和动物粪便中。食品被污染的主要原因是食物原料在产地和运输过程中受到带菌土壤、尘埃或粪便的污染，尤其是带菌土壤可污染各类食品原料。受肉毒梭菌芽孢污染的原料在家庭自制发酵食品、罐头食品或其他加工食品时，加热的温度和时间均不能将肉毒梭菌芽孢杀死。此外，食品在较高温度密闭环境（厌氧条件）中发酵或装罐，提供了肉毒梭菌芽孢成为繁殖体并产生毒素的条件；食品制成后，一般不经加热而食用，其毒素随食物进入人体引起中毒。肉毒毒素的食物中毒发病主要以家庭或个体形式出现，很少暴发。

4. 预防措施及治疗

（1）彻底清洗食品原料　加工食品前应对食品原料进行彻底清洁处理，除去泥土和粪便后，用饮用水充分清洗。特别是肉毒毒素中毒易发地区。

（2）罐头食品彻底灭菌　罐头食品生产中，严格执行卫生规范，彻底灭菌。在罐头贮存过程中当发生胖听或破裂时不能食用。家庭制作发酵食品时除对原料食品进行严格清洗外应彻底蒸煮，一般为 100℃、10~20min，可使各型肉毒毒素破坏。

（3）防止毒素产生　加工后的食品应避免再污染和在较高温度或缺氧条件下存放，加工后食用前不再加热处理的食品，更应迅速冷却并在低温环境下贮存。

（4）食前加热以灭活毒素　肉毒毒素不耐热，对可疑食物进行彻底加热是破坏毒素、预防中毒发生的可靠措施。

（5）婴儿肉毒中毒防止　首先应避免不洁之物（带泥土等污物）进入口内，对婴儿的辅助食品如水果、蔬菜等应严格控制肉毒梭菌的污染。

治疗既要及时使用多价抗肉毒毒素血清，也要及时应用支持疗法及有效的护理，特别注意呼吸肌麻痹和窒息。中毒患者需静卧休息，静脉注射葡萄糖和维生素钾盐，必要时需吸痰、做气管切开、进行人工呼吸等，以防止患者呼吸道阻塞而窒息死亡。

八、蜡样芽孢杆菌

1. 病原

蜡样芽孢杆菌为革兰氏阳性的需氧芽孢杆菌，生长的最适温度为 32~37℃，15℃以下不繁殖；最适 pH6~11，pH5 以下有明显的抑菌作用。该菌繁殖体不耐热，100℃、20min 灭活，而芽孢具有耐热性。蜡样芽孢杆菌有产生和不产生肠毒素菌株之分。在产生肠毒素的菌株中又有产生致呕吐型胃肠炎和致腹泻型胃肠炎两类不同肠毒素之别。前者为呕吐毒素，耐热，126℃、90min 不被破坏，对 pH、胃蛋白酶、胰蛋白酶均不敏感，常在米饭类食品中形成。后者为腹泻毒素，不耐热，45℃、30min 或 56℃、5min 均被破坏，可在多种被污染食品中形成。

2. 中毒类型及表现

蜡样芽孢杆菌食物中毒的临床症状有两种类型，即腹泻型和呕吐型。

产生腹泻毒素的蜡样芽孢杆菌引起腹泻型胃肠炎，潜伏期较长，一般为 8~12h。主要临床表现为腹痛、腹泻，一般不发烧，可有轻度恶心，但极少有呕吐。病程约 1d，预后良好。产生呕吐毒素的蜡样芽孢杆菌引起呕吐型胃肠炎，潜伏期短，一般为 1~2h，短的仅需 0.5h。临床主要表现为恶心、呕吐，多数病人伴有头痛、四肢乏力、口干、腹痛等症状，腹泻、发烧少见。病程 8~10h，长的 1d 左右，预后良好。

3. 引起中毒的食品及其被污染的原因

引起中毒的食品种类繁多，欧美等国家和地区主要为甜点心、肉饼、冷拌菜和乳肉类食品；我国主要为米饭、米粉，少数为肉类和豆类制品。

蜡样芽孢杆菌广泛分布于土壤、灰尘、腐草、污水及空气中。食品在加工、运输、储藏、销售等各个环节均易受到自然界病菌的污染，鼠和昆虫的带菌污染，不洁容器、饮具的交叉污染，以及食品从业人员的操作污染。污染食品如存放在较高温度处，芽孢发芽形成繁殖体，迅速繁殖并产生毒素，食用前不加热或加热不彻底，可能引起食物中毒。蜡样芽孢杆菌食物中毒可呈集体暴发、家庭暴发或散发。

引起蜡样芽孢杆菌食物中毒的食品除米饭有时微黏、入口不爽或稍带异味外，大多数食品感官正常，无腐败变质现象。

4. 预防措施及治疗

(1) 防止污染　健全卫生制度，搞好环境卫生，在食品加工、运输贮存和销售过程中避免尘埃和空气等自然污染，防止鼠和昆虫的带菌污染和不洁容器、饮具的交叉污染，以及饮食从业人员的不卫生操作引起的污染。

(2) 控制繁殖和产生毒素　蜡样芽孢杆菌在16~50℃均可生长繁殖并产生毒素，因此，各种食品（如奶类、肉类及米饭等）必须注意在冷藏条件下短时间存放。剩饭及其他熟食品在食用前必须充分加热后再食用，加热一般要在100℃、20min。

蜡样芽孢杆菌食物中毒的治疗以对症治疗为主，重症患者及时补液并给予抗生素。

第三节　病毒对食品安全性的影响

一、概述

在能导致人患病或引起中毒的食源性微生物危害因子中，除了细菌、真菌及其产生的毒素外，还包括具有很大危害性，能以食物为传播载体并经粪-口途径传播感染的致病性病毒。这类病毒包括诺如病毒、甲型肝炎病毒、脊髓灰质炎病毒、轮状病毒、口蹄疫病毒等，已有报道证实某些食源性致病病毒与急性暴发性或散发性疾病有关或其是直接致病病原。

与细菌和真菌相比，人们对食品中病毒的了解相对偏少。第一，病毒必须依赖于活的细胞才能生存与繁殖，否则生命将停止。食品媒介对于病毒而言，既适合生长繁殖，又不适合生长繁殖，食品处于鲜活阶段是有生命的，适合病毒存活，也就是动物在宰杀前感染病毒是非常正常的。第二，并不是食品微生物专家关心的所有病毒都能用现有技术进行培养，即现有技术还难以满足对一些食品病毒的检测需要。第三，作为完全寄生性的微生物，病毒并不像细菌和真菌那样能在培养基上生长，培养病毒需要组织培养和鸡胚培养等方式。第四，病毒不能在食品中繁殖，它们的可检出量要比细菌低得多。第五，科研实验室中的病毒技术还难以有效地运用到食品微生物检测实验室中。

由病毒引起的食源性疾病分为两大类：病毒性胃肠炎和病毒性肝炎。相对于病毒性肝炎，在世界范围内由食品引起的病毒性胃肠炎更为普遍。据统计，美国每年的非细菌性腹泻有60%~90%是由诺如病毒引起。

从病毒在食品和环境中的分布和发病的频率分析，胃肠炎病毒最常见于贝类食品中。甲壳类动物不能浓缩病毒，但作为软体动物的贝类是可以浓缩进入其体内的病毒的，因为它们对食物有筛滤作用。病毒在食品中存活能力各异，水产品在煮熟后一般病毒都能被杀死，偶有个别检出。总的来说，食品中病毒的存在或污染是相当少的。

通过食品传播的病毒同样可以通过人与人之间的接触传播，而且大多数病毒的感染可以通过接触传播。通常情况下，食源性病毒疾病的暴发是自限性的，即通过食物感染了病毒的个体很少再通过接触方式感染他人，通常是自行减退、平息，而不是在整个社区传播。

二、引起食源性疾病的病毒

（一）诺如病毒

诺如病毒（Norovirus）目前被认为是世界范围内流行的非细菌性肠炎的主要病原体，也是最重要的食源性病毒。诺如病毒具有较强的耐受性，在室温 pH2.7 环境中暴露 3h，4℃ 20%乙醚处理 18h，或 60℃孵育 30min 后，仍然具有传染性。在 3.75~6.25mg/L 氯、0.5~1.0mg/L 游离氯离子的水溶液（相当于饮用水中的氯浓度）中仍不被灭活，但可被 10mg/L 氯的水溶液灭活。

诺如病毒胃肠炎在世界各地广泛流行，由于其感染剂量低，10~100 个病毒颗粒即可引发人体感染，在环境中非常稳定，导致其传染性很强。近年来，我国许多地区发生诺如病毒感染性胃肠炎疫情暴发，发病呈逐渐升高的趋势。传染源主要为诺如病毒胃肠炎患者、隐性感染者及病原携带者，可通过污染的食物、水、生活接触等途径传播，也可通过吸入悬浮在空中的由污染物形成的气溶胶等形式传播。

诺如病毒会引起胃肠道感染，症状多表现为呕吐、腹泻。潜伏期多在 24~48h，最短 12h，最长 72h。感染者发病突然，主要症状为恶心、呕吐、发热、腹痛和腹泻。儿童患者呕吐普遍，成人患者腹泻为主，24h 内腹泻 4~8 次，粪便为稀水便或水样便，无黏液脓血。原发感染患者的呕吐症状明显多于续发感染者，有些感染者仅表现呕吐症状。此外，也可见头痛、寒战和肌肉痛等症状，严重者可出现脱水症状。

诺如病毒以暴发形式出现，以学校、医院和工厂等集体单位为主要暴发地点，暴发疫情患者中无年龄、性别差异，而散发病例主要集中在 2 岁以下儿童以及老年人。流行季节因地区而异，北方冬春季呈现流行高峰，南方夏秋季和冬季都可出现较强的流行。

（二）甲型肝炎病毒

甲型肝炎病毒（Hepatitis A Virus）即甲肝病毒，为甲型肝炎的病原，污染水源及水生贝类，可引起暴发流行。甲型肝炎是一种烈性肠道传染病，以损害肝脏为主，严重危害人类健康。

虽然甲型肝炎不完全是通过食品传播所引起，但甲型肝炎在世界范围内普遍存在。甲型肝炎的隐性感染比临床发病更普遍，症状一般有发热、全身不适、厌食、恶心和腹痛等，在症状出现几天后出现黄疸体征。病程通常持续 1~2 周，但衰弱的体质可能要持续数月。甲型肝炎的潜伏期为 15~30d。该病毒的载体包括所有被粪便污染的食品，食品污染分直接污染（来自食品加工者）和间接污染（通过污水系统）。虽然贝类食品（包括双壳动物类，如牡蛎、蛤、贻贝、乌蛤）被认为是最主要的甲型肝炎病毒携带者，但患有甲型肝炎的病人参与食品加工而且未采取必要的预防措施也会造成食源性的传播。甲型肝炎病毒属于小肠道病毒组，是直径约 28nm 的圆形颗粒型 RNA 病毒，有一些甲型肝炎病毒株可在灵长类动物细胞中培养复制，但绝大多数病毒株不能形成肉眼可见的细胞生长效应。

（三）脊髓灰质炎病毒

脊髓灰质炎病毒（Poliovirus）是引起脊髓灰质炎（小儿麻痹症）的病原。直到 20 世纪 40 年代，脊髓灰质炎是唯一已知的食源性病毒疾病。食源性脊髓灰质炎主要由于食用了未经巴氏消毒的牛奶或被再污染的牛奶而发病，感染是因为牛奶在生产、加工、贮存和处理过程中被大量病原体所污染。

此外，病毒通过病儿及带毒者的咽喉部分泌物和粪便排出体外，污染水源、食品及空气等或经蝇、蟑螂为媒介污染食物，经口感染。脊髓灰质炎以1~5岁儿童发病率高，以夏季多见。在流行时以隐性感染及无瘫痪病例为主，仅极少数发生肌肉弛缓性瘫痪。患者出现发热、多汗，烦躁不安，感觉过敏，疼痛，颈背强直，腱反射由亢进转为减弱，肢体不对称弛缓性瘫痪。该病自生产出该病毒疫苗后就很少发生。

（四）轮状病毒

轮状病毒（Rotavirus）是婴儿和儿童（偶尔也有老人）胃肠炎的常见病因。能导致人腹泻的轮状病毒有A、B、C 3个群。A群轮状病毒是婴幼儿发病和致死的主要病因，一般发生在秋冬季节，6个月至两岁的婴幼儿最易感染，B群、C群为成人轮状病毒。轮状病毒感染的腹泻常伴轻度或中度脱水或代谢性中毒，部分病例在出现消化道症状前有上呼吸道感染症状。

轮状病毒感染而引起的疾病，在世界范围内都存在。其传染源为患者及病毒携带者，可通过密切接触和粪-口途径传播，发病率和死亡率很高。食品偶尔作为该病毒的传播媒介，轮状病毒感染主要引起婴幼儿急性胃肠炎，早期有短时间轻度上呼吸道感染症状，然后迅速出现发热、呕吐、腹泻，导致脱水及电解质紊乱。

（五）口蹄疫病毒

口蹄疫病毒（foot and mouth disease virus）属于小RNA病毒科，主要侵害偶蹄兽，尤其是奶牛。该病毒传染性强，易变异，目前已发现7个血清型，血清型间无血清交叉和交叉免疫现象。人（尤其是幼儿）食用未消毒的鲜奶以及其他畜产品，护理及接触患病动物的兽医、研究人员、饲养人员、挤奶工人等均可感染发病，儿童发病较成人多。人感染口蹄疫病毒后体温升高，口腔发干发热，黏膜潮红，在唇、舌、齿等部位出现水疱。水疱豌豆大，迅速破裂并愈合，有时伴有灼热疼痛及流涎。病程7~10d，严重者可因心肌麻痹而死亡。

三、食源性病毒的污染源和污染途径

（一）污染源

病毒可以通过粪便、土壤、空气、人体接触等污染食品。

（1）病人是大多数病毒的重要污染源　对于临床症状表现明显的病人，其病毒传播能力最强。此外，有些病毒携带者，多数处于传染病的潜伏期，在一定条件下可向外排毒，由于没有明显的临床症状，因而具有更大的隐蔽性。

（2）受病毒感染的动物　一些人畜共患性病毒不仅会给养殖业造成巨大损失，而且可通过各种途径传播给人，其中大多数是通过污染的动物性食品感染人，如口蹄疫病毒、禽流感病毒、疯牛病病毒和非典型性肺炎病毒。

（3）水产品中的病毒　一些海洋生物在含病毒的水体中生活时，可将病毒粒子吸收到体内。例如，贝类浓缩海水中肠道病毒的浓度可高达900倍。因此，在食用毛蚶、牡蛎、蛏子、蛤蜊等水生动物时，食前一定要反复冲洗，漂养1~2d，使其吐净污泥和不洁的污物，烹调时要充分加热，烧熟煮透。进食时应多加米醋、姜末、大蒜等调味品。但如果该地区已有病毒病发生，则不要食用附近水域的贝类，因为病毒的数量过多，很难彻底消灭。贝类浓

缩海水中肠道病毒的能力非常强，当食用这些贝类时，如果加热不彻底，就会引起食源性病毒病。

（二）污染途径

病毒污染食品的途径主要包括以下5类方式。

（1）港湾被污水污染　污水污染了港湾水就可能污染鱼类和贝类，并且其他港湾生物表面也可被污染。牡蛎、蛤和贝是过滤性进食，水中的病原体通过其黏膜而进入，然后病毒转入消化道。如果生吃整个贝类，那么，病毒就会被人体摄入。但绝大多数贝类不是生食的，它们被烹调时，很可能被厨房器具和某些设备二次污染。

（2）污水灌溉农田　被病毒污染的灌溉用水能够将病毒留在水果或蔬菜表面。

（3）污染饮用水　携带病毒的人和动物通过粪便、尸体直接污染水源。

（4）不良的个人卫生习惯　带有病毒的食品从业人员通过手、生产工具、生活用品等在食品加工、运输、销售等过程中对食品造成污染。即食食品（如面包和熟食）必须引起特别注意。实际上，任何由含有病毒的人类粪便所污染的食物，都可能引起疾病。

（5）蚊、蝇、鼠类、跳蚤等可作为某些病毒的传播媒介，造成食品污染，如乙肝病毒、流行性出血热病毒。

四、预防措施

由于病毒在食品中不能繁殖和复制，而且在食用食品前，病毒也很容易被灭活。最广泛、有效地灭活食品中病毒的方法是彻底加热，煮熟的食品最不可能有感染性病毒存在（除非煮熟后再次被病毒污染）。甚至经过中等温度巴氏消毒的奶中可能存在的病毒也可以被灭活。烹饪贝类食品时，往往考虑美味因素比考虑食品安全性要多，因此常见进食很嫩的贝类食品引起病毒性疾病的发生。紫外线和次氯酸盐等强氧化剂对于灭活暴露在表面和加工用水中的病毒是有效的，但用两者做任何处理都不能灭活位于食品内部的病毒，许多灭活食源性病毒的理论性方法尚待在实际操作中加以证实。

已经有一些在出售前利用彻底去杂质、净化、提纯、重新放置等过程使被污染的贝类自行消除或消灭病原体的加工方法。净化和纯化是将被污染的贝类放在消毒水槽内使其自己消毒去除污染，重新放置是将贝类食物从污染的生长水域转移到干净清洁的生长水域，这些处理过程可消除或大量地减少细菌性病原体。然而，贝类食物消除病毒的机理与其消除细菌的机理明显不同，所以要得到一种可靠的去除贝类食品中病毒的方法还需要进行大量的研究。

第四节　寄生虫污染对食品安全性的影响

一、概述

寄生虫是指营寄生生活的动物，其中通过食品感染人体的寄生虫称为食源性寄生虫，主要包括原虫、节肢动物、吸虫、绦虫和线虫，后三者统称为蠕虫。寄生虫能通过多种途径污染食品和饮水，经口进入人体，引起人的食源性寄生虫病的发生和流行，特别是能在脊椎动物与人之间自然传播和感染的人畜共患寄生虫病对人体健康危害很大。因此，防止和控制食源性寄生虫在保证食品安全与卫生方面具有重要的意义。

在寄生与被寄生的关系中，以其机体给寄生虫提供居住空间和营养物质的生物称为宿主。寄生虫侵入人体并能生活一段时间，这种现象称为寄生虫感染，有明显临床表现的寄生虫感染称为寄生虫病。易感个体摄入寄生虫或污染其虫卵的食物而感染的寄生虫病称为食源性寄生虫病。人类食源性寄生虫病大多因生食或半生食动物性食品而引起。

1. 导致食源性寄生虫病发生的主要原因

（1）生熟交叉污染 生熟交叉污染是导致食源性寄生虫病发生的首要原因，其原因可能为：①食品从业人员缺乏食品卫生知识，对洗手和区分生熟食品、食品用工具、用具的目的不了解，操作中混用生熟食品工具、用具和容器，或一人同时从事生熟食品加工。②食品加工场所狭小而拥挤，使食品加工场所布局上无法区分清洁区和非清洁区。原料污染也是重要的污染因素之一。

（2）经济因素及基础设施的影响 经济因素、基础设施差是影响食源性寄生虫病发生的主要原因之一。受经济条件的影响，较差的卫生条件和清洗水源不足是主要的影响因素。

（3）原料采购缺乏控制 餐饮食品的原料涉及各类食品，受餐饮加工业规模及其利益等因素的影响，原料采购很难做到集中定点采购，因此原料的寄生虫污染因素控制成为彻底解决餐饮业食品安全管理的难题。

（4）宣传教育及人员素质的影响 从业者对食品安全知识了解不够、广大消费者缺乏食品安全知识、没有良好的卫生习惯。

2. 对食源性寄生虫病的控制措施

（1）积极开展健康教育，提高群众的卫生意识，是防治食源性肠道寄生虫病的重要环节，是预防食源性寄生虫病最经济、最有效的对策。重点要抓好个人卫生、饮食卫生和环境卫生三方面群众性卫生知识教育。

（2）开展爱国卫生运动，改造环境，切断其流行环节。须注意三点：①做好粪便的管理与处理是预防寄生虫病与肠道传染病的关键。②加强对饮用水源的保护，杜绝人、畜粪便污染；对居民的饮用水进行消毒处理。③加强肉类食品的卫生检查监督，认真做好肉及肉制品检疫工作。

（3）加大餐饮业食品安全管理与监督力度，针对餐饮和加工即食食品的安全控制是减少食源性寄生虫病发生的有效手段。①加强原料寄生虫污染的监测与控制。②重视人员的教育和培训。③引入 HACCP 等质量管理控制体系。

二、弓形虫病

弓形虫病是由刚地弓形虫寄生于人、哺乳动物的有核细胞内引起的一种人畜共患病，可引起先天性感染从而严重影响胎儿的生长发育，也是艾滋病的重要合并症之一。

1. 病原

弓形虫是一种原虫，属于机会性致病寄生原虫，整个生活史需两个宿主，猫科动物如家猫为终末宿主，哺乳动物或鸟类是中间宿主。弓形虫生活史中的包囊（内含缓殖子）、假包囊（含速殖子）、滋养体和卵囊等发育阶段均可感染人体，人如果摄入含有上述各个发育阶段弓形虫的生肉、生奶等动物源性食品即会被感染。除消化道感染外，直接与宠物猫亲密接触、输血或器官移植也可感染，妊娠妇女感染后可通过胎盘垂直传播给胎儿。

2. 危害

弓形虫主要经消化道侵入人体，引起消化道黏膜损伤、细胞破裂、局部组织坏死。虫体寄生于淋巴结、脑、眼、心、肺、肝和肌肉，引起组织器官形成坏死病灶和以单核细胞浸润为主的特征性病理变化。弓形虫毒素、弓形虫因子和弓形虫素等毒素对人体也有毒性作用。

弓形虫寄生部位不同，临床表现差异很大，免疫功能正常者多为隐性感染，仅10%~20%感染者有症状。急性感染期发生淋巴结炎、脑炎、心肌炎、肺炎、肠炎、肝炎、骨骼肌炎、扁桃体炎、脉管炎、胎盘炎、贫血、视网膜脉络膜炎。患者有发热、头痛、疲倦、夜间出汗、肌肉疼痛、咽痛、皮疹、肝、脾肿大和淋巴结肿大等临床症状。肌肉疼痛相当严重，可持续1个月或更久。免疫功能不全者感染后危险性极大，除有上述症状外，常表现为高热，甚至发生脑弓形虫病，出现头痛、偏瘫、癫痫发作、视力障碍、神志不清等症状，严重者昏迷而死亡。弓形虫能引起孕妇流产、早产或死产。怀孕早期感染对胎儿的损害更大，可引起先天性弓形虫病、胎儿畸形、新生儿的视力降低或失明、中枢神经系统受损，严重者出现肝脏肿大、惊厥、脊柱裂、脖裂、无眼、脑积水和脑畸形等。

3. 预防措施

为了防止弓形虫通过食源性传播途径感染人体，首先应加强畜禽肉中弓形虫的检验。其次在肉类加工中应充分烧熟煮透，以杀灭肉内的包囊。还应加强环境保护和食品卫生监督管理，防止猫粪便污染食品、饮水和餐具；注意个人饮食卫生，不食生肉、生蛋和未消毒的奶。

三、华支睾吸虫病

华支睾吸虫病简称肝吸虫病，是由华支睾吸虫寄生于人、家畜、野生动物的肝内胆管引起的人畜共患病。人体感染是因为食入了含有华支睾吸虫活囊蚴的鱼或虾所致，可表现为胆管胆囊炎、胆石症和儿童发育障碍等，重者可发生肝硬化。

1. 病原

华支睾吸虫简称肝吸虫，属于后睾目、后睾科、支睾属。成虫主要寄生在人、犬、猫、猪等哺乳动物的肝胆管内，以肝左叶更常见。极重度感染可因胆管内虫体溢满而在胆囊和胆总管内寄生。虫卵随胆汁进入小肠，随粪便排出体外。从食入囊蚴到粪便中查到虫卵在不同的宿主需要20~40d，每虫每日排卵2000~4000个。华支睾吸虫成虫的寿命一般为10~15年。

囊蚴对外界抵抗力较强，在−4℃、50℃、55℃、60℃和70℃下全部死亡的时间分别为30d、70min、50min、2min和10s。在10~18℃下，麦穗鱼自然死亡4d后，体内的囊蚴100%存活，囊蚴从死亡腐烂鱼体内分离出来进入水中仍保持一定活性。

华支睾吸虫第一中间宿主是豆螺、沼螺，虫卵在第一中间宿主内发育为尾蚴。尾蚴在水中钻入第二中间宿主——淡水鲤鱼科鱼类（或虾类）特别是其肌肉内，发育成有感染性的囊蚴。人在食入含有活囊蚴的淡水鱼或虾类后，囊蚴就可在人体寄生。因此华支睾吸虫病的感染通常是通过进食生鲜食品（生鱼片、生鱼粥、生鱼佐酒、醉虾蟹）感染，而抓鱼后不洗手、使用切过生鱼的刀及砧板切熟食、用盛过生鱼的器皿盛熟食均能使人感染。

2. 危害

华支睾吸虫成虫对肝胆管的机械性损伤、虫体的分泌物和代谢物及虫体寄生致宿主脂质过氧化物酶增高是致病的主要因素。胆管上皮机械性损伤或梗阻、虫体代谢产物、死虫的崩解产物和随虫体进入的细菌均可引起胆管和胆囊的炎症反应。以虫卵、死亡的虫体为中心，在胆管内环境改变的条件下，胆汁黏稠，有结晶析出，从而形成结石。重度感染者，肝内小胆管扩张，胆管周围嗜酸性粒细胞浸润，纤维组织增生，纤维逐渐向肝小叶内延伸，假小叶形成，致肝硬化。华支睾吸虫寄生可作为重要的致癌协同因子，致胆管上皮细胞的脱落、再生、增生及腺瘤样增生，以后渐变而成癌。华支睾吸虫感染引起的营养或代谢紊乱，脑垂体的功能受到损害是患儿生长发育障碍的主要原因。

一次食入大量华支睾吸虫囊蚴可致急性华支睾吸虫病。潜伏期一般为30d左右，感染越重，潜伏期越短。一般起病较急，首发症状是上腹部疼痛和腹泻，疼痛可呈持续性刺痛，进餐后加重，伴有厌油腻，似急性胆囊炎，可伴随胆道阻塞症状；3~4d后出现发热，常伴有明显畏寒和寒战，体温最高可达39.7℃，持续的时间长短不一，继而出现肝肿大。隐性感染出现食欲减退、消化不良、上腹不适、肝区隐痛、乏力、轻度腹泻、水肿、消瘦、神经衰弱等症状。严重感染时有高热、寒战、腹泻、肝区疼痛、嗜酸性粒细胞增多等表现。反复严重感染者出现浮肿、消瘦、贫血、黄疸、心悸、眩晕、失眠、肝脾肿大等症状。儿童和青少年感染后，临床症状严重，智力发育缓慢，死亡率较高。有些患者在晚期并发肝绞痛、胆管炎、胆囊炎和肝癌。

3. 预防措施

加强卫生宣传教育，提高群众特别是儿童的防病意识，使其认识到华支睾吸虫病的危害，提高自我防范意识，自觉革除陋习，提倡科学的烹调和食鱼习惯，不生食鱼虾，切生食和熟食的砧板要分开，接触鱼后要洗净手再吃东西，防止误食囊蚴。加强粪便管理，防止虫卵入水，做好厕所改造和鱼塘管理，防止粪便被雨水冲刷流入池塘，禁止猪圈直接通入鱼塘。不用新鲜粪便施肥，让粪便发酵后再施用。控制传染源，积极治疗患者和带虫者。在流行区，对重点人员、高发人群要重点检查、重点防治。在重流行区，开展普查普治。加强保虫宿主的管理，不用生鱼虾喂犬、猫、猪等动物。

四、猪带绦虫病、囊尾蚴病、牛带绦虫病

猪带绦虫病是由猪带绦虫的成虫寄生于人体小肠引起的疾病。囊尾蚴病，是由猪带绦虫的幼虫即囊尾蚴寄生于人体组织内引起的疾病，是我国常见的人畜共患性寄生虫病。牛带绦虫病是由牛带绦虫寄生于人的小肠引起的一种较常见的食源性人畜共患病。

1. 病原

猪带绦虫属于圆叶目、带科、带属，又称有钩绦虫、链状带绦虫或猪肉绦虫，寄生于人的肠道中，可存活25年。猪囊尾蚴俗称猪囊虫、囊虫，是猪带绦虫的幼虫。猪囊尾蚴在猪体内平均可存活3~5年，个别达15~17年，死后钙化。牛带绦虫，又称肥胖带绦虫、牛肉绦虫、无钩绦虫，我国古代将其称为“白虫”“寸白虫”，成虫多寄生于人体的十二指肠与空肠曲下40cm处，以头节固着于肠壁。成虫在人体内寿命较长，可达20年甚至更长。

人是猪带绦虫和牛带绦虫的唯一终末宿主和传染源。感染者通过粪便排出猪带绦虫或牛

带绦虫虫卵，污染饲料或饮水，分别使猪或牛感染囊尾蚴。人因食入生的或未熟的含囊尾蚴的猪肉或牛肉而分别感染猪带绦虫或牛带绦虫。

2. 危害

猪带绦虫病一般无明显症状，如感染虫数较多时，可出现腹痛、恶心、消化不良、腹泻、消瘦，偶尔因虫体扭结发生肠梗阻。囊尾蚴可寄生在人体多种组织器官中，常见的寄生部位依次为皮下组织、肌肉、脑、眼、心脏、肝、腹膜等。临床上大致可分为以下 3 种类型。

（1）皮肤肌肉囊虫病　皮下囊虫结节从几个至数千个，分布部位以头部、躯干多见，其次是大腿和上臂。

（2）脑囊虫病　脑囊虫的发病率占囊虫病的 60%~80%，以癫痫型最多见，约占脑囊虫病的 40%，由于囊虫寄生在大脑皮层邻近运动区；引起局灶性刺激症状。脑膜炎型约占脑囊虫病的 1%，表现为慢性或亚急性脑膜炎。颅内高压型约占 20%。精神异常型占 6%~7%，由于囊虫引起脑皮层萎缩所致。脊髓型少见，以截瘫、感觉障碍、大小便潴留等为特征，是由于囊虫寄生在椎管压迫脊髓出现脊髓受压的表现。

（3）囊尾蚴在眼部常寄生于视网膜、玻璃体、眼肌及眼结膜，引起视力障碍等。

3. 预防措施

加强肉品卫生检验，禁止销售囊尾蚴病肉。在肉品加工中，主要原料和产品分开，用具和容器生熟分开。加强食品卫生宣传教育，禁止吃生肉。查治病人，合理处理粪便，提倡舍饲猪和牛。

五、旋毛虫病

旋毛虫病是由旋毛虫寄生于人等多种哺乳动物的小肠、十二指肠和横纹肌引起的食源性人畜共患病。

1. 病原

旋毛虫属于毛尾目、毛形虫科、旋毛虫属。成虫寄生于小肠，主要在十二指肠和空肠上段。成虫和幼虫寄生于同一宿主内，但完成生活史则必须更换宿主。猫、犬及野猪、熊、狼、狐等多种哺乳动物均可作为本虫的宿主。旋毛虫囊包对低温抵抗力较强，在 -12℃、-15℃、-21℃分别能存活 57d、20d、8~10d。猪肉中囊包里的幼虫在 -15℃可存活 20d，在腐肉中也能存活 2~3 个月。70℃以上可将其杀死。

感染旋毛虫且含有感染性囊包的动物均为本病的传染源。对人而言，主要传染源为受染的家猪、犬，其次为野猪等。经口食入含活旋毛虫幼虫的囊包是本病的主要传播途径。自然界中，目前已知百余种哺乳动物可自然感染旋毛虫病，鼠等野生动物间相互残杀或吞食含有活旋毛虫囊包的动物尸体而感染。猪的感染主要是由于吞食含有旋毛虫囊包的肉屑。人的感染主要因生食、半生食含旋毛虫囊包的肉类尤其是猪肉而致。偶有通过感染者粪便内旋毛虫幼虫或经胎盘而传播的情况。

2. 危害

旋毛虫对人体产生的损害有虫体移行产生的机械性损伤、过敏反应、虫体代谢产物及排泄物毒性作用。幼虫及成虫钻入肠黏膜，引起十二指肠、空肠黏膜的广泛炎症、水肿、充血、出血，甚至形成浅表溃疡。幼虫移行时可出现全身性小动脉、毛细血管的急性炎症、间质水肿；心脏可有不同程度的损害，主要是心肌、心内膜的充血、水肿、器质性炎症甚至心肌坏死，心包腔可有较多的积液，出现心力衰竭，成为旋毛虫患者死亡的主要原因之一；肺部可出现局灶性或广泛性肺出血、肺水肿、支气管炎甚至胸腔积液。重症者可波及神经系统，引起非化脓性脑膜炎和颅内压增高；部分患者可出现眼球结膜水肿、出血。

3. 预防措施

广泛开展卫生宣传教育，使群众了解旋毛虫病的危害，普及旋毛虫病预防知识，改变饮食习惯，不吃生的或不熟的猪肉及其他肉类；严格执行食品卫生法规，加强肉制品卫生检查，严禁未经检验的肉类上市出售，建立健全病死畜肉无害化处理制度是预防工作的重要环节。改善养猪方法与条件，提倡圈养及饲料加热处理，杜绝用洗肉泔水喂猪，减少猪的感染；大力开展环境卫生运动，捕鼠灭鼠，减少传染源。

六、广州管圆线虫病

1. 病原

广州管圆线虫成虫体型细长，外形呈线状，体表有清晰可见的微细环状横纹，头部呈钝圆形态，且中央有一个缺口囊，食管棍棒状，肛孔开口于虫体末端。广州管圆线虫生活史复杂，经历卵、幼虫和成虫 3 个发育阶段。广州管圆线虫多存在于陆地螺、淡水虾、蟾蜍、蛙、蛇等动物体内，中间宿主包括褐云玛瑙螺、皱疤坚螺、短梨巴蜗牛、中国圆田螺、东风螺等，一只螺中可能潜伏 1600 多条幼虫。

2. 危害

广州管圆线虫会引起广州管圆线虫病（又名嗜酸性粒细胞增多性脑脊髓膜炎），它是一种人畜共患的寄生虫病，人主要因为生食或半生食中间宿主和转续宿主、生吃被幼虫污染的蔬菜、瓜果或饮用含幼虫的生水而感染。广州管圆线虫幼虫可进入人脑等器官，使人发生急剧的头痛，甚至不能受到任何震动，走路、坐下、翻身时头痛都会加剧，伴有恶心呕吐、颈项强直、活动受限、抽搐等症状，重者可导致瘫痪、死亡。诊断治疗及时的情况下，绝大多数病人预后良好。极个别感染虫体数量多者，病情严重可致死亡，或留有后遗症。2006 年，北京暴发了广州管圆线虫病，住院患者 140 余例，在全国引起轰动。

3. 预防措施

广州管圆线虫病的预防措施主要包括：①开展卫生宣教。②开展终末宿主鼠的杀灭工作。③不生食蔬菜、螺肉等食品。④加强螺肉等高风险食品的监测和安全管理。

第五节　食品害虫对食品安全性的影响

食品害虫是指能够污染食品引起食源性疾病、毁坏食品和造成食品腐败变质的昆虫或动物。食品害虫有数百种，危害严重的仅十多种，有昆虫和螨两大类。昆虫有六足，其中甲虫身体坚硬，前翅像刀鞘，属鞘翅目；蛾类身体柔软，前后翅有鳞毛，属鳞翅目。螨有八足，不属于昆虫，属于蜘蛛类，身体柔软且小。

一、食品害虫的特点和危害

食品害虫种类繁多、分布广泛、抵抗力强，具有耐干燥、耐热、耐寒、耐饥饿、食性复杂、适应力和繁殖力强等特点，而且虫体小，易隐蔽，有些有翅，能进行远距离飞行和传播。因此，食品害虫极易在食品中生长繁殖，尤其是粮食和油料被害虫侵害比较普遍，干果、干菜、鱼干、腌腊制品、奶酪等食品中也有害虫孳生。

食品害虫在食品中生长繁殖，可蛀食、剥食、侵食及缀食食品，造成食品数量损失。食品害虫分解食品中蛋白质、脂类、淀粉和维生素，使其品质、营养价值和加工性能降低。害虫侵蚀食品，遗留有分泌物、虫尸、粪便、蜕皮和食品碎屑，使食品更易被害虫和微生物污染。害虫大量孳生时，产生热量和水分，引起微生物增殖，导致食品发热、发霉、变味、变色和结块。另外，苍蝇、蟑螂和螨可携带病原体，通过食品传播疾病，严重危害人体健康。

二、防治

防治食品害虫，必须遵循“以防为主，综合防治”的原则，采用清洁卫生防治、物理与机械防治、生物防治、化学防治、习性防治、检疫防治等措施。

1. 加强食品卫生管理

保持食品加工间和贮藏库清洁卫生和干燥，妥善贮存食品，防止害虫孳生。及时清理垃圾和废弃物，可有效防止苍蝇和蟑螂孳生。使用风幕、纱幕和双道门等防止苍蝇进入食品加工车间。

2. 防虫、灭虫

使用生物、物理和化学方法杀灭害虫。改善仓储条件，采用控温贮藏、气调贮藏、辐照技术或药剂熏蒸食品，防止害虫孳生。

3. 加强食品害虫检疫

食品在入库前、贮藏中和进出口时，要进行食品害虫检验检疫。

4. 提高食品质量

粮食清洁度要高，保持食品完整，减少杂质，提高食品质量，增强食品抗虫性能，可抑制害虫发生。

思考题

1. 哪些因素会影响霉菌繁殖和产生毒素？
2. 食源性霉菌及其毒素的预防措施有哪些？
3. 黄曲霉毒素和赭曲霉毒素主要污染什么食品？对人体有什么危害？
4. 细菌性食物中毒的类型及其预防与控制方法有哪些？
5. 诺如病毒和肝炎病毒主要污染什么食品？对人体有什么危害？
6. 食品中常见寄生虫有哪些？食源性寄生虫如何伤害人体？应如何防治？
7. 害虫污染食品的特点是什么？应如何防治？

06

第六章

化学性物质与食品安全性

学习目标

1. 掌握农药污染食品的途径以及有机磷农药的残留及其毒性。
2. 掌握动物性食品中兽药残留的主要来源及其残留的主要原因。
3. 掌握 *N*-亚硝基化合物的结构、性质、毒性和防止 *N*-亚硝基化合物危害的措施。
4. 掌握二噁英的理化性质及毒性。
5. 了解苯并[a]芘和二噁英的结构、来源及控制措施。

化学性物质与食品安全性关系密切，食品化学性污染是因有毒有害的化学物质污染食品引起，其污染涉及范围较广，情况也较复杂。有毒有害化学性物质是影响食品安全的重要因素，主要包括农药残留、兽药残留、有毒金属、多环芳烃化合物、*N*-亚硝基化合物、杂环胺、二噁英等。

第一节　农用化学物质残留对食品安全性的影响

根据我国《农药管理条例》的定义，农药是指用于预防、控制危害农业、林业的病、虫、草、鼠和其他有害生物以及有目的的调节植物、昆虫生长的化学合成或者来源于生物、其他天然物质的一种物质或者几种物质的混合物及其制剂。目前，全世界实际生产和使用的农药品种有上千种，其中绝大部分为化学合成农药。对这些化学农药有多种分类方法，如按用途可将其分为杀虫剂、杀菌剂、除草剂、杀线虫剂、杀螨剂、杀鼠剂、落叶剂和植物生长调节剂等类型；按化学组成及结构可将其分为有机磷、氨基甲酸酯、拟除虫菊酯、有机氯、有机砷、有机汞等类型。

一、农药污染食品的途径

农药污染食品的途径主要有如下几种。

1. 施用农药直接造成食品及食品原料的污染

（1）农作物生长过程中给农作物直接施用农药制剂后，渗透性农药和触杀性农药主要黏附在蔬菜、水果等作物表面，因此作物外表的农药浓度高于内部，并且大部分可以洗去；内吸性农药可进入作物体内，使作物内部农药残留量高于作物体外。另外，作物中农药残留量大小也与施药次数、施药浓度、施药时间、施药方法、气象条件以及植物的种类等有关。一般施药次数越多、间隔时间越短、施药浓度越大，作物中的药物残留量越大；油剂比粉剂更易残留；喷洒比拌土施药残留量多；农药残留随植物的不同种类和同一种类不同部位而不同，一般叶菜类植物的农药残留量高于果菜和根菜类。另外，气温、降雨、日照等也可影响农药的残留。

（2）食品贮存期间为了粮食防虫和蔬菜、水果保鲜而使用的杀虫剂或熏蒸剂、杀菌剂和抑芽剂也可造成食品农药残留。如粮仓用杀虫剂或熏蒸剂，香蕉和柑橘用杀菌剂，洋葱、马铃薯、大蒜用抑芽剂等。

（3）厩舍和牲畜卫生用药，可在动物体内产生农药残留。

2. 农作物从污染的环境中吸收农药

农作物施用农药时，农药可残留在土壤中，有些性质稳定的农药，在土壤中可残留数十年。农药的微粒还可随空气飘移，污染食品和水源。这些环境中残存的农药又会被作物吸收而造成食品间接污染。

3. 由食物链和生物富集作用造成食品污染

（1）食物链　如饲料污染农药而致肉、奶、蛋的污染，含农药的工业废水污染江河湖海进而污染水产品等。

（2）生物富集作用　某些比较稳定的农药、与特殊组织器官有高度亲和力或可长期贮存于脂肪组织的农药可通过食物链的传递逐级浓缩，这种作用为生物富集作用。经过食物链的逐级富集后，若食用该类食品，可使进入人体的农药残留量成千倍甚至上万倍的增加，从而严重影响人体健康。

4. 其他来源的污染

（1）粮食贮存、加工、运输和销售过程中的污染　如混装、混放、容器和车船污染等。运输及贮存中由于和农药混放，可造成食品污染。尤其是运输过程中包装不严或农药容器破损，会导致运输工具污染，这些被农药污染的运输工具，往往未经彻底清洗，又被用于装运粮食或其他食品，从而造成食品污染。

（2）事故性污染　如将拌过农药的种子误当粮食吃；误将农药加入或掺入食品中；施用农药时用错品种或剂量而致农药高残留等。

二、食品中常见的农药残留及其毒性

1. 有机磷农药

有机磷农药是一类有相似化学结构的化合物，在具体结构组分、物理性质和药理作用等方面有差异。大多数有机磷农药为磷酸酯类或硫代磷酸酯类化合物，其结构通式如图 6-1 所示。

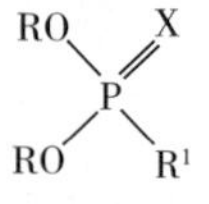

图 6-1　有机磷农药结构通式

有机磷农药使用广泛，是目前使用量最大的杀虫剂，世界上现有种类可达数百种，我国有200多种。农业上常用的主要有对硫磷（1605）、内吸磷（1059）、马拉硫磷（4049）、倍硫磷、乐果、敌百虫、敌敌畏和毒死蜱等。部分品种也可用作杀菌剂（如稻瘟净、异稻瘟净、敌瘟灵等）或杀线虫剂（如克线丹、丙线磷、苯线磷等）。

大多数有机磷农药为无色或黄色油状液体，有大蒜味，可溶于多种有机溶剂，少数可溶于水；大多数有机磷农药性质不稳定，容易光解、碱解和水解等，也容易被生物体内有关酶系分解。

有机磷农药对食品的污染主要表现在植物性食品中，尤其是含有芳香物质的植物，如水果、蔬菜等最易吸收有机磷，且残留量高。

有机磷农药的毒性主要是以急性中毒为主，属于神经毒素，可竞争性地抑制乙酰胆碱酯酶的活性，导致神经传导递质乙酰胆碱的积累，从而引起中枢神经中毒，表现出一系列的中毒症状，如流涎、流汗、流泪、恶心、呕吐、腹痛、腹泻、心动过缓、瞳孔缩小等。严重者可出现呼吸麻痹、支气管平滑肌痉挛甚至窒息死亡。有些中毒者可出现迟发性神经病。较重者肢体远端出现肌萎缩，少数可发展为痉挛性麻痹，病程可持续多年。

不同种类的有机磷农药，其毒性有所差异。部分有机磷农药对大鼠经口 LD_{50} 如表6-1所示。

表6-1 部分有机磷农药对大鼠经口 LD_{50} 单位：mg/kg 体重

名称	LD_{50}	名称	LD_{50}
甲拌磷	1.0~4.0	马拉硫磷	1634~1751
倍硫磷	190~375	久效磷	8~23
敌百虫	450~500	乐果	185~245
辛硫磷	1845~2170	敌敌畏	450~630

2. 氨基甲酸酯类农药

氨基甲酸酯为氨基甲酸的*N*-甲基取代酯类，化学结构通式为：RO—CONH—CH_3，其中的活性基团为：—O—CONH—CH_3，R为酚类、脂肪烃类或其他环烃。该类农药大多为无色或白色晶状固体。在水中的溶解度低，可溶于多数有机溶剂。在碱性条件下易水解，加热可加速其水解。

自1953年美国首先合成第一种氨基甲酸酯类杀虫剂西维因以来，氨基甲酸酯类农药已发展成一大类农药，目前使用的品种已有50多种。此类农药广泛应用于杀虫、除草、杀线虫、杀菌等。用作杀虫剂的常用品种有西维因、涕灭威、混戊威、克百威、灭多威、残杀威等，用作除草剂的如禾木壮、哌草丹、丁草特、野麦畏等，某些品种如涕灭威、克百威还兼有杀线虫活性。

氨基甲酸酯类农药具有高效、低毒、低残留的特点，在作物上的残留时间一般为4d，在动物的肌肉和脂肪中的明显蓄积时间约为7d，残留量很低。在植物性食品中通常可以检出克百威、西维因等氨基甲酸酯类杀虫剂，除了特殊情况外，一般含量均不超过国家标准。氨基甲酸酯类农药的残留毒性作用机制与有机磷类似，也是胆碱酯酶抑制剂。但有两点不同：一是其抑制作用有较大的可逆性，水解后酶的活性可不同程度恢复，因此它的中毒症状消失快，并且目前尚未发现有迟发性神经毒性；二是含氨基，进入体内，在酸性条件下易与食物中的亚硝酸盐反应生成亚硝胺，从而具有致癌、致畸和致突变的可能性。虽然由膳食摄入的氨基甲酸酯类农药残留反应生成的亚硝基化合物的量与自然存在于食品和饮水中的亚硝基化合物的前体相比，可以忽略，但上述问题仍需进一步研究。

不同品种的氨基甲酸酯类农药的急性毒性差别很大。在我国常用的几种氨基甲酸酯类农药中克百威（呋喃丹）、涕灭威属高毒性，西维因、叶蝉散、速灭威属中等毒性，巴沙属低毒性（表 6-2）。

表 6-2　部分氨基甲酸酯类杀虫剂对大鼠经口 LD_{50}　单位：mg/kg 体重

名称	LD_{50}	名称	LD_{50}
涕灭威	0.93	叶蝉散	260~500
速灭威	268~600	西维因	500~850
巴沙	410~635	呋喃丹	8~245

3. 拟除虫菊酯类农药

拟除虫菊酯类农药是模拟天然杀虫剂天然菊酯的化学结构而合成的有机化合物。自 20 世纪 70 年代初合成第一个光稳定性拟除虫菊酯杀虫剂——氯菊酯以来，拟除虫菊酯类农药得到了迅速的发展，常用作杀虫剂和杀螨剂，目前大量使用的品种已达数十个，主要有氰戊菊酯、溴氰菊酯、氯氰菊酯、杀灭菊酯（速灭杀丁）、苄菊酯（敌杀死）和甲醚菊酯等。

拟除虫菊酯类农药多属中等毒性或低毒性，并且在环境和生物体内均可迅速降解，几乎没有生物蓄积效应，它对哺乳动物的毒性较小。急性中毒多为误服或生产性接触引起，主要是神经系统症状，如流涎、多汗、意识障碍、言语不清、反应迟钝、视物模糊、肌肉震颤、呼吸困难等，严重者可致昏迷、抽搐、心动过速、瞳孔缩小、对光反射消失、大小便失禁，可因心衰和呼吸困难而死亡。其中毒机制为拟除虫菊酯类农药与生物膜结合后可改变生物膜的三维结构和通透性，影响钠泵或钙泵功能，使神经传导受阻。拟除虫菊酯类农药对皮肤有刺激和致敏作用，可致感觉异常（麻木、痛痒）和迟发性变态反应。

此类农药的诱变试验结果不一，个别品种（如氰戊菊酯）大剂量时疑有诱变性和胚胎毒性，有关其致癌和致畸性方面尚少有报告。

4. 有机氯农药

氯是早期使用的最主要的杀虫剂。根据化学结构，有机氯农药可分为滴滴涕（DDT）及其同系物、六六六（BHC）类、环戊二烯类及有关化合物、毒杀芬及有关化合物。各类有机氯农药的化学结构及药理作用相似，但毒性却有较大差别，其中 DDT 及其同系物和 BHC 类农药的毒性最大。

有机氯农药在环境中很稳定，不易降解，如 DDT 在土壤中消失 95%的时间为 3~30 年（平均为 10 年）；脂溶性强，故在生物体内的蓄积具有高度选择性，主要蓄积于脂肪组织或脂肪多的部位。

自 20 世纪 40 年代大量使用 DDT 以来，有机氯对环境的污染不断增加，现在世界上几乎任何地区的环境中均可检出有机氯，甚至在从未使用过的地区，如南极、北极，由于气流和水流的携带，目前也可检出有机氯的污染。因此，目前在各类食品中均可检出不同程度的有机氯残留，特别是在动物性食品（如蛋、畜禽肉、鱼及水产品、乳制品）中残留量较高。此外，粮谷类、薯类、果蔬类、豆类等，也有不同程度的有机氯残留。乳制品、禽肉、蛋类中有机氯农药污染主要来源于饲料中的农药残留，水产品中有机氯农药残留主要来源于水域污染和生物富集作用。粮谷类及果蔬类有机氯农药污染主要源于土壤污染或直接施用农药。动物性食品中 DDT 和六六六残留量普遍高于植物性食品。

随食物摄入人体内的有机氯农药，对人体的损害主要是肝脏、肾脏等的实质性损害和中枢神经系统损害，当人体摄入量达到 10mg/kg 体重时，即可出现中毒症状。中毒者中枢神经应激性显著增加，可引起头晕、恶心、肌肉震颤等症状，严重者可造成心肌损伤、肝脏、肾脏和神经细胞的变性，常伴有不同程度的贫血、白细胞增多、淋巴细胞减少等病变，有些中毒者可出现发热、昏迷，甚至呼吸衰竭而死亡。

有机氯可通过胎盘屏障进入胎儿，部分品种及其代谢产物有一定致畸性。人群流行病学调查也表明，使用此类农药较多地区的畸胎率和死胎率比使用此类农药较少的地区高 10 倍左右。

动物实验表明，某些有机氯农药具有一定的致癌作用。据报道，较大剂量的 DDT 可使小鼠、兔和豚鼠等动物的肝癌发生率明显增高。

由于有机氯农药具有高度的物理、化学、生物学稳定性，易于在环境中长期蓄积，并可通过食物链而逐级浓缩，还有一定的潜在危害和“三致”作用，故在许多国家已停止使用。我国于 1983 年停止生产，1984 年停止使用六六六和 DDT 等有机氯农药。但由于其性质稳定，在水域、土壤中仍有残留，因此会在相当长的时间内继续影响食品的安全性，危害人类健康。

5. 杀菌剂

我国曾使用过的有机汞类杀菌剂，如西力生（含氯化乙基汞）、赛力散（含乙酸苯汞）等，是高效、高残留、高毒的杀菌剂，主要用于拌种。有机汞农药进入人体后，主要蓄积在肝、肾和脑组织中，且排出很慢。另外，有机汞农药也能通过胎盘屏障进入胎儿体内或通过乳汁进入婴儿体内，导致子代汞中毒，影响神经系统和智力发育。我国于 1972 年起已停止使用有机汞农药。

有机砷类杀菌剂（稻脚青、福美砷、田安等）在体内可转变为毒性很大的 As^{3+}，导致中毒和肿瘤。

苯丙咪唑类杀菌剂如多菌灵、托布津、甲基托布津等对小麦赤霉病、黑穗病、水稻纹枯病、稻瘟病和甘薯黑斑病等多种农作物病害有较好的防治效果，但有报告表明，多菌灵在哺乳动物胃内能发生亚硝化反应，形成亚硝基化合物，从而具有一定的致畸、致癌作用。托布津和甲基托布津不属于苯丙咪唑类化合物，但在植物体内能迅速代谢为多菌灵和乙烯双硫代氨基甲酸酯，后者可进而生成致癌物质乙烯硫脲。

6. 除草剂

大多数除草剂对动物和人的急性毒性较低，且由于多在农作物生长早期使用，故作物吸收量通常很低，其危害性相对较小。但部分品种的致畸、致癌、致突变性以及其代谢物和所含杂质的毒性问题应给予足够的重视。如阿特拉津（莠去津）有一定致突变、致癌作用；2,4,5-三氯苯氧乙酸（2,4,5-T）产品中含有毒性及致癌性极强的杂质四氯二苯并对二噁英（TCDD）。

7. 混配农药的毒性

两种或两种以上农药的合理混配使用可提高其作用效果，并可延缓昆虫和杂草对其产生抗性，故混配农药的生产和使用品种日益增多。多种农药混合或复配使用有时可加重其毒性（包括相加及协同作用），如有机磷可增加拟除虫菊酯类农药的毒性；氨基甲酸酯和有机磷农药混配使用对胆碱酯酶的抑制作用显著增强；有机磷农药之间常有显著的协同作用。但目前对多种农药混合或复配使用的联合毒性作用的研究还相对较少，而且将多种农药联合作用的动物实验资料外推到人体还存在较多的问题。

三、控制食品中农药残留量的措施

1. 加强对农药生产和经营的监督管理

为了加强对农药生产和经营的监督管理，保证农药质量，保护农业、林业生产和生态环境，维护人畜安全，国务院于 1997 年 5 月 8 日发布了《农药管理条例》（中华人民共和国国务院令第 216 号发布），根据 2001 年 11 月 29 日《国务院关于修改〈农药管理条例〉的决定》第一次修订，2017 年 2 月 8 日国务院第 164 次常务会议修订通过，根据 2022 年 3 月 29 日《国务院关于修改和废止部分行政法规的决定》第二次修订。国务院农业主管部门负责全国的农药监督管理工作。

注册是许多国家管理农药的最普遍形式。我国早在 1982 年 10 月 1 日就制定了农药登记制度并予实施。其后，《农药管理条例》（2022 年修订）又明确规定国家实行农药登记制度。凡用于防治农、林、牧业的病害、虫害、杂草和其他有害生物及条件植物生长的农药品种，均属农药登记规定的管理范围。

《农药管理条例》还规定我国实行农药生产许可制度，国务院农业主管部门所属的负责农药检定工作的机构负责农药登记具体工作。省、自治区、直辖市人民政府农业主管部门所属的负责农药检定工作的机构协助做好本行政区域的农药登记具体工作。

2. 安全合理地使用农药，加强对原料作物的生产管理

为了安全使用农药，早在 1982 年农牧渔业部和卫生部就联合颁布了《农药安全使用规定》。在规定中将农业生产中常用的农药分为高毒、中毒、低毒三类，并在附录中明确规定高毒、高残留农药不准用于蔬菜、果树、茶树、中药材和烟草等作物。随后 GB 4285—1989《农药安全使用标准》对主要作物和常用农药规定了最高用药量或最低稀释倍数，最多使用次数和安全间隔期（最后一次施药距收获期的天数），以保证食品中农药残留不超过最大允许限量标准。《农药管理条例》（2022 年修订）第三十四条规定“农药使用者应当严格按照农药的标签标注的使用范围、使用方法和剂量、使用技术要求和注意事项使用农药，不得扩大使用范围、加大用药剂量或者改变使用方法。农药使用者不得使用禁用的农药。标签标注安全间隔期的农药，在农产品收获前应当按照安全间隔期的要求停止使用。剧毒、高毒农药不得用于防治卫生害虫，不得用于蔬菜、瓜果、茶叶、菌类、中草药材的生产，不得用于水生植物的病虫害防治。”

3. 制定食品中农药残留限量标准并加强监控

制定最高残留限量是食品中农药残留管理工作的重要组成部分。1966 年，国际农药残留法典会议（JMPR）首次提出粮食中农药最大残留限量建议，截至 2005 年 7 月，国际食品法典农药残留委员会（CCPR）共制定出了 213 种农药在农产品和食品中的 2579 项农药最大残留限量（Maximum Residue Limits，MRLs）及 148 项农药再残留限量（Extrancous Maximum Residue Limits，EMRLs）。我国于 20 世纪 70 年代初开始进行此项工作，GB 2763—2021《食

品安全国家标准　食品中农药最大残留限量》规定了564种农药在13大类农产品中10092个残留限量，基本涵盖了我国已批准使用的常用农药和居民日常消费的主要农产品。

食品中农药残留量检验方法是监督监测食品是否符合卫生标准的重要手段，也是国际贸易公平交易的科学依据。欧美一些国家主要采用多组分残留分析方法，如美国食品与药物管理局常规检测农药约300种，5个多组分残留测定方法可覆盖50%的目标物。为适应食品中农药残留限量标准需要，我国已建立了动植物性食品中40余种农药多组分残留测定方法，但尚需增加农药品种以扩大覆盖面。

4. 合理加工和烹调

食物食用前应经过削皮、洗涤、烹饪、加热等处理。据实验，粮食中的六六六经过加热处理可减少34%~56%，DDT可下降13%~49%。各类食品经加热（94~96℃）后，六六六的去除率平均为40.9%，DDT为30.7%。在碱性条件下加工食品，有利于有机磷农药的消除。

5. 其他

研究开发高效、无毒、无残留、无污染的无公害农药，逐渐淘汰传统农药，从根本上杜绝农药残留，保障食品的安全性；大力提倡作物病虫害的综合防治；整治农药生产和使用对环境造成的污染以及培育抗病、抗虫农作物品种等。

第二节　兽用化学物质残留对食品安全性的影响

兽药是指用于预防、治疗、诊断畜禽等动物疾病，有目的地调节其生理机能并规定作用、用途、用法、用量的物质（其中含饲料药物添加剂）。兽药的用途包括多个方面，如防病治病、促进动物生长、改善饲料转化效率、提高畜禽繁殖性能、改善动物性食品的品质等。畜牧生产和兽医临床上使用的兽药主要有抗微生物制剂（包括抗生素类和化学治疗药物如磺胺类和硝基呋喃类）、抗寄生虫制剂（包括驱虫剂和杀球虫剂）、激素类及其他生长促进剂。

根据FAO/WHO联合组织的食品中兽药残留立法委员会的定义，兽药残留是指动物产品的任何可食部分所含兽药的母体化合物及/或其代谢物，以及与兽药有关的杂质残留。所以，兽药残留既包括原药，也包括原药在动物体内的代谢产物。另外，药物或其代谢产物与内源大分子共价结合产物称为结合残留。动物组织中存在的共价残留则表明药物对靶动物具有潜在毒性作用。各类兽药都有可能在动物性食品中发生残留，其中以抗生素类和激素类药物残留对人体健康的影响最大，是食品中较大的安全隐患之一。

随着膳食结构的不断改善，肉、蛋、奶、水产品等动物性食品所占比例在不断增加，同时人们对动物性食品的质量要求也越来越高，对食品的兽药残留也引起了普遍关注，世界各国已经开始重视这个问题的严重性，并认为兽药残留将是今后食品安全性问题中的重要问题之一。

一、动物性食品中兽药残留的主要来源

1. 治疗和预防畜禽疾病的兽药

在畜禽养殖过程中，人们往往通过口服、吸入、注射、局部涂药等方法给食品动物用

药，以防治疾病、保障生产或维护动物的健康。如果用药不当或不遵守休药期规定，药物就会在动物体内残留，导致动物性食品污染。

2. 饲料添加剂或动物保健品的使用

为了预防或治疗某些疾病、提高动物的繁殖和生产性能，常人为地将一些药物以长期、小剂量的方式拌入饲料或饮水中，通过饲料或饮水使药物残留在动物体内，从而造成动物性食品的兽药污染。

3. 动物性食品保鲜贮存过程中加入的兽药

在动物性食品保鲜贮存过程中，在经济利益的驱使下，有人将某些抗微生物制剂直接添加到食品中，以抑制微生物的生长、繁殖，不可避免地造成了不同程度的兽药残留，对食品的安全性造成了很大影响。

4. 无意带入的污染

在食品作业中，有些操作人员为了自身预防和控制疾病的目的而使用某些药物，也可能无意地造成对食品的污染。最典型的案例，在我国的某些虾加工厂中，工人使用氯霉素眼药水擦手，以预防虾壳刺激造成手的糜烂，致使我国出口虾仁中被检出氯霉素。

5. 环境污染

动物用药后，兽药常以药物原形或代谢产物的形式随粪便、尿液等排泄物排出到环境中。绝大多数兽药在环境中仍具有活性，可直接污染土壤、水源、饲料、饲草及动物的生活环境，通过食物链进入动物体内，造成动物性食品的污染与残留。

二、动物性食品中兽药残留的主要原因

动物养殖过程中用药不当是产生兽药残留的最主要原因，大致有以下几个方面。

1. 非法使用违禁、淘汰或未经批准的药物

我国农业部在2003年第265号公告中明文规定，不得使用不符合《兽药标签和说明书管理办法》规定的兽药产品，不得使用《食品动物禁用的兽药及其他化合物清单》所列21类药物及未经农业部批准的兽药，不得使用进口国明令禁用的兽药，畜禽产品中不得检出禁用药物。但事实上，个别养殖户为了追求最大的经济效益，将禁用药物当作添加剂使用，如饲料中添加盐酸克仑特罗（瘦肉精）引起的猪肉中毒事件等。

2. 不遵守休药期的有关规定

休药期是指畜禽停止给药到允许屠宰或动物性产品（肉、蛋、奶等）允许上市的间隔时间。休药期的长短与药物在动物体内的消除率和残留量有关，休药期过短，会造成动物性食品兽药残留过量，危害消费者健康。《兽药管理条例》第四十条："有休药期规定的兽药用于食用动物时，饲养者应当向购买者或者屠宰者提供准确、真实的用药记录。"第六十二条："违反本条例规定，未按照国家有关兽药安全使用规定使用兽药的、未建立用药记录或者记录不完整真实的，或者使用禁止使用的药品和其他化合物的，或者将人用药品用于动物的，责令其立即改正，并对饲喂了违禁药物及其他化合物的动物及其产品进行无害化处理；违法单位处1万元以上5万元以下罚款；给他人造成损失的，依法承担赔偿责任。"

3. 兽药滥用

不严格按照用药规范合理使用兽药，在用药剂量、给药途径、用药部位和动物种类等方面不符合用药规定，会导致药物在动物体内残留量增大，并使存留时间延长，从而造成药物

对动物性食品的污染。在畜禽养殖中，存在许多滥用兽药的现象，如为预防畜禽疾病，在未确定病因的情况下，滥用青霉素类、磺胺类等抗菌药；为缓解畜禽应激反应，大量使用金霉素或土霉素等药物。

4. 错误用药或未做用药记录

将与目的无关的药物用于饲养的动物、重复使用几种商品名不同但成分相同的药物、按错误的用药方法用药或未做用药记录，会造成动物体内残留不该使用的药物，或同一种药物残留量严重超标。《兽药管理条例》第三十八条："兽药使用单位，应当遵守国务院兽医行政管理部门制定的兽药安全使用规定，并建立用药记录。"

5. 饲料污染

动物饲料贮藏、运输和加工过程中所接触的设备、容器和工具等被兽药污染，从而导致兽药进入饲料当中，进入动物体后引起动物性食品中的兽药残留。

6. 突击使用兽药

为了提高畜禽和鱼类的生长速度，突击使用激素类药物，以达到短期见效的目的；或在销售、屠宰前使用大剂量兽药，以掩饰有病畜禽的临床症状，逃避宰前检验。这些均可造成动物性食品中严重的兽药残留，危害消费者的健康。

7. 使用药物生产的废渣、废水饲喂畜禽和鱼类

药物生产产生的废渣、废水中含有一定量的药物或其他成分，长期用来饲喂畜禽或直接排入鱼池，有可能造成药物残留于畜禽和鱼类体内而污染动物性食品。

三、动物性食品中常见的兽药残留与危害

1. 抗生素类药物

抗生素类药物多为微生物天然发酵产物或采用化学半合成方法制造的相同或类似的物质，在浓度较低的情况下就能抑制或杀灭某些特异性微生物，是临床应用最多的一类抗菌药物，广泛应用于治疗人和动物的多种细菌性感染，如青霉素类、头孢菌素类、氨基糖苷类、四环素类、大环内酯类等。

作为临床治疗用药的抗生素类，常常在短期内使用，主要通过注射、口服、饮水等方式进入动物体内。如在治疗奶牛或奶山羊乳房炎时，常常把青霉素类抗生素直接注入乳房内。如果在休药期结束前将动物屠宰或将所产奶供人饮用，则会在注射部位的肌肉、其他组织和奶中残留超量的青霉素类抗生素。在蜂业生产中，为防治蜜蜂幼虫腐臭病等细菌性病害，常超量使用四环素、土霉素、红霉素等抗生素药剂而造成蜂产品中抗生素残留超标。另外，在兽医临床用药时，还常常将不同的抗生素联合使用（如青霉素与链霉素联合使用），更容易造成抗生素类药物在动物体内残留，导致动物性食品污染。

自 20 世纪中叶抗生素被发现对动物有促生长作用以来，抗生素添加剂得到了广泛应用，主要通过添加于饲料经口进入动物体内，如土霉素添加剂、金霉素添加剂等。由于抗生素在动物体内需要一定的时间才能完全排出体外，因此长期使用，极容易在动物体内蓄积，造成动物性食品中的兽药残留。

（1）抗生素残留的危害　人食用含有抗生素残留的动物性食品后，一般不表现急性毒理作用。但长时间摄入低剂量的抗生素残留的动物性食品，可在人体内蓄积而产生多种危害。

①引发过敏反应：过敏反应是一种急性反应，其中青霉素类是最容易引发过敏反应的一

类抗生素。此外，四环素、链霉素等抗生素有时也能引起过敏反应。

青霉素、四环素类抗生素具有抗原性，能刺激机体形成抗体，当被致敏人体再接受这些抗生素治疗时，该抗生素就会与抗体结合，生成抗原抗体复合物而引发过敏反应，轻者表现为荨麻疹、皮炎和发热等，严重者可导致呼吸困难和过敏性休克，甚至危及生命，但发生率极低。

②导致病原菌产生耐药性：动物在反复摄入某一种抗菌药物后，体内将有一部分敏感菌株逐渐产生耐药性，形成耐药菌株。耐药基因可通过转导、转化、结合和溶源性转变等方式在细菌之间传播，也可通过食物链的传递进入人体，由此引起人类和动物感染性疾病的治疗失败。据报道，2019 年，抗生素耐药性导致约 127 万人死亡，当年死于细菌感染的人数甚至超过死于艾滋病毒或疟疾的人数，具体研究以“Global burden of bacterial antimicrobial resistance in 2019：a systematic analysis”为题发表于顶级医学杂志 *The Lancet*，揭示了抗生素耐药性成为全球主要死亡原因。现已证实，耐药的致病性大肠杆菌的质粒可以传递给敏感的大肠杆菌，使之变为耐药菌株。

③产生毒性作用：长期摄入氨基糖苷类抗生素残留严重超标的动物性食品可以引起药物性耳聋，还会损伤肾脏近曲小管上皮细胞，出现蛋白尿、血尿，甚至导致肾功能失调。氯霉素对骨髓造血机能有抑制作用，能使白细胞减少，特别是杀伤颗粒性白细胞，影响红细胞成熟，长期摄入含有氯霉素残留的动物性食品，可引起再生障碍性贫血和溶血性贫血，对敏感人群、新生儿、早产儿以及肝功能不全的病人影响更大。四环素类经口服可直接刺激机体，出现恶心、呕吐、腹部不适、食欲减退等症状，还能影响骨骼和牙齿的生长，抑制婴儿的骨髓生长。

④使肠道菌群失调：正常条件下，人体消化道内的微生态环境中存在着多种微生物，且相互拮抗而保持动态平衡，某些菌群还能合成维生素供机体使用。长期食用有抗生素残留的动物性食品后，敏感菌受到抑制，而不敏感菌在体内可大量繁殖生长，从而导致肠道菌群失调，同时使肠道内能够合成人体所需的 B 族维生素和维生素 K 的细菌受到抑制，从而引起维生素缺乏。由于抗生素抑制了有益菌的生长，为一些耐药的致病菌提供了生存空间，甚至造成“二重感染”，危害人体健康。

（2）动物性食品中抗生素类药物的允许残留量　最大残留限量（MRL）是科学家和权威人士认为不危害消费者健康同时对制造工艺没有影响的产品中残留的最大浓度。由于抗生素类的广泛应用，导致抗生素类药物残留的食品种类越来越多，包括各种动物性食品和蜂蜜等。由此造成的危害也越来越大。针对这些问题，世界各国均制定了动物性食品中抗生素类的最大残留限量。农业农村部与国家卫生健康委员会、国家市场监督管理总局联合发布 GB 31650—2019《食品安全国家标准　食品中兽药最大残留限量》，于 2020 年 4 月 1 日起实施。标准规定了 267 种（类）兽药在畜禽产品、水产品、蜂产品中的 2191 项残留限量及使用要求，基本覆盖了我国常用兽药品种和主要食品动物及组织，标志着我国兽药残留标准体系建设进入新阶段。

（3）消除动物性食品中抗生素残留的方法　消除动物性食品中抗生素残留最直接的方法是在饲料中不添加抗生素，但我国目前养殖场的生态环境和管理水平还有所欠缺，因此，使用无抗生素饲料仍存在一定难度。目前采用抗生素替代品，在畜禽饲料中添加动物消化道内的有益微生物或微生物发酵产物，可以明显改善动物的消化道健康状况，提高动物的免疫力，减少甚至消除对抗生素的依赖，从而降低动物性产品中抗生素的残留量。很多试验也证实，如果不考虑饲料成本，采用这种方法实现畜禽无抗生素饲养在理论上完全可行。

2. 磺胺类药物

磺胺类药物是一类具有广谱抗菌活性的化学合成药物，具有价廉、使用方便的特点，广泛应用于兽医临床及动物饲料添加剂等领域。常用的磺胺类药物有磺胺嘧啶、磺胺甲基嘧啶、磺胺脒、磺胺异噁唑（菌得清）、磺胺甲基异噁唑（新诺明）等。另外，磺胺药也经常与一些抗菌增效剂合用，组成复方，如复方新诺明、增效磺胺嘧啶钠等。

磺胺类药物经各种给药途径进入动物体后，可转移到肉、蛋和奶等动物性食品中，如果使用不合理很容易在动物组织中造成磺胺类药物残留。

磺胺类药物大部分以原形从体内排出，当动物接触排泄在垫草、污水、粪土中低浓度的磺胺类药物后，可导致动物再污染，引起动物体内磺胺类药物残留。

（1）磺胺类药物残留的危害　人类经常食用有磺胺类药物残留的动物性食品，可能引起磺胺类药物在体内的逐渐蓄积，对人体产生各种毒性作用，除了产生耐药菌株、破坏肠道微生态环境外，甚至造成器质性损伤，也可引发过敏反应。

①过敏反应：经常食用含低剂量磺胺类药物的食品能使易感的个体出现过敏反应，患者出现药物热和皮疹，严重者可引起血管性水肿，甚至出现死亡。

②泌尿系统损害：长期摄入含磺胺类药物残留的动物性食品后，药物可不断在体内蓄积。磺胺类药主要以原形及乙酰磺胺的形式经肾脏排出，在尿液中浓度较高而溶解度又较低，尤其当尿液偏酸性时，可在肾盂、输尿管或膀胱内析出结晶，产生刺激和阻塞，造成泌尿系统损伤，引起结晶尿、血尿、管型尿、尿痛、尿少甚至尿闭。

③造血系统损害：长期摄入含磺胺类药物的动物性食品，可破坏人的造血系统，造成再生障碍性贫血、溶血性贫血、白细胞减少症、粒细胞减少症、血小板减少症等，对人体健康产生极大的影响甚至危及生命。

④“三致”毒性：磺胺二甲基嘧啶等磺胺类药物在连续给药中能够诱发啮齿动物甲状腺增生，并具有致肿瘤倾向。磺胺类药物还可穿过血胎盘屏障进入胎儿体内，并且有“三致”的可能性。

此外，磺胺类药物残留还可引起消化系统障碍，使人出现食欲不振、恶心、呕吐、腹泻等症状；磺胺类药物的激素样效应也正在进一步研究中。

（2）动物性食品中磺胺类药物的允许残留量　磺胺类药物残留除对人体有多方面危害外，同时也是目前动物性产品贸易的主要技术问题，严重影响了畜牧业的正常发展。为了保障动物用药的安全性及有效性，以及人类摄食动物性食品后的安全性，许多国家都规定了磺胺类药物的最高残留限量。加拿大、欧盟、美国规定动物组织中磺胺类药物总量的最大残留量为100μg/kg，日本为20μg/kg。GB 31650—2019《食品安全国家标准　食品中兽药最大残留限量》中规定：磺胺类在所有食用动物的肌肉、脂肪、肝脏、肾脏的MRL均为100μg/kg。

3. 硝基呋喃类药物

硝基呋喃类药物是人工合成的具有5-硝基呋喃基本结构的广谱抗菌药物，曾经在养殖业中较为广泛地使用。硝基呋喃类药物的副作用已引起人们的高度关注。我国出口的鱼、虾、禽肉、兔肉和肠衣均被检出含有硝基呋喃类药物，特别是我国出口的鳗鱼多次被检测出硝基呋喃类药物残留，严重影响了我国动物性食品的出口。

在养殖业中经常使用的硝基呋喃类药物主要包括呋喃西林、呋喃妥因、呋喃唑酮和呋喃它酮。呋喃西林毒性较大，一般用作外用消毒药物，也有拌饵投喂防治水生动物疾病的报道。呋喃唑酮价格便宜，疗效确切，广泛用于家畜、家禽的痢疾、肠炎等的预防和治疗。呋喃妥因主要用于水产养殖中疾病的预防和治疗。

（1）硝基呋喃类药物残留的危害

①对养殖动物的毒性作用：大剂量或长时间使用硝基呋喃类药物均能对养殖动物产生毒性作用，其中呋喃西林的毒性最大，对养殖动物的毒性作用也最为常见，尤其是雏鸡和雏鸭，长期低剂量饲喂后可出现厌食、生长抑制、惊厥，最后死亡。

②“三致”毒性：动物实验证实硝基呋喃类药物具有致畸、致癌、致突变作用，呋喃它酮为强致癌物，呋喃唑酮具有中等强度致癌性。呋喃唑酮可以诱发小鼠和大鼠出现乳腺癌和支气管癌，并且具有剂量效应关系；高剂量饲喂食用鱼和观赏鱼，可诱导鱼的肝脏发生肿瘤；长期低量给予呋喃西林可致雌性小鼠出现乳腺肿瘤和卵巢肿瘤。繁殖毒性结果表明，呋喃唑酮和呋喃西林能减少精子的数量和胚胎的成活率。硝基呋喃类药物也是直接致突变剂，不用附加外源性激活系统就可以引起细菌的突变，呋喃西林在动物实验中也具有诱突变性。

③对人体的危害：硝基呋喃类药物在体内代谢迅速，代谢的部分化合物分子与细胞膜蛋白质结合成稳定的结合态，从而减缓了药物在体内的消除速度。由于普通的食品加工方法难以使蛋白结合态的硝基呋喃类残留物大量降解，人类食用了含有硝基呋喃类药物残留的食品后，代谢物可在人类胃液的酸性条件下从蛋白质中释放出来而对人体产生危害，主要是胃肠反应和超敏反应。剂量过大或肾功能不全者，可引起严重毒性反应，主要表现为周围神经炎、药热、嗜酸性粒细胞增多、溶血性贫血等。长期摄入可引起不可逆性神经损害，如感觉异常、疼痛及运动障碍等。动物体外实验结果表明，呋喃西林虽能引起哺乳动物细胞染色体损伤，但不能致基因突变，说明呋喃西林不能对人体产生基因毒性。

（2）动物性食品中硝基呋喃类药物的允许残留量　鉴于硝基呋喃类药物残留的严重危害，许多国家对该类药物制定了严格的检验检疫要求和规定。2002 年，美国 FDA 公布了禁止在食品动物中使用的药物名单，其中包括呋喃西林、呋喃唑酮等。2006 年，日本实施的“肯定列表制度”也将硝基呋喃类列入禁用物质清单。欧盟（EU）2019/1871 法规附录一“测定限值（RPA）”对硝基呋喃及其代谢物的测定限值做出调整，同时硝基呋喃及其代谢物检测由原来的 4 种（呋喃唑酮代谢物 AOZ、呋喃它酮代谢物 AMOZ、硝基呋喃妥因代谢物 AHD、呋喃西林代谢物 SEM）增加为 5 种，增加了硝呋索尔代谢物 DNSH。我国农业部也于 2002 年 4 月发布第 193 号公告，公布了《食品动物禁用兽药及其化合物清单》，将硝基呋喃类药物作为禁用药物。2003 年又将水产品硝基呋喃代谢物纳入残留监控计划中。

4. 苯并咪唑类抗寄生虫药

苯并咪唑类药物是兽医临床上广泛应用的一类广谱抗寄生虫药物，对人和动物体内的多种寄生虫如蛔虫、吸虫和绦虫等均具有良好的驱杀作用。动物养殖中常用的苯并咪唑类药物主要有阿苯达唑、苯硫咪唑、奥苯达唑、噻苯达唑、甲苯咪唑、丁苯咪唑等。

苯并咪唑类药物作为抗寄生虫药，常以片剂或粉剂的形式在短期内给动物内服。在放牧地区，每年定期给牛、羊等投药，以驱除其体内的寄生虫，促进动物生长。

该类药物经口服进入动物体内后，可在肠道吸收，通过血液循环转运到机体各组织器官，其中以肝脏中药物分布量最大，浓度最高。在药物尚未完全排出体外之前，将动物宰杀，则可能在动物各组织中存在大量的药物残留，这类动物性食品被食用后，超量的苯并咪唑类药物残留就会进入消费者体内，达到一定量时，对消费者产生危害。

动物实验结果表明，苯并咪唑类药物可持久地残留于肝脏内，对动物具有明显的致畸性和致突变性。1973—1974 年，发现丁苯咪唑对绵羊有致畸作用，多数为胎儿骨骼畸形。1975—1982 年又先后发现苯咪唑、阿苯达唑等有致畸作用。

食用苯并咪唑类药物残留的动物性食品，对人具有潜在的毒性，主要危害是其致畸作用和致突变作用。在妊娠期，如果孕妇经常食入含超量苯并咪唑类药物残留的动物性食品，有可能发生胎儿畸形，如短肢、唇裂等。对所有消费者来说，如果经常食入含超量苯并咪唑类药物残留的动物性食品，可能由于其致突变作用使消费者发生癌变和性染色体畸变，其后代有发生畸形的危险。

GB 31650—2019《食品安全国家标准　食品中兽药最大残留限量》中规定苯并咪唑类在动物性食品中的 MRL（μg/kg）为：甲苯咪唑，羊/马的肌肉、脂肪和肾脏均为 60，肝脏为 400；奥苯达唑，猪的肌肉 100、皮+脂 500、肝 200、肾 100。

5. 激素类药物

激素是机体某些组织分泌的特殊有机物质，能够活化或抑制不同的组织细胞，调节机体的各种代谢活动。为了促进动物体的生长、提高饲料转化率、增加瘦肉率等，人们将激素类药品应用于畜牧业生产中。常用的种类主要有生长激素、性激素（包括雌激素如雌二醇、己烯雌酚、己烷雌酚、双烯雌酚等和雄性激素如丙酸睾酮、氯司替勃）、甲状腺素等天然激素和一些人工合成的、具有同化作用的增强剂（如玉米赤霉醇和盐酸克伦特罗）。

激素类药物通常被埋植在动物的皮下或通过深部肌肉注射进入动物体内，也可以饲料添加剂的方式使用。如果使用激素后不久将动物急宰，则在动物埋植部位或注射部位可能残存大量的激素类药物。人食入激素残留的肌肉或其他组织后，会使大量激素进入人体而危及消费者的健康。特别是以性激素（尤其是雌激素）和同化激素在畜牧业生产中应用最多，对人类健康的危害也最大。

（1）性激素　正常情况下，动物性食品中天然存在的性激素含量很低，当人食入后经胃肠道的消化作用，性激素的大部分活性已经丧失，因而不会有效地干扰人体的激素代谢和生理机能。如果在畜牧业生产中不适当地应用大量人工合成的性激素，通过摄入性激素残留的动物性食品，可能会影响人体的正常生理机能。儿童食用性激素残留的食品可能产生发育毒性，如儿童性早熟、肥胖、生长发育障碍、婴儿出生缺陷等。成人长期摄入含有激素残留的动物性食品不仅破坏人体正常的激素平衡（使女性男性化或男性女性化并且影响生育能力），而且有一定的致癌性，可导致内分泌相关肿瘤（如乳腺癌、卵巢癌等）的发生。目前，雌激素已被证实具有致癌作用。

对于性激素类兽药的使用问题，世界各国要求不一。欧洲国家全面禁止使用性激素作为促生长剂，因而其生产的各类食品中不允许检出激素类兽药，当从食品中检出激素残留时，即为违法使用。美国则允许在正确掌握使用方法的前提下使用规定的品种。婴幼儿食品中不允许残留。

（2）盐酸克伦特罗　盐酸克伦特罗，俗称瘦肉精，有促进动物肌肉生长、降低胴体脂肪含量、提高瘦肉率和增加瘦肉产量的作用。20 世纪 90 年代初国外曾用于饲料添加剂，后因人的不良反应而被禁用。但一些不法分子为了追求经济利益，在饲养中仍大量使用，并且由于盐酸克伦特罗化学性质稳定，一般加热方法不能将其破坏，从而造成了在动物性食品中的残留，以猪肝中残留最多。

盐酸克伦特罗通过食物链进入人体后，作为心脏β-受体激动剂，可引起心率加速，特别是原有心律失常的病例更易发生心脏反应，可见心室早搏、ST段与T波幅压低；激动骨骼肌$\beta 2$-受体，可引起四肢、面颈部骨骼肌震颤，尤其是交感神经功能亢进的病例更易发生；还可以引起代谢紊乱，使血乳酸、丙酮酸升高，并可出现酮体。此外，还能引起血钾降低，从而导致心律失常。

盐酸克伦特罗的不合法使用会给消费者带来危害，FDA/WHO已制定了畜产品中的最高残留限量：肉、肝脏、肾、脂肪和奶分别为0.2μg/kg、0.6μg/kg、0.6μg/kg、0.2μg/kg和0.05μg/kg。在我国，盐酸克伦特罗一直是国家对兽药残留监控的必检项目。GB 31650—2019《食品安全国家标准　食品中兽药最大残留限量》中规定：盐酸克伦特罗及其盐和酯在所有食品动物的所有可食组织中均不得检出。

四、控制动物性食品中兽药残留的措施

1. 规范和合理使用药物及饲料添加剂

兽药残留监测工作需要从源头抓起。严格按照《兽药管理条例》《兽药标签、说明书管理办法》《饲料药物添加剂使用规范》等规范并合理使用兽药和饲料药物添加剂，是避免和减少兽药残留的有效途径。

2. 严格规定兽药休药期

为保证给予动物内服或注射药物后药物在动物组织中残留浓度能降至安全范围，必须严格规定药物休药期。畜禽养殖过程中有休药期规定的兽药，在用药期或用药后没有超过休药期的畜禽及其产品不得出栏销售。如规定某药的休药期为7d，则在最后一次给药后7d以内，被给药畜禽及其产品不得上市。

3. 制定动物性食品中兽药的最高残留限量标准并加强监测

兽药残留限量标准是兽药残留监控的依据。我国兽药残留限量标准的制定开始于1994年，共经历了4次修订。现行的兽药最高残留限量标准是GB 31650—2019《食品安全国家标准　食品中兽药最大残留限量》。该标准规定了267种（类）兽药在畜禽产品、水产品、蜂产品中2191项残留限量及使用要求。

建立健全动物性食品兽药残留监控体系，加大监控力度，不断改善检测手段，完善兽药残留的检测方法，是严防兽药残留超标的动物性食品进入市场的必要手段。1998年我国开始进行兽药残留监测工作，1999年正式开始实施《全国动物及动物性食品中残留物质监控计划》和《官方取样程序》。2006年12月31日，国家标准委批准并发布了36项农兽药残留检测国家推荐性标准，并于2007年3月1日起实施，这些标准为我国农兽药残留的检测提供了技术依据。2019年农业农村部与国家卫生健康委员会、国家市场监督管理总局联合发布了包括GB 31660.1—2019《食品安全国家标准　水产品中大环内酯类药物残留量的测定　液相色谱-串联质谱法》在内的9项兽药残留检测方法标准，于2020年4月1日起实施。

4. 合适的食品食用方式

消费者可通过烹调加工、冷藏等加工方法减少食品中的兽药残留。如WHO估计肉制品中的四环素类兽药残留经加热烹调后，5~19mg/kg的残留量可减低至1mg/kg。氯霉素经煮

沸 30min 后，至少有 85%失去活性。

此外，还可通过制备高效低毒化学药品和加强对新药物进行安全性毒理学评价等方法对动物性食品中的兽药残留进行控制。

第三节 有毒金属对食品安全性的影响

存在于食品中的各种金属元素，其理化性质及生物活性有很大的差别，有的是对人体有益的元素（如钾、钠、钙、镁、铁、铜、锌等），但过量摄入这些元素对人体反而有害。有的是对人体有毒害作用的元素（如铅、汞、镉、砷等），这些元素在较低摄入量下对人体可产生明显的毒性作用，这些元素常被称为有毒金属。GB 2762—2022《食品安全国家标准 食品中污染物限量》中将铅、镉、汞、锡、镍、铬 6 种金属元素列为食品中污染物。

自 1950 年在日本出现水俣病和骨痛病，并且查明是由于食品遭到汞污染和镉污染所引起的“公害病”之后，有毒金属对环境污染以及通过食物链造成的食源性危害问题引起了人们极大的关注。

一、概述

1. 食品中有毒金属的来源

（1）自然环境的本底高　生物体都是在自然环境中生长和发育的，因此，生物体内的元素含量与其所生存的环境有关。由于不同地区环境中元素分布的不均一性，造成了某些地区空气、水、土壤中某种和某些金属元素的含量明显高于其他地区，而使这些地区生产的食用动植物中有毒金属元素含量较高。

（2）环境污染　随着工农业生产的发展，有些农药中含有的有毒金属，在一定条件下，可引起土壤、水体、空气的污染或在食用作物中的残留。含有各种有毒金属元素的工业“三废”不合理的排放，也可造成环境污染，并使这些“三废”中的有毒金属转入食品。

（3）食品生产加工　食品加工、储存、运输和销售过程中使用或接触的机械、管道、容器、包装材料以及因工艺需要而加入的添加剂中含有的有毒金属元素均可导致对食品的污染。

2. 食品中有毒金属的毒害作用特点

摄入被有毒金属元素污染的食品对人体可产生多方面的危害，其危害通常有以下共同特点。

（1）强蓄积毒性　进入人体后排出缓慢，生物半衰期较长。

（2）生物富集作用　可通过食物链的生物富集作用而在生物体及人体内达到很高的浓度。

（3）有毒金属污染食品对人体造成的危害，常以慢性中毒和远期效应（如致癌、致畸、致突变作用）为主。但也可由于意外事故污染或故意投毒等引起急性中毒。

3. 影响有毒金属毒性作用的因素

（1）体内蓄积量　一般来说，有毒金属在人体内的总蓄积量较多并超过其阈值时，才会表现出毒性作用。

（2）有毒金属的存在形式及价态　金属元素的存在形式不同，其溶解性和吸收率不同，因而其毒性大小也有很大差异。通常情况下，以有机形式存在的金属吸收率较高，因而毒性也较大，如氯化汞的消化道吸收率仅为2%左右，而甲基汞的吸收率可达90%以上；水溶性强的金属盐类毒性较大，如氯化镉和硝酸镉因其水溶性大于硫化镉和碳酸镉，故毒性较大。有毒金属的存在价态也可影响其毒性，如通常Cr^{6+}的毒性大于Cr^{3+}，As^{3+}的毒性大于As^{5+}。

（3）膳食成分　某些膳食成分可以影响有毒金属的毒性，如含巯基的食物蛋白质可以与有毒金属结合，延缓其在肠道的吸收，同时能够保护含巯基的酶的活性；还原性抗坏血酸可以使Cr^{6+}还原为Cr^{3+}，降低其毒性；植酸可以和金属元素结合成不溶性的盐类，限制其吸收，从而降低其毒性。

（4）金属元素间的相互作用　有毒金属的毒性与其他金属元素的存在也有一定的关系，包括拮抗与协同作用。如铁可拮抗铅的毒性作用，其原因是铁与铅竞争肠黏膜载体蛋白和其他相关的吸收及转运载体，从而减少铅的吸收；锌可拮抗镉的毒性作用，因为镉和锌可竞争性结合金属硫蛋白中的巯基，当食物中的锌/镉比值较大时，镉的毒性就会降低；硒可拮抗汞、铅、镉等重金属的毒作用，因硒能与这些金属形成硒蛋白络合物，使其毒性降低，并易于排除。某些有毒有害金属元素间也可产生协同作用，如砷和镉的协同作用可造成对巯基酶的严重抑制而增加其毒性，汞和铅可共同作用于神经系统，从而加重其毒性作用。

二、常见有毒金属对食品的污染及危害

（一）汞（Hg）

汞有三种存在形式，即金属汞、无机汞和有机汞。金属汞在室温下具有挥发性，可随呼吸进入人体。在环境中和生物体内无机汞可通过微生物作用形成甲基汞，从而使毒性增强。

1. 食品中汞污染的来源

汞在岩石圈中广泛存在，但一般情况下含量很少。由于汞及其化合物广泛应用于工农业生产和医药卫生行业，其最终结果是排入环境中造成环境污染，从而污染食品。除职业接触外，进入人体的汞主要来源于受污染的食物，尤其是鱼贝类等水产品中的甲基汞。这一方面是由于含汞的废水排入江河湖海后，其中所含的金属汞或无机汞可以在水体（尤其是底层污泥）中某些微生物的作用下转变为毒性更大的有机汞（主要是甲基汞）。另一方面，除直接吸收外，水体中的有机汞还可以通过食物链的传递而在鱼体当中富集，可能使其浓度比周围水体中的浓度高出很多倍。

除水产品外，汞也可通过含汞农药的使用和废水灌溉农田等途径污染农作物和饲料，造成谷类、蔬菜、水果和动物性食品的汞污染。

2. 食品汞污染对人体的危害

食品中的金属汞几乎不被人体吸收，无机汞吸收率也很低，90%以上随粪便排出，而有机汞的消化道吸收率很高，如甲基汞90%以上可被人体吸收。吸收的汞迅速分布到全身组织和器官，以肝、肾、脑等器官含量最多。

（1）急性毒性　大量吸入汞蒸气可引起急性汞中毒。初期表现为牙龈和口腔发炎、口腔内有金属味、流涎、牙龈有脱落感，随后在患者齿龈部出现斑点，同时有呕吐、腹泻和神经功能障碍等症状。

无机汞引起的急性中毒主要可导致肾组织坏死，发生尿毒症，严重时可引起死亡。

有机汞引起的急性中毒，早期主要可造成肠胃系统的损害，引起肠道黏膜发炎，剧烈腹痛、腹泻和呕吐，严重者可导致虚脱而死亡。

（2）慢性毒性　汞是强蓄积性毒物，在人体内的生物半衰期平均为70d左右，在脑内的储留时间更长，其半衰期为180~250d。因此，长期摄入被甲基汞污染的食品可致甲基汞中毒。我国曾在20世纪70年代发生过松花江水被含汞工业废水污染，导致沿岸渔民慢性甲基汞中毒的事件。

甲基汞可以通过血-脑屏障在脑组织中产生蓄积，导致脑和神经系统损伤，如运动失调、语言障碍、视野缩小、听力障碍、感觉障碍及精神症状等，严重者可致瘫痪、肢体变形、吞咽困难甚至死亡。

此外，汞也能在肝脏、肾脏中产生蓄积。由于局部汞的高浓度积累，造成器官营养障碍，蛋白质合成下降，导致功能衰竭。

（3）致畸性和致突变作用　甲基汞可以通过胎盘屏障而对生物体产生致畸作用。受孕小鼠给予甲基汞后出现死胎、吸收胎及仔鼠畸形。此外，甲基汞还可导致染色体异常，具有致突变的可能性。

无机汞可能是精子的诱变剂，可导致畸形精子的比例增高，影响男性的生育能力。

3. 食品中汞的允许限量

GB 2762—2022《食品安全国家标准　食品中污染物限量》规定食品中汞的限量指标（MLs）为：水产动物及其制品甲基汞0.5mg/kg，谷物及其制品总汞0.02mg/kg，薯类、蔬菜和水果0.01mg/kg，食用菌及其制品甲基汞0.1mg/kg，肉及肉制品0.05mg/kg，乳及乳制品0.01mg/kg，蛋及蛋制品0.05mg/kg，调味品0.1mg/kg，饮料类0.001mg/L，特殊膳食用食品0.02mg/kg。

（二）镉（Cd）

镉是人体非必需元素，是环境中常见的金属污染物之一，具有蓄积性，在人体内半衰期长达16~30年。

1. 食品中镉污染的来源

镉在自然界中广泛存在，但在未污染的大气、土壤和天然淡水中，其含量通常很低。有色金属矿山的开采和冶炼是镉环境污染的主要来源之一。镉在自然界中以硫镉矿形式存在，并常与锌、铅、铜、锰等矿共存，在这些金属的开采和冶炼过程中会排出大量的镉，造成环境污染，进而导致动植物和水生生物体内镉的含量增加。

工业“三废”，尤其是含镉废水的排放对环境和食物的污染较为严重。由于镉在工业上的应用十分广泛，因而对环境的污染也较普遍，一般食品中均能检出镉。镉也可通过食物链的富集作用在某些食品中达到很高的浓度，特别是水生生物，对水中镉的浓缩倍数可以高达4500倍。一般而言，镉在食品中的含量分布情况为：海产食品、动物性食品（尤其是肝脏和肾脏）含镉量高于植物性食品，而植物性食品中，一般蔬菜含镉量比谷类籽粒高，蔬菜中，叶菜、根菜类高于瓜果类。

许多食品包装材料和容器也含有镉。因镉盐有鲜艳的颜色且耐高热，故常用作玻璃、陶瓷类容器的上色颜料，并用作金属合金和镀层的成分，以及塑料稳定剂等，因此使用这类食品容器和包装材料也可能对食品造成镉污染。尤其是用其存放酸性食品时，可致其中的镉大量溶出，严重污染食品，导致镉中毒。

2. 食品镉污染对人体的危害

除职业接触外，镉进入人体的主要途径是通过食物摄入，吸收率约为5%，但受食物中镉的存在形式以及膳食中蛋白质、维生素D和钙、锌等元素的含量影响。当体内蛋白质、钙及维生素D缺乏时，可使机体对镉的吸收率增加。进入人体的镉大部分与低分子硫蛋白结合，形成金属硫蛋白，选择性地蓄积于肾脏和肝脏，其他脏器如脾、胰、甲状腺和毛发等也有一定量的积累。

（1）急性毒性　职业接触高浓度镉尘可以引起急性镉中毒。大量吸入镉蒸气后，在4～10h内出现呼吸道刺激症状，如咽喉干痛、流涕、干咳、胸闷、呼吸困难，还可有头晕、乏力、关节酸痛、寒战、发热等类似流感表现，严重者出现支气管肺炎和肺水肿。一般无肾脏损伤。

误食镉化合物也可引起急性中毒。经10min至数小时的潜伏期后，出现急剧的胃肠刺激症状（如恶心、呕吐、腹痛、腹泻）、全身乏力、肌肉酸痛和虚脱等。

（2）慢性毒性　镉可以引起肾脏损害。肾脏是镉在机体内蓄积的主要部位，也是镉中毒的主要靶器官。研究表明，慢性镉中毒可以导致肾小管功能障碍，肾小球过滤下降及肾脏近曲小管上皮细胞损伤，使肾的重吸收出现障碍，临床上出现多尿、蛋白尿、氨基酸尿、糖尿、高钙尿和酸性尿等症状。

镉可以引起骨骼损伤。骨代谢是一种复杂的体内平衡过程，钙、维生素D、胶原、骨细胞以及甲状腺均参与。一般认为，镉所引起的骨骼损伤是继发于肾的损伤、肾中毒后对钙和磷的吸收率下降，使尿钙和粪钙排泄增加、肠钙吸收减少，导致骨质疏松和病理性骨折。此外，镉还可以通过干扰维生素D和胶原的代谢即干扰正常钙化所必需的正常的胶原结构而导致骨密度降低。

镉也能影响神经系统功能。镉可以通过机体血-脑屏障进入中枢神经系统，引起大脑的形态学改变，影响神经递质的含量和酶的活性。流行病学调查表明，镉与某些神经系统疾病及儿童智力发育障碍等有关，还可以导致记忆力下降。研究表明，镉的神经毒性机制可能与神经系统内的锌缺乏有关，也可能通过引起神经细胞钙代谢紊乱造成。镉还能引起贫血，一方面镉在肠道内可阻碍铁的吸收，另一方面当摄入大量镉后，可使尿中铁的排出增加。同时镉还能抑制骨髓血红蛋白的合成。

此外，镉还可以对呼吸系统、免疫系统产生损害及引起高血压、动脉粥样硬化等。

（3）生殖毒性　流行病学调查结果表明，镉污染对女性生殖健康有重要影响。对镉污染区和非污染区育龄妇女生殖健康进行调查发现，污染区育龄妇女中，未婚女性的月经周期异常率、痛经发生率（分别为19.1%和42.6%）均高于非污染区（分别为5.7%和18.9%）；污染区已婚妇女不孕症发生率（6.3%）高于非污染区已婚妇女（1.1%）；已婚妇女前两胎早产发生率及前两胎死产发生率（分别为10.27%和4.23%）高于非污染区已婚妇女（分别为2.85%和1.05%）。

（4）致畸、致癌和致突变作用　除急、慢性毒性外，国内外也有不少研究表明，镉及其化合物对动物和人体有一定的致畸、致癌和致突变作用。研究显示，镉可引起肺、前列腺和睾丸的肿瘤。1993年国际癌症研究协会（IARC）将镉定为1类致癌物，即人类致癌物。其致癌作用是因为镉是一种很弱的致突变剂，能损伤DNA，影响DNA的修复以及促进细胞增生。另外，动物实验也表明，镉能诱导染色体畸变，对多种器官有致畸作用。

3. 食品中镉的允许限量

GB 2762—2022《食品安全国家标准 食品中污染物限量》规定食品中镉的限量指标（MLs）为：谷物及其制品 0.1mg/kg，稻谷、糙米、稻米 0.2mg/kg，蔬菜类 0.05~0.2mg/kg，水果及其制品 0.05mg/kg，食用菌及其制品 0.2mg/kg，豆类及其制品 0.2mg/kg，坚果及籽类 0.5mg/kg，肉及肉制品 0.1mg/kg，鱼类 0.1mg/kg，鱼类罐头 0.2mg/kg，蛋及蛋制品 0.05mg/kg，调味品食用盐 0.5mg/kg、鱼类调味品 0.1mg/kg，饮料类 0.005mg/L，特殊膳食用食品 0.06mg/kg。

（三）铅（Pb）

铅是环境中重要的有毒污染物，对人体健康的危害尤其是对儿童健康的危害已引起人们的广泛关注。

1. 食品中铅污染的来源

（1）环境污染 生产和使用铅及含铅化合物时产生的废气、废水、废渣可造成环境铅污染，进而造成食品的铅污染。矿山开采、金属冶炼和精炼是局部区域严重铅污染的主要原因，这一过程产生的含铅粉尘和废水对周围大气和土壤有很大影响；汽油中通常加入四乙基铅作防爆剂，使得汽车排出的尾气中含有大量的铅；其他如含铅农药的使用、蓄电池、油漆制造、含铅涂料等均可造成铅对食品和环境的污染。

（2）食品容器和包装材料 瓷制餐炊具表面有一层彩釉，其中含有较多的铅，当彩釉和酸性食品接触时，其中的铅可溶出而污染食品；马口铁和焊锡中的铅可造成罐头食品的污染；用铁桶或锡壶装酒，可造成铅溶出到酒中；印制食品包装的油墨和颜料等常含有铅，也可污染食品。此外，食品加工机械、管道和聚氯乙烯塑料中的含铅稳定剂等均可导致食品铅污染。

（3）含铅食品添加剂 如皮蛋加工时加入的黄丹粉（氧化铅）和某些劣质食品添加剂等可造成食品的铅污染。

2. 食品中铅污染对人体的危害

铅的毒性与其化合物的形态、溶解性有关。硝酸铅、乙酸铅、铅的氧化物易溶于水或酸性环境，毒性较大；硫化铅、铬酸铅不易溶解，毒性较小。进入消化道的铅 5%~10% 被吸收，其吸收部位主要是十二指肠。吸收入血中的铅大部分（90% 以上）蓄积于骨骼中，在肝、肾、脑等组织中也有一定的分布。铅在生物体内的半衰期比较长，约为 4 年，如果以骨骼计算约为 10 年，因此铅进入人体后较难排出，可对许多器官系统和生理功能产生危害。

（1）急性毒性 引起人体急性铅中毒的最低剂量为 5mg/kg 体重，主要表现为口有金属味、出汗、恶心呕吐、阵发性腹部绞痛、便秘或腹泻、头痛、血压升高，严重者出现抽搐、昏迷、瘫痪和循环衰竭。

（2）慢性毒性 食品铅污染所致的中毒主要是在人体内的长期蓄积而导致的慢性损害作用，铅对生物体内许多器官组织都具有不同程度的损害作用，尤其是对造血系统、神经系统和肾脏的损害尤为明显。

此外，铅还可以对消化系统、心血管系统和免疫系统等产生不同程度的损伤作用。

（3）生殖毒性 动物实验结果表明，铅可抑制受精卵着床。给大鼠和小鼠饮用含铅水，结果使妊娠率、受精卵着床率明显降低，平均每窝胎仔数也减少。铅可抑制子宫的类固醇激素受体，使激素分泌减少。

铅对人类的生殖功能也有影响。除影响男性精子合成过程之外，在接触过铅的妇女中，可见到流产、死产、早产，并且引起妇女不孕、停经。铅还能通过母体胎盘侵入胎儿体内，特别是侵入胎儿的脑组织，对大脑造成损害。

（4）致畸、致癌、致突变作用

①致畸性：无机铅或有机铅均有致畸作用，可致胚胎发育差，并出现肢体畸形。

②致癌性：动物实验显示，高剂量的铅具有致癌性。用含 100mg/kg 碱性乙酸铅的饲料喂养瑞士种小鼠，可诱发良性和恶性肾脏肿瘤；用含 1000mg/kg 乙酸铅的饲料喂养大鼠，也观察到类似的结果。但是，流行病学的研究指出，关于铅对人的致癌性，至今还不能提供决定性的证据。

③致突变性：有报告指出，无机铅可引起果蝇的基因突变，接触铅的工人有染色体畸变的淋巴细胞数比对照组明显增加的现象，提示铅具有致突变性。但也有一些相反的实验结果。

3. 食品中铅的允许限量

GB 2762—2022《食品安全国家标准　食品中污染物限量》规定食品中铅的限量指标（MLs）为：谷物及其制品 0.2mg/kg，米面制品 0.5mg/kg，新鲜蔬菜 0.1mg/kg，新鲜水果 0.1mg/kg，食用菌及其制品 0.5mg/kg，豆类 0.2mg/kg，新鲜藻类 0.5mg/kg，坚果及籽类 0.2mg/kg，肉类 0.2mg/kg，鲜冻水产动物 1.0mg/kg，乳及乳制品 0.2mg/kg，蛋及蛋制品 0.2mg/kg，油脂及其制品 0.08mg/kg，调味品 1.0mg/kg，食用淀粉 0.2mg/kg，淀粉制品 0.5mg/kg，饮料类 0.3mg/kg，酒类 0.2mg/kg，可可制品巧克力及制品 0.5mg/kg，冷冻饮品 0.3mg/kg，婴儿配方食品 0.08mg/kg。

三、预防有毒金属污染食品的措施

由于有毒金属污染食品后很难去除，故应积极采取各种有效措施，防止其对食品的污染。

（1）消除污染源　这是降低有毒、有害金属元素对食品污染的主要措施。如控制工业三废排放；直接接触食品的容器、工具、器械等应严格控制其卫生质量；食品生产加工中使用的添加剂或其他化学物质原料应符合食品卫生规定；加强对农用化学物质的管理，禁止使用含有毒金属元素的农药、化肥等。

（2）制定各类食品中有毒金属的限量标准，并加强经常性的监督检测工作。

（3）妥善保管有毒有害金属及其化合物，防止误食误用以及意外或人为污染食品。

第四节　新合成螯合物对食品安全性的影响

一、多环芳烃化合物

多环芳烃类（polynuclear aromatic hydrocarbon，PAH）是指两个以上苯环连在一起的一类有机化合物，来源于有机物热解或不完全燃烧，是重要的环境和食品污染物，也是最早被发现和研究的致癌类化合物之一。迄今为止已发现的致癌性 PAH 及其衍生物达 400 多种，由于苯并[a]芘 {Benzo(a)pyrene，B[a]P} 致癌性强、分布广、性质稳定，且与其他 PAH 有一定的相关性，故常被作为 PAH 的典型代表。

（一）苯并[a]芘的结构及理化性质

苯并[a]芘是由 5 个苯环构成的多环芳烃，分子式为 $C_{20}H_{12}$，相对分子质量 252。苯并[a]芘纯品为淡黄色结晶，具有高熔点、高沸点、水溶性低、脂溶性高的特点。苯并[a]芘性质较稳定，但阳光及荧光可使之发生光氧化反应，氧也可使其氧化，与 NO 或 NO_2 作用则可发生硝基化。

（二）食品中苯并[a]芘的来源

1. 环境污染

工业生产产生的“三废”，如生产炭黑、炼油、炼焦、合成橡胶、烧沥青等行业的废水、废气和废渣中含有大量苯并[a]芘；工业锅炉和家用炉灶燃煤产生的烟气也可造成空气中的苯并[a]芘污染；另外，汽车尾气、垃圾焚烧、森林大火、烹调食品、香烟烟雾等均能导致苯并[a]芘对环境的污染。

2. 食品加工过程

大多数加工食品（如熏制食品、烘烤食品和煎炸食品等）中的苯并[a]芘主要来源于食品加工过程。

（1）烟熏　烟熏是传统的肉制品加工方法，如熏鱼、熏红肠、熏鸡及熏火腿等。烟熏食品水分含量低，不易腐败变质且有特殊香味。但苯并[a]芘是熏烟中的一个重要成分，肉制品在熏制过程中因与熏烟直接接触而会受到污染。据报道，熏鱼中 PAH 的含量为 9.3～88.6μg/kg，熏肉中可达到 2.6～29.8μg/kg。烟熏对肉制品的污染程度与发烟量、发烟条件和烟熏时的温度等因素有关。一般认为发烟温度在 400℃以下时，只形成极微量的苯并[a]芘，发烟温度在 400～1000℃时，苯并[a]芘的生成量随温度的上升几乎成直线增加。

（2）烧烤　烧烤时产品与燃烧产物直接接触，除烟尘中的苯并[a]芘外，由于烧烤时温度较高，食品中的有机物质受热分解，再经环化、聚合而形成苯并[a]芘，使产品中的苯并[a]芘含量增加。烧烤常用的燃料有木柴、炭、煤和电热等。研究表明，燃料产生的烟气越多，产品中苯并[a]芘的残留就越多，电烤的产品中残留最少。脂肪在高温条件下热解可生成苯并[a]芘，因此产品中的脂肪含量也是影响苯并[a]芘残留的一个重要因素。Doremire 发现炭火烧烤牛肉中的脂肪含量由 15%增加到 40%时，产品中苯并[a]芘的残留量由 16μg/kg 增加到了 121μg/kg。烧烤对产品的污染程度还与烧烤温度、时间以及肉块与火源的距离等有关。高温处理的样品污染程度大于低温处理的样品；烧烤时间过长，特别是产品被烤焦或炭化时，苯并[a]芘的含量会显著增加；用明火烧烤时，在相同的烤制时间内产品距离火源越近，其苯并[a]芘的残留量越大。

（3）其他加工环节的污染　有些设备管道和包装材料中含有苯并[a]芘。如在采用橡胶管道输送原料或产品时，橡胶的填充料炭黑和加工橡胶时用的重油中均含有苯并[a]芘，当液体食品如酱油、醋、酒、饮料等经过这些管道输送时，苯并[a]芘有可能转移到食品中，尤其是将橡胶管长期浸泡在食品中，其危害性更大；包装糖果、棒冰、面包等要用蜡纸，所使用的液态石蜡中苯并[a]芘的含量较高；食品加工机械用的润滑油中苯并[a]芘含量高，若密封不好，润滑油滴入后也会使食品受到污染；用熔化的沥青去禽畜毛或将粮食晾晒在柏油路上，也会造成苯并[a]芘的污染。

3. 饲料污染

当动物饲料中含有苯并[a]芘时，用其饲喂后可在动物体内蓄积，因而在肉品、乳品及禽蛋中可能含有苯并[a]芘。

4. 生物合成

植物和微生物可合成微量多环芳烃。由于食品种类、生产加工、烹调方法的差异以及距离污染源的远近等因素的不同，食品中苯并[a]芘的含量相差很大（表6-3），其中含量较多者主要是烘烤和熏制食品。

表6-3 部分食品中的苯并[a]芘含量 单位：μg/kg

种类	苯并[a]芘含量	种类	苯并[a]芘含量
熏奶酪	0.01~5.6	烤牛肉	0.41~1.58
熏鱼	1.3~15.2	烤羊肉串	1~2.84
熏香肠	0.8	熏排骨	0.34~5.0
熏火腿	3.2	香肠	0.34~0.53
炸油条	1.4~11	腊肉	0.86~27.56

（三）苯并[a]芘的危害

1. 致癌性

动物实验表明，苯并[a]芘对多种动物的局部或全身都有确切的致癌性。许多国家相继用9种动物进行实验，采用多种给药途径，均得到了诱发癌症的阳性报告。

苯并[a]芘属于前致癌物，在体内主要通过动物混合功能氧化酶系中的芳烃羟化酶（aryl-hydrocarbon hydroxylase，AHH）的作用，代谢活化为多环芳烃环氧化物。此类环氧化物能与DNA、RNA和蛋白质等生物大分子结合而诱发肿瘤。

2. 致突变性

苯并[a]芘常用作短期致突变实验的阳性对照物，但由于它是间接致突变物，需要S9的代谢活化。它在Ames实验及其他细菌突变实验、噬菌体诱发果蝇突变、DNA修复、姊妹染色单体交换、染色体畸变、哺乳类培养细胞基因突变以及哺乳类动物精子畸变等实验中皆呈阳性反应。此外，在人体组织培养实验中也发现苯并[a]芘有组织和细胞毒性作用，可导致上皮分化不良、细胞损伤、柱状上皮细胞变形等。

3. 致畸性和生殖毒性

苯并[a]芘具有致畸性和生殖毒性。在小鼠和兔中，苯并[a]芘能通过血-胎盘屏障发挥致癌活性，造成子代肺腺瘤和皮肤乳头状瘤，还观察到有降低生殖能力和对卵母细胞有破坏作用。

此外，苯并[a]芘还可损害中枢神经和血液系统，破坏淋巴细胞，影响肝脏功能和DNA修复能力等。

4. 对人类健康的影响

人群流行病学研究表明，苯并[a]芘通过皮肤、呼吸道和消化道等可被人体吸收，有诱发皮肤癌、肺癌、直肠癌、胃癌、膀胱癌等作用。据报道，长期食用熏制食品与某些癌症发病有一定关系。如海边居民因长期食用大量咸鱼和熏鱼，其胃肠道及呼吸道的癌症发病率较内陆居民高 3 倍；冰岛的胃癌发生率居世界第 3 位，分析认为与当地居民喜食自己熏制的食品（如熏羊肉）有关；我国云南省宣威市由于室内燃煤，空气中苯并[a]芘污染严重，成为肺癌高发区；许多山区居民经常拢火取暖，室内终日烟雾弥漫，造成了较高的鼻咽癌发生率。

此外，有研究显示，苯并[a]芘对人体的内分泌系统也有一定的干扰作用，对人类的生存和繁衍构成严重的威胁。

（四）防止苯并[a]芘危害的措施

（1）加强环境治理，减少环境苯并[a]芘的污染从而减少其对食品的污染。

（2）改进食品生产、加工和烹调方法。

①改进食品的熏制和烤制技术，如改进燃烧过程或选用优质燃料；控制生烟温度；采用熏烟过滤技术或采用改良的食品烟熏剂（烟熏液）；采用无烟焖炉、电炉或远红外线烤炉，避免食品直接接触炭火熏烟；避免高温长时间烹调等。

②严格控制加工容器、管道、设备、机械、运输材料和包装材料的卫生，减少食品的污染。

（3）去毒　对已污染的食品可以通过适当的去毒措施降低苯并[a]芘的含量。如粮谷类可采用碾磨加工，在去除麸皮的同时，使苯并[a]芘含量降低；污染的植物油用活性炭吸附法可去除一部分苯并[a]芘；烟熏食品揩去表面的烟油、烤焦的食品刮去表面的烤焦部分、用日光或紫外线照射食品等均能降低其苯并[a]芘含量。

（4）制定食品中允许含量标准　目前许多国家的科研机构都在探讨食物中多环芳烃和苯并[a]芘的限量标准及人体允许摄入量问题，一般认为对机体无害的水中苯并[a]芘水平为 0.03μg/L。GB 2762—2022《食品安全国家标准　食品中污染物限量》规定，食品中苯并[a]芘的限量指标为：熏、烤肉类 5μg/kg，油脂及其制品 10μg/kg，谷物及其制品 2μg/kg。

二、杂环胺类化合物

20 世纪 70 年代末，人们发现从烤鱼或烤牛肉炭化表层中提取的化合物具有致突变性，而且其致突变活性比苯并[a]芘强烈。随后在鱼和肉制品以及其他含氨基酸和蛋白质的食品中也发现了类似的致突变物质。此后经近 20 年的研究证实，这类致突变物主要是复杂的杂环胺类化合物，并且其中大多数也被证实可诱发实验动物多种组织肿瘤。因此，它对食品的污染及其对人类健康的危害，已经备受关注。

（一）食品中杂环胺的种类和理化性质

目前已从烹调食品中分离鉴定出 30 种杂环胺。按化学结构不同，杂环胺类化合物（heterocyclic amine）可以分为两类，即氨基咪唑氮杂芳烃类（amino-imidazoaza-are-nes，AIAs）和氨基咔啉（amino-carbolines）。AIAs 含有 2-氨基咪唑基团，主要包括喹啉类（IQ）、喹噁啉类（IQx）和吡啶类。之后又发现了苯并嗪类，陆续鉴定出的新的化合物大多数为这类化合物。AIAs 结构中的氨基能耐受 2mmol/L 的亚硝酸钠的重氮化处理，与最早发现的 AIAs 类化合物 IQ 性质类似，因此又被称为 IQ 型杂环胺。

氨基咔啉类主要包括 α-卡啉、δ-卡啉和 γ-卡啉，其吡啶环上的氨基不能耐受 2mmol/L

的亚硝酸钠的重氮化处理，易被脱去而丧失活性，因此，又被称为非 IQ 型杂环胺。

（二）食品中杂环胺的生成及影响因素

食品中的杂环胺类化合物主要产生于高温烹调加工过程（如烧烤和油炸），尤其是蛋白质含量丰富的鱼类、肉类食品在高温烹调过程中更易产生。因此，高温烹调的鱼类和肉类食品是膳食杂环胺的主要来源。

食品中杂环胺的生成与食物成分和烹调方式密切相关。

1. 食物成分

（1）蛋白质　实验表明，经过相同的处理，从蛋白质含量丰富的食品中提取的基本组分（包括杂环胺样本的组分）的致突变水平比从碳水化合物含量丰富的食品中提取的要高，且氨基酸的组成决定着所形成的杂环胺的种类。同时，富含蛋白质的食品种类不同，产生的致突变性也有差别。由于肌酸或肌酐是 AIAs 的一个基本前体物质，可作为 α-氨基-3-甲基咪唑部分的主要来源，故含有肌肉组织的食品如鱼类和肉类可检测到较强的致突变性，而在用蔬菜产品制成的食品和以水解植物蛋白为主要成分的食品中却检测不到杂环胺。

（2）碳水化合物　对碳水化合物含量丰富的食品进行的研究也得出了不同的结论。Taylor 认为这种食品不存在致突变作用；Spingarn 却在煎烤的马铃薯和麸质中检测到了致突变性，但是还没有很清楚地识别出致突变物。虽然有学者认为致突变物可能是杂环胺，但是其结构却与从肉类中分离的 18 种致突变物的杂环胺明显不同。

此外，有人认为，美拉德反应（Maillard reaction）在杂环胺形成过程中可能起到催化作用。

（3）脂类　脂类对于杂环胺的生成可能起着很重要的作用。Spingarn 认为食物中适度的脂含量会导致最大的致突变物的生成，可能是因为食物中的油脂有利于热的传导。但是，一旦大于某值，则可以减少致突变物的生成。研究人员发现，高脂肪的肉类比低脂肪的肉类加热后产生的杂环胺要少，如汉堡包中的肉饼，含油脂 5%时煎后其杂环胺的含量差不多是含油脂 15%时的 5 倍。

（4）水分　杂环胺的前体物都是水溶性的，因此随着加热过程的进行，这些水溶性的前体物具有分子流动性，可迁移到食品的表面而暴露于反应所需要的温度范围，导致杂环胺在食物表面的大量生成。实验发现，一旦食物中水分丧失，那么就会最大量地产生杂环胺。如果烹饪前食物中水分含量较高，或烹饪时防止水分蒸发，可以极大地减少杂环胺的产生。

（5）其他成分　食物的许多成分可以减少杂环胺的生成，如维生素 C、维生素 E、大豆蛋白、酚类物质、黄酮和黄酮醛以及抗氧化剂等均可抑制杂环胺的生成。

2. 烹调方式

（1）烹调温度和烹调时间　烹调中生成的杂环胺受加热温度和时间的影响。其中，加热温度是最重要的影响因素。一般来说，当烹调温度高于 100℃时开始生成杂环胺，且杂环胺的浓度随着温度的升高和时间的延长而增加。烹调时间对杂环胺的生成也有一定影响，在 200℃时，杂环胺主要在前 5min 形成，在 5~10min 形成减慢，进一步延长烹调时间则杂环胺的生成量不再明显增加。

（2）烹调类型和食物处理方式　一般来讲，温度在 100℃左右的烹饪方式（如煮、蒸、焖等）生成的致突变物较少；用微波炉处理食物，相比于一般的烹饪方式，不仅不会造成食物营养的差别，而且不会生成致突变物和导致遗传毒性；用间接的热对流加热食物的烹饪方式如烤、烘等，可使富含蛋白质的食物生成一定量的致突变物，而热辐射和热传导的烹饪方式如煎、烤等可增加致突变物的生成；食物的再加热处理不会改变致突变物数量，而为了保存而采取的冰冻和蒸发方式，却会在下一步的食物处理过程中增加致突变物的生成量；在煎炸的鱼或肉制品表面挂上一层淀粉糊，能预防杂环胺的形成。

（三）杂环胺的代谢与危害

1. 杂环胺的代谢

所有的杂环胺都是前致突变物，必须经过代谢活化后才具有致癌性和致突变性。经口给予杂环胺很快经胃肠道吸收，并通过血液循环分布于身体的大部分组织。肝脏是杂环胺的重要代谢器官，一些肝外组织（如肠、肺和肾等）也具有一定的代谢能力。

杂环胺的代谢活化涉及两个过程：环外氨基的氧化及其进一步酯化。环外氨基的氧化由细胞色素 P450IA2 催化，生成活性较强的中间代谢产物 *N*-羟基衍生物。许多 *N*-羟基衍生物本身可以直接与 DNA 或其他细胞大分子结合。*N*-羟基衍生物可进一步被乙酰转移酶和硫转移酶等酯化，将 *N*-羟基代谢物转变成具有高度亲电子活性的最终代谢产物。杂环胺可诱导细胞色素 P450 酶系，从而促进其自身的代谢活化。

2. 杂环胺的危害

（1）致突变性　在加 S9 的 Ames 实验中，杂环胺有很强的致突变性。除诱导细菌基因突变外，杂环胺经 S9 活化后也可诱导哺乳动物细胞的基因突变、染色体畸变、姊妹染色体交换、DNA 断裂及修复异常、癌基因活化等遗传学损伤。但杂环胺对哺乳动物细胞的致突变性较对细菌的致突变性弱，且杂环胺种类不同，对哺乳动物细胞的致突变性也有较大差别。

（2）致癌性　已证实杂环胺对猴和啮齿类动物有不同程度的致癌性，除吡啶类氨基咪唑氮杂芳烃（PhIP）外的化合物对肝脏具有致癌作用，而 PhIP 可以诱导大鼠的结肠癌和乳腺癌。PhIP 还可以在怀孕啮齿类动物体内经胎盘转移，也可以从授乳动物转移给吸乳的幼小动物，从而对子代动物产生致癌和毒性作用。杂环胺的致癌性除与含量有关外，不同的杂环胺之间的毒性往往有相加作用，并且当有其他环境致癌物、促癌物或细胞增生诱导物存在时，杂环胺的毒性都会增加。

（3）心肌毒性　Davis 等用胎鼠原代细胞研究了 IQ 和 PhIP 的细胞毒性，发现暴露于这两种杂环胺中的细胞可发生线粒体水肿和变形。大鼠和猴给予 IQ 和 PhIP 后，心肌可以发生灶性细胞坏死伴慢性炎症、间质纤维化等，这提示 IQ 和 PhIP 也可能对心血管系统有潜在损害作用。

（4）对人体健康的影响　流行病学调查结果表明，粪便中检测到的高突变性与人群结肠直肠癌的高发性有关，且结肠直肠癌的发生和饮食中以牛、羊肉为主食及烹调方式高度相关。在人食用烹调的肉类食品后，尿中能检测到 PhIP 及其代谢产物。在一些人的结肠癌手术标本中也发现了 PhIP-DNA 加合物。这些初步结果直接提供了人类接触杂环胺并导致 DNA 损伤的证据。

此外，美国马里兰州全国卫生研究所的 Rashmi Sinha 博士及其同事对 273 名乳腺癌患者和 657 名健康人的杂环胺摄入情况进行了调查。结果显示，患乳腺癌的危险性随着食用 PhIP

的增多而增加。食用 PhIP 最多的 1/5 人群较食用量最少的 1/5 人群发生乳腺癌的可能性增加了 1.9 倍。这说明 PhIP 的接触在乳腺癌的发生和发展中扮演了极为重要的角色，是乳房的致癌因素。但还需要进行更为详尽、周密的流行病学调查来进一步证实。

（四）防止杂环胺危害的措施

由于杂环胺的前体物肌酸、肌酐、氨基酸和糖等普遍存在于鸡、鱼、肉等食品中，而且仅仅简单的加热就可以形成杂环胺，因此人类很难完全避免每天从膳食中摄取杂环胺。但仍然可以通过控制适当的加工条件，尽量避免杂环胺的生成。

1. 采用适当的烹调方式

不要使用过高温度烹调鱼和肉制品，特别是不要烧焦食物，并应避免过多食用烧烤煎炸的食物；尽量少用油炸和明火烧烤方式烹调；采用水浴、蒸汽及微波炉烹调等。

2. 适当摄入能抑制杂环胺生成的食物

很多新鲜的蔬菜（如苦瓜）和水果中因含有维生素 C、酚类物质和黄酮类等活性成分，具有抑制杂环胺的致突变性和致癌性的作用；部分膳食纤维可以和杂环胺结合并降低其活性，因此可适当增加谷类食物的摄入量；此外，有实验证实，如果在牛肉馅饼中加入嗜酸性杆菌发酵的牛奶，食用者尿和粪便提取物中的致突变物就会减少，故可以适当食用经嗜酸性杆菌发酵的牛奶。

3. 灭活处理

次氯酸、过氧化酶等处理可使杂环胺氧化失活，亚油酸可降低其诱变性。

4. 制定食品中限量标准并加强监测

尽快制定食品中杂环胺的允许限量标准，建立和完善杂环胺的检测方法，加强食物中杂环胺含量监测，均是减少人体杂环胺膳食摄入量的有效途径。

三、丙烯酰胺

2002 年 4 月，瑞典国家食品局（Swedish National Food Administration，NFA）和斯德哥尔摩大学研究人员率先报道，在一些油炸和烧烤的淀粉类食品如炸薯条、法式油炸马铃薯片、谷物、面包等食品中存在丙烯酰胺，其生成可能与淀粉类食品的高温加工有关。随后，挪威、瑞士、英国、美国等也相继报道了类似结果。由于丙烯酰胺具有潜在的神经毒性、遗传毒性和致癌性，因此食品中存在丙烯酰胺的问题引起了国际社会的广泛关注。

（一）丙烯酰胺的理化性质

丙烯酰胺为结构简单的小分子化合物，相对分子质量 71.09，分子式为 $CH_2CHCONH_2$，沸点 125℃，熔点 87.5℃。丙烯酰胺易溶于水、醇等极性溶剂，在酸中稳定，但遇碱易分解，在熔点或曝露于紫外线时易发生聚合。丙烯酰胺的聚合产物聚丙烯酰胺广泛应用于饮用水净化、城市污水和工业废水处理、造纸工业、石油工业、纺织工业（染料、色素成分）和建筑工业等行业，或作为土壤稳定剂、化妆品和日用化学品中的添加剂以及用于生物工程试验等。

（二）食品中的丙烯酰胺

从目前报道的丙烯酰胺数据来看，几乎所有的食品都含有丙烯酰胺。但食品种类和加工过程不同，丙烯酰胺的含量也有很大差异。

瑞典 NFA 对 100 多种食品中的丙烯酰胺含量进行了测定，结果表明，不同食品中丙烯酰胺的水平明显不同，一些食品在高温加工后丙烯酰胺的水平较高，如炸薯条和炸薯片；但在生的和普通蒸煮的食品中却很少能检测到丙烯酰胺。

WHO 对挪威、瑞典、瑞士、英国和美国等国家的高温加工食品中丙烯酰胺含量的分析结果显示，淀粉类食品如炸薯条和炸薯片中丙烯酰胺的含量较高，而富含蛋白质的禽、蛋、肉、鱼等食品本身不含丙烯酰胺，在经过同样的高温烹制后，也无明显的丙烯酰胺的增加。

此外，牛奶中也检测到了丙烯酰胺，虽然其浓度在分析样本中非常低，但也已经超过了美国环保局和 WHO 所规定的一杯饮用水中丙烯酰胺最高允许含量的 10 倍。由于各国食品的烹调加工程序不同，而同一来源的食品采用不同的加工方法产生的丙烯酰胺差异很大，因此，关于全球食品中丙烯酰胺含量的资料还需进一步完善。

（三）食品中丙烯酰胺产生的机制和影响因素

在热加工食品中形成丙烯酰胺的机制尚未完全阐明，已有的研究结果认为其形成与 Maillard 反应有关。在食品高温加工过程中天冬氨酸（马铃薯和谷类中的代表性氨基酸）和葡萄糖可发生 Maillard 反应形成丙烯酰胺。

也有人认为除此途径外，丙烯酰胺还可通过食物中含氮化合物自身的反应，如水解、分子重排等作用形成。一些小分子的有机酸，如苹果酸、乳酸、柠檬酸等经过脱水等作用可形成丙烯酰胺。此外，也可直接由氨基酸形成，氨基酸分子的重排也是 Maillard 反应的常见过程，天冬酰胺脱掉一个二氧化碳分子和一个氨分子也可以转化为丙烯酰胺。

丙烯酰胺主要在富含碳水化合物的食品高温加工过程中形成，除底物浓度外，其生成量主要与加热温度有关。当温度达到 120℃ 时丙烯酰胺开始形成，140～180℃ 为生成的最佳温度，在加工温度较低时，如用水煮，丙烯酰胺的生成量较少。另有研究表明，水分含量也是影响其形成的重要因素，薯条越薄水分蒸发越快，越有利于丙烯酰胺的形成。此外，还有研究表明，降低食品的 pH 也有利于减少丙烯酰胺的生成量。

（四）丙烯酰胺的危害

动物实验发现丙烯酰胺单体是一种有毒的化学物质，可损害动物的神经系统，降低雄性动物的生育能力，能够引起哺乳动物体细胞和生殖细胞的基因和染色体异常，从而具有遗传毒性，并与动物的肺癌、乳腺癌、甲状腺癌、口腔癌、肠道肿瘤和生殖道肿瘤的发生存在相关性。特别是丙烯酰胺的急性中毒剂量很低，德国联邦风险评估中心曾于 2002 年 11 月发布评估报告指出：动物实验发现丙烯酰胺对健康的损害程度要比亚硝胺及强烈致肝癌的黄曲霉毒素“厉害上百倍”。

现有资料表明，丙烯酰胺对人体的毒性作用主要表现在神经系统方面，主要导致周围神经病变和小脑功能障碍。由于胎儿和新生儿尚未建立完善的血-脑屏障和血-CFS 屏障，如孕妇摄入大量富含丙烯酰胺的食物，丙烯酰胺可能通过此屏障渗透进入胎儿和新生儿体内，增加神经毒性的危险性。

丙烯酰胺对动物的致癌性已经确定无疑，但其对人体的致癌性还存在争议。鉴于动物实验的结果，1994 年，国际癌症研究机构（IARC）曾将其列为人类的可能致癌物质。但到目前为止还没有关于食品中丙烯酰胺对人体致癌的报道。

（五）降低丙烯酰胺危害的措施

目前，对食品中丙烯酰胺的污染状况还未充分认识，对如何减少丙烯酰胺的产生也还没有很好的应对措施。目前就食品中丙烯酰胺的安全问题，专家建议：应平衡饮食，多吃新鲜蔬菜和水果，少吃煎炸食品和油腻食物；通过降低烹调温度和缩短烹调时间来减少有关食品中丙烯酰胺的含量，从而达到预防的目的。

根据食品中丙烯酰胺的形成机制，也可以从以下几方面着手，以降低食品中丙烯酰胺的含量。

1. 减少或消除形成丙烯酰胺的前体物质

如油炸前浸泡或热烫、马铃薯应避免低温贮藏、通过发酵减少淀粉类物质、采用天冬酰胺酶处理以降解天冬酰胺、采用植酸和氯化钙处理使天冬酰胺与钙和植酸形成复合体等均可减少食品中丙烯酰胺的前体物质，从而有效控制丙烯酰胺的生成。

2. 抑制加工过程中丙烯酰胺的生成

如降低加热温度、缩短加热时间、控制产品水分、降低 pH 等均可抑制加工过程中丙烯酰胺的生成。

3. 破坏或使食物中形成的丙烯酰胺重新反应

通过光辐射，如红外线、可见光、紫外线、X 射线、γ 射线等，丙烯酰胺能够发生聚合反应，从而减少其在食品中的含量；利用臭氧使丙烯酰胺发生分解反应，生成小分子物质，也可减少其在食品中的含量。

4. 在食品消费前将形成的丙烯酰胺去除

热加工食品在真空条件下可因其中的丙烯酰胺挥发而降低其在食品中的残留。

四、氯丙醇

氯丙醇是继二噁英之后食品污染物领域又一热点问题，被列为食品添加剂联合专家委员会（JECFA）优先评价项目。目前人们关注氯丙醇是因为 3-氯-1,2-丙二醇（3-MCPD）和 1,3-二氯-2-丙醇（1,3-DCP）具有潜在致癌性，其中 1,3-DCP 属于遗传毒性致癌物。在 20 世纪 70 年代，人们就发现氯丙醇能够使精子减少和精子活性减低，并能抑制雄性激素的生成。20 世纪 80 年代，英国发现用盐酸水解植物蛋白水解液生产的调味品中会产生少量的氯丙醇，且最普遍的是 3-MCPD。1999 年，我国内地及香港特别行政区出口到欧洲的酱油、蚝油等调味品因 3-MCPD 的含量超过进口国的限量标准而被停止销售，给中国企业造成了巨大的经济损失，氯丙醇的污染问题也开始被中国政府和广大群众所关注。

（一）氯丙醇的种类及结构

氯丙醇一般是指丙三醇上的羟基被氯原子取代 1~2 个所构成的一系列同系物、同分异构体的总称。因其取代数和取代位置的不同可形成 4 种氯丙醇化合物，即单氯取代的氯代丙二醇，包括 3-氯-1,2-丙二醇（3-MCPD）和 2-氯-1,3-丙二醇（2-MCPD）；双氯取代的二氯丙醇，包括 1,3-二氯-2-丙醇（1,3-DCP）和 2,3-二氯-1-丙醇（2,3-DCP）。单氯取代的化合物可以作为二氯丙醇的前体进一步形成 1,3-DCP 和 2,3-DCP。因此，在 3-MCPD 污染的食品中常常也伴有 1,3-DCP 和 2,3-DCP 的污染。

氯丙醇的结构式如图 6-2 所示。

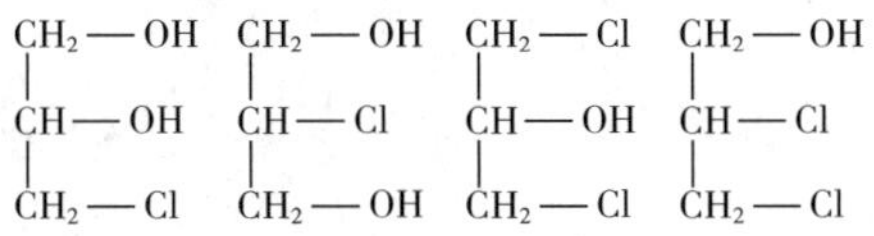

3-MCPD 2-MCPD 1,3-DCP 2,3-DCP

图 6-2 氯丙醇的结构式

(二) 食品中氯丙醇的来源

天然食物中几乎不含有氯丙醇，氯丙醇是食品在加工或储藏过程中形成的污染物。

1. 酸水解植物蛋白

传统工艺的水解植物蛋白是将植物蛋白质用浓盐酸在 109℃下回流酸解，在此过程中，为了提高氨基酸的得率，需加入过量的盐酸。此时若原料中还留存有脂肪和油脂，则其中的甘油三酯就同时水解成丙三醇，并进一步与盐酸反应生成氯丙醇，主要为 3-MCPD，约占全部氯丙醇类物质的 70%。许多调味品（如汤料、鸡精、方便面调料、配制酱油等）都以酸水解植物蛋白（acid-hydrolyzed vegetable protein，HVP）为原料，且我国部分保健食品和婴儿食品也采用 HVP 为原料，因而导致了氯丙醇对这些食品的污染。

2. 酱油

酱油有配制酱油和发酵酱油两种。由于配制酱油正式名称为水解植物蛋白调味液，通常通过添加 HVP 增加鲜味，因此是经常受到 3-MCPD 污染的食品。发酵法生产的天然酱油一般不含或仅含少量的氯丙醇。

3. 饮水

除了以酸水解植物蛋白为原料的食品外，3-MCPD 也可以在饮水中少量检出。其来源是自来水厂和某些食品厂用阴离子交换树脂进行水处理时，所采用的交换树脂中含有 1,2-环氧-3-氯丙烷（ECH）成分。在水处理过程中，ECH 单体可以从树脂中溶出，并与水中的氯离子发生化学反应形成 3-MCPD。

4. 包装材料

某些采用 ECH 交联树脂进行强化的食品包装材料（如茶叶袋、咖啡滤纸和纤维素肠衣等）也是食品中 3-MCPD 的来源之一。由于包装材料的迁移可以导致 3-MCPD 对食品和饮料的污染。第三代树脂的开发有利于显著降低 3-MCPD，如以 3-氯-1,2-环丙烷来加工的变性淀粉等。

此外，某些发酵香肠（如腊肠）也被发现含有 3-MCPD，其来源目前认为可能是食盐与脂肪的反应产物或是肠衣中使用的强化树脂中含有 3-MCPD。经过高温加工的谷物制品（如饼干、面包）、麦芽提取物及膨化食品中均含有一定量的氯丙醇。

(三) 氯丙醇的毒性

氯丙醇的种类复杂多样且毒性各有区别。3-MCPD 是氯丙醇类化合物中污染最严重且毒性相对较大的一种。

1. 肾脏毒性

在大鼠和小鼠的亚急性毒性实验中发现，肾脏是 3-MCPD 的毒性作用靶器官，可使实验动物肾脏相对质量增加，其代谢产物草酸钙晶体沉积于肾小管内膜，可使大鼠肾脏损伤，引起多尿和糖尿。同时，慢性毒性实验也发现，大鼠从饮水中摄入 3-MCPD 后，随着摄入量的增加，大鼠肾脏绝对质量也显著增加，组织学检验发现有肾小管增生。

2. 生殖毒性

3-MCPD 能够使精子减少和精子活性减低，并有抑制雄性激素生成的作用，从而可以使雄性动物的生殖能力减弱。许多研究表明，大鼠反复给予口服 1mg/(kg 体重・d) 以上剂量时，可以出现精子活动减弱和男性生殖力降低。

3. 神经毒性

3-MCPD 对实验动物有神经毒性作用。最早的神经毒性改变为神经系统胶质细胞中的星状细胞发生严重水肿、细胞器严重破坏。当以 20mg/(kg 体重・d) 或更高剂量染毒时，可以发生与剂量有关的中枢神经系统损害，且以脑干的对称性损伤最为严重。

4. 致癌性

有关动物实验表明，实验动物 3-MCPD 染毒剂量与一些器官的良性肿瘤发生率呈正相关，但引起肿瘤的剂量远远大于导致肾小管增生的剂量。1993 年，美国在 FDA/WHO 第 837 号技术报告中指出，3-MCPD 会引起动物癌症。1999 年，加拿大科学家对 344 只大鼠做长期慢性单向肾脏增生研究，得出 3-MCPD 在最低有害作用水平会产生肾脏肿瘤并最终癌变的结论。英国食品咨询委员会（FAC）在 2000 年 10 月的会议上也指出，3-MCPD 大鼠体内实验表明其有致癌性，但致癌机制不明确。对 1,3-DCP 的研究表明，1,3-DCP 在高剂量［20mg/(kg 体重・d)］情况下对大鼠有明显的致癌作用，肿瘤主要发生在肝脏、肾脏、口腔以及舌和甲状腺中。

5. 遗传毒性

一些体外实验研究认为，3-MCPD 经过代谢形成具有基因毒性的中间产物，英国食品咨询委员会（FAC）指出，3-MCPD 体外实验显示有致突变性。但目前大多数研究者认为体外试验中 3-MCPD 呈现的遗传毒性，是由 3-MCPD 和培养基成分发生化学反应的产物所致，而不是生物转化的结果，因此，3-MCPD 属于非遗传毒性致癌物。同时，提交给 JECFA 的体内实验分析结果也显示，3-MCPD 没有遗传毒性。

一系列细菌和哺乳动物体外实验证明，1,3-DCP 具有明显的致突变性和遗传毒性。

（四）减轻氯丙醇危害的措施

食品（特别是酱油）中的氯丙醇主要来源于酸水解植物蛋白。因此，可根据此过程中氯丙醇的形成机制及其理化性质来降低或除去最终产品中的氯丙醇。

1. 原料控制

尽可能降低原料中残存的油脂，可以明显降低氯丙醇的生成。但要彻底清除原料中的油脂，无论是在技术上还是经济上都有一定难度。

2. 改良水解工艺

在水解过程中加以控制，也可以减少氯丙醇的生成。国内有关研究者采用酸水解与传统酿造工艺相结合的安全生产工艺，可以使产品中氯丙醇的含量低于各国标准，且酱香浓郁、味道鲜美。美国某公司的酸酶法加工工艺，是先采用中性蛋白酶进行蛋白水解，然后在缓和条件（40~45℃，pH6.5~7.0）下进行酸水解，这样制得的产品中检测不到氯丙醇。

3. 除去产品中的氯丙醇

（1）真空浓缩法　英国按传统的方法进行水解，然后对 HVP 采用真空浓缩法除去其中的易挥发的 1,3-DCP 和 2,3-DCP，但不能去掉 3-MCPD 和 2-MCPD。

（2）碱反应法　日本将酸水解植物蛋白的高温水解液用碱调整 pH 为 7.5~7.8，加热沸腾 15~20min，冷却后再调 pH 为 5.6，经两次活性炭吸附、过滤，其产品的 3-MCPD 的检测量小于 0.01mg/kg。同时也可以改进颜色和感官品质，满足作为食品添加剂的使用条件。

（3）蒸汽蒸馏法　瑞士某公司处理水解液温度为 62℃，流量 8000kg/h，连续不断进入蒸馏塔。蒸馏塔头保持 100Pa 压力，将 1440kg/h 饱和蒸汽逆流射入塔内，塔釜温度为 63℃；此外，加入 NaOH 使冷凝液 pH 为 11，以除去其中的氯丙醇。

4. 制定限量标准并加强监测

国际上不同国家对氯丙醇的最高允许限量有不同要求。加拿大初步规定调料中 3-MCPD 的允许限量为 1mg/L；美国食品和药物管理局规定酸水解植物蛋白和酱油中 3-MCPD 的允许限量为 1mg/L，1,3-DCP 为 50μg/L；英国规定应该尽量达到技术上可以减低的程度（10μg/L）；欧盟则规定酱油中 3-MCPD 的允许限量为 20μg/L；我国食品工业标准化技术委员会将发酵酱油与采用添加水解蛋白的调味品分开，并将后者称为酸水解蛋白调味液，并规定其 3-MCPD 的允许限量为 1mg/L。

第五节　*N*-亚硝基化合物对食品安全性的影响

人们对亚硝基化合物的毒性研究始于 1954 年，英国某工厂在接触二甲基亚硝胺溶剂的三名研究人员中发现两名有肝硬化现象，该现象引起人们对亚硝胺的注意。1956 年，Magee 和 Barnes 证实二甲基亚硝胺是一种肝脏毒剂，并能诱发大鼠肝癌。1964 年，Ender 等发现用高剂量亚硝酸盐保藏鲱鱼粉，饲养牛、羊、水貂等动物可发生严重肝损害，并从鱼粉中分离出了二甲基亚硝胺，此后人们对亚硝胺的兴趣骤然增加，认识到食品中可能存在亚硝胺，特别是用硝酸盐和亚硝酸盐腌制的食品。2015 年 10 月 26 日，世界卫生组织（WHO）下属的国际癌症研究机构（IARC）因有“充分证据”表明培根、火腿、香肠等加工肉制品可能导致肠癌，所以将其列为 1 类致癌物，与烟草、石棉、柴油发动机尾气等列在同一表单。加工肉制品与致癌物之所以有关联，主要是因为培根、咸鱼、咸肉、火腿、香肠等在加工过程中可能产生亚硝酸盐，其在体内可转化为致癌物质二甲基亚硝胺，过量食用可能会导致胃、肠、胰腺等产生癌变的风险。这促使人们开始对人类消费的食品进行广泛的研究，并发展到整个 *N*-亚硝基化合物。

一、*N*-亚硝基化合物的结构、种类及性质

N-亚硝基化合物是一类具有 $>$N—N=O 结构的有机化合物，根据其化学结构可以进一步分为两大类。

1. *N*-亚硝胺

N-亚硝胺的结构式如图 6-3 所示。

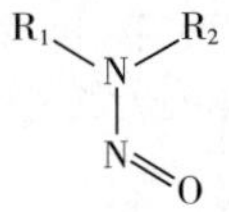

图 6-3 N-亚硝胺的结构式

R_1 和 R_2 为烷基或环烷基，也可以是芳香基、杂环化合物或氨基酸。其中 R_1 与 R_2 相同者为对称性亚硝胺，如 *N*-亚硝基二甲胺（NDMA）、*N*-亚硝基二乙胺（NDEA）；R_1 与 R_2 不同者为不对称性亚硝胺，如 *N*-亚硝基甲乙胺（NMEA）和 *N*-亚硝基甲苄胺（NMBZA）等。另外，亚硝胺由于相对分子质量不同，可以表现为蒸气压大小不同，因此又可分为挥发性亚硝胺和非挥发性亚硝胺。

除了少数 *N*-亚硝胺（如 *N*-亚硝基二甲胺、*N*-亚硝基二乙胺、*N*-亚硝基二乙醇胺以及某些 *N*-亚硝基氨基酸等）可以溶于水及有机溶剂外，大多数亚硝胺都不溶于水，仅溶于有机溶剂中。亚硝胺化学性质一般较稳定，在通常条件下，不易发生自发性水解，需要经体内代谢后才具有致癌能力。

2. *N*-亚硝酰胺

N-亚硝酰胺的结构式如图 6-4 所示。

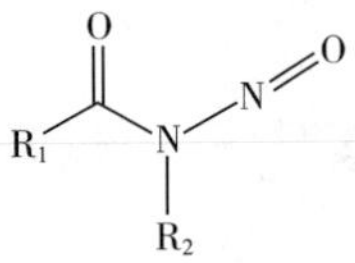

图 6-4 N-亚硝酰胺的结构式

N-亚硝酰胺成分较多，并且不是完全按化学结构进行分类，而是以其化学性质和生物学作用进行归类。其中，R_1、R_2 可以为烷基或芳香基，R_2 也可以是 NH_2、NHR、NR_2（称为 *N*-亚硝基脲）或 RO 基团（称为亚硝基氨基甲酸酯）。

亚硝酰胺类化学性质较不稳定，在酸性和碱性条件（甚至是近中性环境）下能够发生自发性降解，也能够在作用部位直接降解成重氮化合物，并与 DNA 结合而发挥直接的致癌性和致突变性。

二、 *N*-亚硝基化合物的合成

1. *N*-亚硝基化合物的前体物质

食品中的 *N*-亚硝基化合物天然含量极微，主要是由其前体物质在适宜的条件下通过化学或生物学途径合成。

食品中 *N*-亚硝基化合物的前体物质主要有两种，一种是 *N*-亚硝化剂，包括硝酸盐、亚硝酸盐、其他氮氧化合物以及可促进亚硝基化的物质，如硫氰酸盐或醇酯等。其中硝酸盐、亚硝酸盐广泛存在于土壤、水及植物中，当大量施用含氮化肥和除草剂、土壤中缺钼或干旱时，均可使农作物和蔬菜中大量蓄积硝酸盐，在还原性微生物存在的情况下，很易转化为亚硝酸盐。此外，亚硝酸盐作为食品添加剂常被添加到肉制品当中，以促进发色和防腐，从而使肉制品中亚硝酸盐含量增加。另一种为能够亚硝基化的含氮化合物，包括胺类、氨基酸、多肽、磷脂、酰胺等，其中最主要的是胺类。胺类化合物是蛋白质、氨基酸、磷脂、酰胺等生物大分子合成的必需原料，故也是各种天然动物性食品和植物性食品的成分；胺类化合物也可以由蛋白质分解成氨基酸并脱羧而成，不新鲜的食物特别是腐烂食物中，胺类物质的含量会明显增加；大量的胺类物质也是药物、农药（特别是氨基甲酸酯类农药）和许多化工产品的原料，这些物质也可能残留在食品中而成为 *N*-亚硝基化合物的前体物质。

2. *N*-亚硝基化合物的合成

亚硝酸盐、胺和其他含氮物质在适宜条件下经亚硝基化作用可合成 *N*-亚硝基化合物，其生成量与反应物浓度、氢离子浓度、胺的种类及有无催化剂等密切相关。除反应物浓度外，氢离子浓度对反应有着重要影响。一般在酸性条件下最容易发生反应，如仲胺亚硝基化的最适 pH2.5~3.4。胺的种类与亚硝基化程度也有关。一般仲胺合成 *N*-亚硝基化合物的能力最强，伯胺和叔胺反应很困难。但在硫氰酸根存在时，伯胺和亚硝酸的反应也很快。

此外，卤化物、甲醛等对 *N*-亚硝基化合物的合成有一定的催化作用。

除食品中含有的 *N*-亚硝基化合物外，人体内也能合成一定量的 *N*-亚硝基化合物。

N-亚硝基化合物的合成反应，一般在酸性环境下最容易进行，因此，增加氢离子浓度有助于该化合物的合成。人和其他哺乳动物的胃液 pH 一般为 1~4，适宜于上述合成条件，因此，胃可能是体内合成亚硝胺的主要场所。

另外，在唾液中及膀胱内（尤其是尿路感染时）也可能合成一定量的亚硝胺。

三、 *N*-亚硝基化合物在食品中的分布

N-亚硝基化合物的前体物质广泛存在于食品中，在食品加工和贮藏过程中易转化为亚硝胺及其他 *N*-亚硝基化合物。根据目前已有的结果，鱼类、肉类、蔬菜、啤酒等发酵制品及某些乳制品中含量较多。

1. 鱼和肉制品

一般，新鲜鱼和肉类食物中仅含有少量的胺类，但进行腌制、烘烤尤其是油煎等加工处理或腐烂变质时，这些含蛋白质丰富的食物便分解出较多的胺类化合物，并与加入的硝酸盐和亚硝酸盐反应，形成 *N*-亚硝基化合物。腌制食品如果再用烟熏，由于熏烟中含有的氮氧化物可与鱼或肉中的仲胺起反应，因而 *N*-亚硝基化合物的含量将会更高。

2. 蔬菜瓜果等植物性食品

植物性食品中含有较多的硝酸盐和亚硝酸盐，其中芹菜、大白菜、菠菜、油菜和莴苣中硝酸盐的含量可达 600~3912mg/kg。蔬菜在室温下长期存放或腌制，硝酸盐在细菌及硝酸盐还原酶的作用下可转化为亚硝酸盐，在适宜条件下，可与自身所含有的胺类物质发生反应，生成亚硝胺及其他 *N*-亚硝基化合物。

3. 发酵食品

酱油、醋、啤酒、酸菜等发酵食品中均可检测出 *N*-亚硝基化合物。

除啤酒和酸菜外，一般含量较低，在 5μg/kg 以下。啤酒中亚硝胺的含量与麦芽烘烤过程有关，如果直接用火加热，则麦芽中的大麦芽碱、芦竹碱等生物碱可与火焰中存在的氮氧化物反应，生成二甲基亚硝胺。如果间接烘烤，则亚硝胺含量会显著降低。

4. 乳制品

在某些情况下，为了阻止微生物生长防止奶酪腐败而加入硝酸盐，在细菌分泌的硝酸盐

还原酶的作用下，有可能将其还原为亚硝酸盐，进而形成 *N*-亚硝胺。此外，奶粉和奶酒中也存在着微量挥发性 *N*-亚硝基化合物。

四、 *N*-亚硝基化合物的毒性

1. 急性毒性

各种 *N*-亚硝基化合物因其结构不同，急性毒性有较大差异（表 6-4），对于对称性烷基亚硝胺而言，其碳链越长，急性毒性越低。但许多亚硝胺的急性毒性表现相似，肝脏是其靶器官，通常伴有出血性肺水肿。此外，还可以发生骨髓和淋巴组织的损伤。

表 6-4　一些 *N*-亚硝基化合物对大鼠经口的 LD_{50}　单位：mg/kg

N-亚硝基化合物	LD_{50}	*N*-亚硝基化合物	LD_{50}
甲基苄基亚硝胺	18	乙基丁基亚硝胺	380
二甲基亚硝胺	27~41	二丙基亚硝胺	480
甲基亚硝基脲	180	吡咯烷亚硝胺	900
二乙基亚硝胺	216	二丁基亚硝胺	1200
二甲基亚硝基脲	240	二戊基亚硝胺	1750

2. 致癌性

N-亚硝基化合物对动物的致癌性已得到许多实验的证实，在已经检测的 300 种亚硝胺类化合物中，已证实有 90%至少可诱导一种动物致癌。其致癌性的特点如下。

（1）致癌性强　不仅小剂量长期接触可以致癌，而且一次大剂量冲击也可诱发肿瘤，而且存在着剂量-效应关系。

（2）对多种动物均有致癌性　目前已经在 40 多种种属的实验动物中进行测试，包括与人的血缘关系相当近的灵长类动物，但未发现有动物对 *N*-亚硝基化合物的致癌作用有抵抗力。

（3）全身性致癌作用和器官特异性　总体而言，*N*-亚硝基化合物可诱发动物几乎所有组织和器官的肿瘤，但不同结构的 *N*-亚硝基化合物的致癌性有特异的器官亲和性，如二甲基亚硝胺是一种肝活性致癌物，对肾脏也表现有一定的致癌活性；二乙基亚硝胺对肝脏和鼻腔有一定的致癌活性。一些 *N*-亚硝基化合物对大鼠的致癌性如表 6-5 所示。

表 6-5　一些 *N*-亚硝基化合物对大鼠的致癌性

化合物	肿瘤种类	致癌性
二甲基亚硝胺	肝癌、鼻窦癌	+++
二乙基亚硝胺	肝癌、鼻窦癌	+++
二正丙基亚硝胺	肝癌、膀胱癌	+++
乙基丁基亚硝胺	食管癌、膀胱癌	++
甲基苄基亚硝胺	食管癌、肾癌	++
甲基亚硝基脲	前胃癌、脑癌、胸腺癌	+++

续表

化合物	肿瘤种类	致癌性
二甲基亚硝基脲	脑癌、神经癌、脊髓癌	+++
亚硝基吗啉	肝癌	+++
亚硝基吡咯烷	肝癌	+
亚硝基哌啶	食管癌	+++

注："+++"为强；"++"为中；"+"为弱。

（4）多种途径摄入均可诱发肿瘤　经口摄入、呼吸道吸入、皮下肌肉注射，甚至皮肤接触均可诱发肿瘤。

（5）可通过胎盘对子代产生致癌作用　大量研究表明，*N*-亚硝基化合物不仅可对成年动物致癌，还可通过胎盘或乳汁对子代致癌，且动物在胚胎期对其致癌作用的敏感性明显高于出生后或成年期。

亚硝胺和亚硝酰胺的致癌机制不同。*N*-亚硝酰胺为直接致癌物，无需活化就具有致癌作用。而亚硝胺为间接致癌物，需要在体内代谢活化。亚硝胺在体内主要经肝脏细胞色素 P450 与微粒体混合功能氧化酶的代谢活化作用，生成致癌活性剂——烷基偶氮羟基化物（R—N═N—OH），该化合物可造成 DNA 或 RNA 复制错误而使正常细胞发展为癌细胞，形成肿瘤。

3. 致畸性

亚硝酰胺类（如甲基亚硝基脲、乙基亚硝基脲）对动物有一定的致畸性，可使胎儿发生神经系统和骨骼系统畸形，包括无眼、脑积水、肋骨、脊柱畸形和少趾等，并存在剂量-效应关系。亚硝胺类在妊娠适宜时期给毒，可使子代发生畸形，但致畸作用很弱。

4. 致突变作用

研究结果表明，亚硝酰胺是直接致突变物，能引起细菌、真菌、果蝇和哺乳动物细胞发生突变。亚硝胺需经哺乳动物微粒体混合功能氧化酶系统代谢活化后才有致突变性。同时，许多研究表明，*N*-亚硝基化合物的致突变性强弱与致癌性强弱无明显的相关性。

五、 *N*-亚硝基化合物与人类肿瘤

N-亚硝基化合物对人类的致癌性，目前尚缺少直接的资料。但流行病学调查资料表明，人类的某些癌症（如胃癌、食管癌、肝癌、结直肠癌、膀胱癌等）可能与接触 *N*-亚硝基化合物有关。如智利盛产硝石，食品中亚硝酸盐含量较高，其胃癌造成的死亡率也居世界首位；日本人爱吃咸鱼和咸菜，其胃癌高发；非洲赞比亚的食管癌高发与当地人常饮的自酿酒中二甲基亚硝胺含量较高有关；我国河南省林州市（原林县）为食管癌高发区，而相邻的范县则为食管癌低发区，比较两地的食品，林州市食品中亚硝胺检出率明显高于范县食品；一些肝癌高发区的流行病学调查表明，这些地区的腌菜中亚硝胺的检出率可高达 60%，因此喜食腌菜可能也是肝癌发生的危险性因素。

六、防止 *N*-亚硝基化合物危害的措施

防止 *N*-亚硝基化合物对人体的危害可从两方面着手：一是减少食品中 *N*-亚硝基化合物

及其前体物的含量；二是阻断 *N*-亚硝基化合物在体内的合成。

1. 防止食品霉变或被其他微生物污染

由于某些细菌或霉菌等微生物可还原硝酸盐为亚硝基盐，而且许多微生物可分解蛋白质，生成胺类化合物，或有酶促亚硝基化作用，因此，防止食品霉变或被细菌污染对降低其中亚硝基化合物含量至关重要。在食品加工时，应保证食品新鲜，并注意防止微生物污染。

2. 改进食品贮藏和加工方法

低温贮藏富含蛋白质的食品和硝酸盐含量较多的蔬菜，腌制蔬菜时加盐量应不少于 4%，控制鱼和肉制品中硝酸盐或亚硝酸盐的添加量，烘烤啤酒麦芽和干燥豆类食品尽量用间接加热方式等均可以减少 *N*-亚硝基化合物的形成。

3. 合理施用钼肥

农业用肥及用水与蔬菜中亚硝酸盐和硝酸盐含量有密切关系。使用钼肥可降低地下水及农产品中硝酸盐和亚硝酸盐的含量，有利于减少食品中 *N*-亚硝基化合物的合成。

4. 阻断食品中 *N*-亚硝基化合物的合成

利用亚硝化反应的阻断剂，可有效阻止食品中胺类与亚硝酸盐的反应，减少 *N*-亚硝基化合物的合成。

研究表明，许多食物成分均有较强的抑制亚硝基化过程的作用，如维生素 C、维生素 E、酚类及某些还原物质，具有抑制和减少亚硝胺合成的作用，同时对亚硝酸盐的发色和防腐作用毫无影响；大蒜和大蒜素可抑制胃内硝酸盐还原菌，使胃内亚硝酸盐含量明显降低；此外，茶叶、猕猴桃汁和沙棘果汁等也有阻断作用。因此，有条件的情况下，尽量多食用新鲜的水果和蔬菜，对降低 *N*-亚硝基化合物的危害可以起到一定的作用。

此外，某些物质如乙醇、甲醇、正丙醇、异丙醇、蔗糖等在高浓度时，尤其在 pH≤3 的条件下能抑制亚硝基化过程，而在 pH≥5 时能促进亚硝基化过程。

5. 制定食品中的限量标准并加强监测

GB 2762—2022《食品安全国家标准　食品中污染物限量》规定，水产动物及其制品中 *N*-二甲基亚硝胺为 4μg/kg，肉及肉制品中 *N*-二甲基亚硝胺为 3μg/kg。

在制定标准的基础上，还应加强对食品中 *N*-亚硝基化合物含量的监测，严禁食用 *N*-亚硝基化合物含量超过标准的食物。

第六节　二噁英及其类似物对食品安全性的影响

二噁英（PCDD/Fs）是氯代二苯并-对-二噁英（PCDDs）和氯代二苯并呋喃（PCDFs）类物质的总称，属于氯代含氧三环芳烃类化合物。

二噁英具有极强的致癌性、免疫毒性和生殖毒性等多种毒性作用。已经证实这类物质化学性质极为稳定、难于生物降解，并能在食物链中富集。1962—1970 年美国在越南战争中使用的一种氯酚脱叶剂中含有二噁英，致使越南人从 1970 年以后患癌症、皮肤病、流产、新生儿先天性畸形等病例剧增。二噁英的剧毒性和在环境介质中的持久性，引起了人们对其污染环境、危害人体健康等问题的极大关注。1991—1994 年美国环境保护局（EPA）对二噁英进行了全面评价，并在 2001 年的证实报告中明确指出二噁英不仅能增加癌症死亡率，还降低人体免疫能力和干扰内分泌功能等。1997 年，国际癌症研究中心（IARC）将 2,3,7,8-四氯二苯并-对-二噁英（2,3,7,8-TCDD）列为对人的 1 类致癌物，对人体具有潜在危害。1998—1999 年西欧一些国家相继发生了肉制品和乳制品中二噁英严重污染的事件。二噁英已成为国内外研究的热点。

一、二噁英的结构和性质

1. 结构

二噁英通常指具有相似结构和理化特性的一组多氯取代的平面芳烃类化合物，属氯代含氧三环芳烃类化合物，包括 75 种多氯代二苯并-对-二噁英（polychlorodibenzo-p-dioxins，PCDDs）和 135 种多氯代二苯并呋喃（polychloro-dibenzofurans，PCDFS）（图 6-5），缩写为 PCDD/Fs 或 dioxin。研究最为充分的有毒二噁英为 2 位、3 位、7 位、8 位被氯原子取代的 17 种同系物异构体单体（congenor），其中，2,3,7,8-四氯二苯并-对-二噁英（2,3,7,8-TCDD）是所有已知化合物中毒性最强的二噁英单体（经口 LD_{50} 仅为 0.6μg/kg），且还有极强的致癌性（致大鼠肝癌剂量 10pg/g）和极低剂量的环境内分泌干扰作用在内的多种毒性作用。

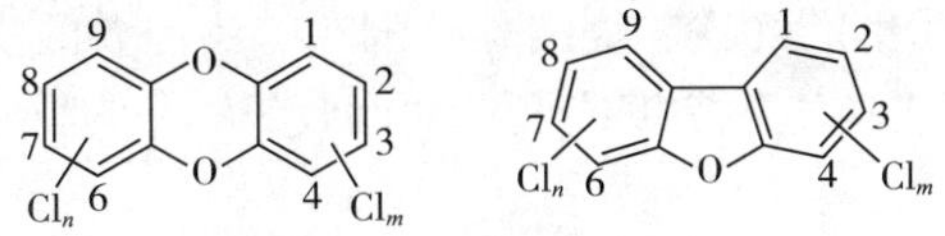

$PCDD_s$　　$PCDF_s$

图 6-5 二噁英结构式

2. 理化性质

（1）热稳定性　PCDD/Fs 对热十分稳定，在温度超过 800℃时才开始降解，在 1000℃以上才会被大量破坏。

（2）低挥发性　PCDD/Fs 的蒸气压极低，因而除了气溶胶颗粒吸附外，大气中较少存在。

（3）脂溶性和生物富集作用　PCDD/Fs 的水溶性很差而脂溶性很强，故可蓄积于动植物体内的脂肪组织中，并可经食物链富集，通过脂质转移和生物富集后，生物浓缩因子可高达 104。

（4）在环境中的半衰期长　PCDD/Fs 对理化因素和生物降解有较强的抵抗作用，尽管在紫外线的作用下 PCDD/Fs 可发生光降解，但其主要存在于土壤中，平均半衰期约为 9 年，故可以在环境中长期存在。

二、环境和食品中二噁英的来源

（一）环境中二噁英的来源

一般认为二噁英是人类无意识合成的副产物，自然界产生的二噁英很少，火山爆发和森林大火是可能的途径。其来源可分为工业来源和非工业来源两方面。

1. 工业来源

（1）含氯化合物的生产和使用　许多含氯化合物如多氯联苯（PCBs）、氯代苯醚类农药、氯代苯氧乙酸类除草剂、五氯酚木材防腐剂、六氯苯和菌螨酚等，在生产过程中，均伴随着痕量二噁英的产生。这些物质在生产、使用或由于意外事故进入环境时，必然造成对环境的污染。目前，很多国家已经开始削减此类化合物的生产和使用，如美国已全面禁止2,4,5-三氯苯氧乙酸的使用，限制木材防腐剂及六氯苯的生产和使用。

（2）纸浆漂白　1950 年以前，世界各国纸浆漂白时均通入氯气，这一过程可以产生2,3,7,8-TCDD。随着生产技术的改进，在采用二氧化氯（不含元素氯）或无氯剂（完全无氯）后在纸浆中未再检出2,3,7,8-TCDD，其他的二噁英类物质检出量也很低。

（3）固体废弃物焚烧　固体废弃物焚烧过程是环境中二噁英的主要来源。固体废弃物包括生活垃圾、医疗垃圾及危险废物等。20 世纪 70 年代后期，荷兰科学家对生活垃圾焚烧厂的二噁英排放进行研究，发现大量的二噁英存在于焚烧厂的烟气飞灰内。日本 1990 年的调查显示，垃圾焚烧排放的二噁英占总排放量的 80%～90%。医疗废物中含有氯代化合物，焚烧时 PCDD/Fs 含量比生活垃圾焚烧更高。目前，固体废弃物焚烧产生二噁英的机制尚不明确，可能的原因为固体废弃物本身含有二噁英；固体废弃物中含有含氯前体（如聚氯乙烯、氯代苯、五氯苯酚等），在燃烧中可生成二噁英；碳、氢、氧和氯等元素在燃烧过程中通过基元反应生成二噁英。

（4）其他来源　如金属生产（铁矿烧结是欧洲二噁英排放的主要来源之一）、金属回收（如从电缆中回收金属、二次熔铝、熔铜以及锌的回收等）、工业锅炉燃烧等。

2. 非工业来源

（1）汽油的不完全燃烧，致使汽车排出的尾气中含有 PCDD/Fs。

（2）环境中的光化学反应和生物化学反应　PCDD/Fs 的前体物可通过环境中的光化学反应或生物化学反应等产生 PCDD/Fs。如氯代-2-苯氧酚可通过光化学环化反应生成 PCDD/Fs；氯酚可通过光化学二聚反应生成 PCDD/Fs，也可以通过过氧化酶催化氧化产生 PCDD/Fs。

（3）意外事故和战争　PCDD/Fs 的环境污染还来源于意外事故和战争。如美国、加拿大、瑞典、芬兰和法国曾多次发生变压器的泄露和意外爆炸，造成了 PCDD/Fs 和 PCBs（多氯联苯）的污染。1976 年，意大利 Seveso 附近一家化工厂发生爆炸，使周边 7.8km^2 范围内的居民暴露于高剂量的 PCDD/Fs 当中。1998—1999 年，在德国、比利时分别发生 PCDD/Fs 污染饲料，造成乳制品、鸡和鸡蛋等食品被 PCDD/Fs 污染。美国在越南战争期间使用了一种名为药剂橙的脱叶剂，其中含有少量 2,3,7,8-TCDD。据统计，美军在越战中共使用了 50000 万 L 药剂橙，其中所含的 PCDD/Fs 总量可达 170kg。

在工业化国家，PCDD/Fs 主要来自城市固体垃圾焚烧、含氯化学品的杂质、纸浆漂白和汽车尾气的排放。而我国有着与工业化国家不同的污染来源，由于血吸虫预防的需要，采用大量 PCP-Na 消灭钉螺，造成我国长江流域的江河湖泊的严重污染。此外，小造纸厂遍布我国各地，排放的废水与废渣造成主要江河湖泊的严重污染。

（二）二噁英对食品的污染

人们接触二噁英，除了直接吸入空气中的颗粒、污染的土壤及皮肤的吸收等途径外，食物消费是最重要的途径。膳食接触的二噁英可超过人体接触量的 90%，而动物性食品是其主要来源。PCDD/Fs 对食品的污染途径主要有以下方面。

1. 环境的污染

食品中的 PCDD/Fs 主要来自环境的污染。由于 PCDD/Fs 的脂溶性及其在环境中的稳定性极高，可以经过生物链的富集作用，在动物性食品中达到较高的浓度。同时，由于环境大气流动，在飘尘中的 PCDD/Fs 沉降至地面植物上，污染蔬菜、粮食与饲料。动物食用污染的饲料也造成 PCDD/Fs 的蓄积，因此，鱼、畜、禽肉类及蛋类和乳类等是主要的污染食品。

2. 食品包装材料中 PCDD/Fs 的迁移

伴随着工业化进程，食品包装材料发生改变。许多软饮料及乳制品采用纸包装。由于纸张在氯漂白过程中产生 PCDD/Fs，作为包装材料可以发生迁移造成食品污染。

3. 意外事故

日本等国家发生的米糠油事件、西班牙的食用油中毒事件，都是由于采用 PCBs 作为无火焰加热介质（加热时可以产生 PCDFs），由于管道渗漏使 PCBs 和 PCDFs 进入食用油造成污染，导致了大规模的食物中毒。

三、二噁英的毒性与危害

1. 急性致死毒性

2,3,7,8-TCDD 被认为是 PCDD/Fs 中毒性最强的一种，但其急性致死效应 LD_{50} 在不同种属实验动物之间差异很大。2,3,7,8-TCDD 急性中毒的动物一般存活数周后才死亡，在此期间机体表现为代谢废物综合征，中毒特点为染毒几天内便出现体重严重下降，并伴随肌肉和脂肪组织的急剧减少，且体重下降程度与染毒剂量之间存在剂量-效应关系。但到目前为止，尚未见到由于人类全身性中毒而死亡的报告。

2. 皮肤毒性

氯痤疮是二噁英高剂量中毒的一个特征性标志，人和哺乳动物的皮肤暴露于二噁英当中都会出现同样的症状。具体表现为皮肤发生增生或角化过度，色素沉着，以痤疮形式出现，并伴随胸腺萎缩及废物综合征。职业或意外事故接触二噁英后出现典型的氯痤疮，临床上很难与青春期痤疮区分，其诊断主要依据接触史与发病年龄及相关因素。

3. 肝毒性

二噁英对动物有不同程度的肝损伤作用，主要表现为肝脏体积增大、实质细胞增生与肥大、肝细胞变性坏死、胞浆内脂滴和滑面内质网增多、微粒体酶及转氨酶活性增强，单核细胞浸润等。不同种属动物对其肝毒性的敏感性也有较大差异，仓鼠和豚鼠较不敏感，而大鼠和兔的肝损伤极其严重，可导致死亡。

4. 免疫毒性

实验研究表明，二噁英的免疫毒性表现为胸腺萎缩、体液免疫和细胞免疫抑制，抗体产生能力抑制、抗病毒能力降低。在非致死剂量时即可致实验动物胸腺的严重萎缩，并可抑制抗体的生成，降低机体的抵抗力。二噁英的免疫毒性已基本确定，并认为免疫系统是二噁英主要的和敏感的靶器官之一，其他毒性的发挥几乎都与其免疫毒性有关。

5. 生殖毒性和内分泌干扰毒性

二噁英类物质属于环境内分泌干扰物，具有明显的抗雌激素作用，可以使大鼠、小鼠、灵长类雌性动物的子宫重量减轻、受孕率和每窝胎仔数减少，甚至不育。哺乳动物实验、体外细胞培养研究和流行病学调查结果还表明，二噁英慢性暴露可以导致子宫内膜异位症的发病率上升。此外，近年还有一些研究表明，二噁英有明显的抗雄激素作用，可致雄性动物睾丸形态改变、精子数量减少和运动能力降低等。还有研究表明，人对二噁英的抗雄激素作用（雌性化效应）可能比动物更为敏感。

二噁英除了能干扰体内性激素代谢外，还可以改变体内胰岛素、甲状腺激素的代谢水平。动物实验结果表明，二噁英可以使动物体内胰岛素水平下降，引起糖代谢紊乱，还可使动物甲状腺组织出现可逆性细胞增殖现象。人群流行病学调查表明，越战期间接触药剂橙的美军士兵以及 Seveso 污染地区人群中糖尿病的发病率也相对较高。

6. 发育毒性和致畸性

啮齿类动物毒性实验证实孕鼠和幼鼠对二噁英发育毒性高度敏感，如对小鼠母体无毒性效应的二噁英暴露可以导致胎鼠发生腭裂和肾盂积水等畸形。大鼠孕期或哺乳期内一次给予低剂量二噁英可导致仔鼠生殖器畸形、精子数量减少和卵泡发育异常。但胚胎发育阶段不同、个体不同，对二噁英的敏感性也存在差异。另外，流行病学研究结果显示，孕妇接触二噁英易引起早产、宫内发育迟缓和死胎，且围产期胎儿血清中 TCDD 浓度可以比母体高约 2 倍。越战中曾接触过药剂橙的美军退伍老兵的后代中脊柱裂等先天畸形的发生率也较高。

7. 致癌性和致突变性

二噁英具有致癌、致突变性。其中尤以啮齿类对二噁英的致癌性最为敏感。致癌的主要靶器官有肝脏、甲状腺、肺、皮肤和软组织。此外，有流行病学研究表明，接触 PCDD/Fs 与人类某些肿瘤（如呼吸系统、肺、胸腺、结缔组织、软组织、造血系统和肝脏等）的发生有关。

8. 其他器官或系统毒性

意大利 Seveso 污染事故的追踪调查还表明，暴露人群的心血管病死亡率明显增高，其中男性表现为慢性缺血性心脏病，女性主要为高血压和慢性风湿性心脏病。研究者认为，这除了与高浓度二噁英暴露有关外，还与这次事件引起的精神紧张有关。还有报道，二噁英暴露可引起慢性阻塞性肺病的发生率升高、消化功能障碍、肌肉和关节运动功能改变、神经和内分泌的改变及衰竭综合征。

四、预防二噁英类化合物危害的措施

1. 源头治理，降低 PCDD/Fs 对环境的污染

降低 PCDD/Fs 对环境的污染是预防二噁英类化合物污染食品及对人体造成危害的根本措施，如减少含 PCDD/Fs 的农药和其他化合物的使用，严格控制有关的农药和工业化合物中杂质（尤其是各种 PCDD/Fs）的含量，控制垃圾燃烧（尤其是不完全燃烧）和汽车尾气对环境的污染等。

2. 制定食品中的允许限量并加强监测

目前，欧洲和其他一些国家已经建立了牛奶中 PCDD/Fs 的最高允许限量（ML）推荐值或指导值。特别是欧盟，2022 年 10 月 24 日，欧盟发布条例（EU）2022/2002，修订（EC）No1881/2006 关于某些食品中二噁英及类二噁英多氯联苯的最高限量。

另外，由于 PCDD/Fs 种类繁多、含量极微，使其定量分析十分困难，且目前公认的检测方法——高分辨气质联用技术，所需设备昂贵，检测周期长，检测成本高昂，使得对 PC-

DD/Fs 的研究和环境、食品中污染水平的检测变得十分困难。因此，发展可靠、实用和成本较低的 PCDD/Fs 检测方法是目前亟待解决的问题，只有在此基础上才能加强环境和食品中 PCDD/Fs 含量的监测，对防止 PCDD/Fs 的危害起到积极作用。

五、二噁英类似物

有一些卤代芳烃化合物，如多氯联苯（PCBs）、多溴联苯（PBBs）、氯代二苯醚等，其理化性质和毒性与二噁英相似，被称为二噁英类似物。

多氯联苯（PCBs）是含氯的联苯化合物，联苯环上有 10 个可被氯取代的位置，由于氯取代的位置和数量的不同，PCBs 也有 210 种异构体。

多氯联苯混合物被广泛应用于电器设备如电缆、变压器和电容器的绝缘材料上，也常用作塑料等的添加剂。

多氯联苯在使用过程中通过泄漏、流失、废弃、蒸发、燃烧、堆放、掩埋及废水处理等可进入外环境，从而对水源、大气和土壤造成污染，通过食物链的生物富集作用污染水生生物，因而这类物质最容易富集在海洋鱼类和贝类食品中。

思考题

1. 农药污染食品的途径有哪些？食品中农药残留的控制措施有哪些？
2. 有机磷农药和氨基甲酸酯类农药残留主要对人体产生什么危害？
3. 什么是兽药和兽药残留？兽药残留的主要来源和控制措施有哪些？
4. 食品中抗生素和激素类残留对人体健康的可能危害主要有哪些？
5. 举例说明食品中汞、镉、铅、砷等对食品的污染及其危害。
6. 食品中多环芳烃化合物、*N*-亚硝基化合物、二噁英及其类似物的来源、危害和预防措施有哪些？
7. 请查阅资料，谈谈生物农药的未来发展趋势。

第七章

07

食品加工中的食品安全性问题

学习目标

1. 了解食品加工过程中几种常见的加工方式，掌握各加工方式对食品安全性的影响。
2. 了解食品添加剂的分类和使用原则，掌握不同类别食品添加剂对食品安全性的影响。

第一节　物理因素对食品安全性的影响

一、辐照杀菌

（一）概述

食品辐照技术是一项新兴的食品保藏技术，是利用钴-60或铯-137产生的γ射线或电子加速器产生的低于10MeV的电子束对食品进行照射，以延缓新鲜食物某些生理过程（发芽和成熟）的发展，或对食品进行杀虫、消毒、杀菌、防霉等处理，达到延长保藏时间，稳定和提高食品质量的目的。经过辐照处理的食品称为辐照食品。食品在辐照过程中，通过辐射区域时所吸收的能量称为辐照剂量。

与传统的食品保藏方法如加热、冷藏、化学处理等相比，辐照保藏具有一些显著的优点：灭菌彻底，能够彻底杀灭食品中的各种有害微生物和病菌，剂量可根据需要进行调节；辐照加工是一种“冷处理”过程，辐照过程中被处理食物不升温，几乎不破坏食品结构和营养成分；辐照处理是一种物理处理过程，不添加任何添加剂和化学药剂，因此无有毒有害物质残留；节约能源，不污染环境；辐照食品可以在常温下保藏；可包装后再处理且处理后的食品能立即被运输、保藏或者进食。目前，全球已有70个国家和地区批准了548种食品和调味品可用辐照处理，40多个国家进入大规模商业化生产阶段。食品辐照已被列为WHO确保食品安全的重点推广项目。

（二）辐照食品的安全性

自食品辐照技术在20世纪40年代开始研究以来，世界各国的科学家和研究机构，相继开展了辐照食品安全性方面的研究，耗费大量人力、财力和时间，在食品辐照安全性方面进行的研究工作超过其他食品加工技术。

辐照食品的安全性是一个广泛的概念，包括综合毒理学上的安全性、微生物学上的安全性以及营养学上的安全性。

1. 辐照食品的营养安全性

大量的辐照对食品营养成分影响的研究表明，低剂量（10kGy）条件下，辐照食品保持了其宏观营养成分（蛋白质、脂肪和碳水化合物）的正常营养价值，在某些辐照食品应用中可能发生维生素损失，然而这种损失很少，并且辐照处理所引起的食品营养损失量同其他普通食品加工过程类似。同时动物喂养和人体食用实验证明，辐照对食品的消化吸收影响很小。因此，辐照食品具有可接受的营养价值。FAO/IAEA/WHO 联合专家委员会根据对大量有关辐照食品的营养的研究报告的综合评估，于 1980 年提出食品辐照不会导致任何营养上的特殊问题。1997 年，FAO/IAEA/WHO 联合专家委员会在瑞士日内瓦举行的会议上，专家组又讨论了高剂量辐照对食品营养和其他方面的影响，并得出结论：超过 10kGy 的辐照剂量食品也是安全的。

2. 辐照食品的微生物学安全性

辐照食品的微生物学安全性是指食品辐照后能够抑制或消灭致病或致腐微生物，保证食品的安全，同时不产生新的食品安全问题。一方面，辐射能消除或抑制食品中常见微生物的正常过分生长，同时可能导致另一种不同微生物的过分生长和腐败类型。因此必须鉴定这一新的类型，并确认它是否对食品消费者产生健康危害。另一方面，辐射可能诱发细菌的突变，产生具有较大辐射抗性的微生物类型，但至今尚未观察到食品中的细菌污染物由于辐射诱变改变其正常特性（致病性、毒素产生能力等）而导致消费者受到健康危害的情况。因此，目前认为辐照食品不会增加微生物学的风险。

3. 辐照食品的综合毒理学安全性

对辐照食品的综合毒理学安全性研究主要集中在三个方面：辐照食品有无放射性、会不会产生有毒物质、有无“三致”毒性。

关于辐照食品的放射性问题，目前普遍认为，除去食品本身带有的微量天然放射性物质，食品在接受照射时，不直接与放射源接触，只接触由 γ 射线或电子束带来的能量，因此不存在食品带有附加放射性的问题，这正如 X 射线透视不会使人产生放射性、扫描机器扫描后不会使行李产生放射性。此外，已有研究表明辐照食品本身不会产生“感生放射性”（本身无放射性，但由于接受辐射而转变成具放射性），即便使用 10MeV 以上甚至更高的高能电子束辐照，也只是有生成诱发放射性的可能。

对于照射会不会使食品产生有毒物质，世界各国的科学家进行了大量的研究。结果表明，食品经过辐照，剂量不同会相应地生成各种物质，但这些物质大多是食品中天然存在的成分，并且在数量上远比加热处理要少得多。即使在很高剂量辐照下产生的苯，也只有十亿分之几，与热加工基本处于相同水平。此外，大量的动物毒理试验结果表明，食用辐照食品的动物生长、发育、遗传与食用未辐照食品的动物完全相同，“三致”试验结果也没有显著差异。基于此，联合国粮农组织、国际原子能机构与世界卫生组织共同组成的国际食品辐照卫生安全评价联合专家委员会（JECFI）于 1980 年在日内瓦正式宣告：采用 10kGy 以下剂量处理的任何食品，不会产生毒理学问题，可以不再进行毒理学试验而允许销售。除动物外，1958—1963 年，美国曾在美军人员中多次进行试食辐照食品的人体试验；1983—1984 年，我国也曾在某部队官兵和北京、上海、成都等医科院校师生志愿人员中进行了为期三个月的人体食用辐照食品试验；结果均显示，食用辐照食品组和食用无辐照食品组人员之间无显著差异。

2003年7月，国际食品法典委员会（CAC）在意大利罗马召开了第26届大会，会议通过了修订后的CODEX STAN 106-1983，Rev. 1-2003《辐照食品国际通用标准》和CAC/RCP 19-1979，Rev. 1-2003《食品辐照加工工艺国际推荐准则》，在法规上突破了食品辐照加工中10kGy的最大吸收剂量的限制，规定在不对食品结构的完整性、功能特性和感官品质发生负面作用和不影响消费者健康安全性的情况下，食品辐照的最大剂量可以高于10kGy，以实现合理的辐照工艺目标。

但需注意的是，辐照杀菌并非适合所有食品，此项技术不应被滥用。辐照并不能替代卫生控制，食品的污染越严重，杀灭病原体所需的辐照剂量越高，其口味、品质和营养成分的变化就越大；而且辐照难以破坏或消除食品中已经形成的毒素和病毒等，也不能提高其安全水平，因此接受辐照的食品应该洁净卫生，并应保证其良好的品质及按照良好操作规范（GMP）进行处理和加工。中国、美国、欧盟、澳大利亚、新西兰、CAC等制定的有关法规和标准中都强调了这一点。

二、微波加工

自1945年美国发明微波炉以来，微波技术已深入人们生活的方方面面。因此，微波技术的安全性日益受到人们的重视，特别是2003年美国麻省理工学院Raymond Francis教授在网络上发表了家用微波炉有害论的文章后，更加引起了人们的关注。

（一）微波加工的原理及特性

微波是指频率在300MHz~300GHz的电磁波，波长1mm~1m。在食品工业中，微波常用频率为915MHz和2450MHz。微波加热食品是通过微波的电场和磁场的交替变化，使食品中的极性分子（如水、蛋白质和脂肪等）的极性取向随着外电磁场的变化而变化，使分子与分子之间急剧的摩擦、碰撞、震动和挤压，使物料内各部分在同一瞬间获得热量而升温。和常规加热方法相比，微波加工采取内部加热的方式，因此物料内部受热均匀，加热速度比常规加热快2~4倍。此外，微波加工还具有选择性、即时性、高效节能、穿透性高等特点。由于微波加工具有以上特点，故在农业、林业、轻纺工业、化学工业、医药工业、食品工业等领域的应用得到了迅速发展。

（二）微波加工对食品成分的影响

微波的能量虽不能使牢固的共价键解离，但对氢键、范德华力、疏水键和盐键等次级键具有一定的破坏作用，可使其松弛、断裂和重组，因此对食品成分的结构和性质产生一定影响。食品中各组分的分子极性不同，介电常数不同，它们对微波的吸收便存在差异，从而导致微波对食品物料各成分的影响有所不同。

1. 微波加工对油脂的影响

油脂可以吸收微波，在微波辐射下可被加热到210℃以上（常压）。一般情况下，为避免发生油脂的自燃，油脂不宜用微波进行连续加热。微波加工对油脂的影响，主要表现在以下两个方面。

（1）对油脂理化指标的影响　油脂的分子结构是极性的脂肪酸分子，可在微波作用下产生一定程度的热效应而影响油脂的品质。相关研究结果表明，使用功率700W以下的微波对食用油加热 10min，其过氧化值会随微波加热发生改变，但酸价尚未发生改变。

（2）对油脂组成的影响　研究发现，在传统加工过程中，高温会加速脂肪的氧化，促使油脂分解和聚合，造成亚油酸和亚麻酸等必需脂肪酸的含量下降，而饱和脂肪酸的含量有所增加。而在微波处理前后，脂肪酸的组成成分没有太大变化，尤其是最主要的油酸和亚油酸含量基本不变。而且通过红外光谱扫描图分析，进一步证实微波处理过程中没有顺反异构现象。但也有试验证实，微波对某些油脂的组成会产生一定的影响，尤其对高水分油脂的影响较为明显。

2. 微波加工对碳水化合物的影响

糖类和淀粉等碳水化合物作为能量的主要来源，是食品中的重要营养成分。其中，蔗糖和葡萄糖可以吸收微波而融化，但大剂量的微波辐射可使它们发生 Maillard 反应和焦糖化反应，从而失去营养价值并影响产品的感官品质。

淀粉是谷物类食品的主要成分，谷物类食品的品质与其淀粉的含量、种类及存在状态密切相关。在微波工艺中，完全干燥的淀粉很少吸收微波，但在正常条件下，淀粉都含有水分，并且与其他粮食组分共同存在，因而微波就会对淀粉产生一定作用，影响其糊化度和结晶度，但不会改变淀粉的化学结构。有研究表明，大米经微波处理后总淀粉含量变化不大，而不溶性直链淀粉的含量则表现出不同程度的下降。

3. 微波加工对维生素的影响

在食品加工中，水果类、蔬菜类产品中的维生素是要特别保护的成分，任何加工方式都会对其含量产生一定影响，研究发现，微波能迅速达到加工温度，作用时间短，因此对维生素 A、B 族维生素、维生素 C、维生素 D 的破坏比常规的加工工艺要小得多。

对于维生素 E 的研究表明，适宜的微波辐射强度能较好地保留食品中的维生素 E，但一旦微波辐射过量，植物油中维生素 E 的含量会显著变化。张桂英等证实大豆油中的 α-生育酚含量随微波平均辐射强度的增大而下降，且辐照时间越长，下降幅度越大。此外，微波对维生素 E 的抗氧化作用也有一定的抑制。

4. 微波加工对蛋白质的影响

蛋白质的营养价值受其存在形式和结构的影响。研究表明，相比其他加工方式，微波对蛋白质的含量影响不大。如微波几乎不影响牛奶中的蛋白质含量，也不会破坏酱油中的氨基酸，而且适量的微波辐射有利于提高大豆蛋白的营养价值。但由于微波的热效应会导致蛋白质变性凝固，非热力作用能使活性大分子的生物活性丧失，可以利用微波促使菌体内蛋白质生物活性发生变化，使有害菌迅速死亡达到灭菌处理。一般将微波灭菌的温度控制在 60～65℃。

此外，微波辐射导致的热效应和机械效应可以使蛋白质的介电性质和结构发生变化，从而使蛋白质性质发生一系列有利的改变。如微波处理会使大豆浓缩蛋白的溶解性增大、改善谷朊粉乳化性，显著扩大谷朊粉的应用范围等。但长时间的微波处理会破坏物料的功能特性。

5. 微波加工对化学污染物的影响

一些谷物类食品经烘烤和油炸后会产生丙烯酰胺等致癌物质，且含量远超 WHO 规定的最大残留量。*N*-亚硝基化合物具有致癌、致畸、致突变作用，微波处理的咸肉中 *N*-亚硝基化合物水平较传统烹调方式要低。二噁英及其类似物不仅有致癌性、免疫毒性和生殖毒性，还是内分泌干扰物，会造成雄性雌性化，是重点监测物质。微波烹调可通过水分和脂肪的损失，减少肉类食品中的二噁英含量。杂环胺是一类在烹调过程中由蛋白质和氨基酸加热分解产生的具有致突变性、致癌性和心肌毒性的化合物，且加工温度对其生成量有重要影响。由于微波处理时间短，且表面温度不会过高，因而产生的杂环胺较少，且诱变活性有所降低。

6. 微波加工对其他成分的影响

西班牙国家科学研究委员会研究人员分别采用蒸、高压锅、煮和微波烹煮方法处理菜花。结果发现，在蒸的过程中，蔬菜中的抗氧化成分几乎没有损失，但微波烹煮的菜花中抗氧化成分几乎全部消失，其他烹煮方法对抗氧化剂的破坏程度介于两者之间。微波加热会导致食品香味损失，其原因为使用微波加热时，食品水分的挥发较传统的加热方式快且多，食品中水溶性香味的散失也会较多。Anastasia 等发现 PVDC 和 PVC 薄膜中的增塑剂 DOA 和 AT-BC 可在微波烹调过程中转移到绞肉中，且肉类的脂肪含量对其转移率有重要影响，故 PVDC 和 PVC 薄膜只能用于低脂食品的微波烹调。

（三）微波加工食品的安全性

根据微波加工对食品成分的影响研究可以得出，微波加热食品时，它既是加热源，又是辐射源，会使食品品质产生一定变化。微波加工对微波敏感的食品和食品成分会产生某些不利影响，但不显著。在食品营养物的保留、微生物的抑制或杀灭、某些有毒有害物质消除等方面，微波加工比传统方式更安全，且品质更高。因此，只要正确掌握微波技术，科学使用，合理选材，避免对食品进行长时间微波加工、反复微波辐射或微波高温，能有效地减少或防止微波加工带来的危害。

第二节　食品添加剂对食品安全性的影响

一、食品添加剂概述

（一）食品添加剂的定义

我国 GB 2760—2024《食品安全国家标准　食品添加剂使用标准》规定，食品添加剂是指为改善食品品质和色、香、味，以及为防腐、保鲜和加工工艺的需要而加入食品中的人工合成或者天然物质。食品用香料、胶基糖果中基础剂物质、食品工业用加工助剂、营养强化剂也包括在内。

食品添加剂对食品安全性的影响

（二）食品添加剂的分类

食品添加剂种类繁多，各国允许使用的种类也各不相同。据统计，目前国际上使用的各类食品添加剂有 25000 多种，其中 80%是香料，直接使用的食品添加剂有 4000 多种，间接使用的有 10000 多种，截至 2023 年我国允许使用的食品添加剂已达 2300 多种，其中包括食品用香料 1800 多种和其他（不包括复合食品添加剂）。

食品添加剂通常可按其来源、功能和安全性的不同而进行分类。按来源不同可分为天然食品添加剂和人工合成食品添加剂两大类。前者主要由动植物提取制得，也有一部分来自微生物的代谢产物或矿物质。后者则通过化学合成方法制取，其中包括与天然食品添加剂等同的人工合成物，如天然等同色素、天然等同香料等。

我国 GB 2760—2024《食品安全国家标准　食品添加剂使用标准》按功能和主要用途将食品添加剂划分为 22 类（表 7-1）。

表 7-1　　食品添加剂分类与代码（GB 2760—2024）

名称	代码	名称	代码	名称	代码
酸度调节剂	01	护色剂	09	稳定剂与凝固剂	17
抗结剂	02	乳化剂	10	甜味剂	18
消泡剂	03	酶制剂	11	增稠剂	19
抗氧化剂	04	增味剂	12	食品用香料	20
漂白剂	05	面粉处理剂	13	食品工业用加工助剂	21
膨松剂	06	被膜剂	14	其他	22
胶基糖果中基础剂物质	07	水分保持剂	15		
着色剂	08	防腐剂	16		

食品添加剂的使用安全性是人们最关心的话题，因此可将食品添加剂按其安全性进行划分，即以 ADI 值作为判断食品添加剂毒性大小的标准。食品添加剂法典委员会（CCFA）在 FAO/WHO 食品添加剂联合专家委员会（JECFA）讨论的基础上将其分为 A、B、C 三类，每类又细分为两类，具体如下。

1. A 类食品添加剂

A 类食品添加剂指 JECFA 已经制定出 ADI 值和暂定 ADI 值的食品添加剂。

（1）A1 类　指经过 JECFA 评价，毒理学性质清楚，已经制定出 ADI 值或认为毒性有限，不需制定 ADI 值的。

（2）A2 类　指 JECFA 已经制定出暂定的 ADI 值，但毒理学资料不够完善，暂时许可用于食品的。

2. B 类食品添加剂

B 类食品添加剂指 JECFA 曾经对其进行安全评价，但未建立 ADI 值或未进行安全评价的食品添加剂。

（1）B1 类　指 JECFA 曾经对其进行安全评价，因毒理学资料不足，未建立 ADI 值的。

（2）B2 类　指 JECFA 未进行安全评价的。

3. C 类食品添加剂

C 类食品添加剂指 JECFA 根据毒理学资料认为在食品中使用不安全，或应严格限制在某些食品中作特殊用途的食品添加剂。

（1）C1 类　指 JECFA 根据毒理学资料认为在食品中使用不安全的。

（2）C2 类　指 JECFA 认为应严格限制在某些食品中作特殊使用的。

需要说明的是，由于毒理学、分析技术以及食品安全性评价的不断发展，某些原来经

JECFA 评价认为安全的品种，经过再次评价后，可能被认为是不安全的。因此，对于食品添加剂的安全性问题应及时注意新的发展和变化。

（三）食品添加剂的使用要求

为了确保将食品添加剂正确使用到食品中，一般来说，应遵循以下原则。

（1）各种食品添加剂都必须经过一定的毒理学安全性评价，在其使用限量内长期使用对人体安全无害。

（2）生产、经营和使用食品添加剂应符合我国相关法律法规和标准的要求。

（3）鉴于有些食品添加剂具有一定的毒性，应尽可能不用或少用，必须使用时应严格控制使用范围及使用量。

（4）不影响食品自身的感官性状和理化指标，对营养成分无破坏作用。

（5）不得以掩盖食品腐败变质或伪造、掺假为目的而使用食品添加剂，不得销售和使用污染或变质的食品添加剂，使用食品添加剂不得有夸大或虚伪的宣传内容。

（6）食品添加剂在达到一定使用目的后，经加工、烹调或贮存时，它能被破坏或允许有少量残留。

（7）专供婴儿的主辅食品，除按规定可以加入食品营养强化剂外，不得加入人工甜味剂、色素、香精、谷氨酸钠等不适宜的食品添加剂。

（8）复合食品添加剂中的各单项物质必须符合食品添加剂的各有关规定。

（9）应注意食品添加剂的使用方法，在加工过程中若使用不当，可能会产生一些不良的变化。

二、常用食品添加剂的种类及安全性

（一）防腐剂

防腐剂是对微生物具有杀灭、抑制或阻止其生长以延长食品保质期的食品添加剂。目前，我国允许使用的防腐剂主要有苯甲酸及其钠盐、山梨酸及其钾盐、丙酸及其盐类、对羟基苯甲酸酯类及乳酸链球菌素等。

1. 苯甲酸及苯甲酸钠

苯甲酸又称安息香酸，分子式 $C_7H_6O_2$。在低 pH 环境中，苯甲酸具有广谱抗菌性，但对产酸菌作用弱。由于苯甲酸在常温下难溶于水，使用不便，因此实际生产应用大多使用其钠盐。

对于苯甲酸的毒性，动物实验结果表明，苯甲酸对动物的生长、食物吸收、寿命、生殖能力等均无不良影响。^{14}C 示踪证实，苯甲酸在人体内不产生蓄积，大多数在 9~15h 与甘氨酸结合成马尿酸（苯甲酰甘氨酸）通过尿液排出体外。少量的苯甲酸能与葡糖醛酸结合成葡萄糖苷酸，由尿液排出体外。在人体临床试验中，未见中毒现象。因此，作为食品添加剂，苯甲酸是安全的。但也有报道称苯甲酸可能会引起中毒。所以各国虽允许使用，但应用范围却很窄。FAO/WHO 建议其 ADI 值为 0~5mg/kg 体重（苯甲酸和苯甲酸钠的总量以苯甲酸计）。

2. 山梨酸及山梨酸钾

山梨酸为 2,4-己二烯酸，又称花楸酸，分子式 $C_6H_8O_2$。山梨酸在酸性介质中对霉菌、酵母和好气性细菌的生长有良好的抑制作用，随着 pH 增大防腐效果减弱，pH8 时丧失其防腐作用。因为山梨酸难溶于水，故食品中常用其钾盐。

山梨酸是一种不饱和脂肪酸，可参与体内正常代谢，最后分解为 CO_2 和 H_2O，几乎对人体无害，是目前国际上公认的较好的防腐剂。FAO/WHO 建议山梨酸 ADI 值为 0~25mg/kg 体重（山梨酸和山梨酸钾的总量以山梨酸计）。

3. 丙酸及其盐类

丙酸及其盐类（丙酸钠、丙酸钙等）主要用于面包、糕点类食品，对 pH 较高的面包制品有较好的防霉作用，对能引起面包发黏的需氧性芽孢杆菌有抑制作用，但对酵母无效，故不会影响酵母的正常发酵。丙酸可认为是食品的正常成分，也是人体正常代谢的中间产物，因此安全无毒，对其 ADI 值也无须规定。

4. 对羟基苯甲酸酯类

对羟基苯甲酸酯类又称尼泊金酯，为对羟基苯甲酸与低碳醇（甲醇、乙醇、丙醇、丁醇及异丁醇等）生成的酯类，对食品有防止腐败的作用，其中以对羟基苯甲酸丁酯的防腐效果最好。但目前我国仅限用对羟基苯甲酸甲酯钠、对羟基苯甲酸乙酯和对羟基苯甲酸乙酯钠。

对羟基苯甲酸酯类对霉菌、酵母有较强的抑制作用，且抑制作用不受 pH 的影响，但对细菌，特别是革兰氏阴性杆菌和乳酸菌的抑制作用较弱。对羟基苯甲酸酯类水溶性差，但乙酯和丙酯复配使用可提高溶解度，并有协同增效作用。

对羟基苯甲酸酯类在胃肠道中能被迅速吸收，并水解成对羟基苯甲酸，代谢途径与苯甲酸基本相同，不在体内蓄积，故毒性较低。FAO/WHO 建议其 ADI 值为 0~10mg/kg 体重。

5. 乳酸链球菌素

乳酸链球菌素是由乳酸链球菌代谢产生的一种多肽类抗生素类物质，由 34 个氨基酸组成。乳酸链球菌素对肉毒梭菌等厌氧芽孢杆菌及嗜热脂肪芽孢杆菌有很强的抑制作用，但对霉菌和酵母一般无抑制作用。目前，乳酸链球菌素在食品工业中的应用已十分广泛，主要用于乳制品、罐头制品（特别是肉类罐头）和植物蛋白制品等。

由于乳酸链球菌素是一种多肽，能被人体消化道的蛋白酶水解，同时，乳酸链球菌素不会影响肠道正常菌群，不会产生抗药性，也不会与其他抗生素产生交叉抗性，因此是一种安全的防腐剂。FAO/WHO 建议其 ADI 值为 0~33000IU/kg 体重。

（二）抗氧化剂

抗氧化剂是指能阻止或延缓食品成分氧化的食品添加剂，主要用于防止油脂及富含油脂的食品氧化酸败，也可用于果蔬制品的护色和保鲜。常用的抗氧化剂有丁基羟基茴香醚（BHA）、二丁基羟基甲苯（BHT）、叔丁基对苯二酚（TBHQ）和异抗坏血酸及其钠盐等。

1. BHA

BHA 为脂溶性抗氧化剂，对热稳定，且对动物性脂肪的抗氧化作用优于不饱和植物油，因此常用于含动物性脂肪的焙烤制品。同时，BHA 对微生物有一定的抑制作用，在一定的浓度范围内能抑制蜡样芽孢杆菌、鼠伤寒沙门氏菌、金黄色葡萄球菌、枯草杆菌和某些霉菌的生长。

多年来，国内外的研究报道认为 BHA 是一种比较安全的抗氧化剂，但也有人对 BHA 的安全性提出了质疑。1982 年，日本的研究者在动物实验中发现，BHA 对大鼠有一定的致癌性。1986 年 FAO/WHO 也曾报告 BHA 对大鼠前胃的致癌作用取决于剂量，而对犬无致癌作用，对猪和犬可引起食道增生。1989 年，FAO/WHO 对其再次进行评价，认为只有在大剂量

(20g/kg 体重) 时才可能引起大鼠前胃癌，在小剂量 (10g/kg 体重) 下未见胃黏膜增生现象。考虑到对犬无有害作用，人类无前胃靶组织，故于 1996 年正式制定其 ADI 值为 0~0.5mg/kg 体重。

2. BHT

BHT 性质与 BHA 类似，为脂溶性抗氧化剂，对热稳定，没有 BHA 的异臭，与金属离子反应无色泽变化，而且价格便宜，因此被大多数国家广泛采用。

用含量分别为 0.2%、0.5%、0.8%的饲料饲喂大鼠两年，与对照组相比没有发现异常现象。美国国家癌症研究所用含 BHT 的饲料喂养大、小鼠，结果证明无致癌性。因此，BHT 的安全性还是能够信赖的。1996 年，FAO/WHO 重新制定其 ADI 值为 0~0.3mg/kg 体重。

3. TBHQ

TBHQ 是一种较新的酚类抗氧化剂，水溶性差而油溶性良好，对热较稳定，遇金属离子无变色反应。TBHQ 对大多数油脂尤其是对植物油来说，较其他抗氧化剂更为有效。此外，TBHQ 也有一定的抗菌作用，对细菌、酵母和霉菌均有抑制作用，且氯化钠对其抗菌有增效作用。FAO/WHO 规定其 ADI 值为 0~0.2mg/kg 体重。

4. 异抗坏血酸及其钠盐

异抗坏血酸及其钠盐为 L-抗坏血酸的异构体，是一种水溶性抗氧化剂，其抗氧化作用优于 L-抗坏血酸，价格便宜，但耐热性较差，且不具有抗坏血病的功能。

用含 1%异抗坏血酸的饲料喂养大鼠 6 个月，未见生长异常，再继续喂养 2 年，在体重、死亡率、组织病理学方面均未发现异常。但有人提出它可能在人体内与抗坏血酸有竞争作用，影响抗坏血酸的吸收。FAO/WHO 规定其 ADI 值为 0~5mg/kg 体重。

(三) 甜味剂

甜味剂是指赋予食品甜味的食品添加剂，也是世界各地使用较多的一类添加剂。甜味剂按其来源可分为天然甜味剂和人工合成甜味剂两大类。

天然甜味剂包括糖类、糖醇类及非糖醇类。糖类主要指蔗糖、果糖、葡萄糖，因其具有较高的营养价值，属于食品原料，故不作为食品添加剂来限制使用。糖醇类主要有木糖醇、山梨糖醇、麦芽糖醇、赤藓糖醇等，其特点是不会引起血糖值升高，不产酸，因此常用作糖尿病、肥胖患者的甜味剂，并具有防龋齿作用。糖醇类物质的摄入一般不会干扰机体正常的代谢，对人体基本无害，其 ADI 值均无特殊规定，但大量食用时可导致腹泻。非糖醇类天然甜味剂主要有甜叶菊苷和甘草等。对于甜叶菊苷，国外曾进行过较多的毒性实验，均未显示出毒性作用。甘草、甘草甜素及其衍生物为天然甜味剂，食用安全，可按生产需要适量添加。

人工合成的甜味剂主要是一些具有甜味的化学物质，特点为甜度较高，但无任何营养价值，近年还陆续发现其对人体具有潜在的危害性。我国允许使用的人工合成甜味剂主要有糖精及其钠盐、环己基氨基磺酸钠 (甜蜜素)、阿斯巴甜 (甜味素)、乙酰磺胺酸钾 (安赛蜜)、阿力甜、纽甜等。

1. 糖精及糖精钠

糖精是世界各国广泛使用的一种人工合成甜味剂，甜度很高，为蔗糖的 300~500 倍。因其水溶性差，故通常使用其钠盐。自 1879 年发现糖精钠，1884 年正式投产后 100 多年来，其安全问题一直具有争议。一般认为糖精钠在体内不能被分解，大部分随尿液排出，全世界曾广泛使用数十年，未发现对人体有毒害作用。对于其致癌性一直也存在争议，但其长期的食用历史已证实它与癌症之间没有必然的联系。有关专家评论认为“从实用观点出发可以认为糖精不是致癌物”。1997 年，FAO/WHO 将其 ADI 值规定为 0~5mg/kg 体重。

2. 甜蜜素

甜蜜素自 1950 年开始应用，1969 年曾怀疑为致癌物而被禁止使用。但随后很多试验表明其无致癌性。美国 FDA 经长期试验于 1984 年宣布其无致癌性，但美国国家科学委员会和国家科学院仍认为其有促癌作用和可能的致癌作用，因而美国至今仍禁用。1994 年，FAO/WHO 规定其 ADI 值为 0~11mg/kg 体重。

3. 阿斯巴甜

阿斯巴甜化学名称为天冬酰苯丙氨酸甲酯，进入体内后很快分解为相应的氨基酸和甲醇，经正常途径代谢后排出体外。1991 年 FAO/WHO 评价，经 2 年以上试验结果证实阿斯巴甜是安全可靠的，但患有苯丙酮酸尿症者不能食用。因此，在使用阿斯巴甜的食品标签上必须标明苯丙氨酸的含量。1994 年，FAO/WHO 规定其 ADI 值为 0~40mg/kg 体重。

4. 安赛蜜

安赛蜜又称 AK 糖，1967 年研制成功，1970 年开始进行各种动物毒性试验。经过多年的安全试验和检查，WHO、美国 FDA 及欧共体等权威机构得出结论：安赛蜜对人体和动物安全、无害。1994 年，FAO/WHO 规定其 ADI 值为 0~15mg/kg 体重。

（四）酸度调节剂

酸度调节剂是以赋予食品酸味为主要目的的食品添加剂，也具有一定的防腐、抗氧化、促进发色等作用。常用的酸度调节剂主要是一些有机酸，包括柠檬酸、乳酸、酒石酸、苹果酸等。因为这些有机酸大多数都存在于各种天然食品中，进入体内均能参与体内代谢，因此安全无毒，ADI 值无限定，可根据生产需要适量使用，但要注意其纯度。

无机酸使用较多的是磷酸，主要用于可乐型饮料，是构成可乐风味不可缺少的风味促进剂。磷酸毒性较小，ADI 值为 0~70mg/kg 体重（以磷计），但由于磷摄入过多会影响钙的吸收，因此不宜食用过多，尤其是儿童。

（五）增味剂

增味剂为能赋予食品鲜味、增强食品风味的食品添加剂，是除食盐以外人类消费量最大的一类调味料。按其化学性质的不同，增味剂可分为两大类，即氨基酸系列和核苷酸系列。

L-谷氨酸钠，又称味精，是应用最多的一类氨基酸系列鲜味剂。1987 年以前世界各国对味精的使用一度引发风波。因为烹饪时过量使用味精，会引起所谓的“中国餐馆症”，表现为短时的头痛、心跳加速、恶心等症状，甚至有报道称味精对人类生殖系统也有不良影响。但后续研究证实，在正常范围内使用，并不会导致上述不良影响。1987 年，FAO/WHO 的食品添加剂联合专家委员在第 19 次会议上结束了对谷氨酸钠安全性的讨论，肯定了其安全性。我国也于 1989 年将谷氨酸钠列入 GB 2760 使用名单，并规定可按生产需要适量使用于各类食品中。

核苷酸系列增味剂主要有 5′-鸟苷酸二钠、5′-肌苷酸二钠、5′-呈味核苷酸二钠、琥珀酸二钠。核苷酸广泛存在于各种食品中，除本身具有鲜味外，还有增强风味的作用，特别是对肉类特有的风味有显著影响。

目前，我国允许琥珀酸二钠用于调味料，最大使用量为20g/kg，其他几种增味剂均无需制定ADI值。

（六）着色剂

着色剂又称食用色素，是以食品着色为目的的食品添加剂，按其来源不同可分为天然色素和合成色素两大类。天然色素主要是从天然植物组织中提取，也可来自动物或微生物，色泽自然、种类繁多，有的含有一定的营养价值和药用价值，除个别品种（如藤黄）具有毒性外，一般天然色素均具有一定的安全性。食用合成色素是采用人工合成的方法制得的有机色素，具有色泽鲜艳、稳定、价格低廉等特点，但其本身及其代谢物对人体有一定的毒害，包括一般毒性、致泻作用和致癌作用。此外，产品中可能还混杂着某些染料中间体或产生有毒副产物，如苯酚、苯胺等对人体也会造成一定的毒害。

鉴于合成色素的致癌性，FAO/WHO的食品添加剂联合专家委员会（JECFA）根据各国提交的安全性数据进行评议，对目前允许使用的合成色素均进行了严格的毒性试验，分别制订了其ADI值（表7-2）。

表7-2　　食用合成色素的ADI值（FAO/WHO，1994）　　单位：mg/kg

名称	ADI	名称	ADI
苋菜红及其铝色淀	0~0.5	日落黄及其铝色淀	0~2.5
胭脂红及其铝色淀	0~4	亮蓝及其铝色淀	0~12.5
赤藓红及其铝色淀	0~0.1	靛蓝及其铝色淀	0~5
新红及其铝色淀	0~0.1	叶绿素铜钠盐	0~15
诱惑红及其铝色淀	0~7	β-胡萝卜素（合成）	0~5
柠檬黄及其铝色淀	0~7.5	二氧化钛	无需规定

（七）护色剂

护色剂又称发色剂，是肉制品加工中为改善肉制品的颜色而加入的食品添加剂，主要是硝酸盐和亚硝酸盐。除发色外，硝酸盐和亚硝酸盐也有一定的防腐作用，特别是对肉毒梭状芽孢杆菌的繁殖和产毒有明显的抑制作用。

硝酸盐和亚硝酸盐是允许使用的食品添加剂，在安全范围内使用不会对人体产生危害。但由于硝酸盐能被还原成亚硝酸盐，而亚硝酸盐为强氧化剂，高剂量摄入可使血液中的亚铁血红蛋白氧化成高铁血红蛋白，从而失去携带和输送氧气的能力，导致组织缺氧，出现肠源性青紫症。此外，硝酸盐和亚硝酸盐也是强致癌物质亚硝胺的前体物质，因此，在工艺可行的前提下，应尽量减少其用量或采用替代品，以防止对人体的危害。鉴于硝酸盐和亚硝酸盐可能存在的致癌性，欧共体建议不得将其用于儿童食品。1994年，FAO/WHO规定硝酸盐和亚硝酸盐的ADI值以钠盐计算分别为5mg/kg体重和0.2mg/kg体重。2002年，JECFA根据动物实验结果将亚硝酸盐的ADI值正式确定为0.07mg/kg体重。

在使用发色剂的同时，为了促进肉的发色，还常加入一些发色助剂，如L-抗坏血酸及其钠盐、烟酰胺等，这些物质的使用可以减少硝酸盐和亚硝酸盐的使用量，从而降低对人体的危害。

（八）食品用香料、香精

食品用香料是指能赋予食品以香气或同时赋予特殊滋味的食品添加剂，按来源不同可分为天然香料、天然等同香料和人工合成香料三大类。天然香料大多从植物中提取，具有特殊增香作用且安全性高；天然等同香料是用化学方法合成或用化学方法从天然芳香原料中分离得到的物质。这些物质与人类消费的天然产品中存在的物质，在化学结构上是相同的。合成香料是采用化学合成方法得到的物质，其化学结构迄今在自然界尚未发现存在，因此其安全性引起人们极大关注。由于香料种类繁多，目前大多数在国际上还未进行安全性评价，但在我国允许使用的香料均经过了一定的毒理学评价，并被认为在一定剂量下对人体无害，可按正常生产需要使用。

食品用香精是指由芳香物质、溶剂或载体以及某些食品添加剂组成的具有一定香型和浓度的混合体，其中，芳香物质为香料。由于食品用香精在食品中用量通常很小，一般来说只要在规定用量范围内使用不会产生有害作用。

第三节　加工方式对食品安全性的影响

人类食物加工方式的演变是人类文明进化的重要因素，早期的加工方式局限于简单的清洗、加热、调味等，随着现代科技的发展及人们生活质量的提高，人类更加懂得并有目的地对食物进行相应的处理。迄今为止，食品加工的主要方式有增加热能或提高温度、减少热能或降低温度、除去水分或降低水分等。

无论是什么类别的食品加工方式，都会在不同程度上对食品的安全和营养造成一定的影响，如烟熏食品存在被致癌物质污染的风险、冻藏食品在长期保存的过程中易腐败变质等。近年来，我国食品安全问题因其多发性和严重性已成为社会关注的热点，消费者对食品的要求不断提高。微波技术、超高压技术等食品加工方式应运而生。但在食品工业中常用的加工方法均存在相应的隐患，对于加工方法的优化和创新仍需进一步研究。

一、干燥与浓缩技术

干燥是利用热量除去湿物料中的水分等，从而获得固体产品的加工方式。食品干燥指的是食品在自然或人工控制的条件下进行水分蒸发，使其中水分降低到足以防止腐败变质的水平，以达到长期贮藏的目的。

浓缩是从溶液中除去部分溶剂（通常是水）的操作过程，经浓缩后的食品其质量和体积大大减少，在灌装、运输以及库藏等方面具有直接的经济效益。目前，该技术广泛应用于生产饮料或其他食品的浓缩液，如果蔬汁（浆）、茶浓缩液等。

（一）食品干燥

1. 干燥对食品品质的影响

物料在干燥过程中，由于温度的升高、水分的去除，会发生一系列的物理变化和化学变化，具体表现在营养价值、色泽、风味和质构特性等方面的变化。

（1）干燥对食品营养价值的影响　虽然经过干制后，水分活度降低，食品中的化学变化受到抑制，营养成分更加稳定，但是在干燥的过程中，由于受到高温等因素的影响，蛋白质、碳水化合物、维生素、脂肪等营养成分都会发生一定量的损失。

蛋白质在高温下易变性失活，且可与食品中的还原糖相互作用，发生美拉德反应而损失。碳水化合物在干燥的过程中会发生焦糖化作用和美拉德反应，在缓慢干制初期的呼吸作用可导致糖分的分解。脂肪的氧化速度会随着干燥温度的上升而加快。不同的维生素对于加工条件的敏感性不同，干制方法会显著影响维生素的损耗程度。

（2）干燥对食品色泽的影响　食品中的天然色素如叶绿素、血红素等容易在干制过程中发生变化导致干制品色泽的改变。褐变反应是导致干制品色泽变化的另一个重要原因。由于干制时的温度不足以破坏酶的活性，若食品在干燥前未进行酶的钝化或灭酶处理，就可能发生酶促褐变；干制过程中也常发生焦糖化作用、抗坏血酸氧化等非酶褐变反应，导致干制品色泽加深。

（3）干燥对食品风味的影响　干制品风味的改变，一方面是因为挥发性的风味成分比水分更易挥发，造成风味成分的大量损失；另一方面，在干制过程中由于受到热的作用，还会产生一些新的风味成分，如焦香味、硫味等。

（4）干燥对食品质构特性的影响　物料在干制的过程中失去水分，会发生干缩、干裂等现象，且其复水性和复原性会受到干燥方法的影响，复水后无法恢复到新鲜时的状态。

2. 干燥对食品安全性的影响

在干制过程中发生的一系列变化，存在一些不利的影响，而这些不良变化会导致相应的食用安全问题。除此之外，食品干燥技术的安全性问题还体现在微生物学等方面。

在一定温度条件下进行的干燥工艺，只是让微生物随着水分活度的降低进入休眠状态，无法达到完全灭菌的效果。当遇到温暖潮湿的气候时，干燥食品便会腐败变质。普通干燥很难达到极低的水分含量，以致食品中部分酶并未失去活性。如动物性干制食品在长期存放过程中，在脂肪氧化酶的作用下会出现发黄和产生哈喇味等，长时间大量食用该类制品会对人体消化系统、肝脏、肾脏、心脏等造成损害。不同的干燥技术会导致不同的安全问题，如静态干燥时，可能存在切片搭叠而形成的死角；而动态干燥时，其内部水分扩散较慢，干燥时间会延长。

为优化传统的食品干燥技术，尽量规避一些安全问题，微波干燥、超声波干燥、真空冷冻干燥、等离子体干燥等新型技术相继出现。这些技术在干燥时间、效率、质量等方面有较大的优势，但也存在一些局限性，需要我们在实践中根据物料的性质、干制品的质量要求和加工成分来选择合适的干制方法，同时在干制过程中选用合理的干制工艺条件。

（二）中间水分食品

1. 概述

中间水分食品，是指水分含量在20%~40%，水分活度在0.60~0.85，不需要冷藏的食品，且不必复水也可食用，又称为半干食品、中湿食品、半干半湿食品等。该类食品通过控制水分活度进而控制食品的性质和稳定性，其保藏能力部分来自与溶质的高浓度有关的高渗透压。中间水分食品采用物理方法、化学方法降低食品中自由水含量，其工艺可分为4类：部分干燥、渗透法干燥、干燥浸渍以及混合法。

2. 中间水分食品的安全问题

水分活度与食品性质和稳定性的关系是中间水分食品安全问题的实质。水分活度对于微生物繁殖的影响是中间水分食品最重要的问题。半湿性组织的水分活度足以抑制普通食品的细菌败坏，但不能够长期抑制霉菌的繁殖。同时该条件下不足以抑制食品中酶的活力，要注意钝化有潜在危害的水解酶和氧化酶。中间水分食品的加工常添加丙二醇、山梨酸钾等防腐剂以防止微生物的增殖，或是添加多元醇、砂糖、食盐等湿润剂来降低食品的水分活度，故该加工方式需注意相关添加剂的使用规范。

此外不能忽视的是，水分活度还影响食品的其他性质，包括化学反应性和化学平衡、酶活力、香味、组织、色泽以及营养素的稳定性。

（三）食品浓缩

1. 概述

浓缩在食品工业中的应用主要有以下目的：①去除食品中大量的水分，减少重量和体积，减少食品包装、贮藏和运输的费用。②提高制品浓度，增大渗透压，降低水分活度，抑制微生物生长，延长保质期。③作为干燥、结晶或完全脱水的预处理过程。④降低食品脱水过程的能耗。⑤改善产品质量。

从原理角度浓缩方法可分为平衡浓缩和非平衡浓缩，我国现有的几种浓缩技术主要有蒸发浓缩、真空浓缩、闪蒸浓缩、反渗透浓缩、超滤浓缩、膜浓缩等，其中蒸发浓缩是目前食品工业应用较为广泛的一种方法。

2. 不同浓缩技术对食品品质的影响

在食品浓缩的过程中，采用不同的浓缩技术对物料的品质和生产效益会产生不同的影响，分别存在一定的优缺点。

热浓缩技术包括常压加热浓缩、真空加热浓缩等，它由热处理引发各种物理化学反应而使物料发生变化，会直接影响物料的色、香、味，破坏其生物活性物质的含量。常压加热浓缩耗能多，对食物原有的风味、营养和颜色保留程度低。而真空加热浓缩是在较低温度下降低沸点完成浓缩，比常压加热浓缩保留的食品营养成分多，且具有更长的保存时间。

非热浓缩技术包括冷冻浓缩技术和冰温浓缩技术，相对于热浓缩技术生产的同类产品可以更好地保持食品的原汁原味，呈现良好的色泽。研究表明，经冷冻浓缩处理后的果汁，除维生素 C 含量略有下降外，还原糖、蛋白质等其他营养成分都能很好地保留。但冷冻浓缩过程微生物和酶的活性得不到抑制，制品还需进行热处理或冷冻保藏。冰温浓缩技术所需要的温度比冷冻浓缩所需要的温度略高，可延缓食品理化性质的变化，较好地保留其营养物质且设备耗资低。

3. 浓缩对食品安全性的影响

浓缩工艺在一定程度上对食品品质造成不利的影响，进而导致营养安全性和储存安全性方面的问题。为优化相关的浓缩技术，目前国内外食品浓缩技术的研究整体朝着低温化、快速化和连续化趋势发展。

浓缩食品具有一定的便捷性，但长期食用也存在健康危害。如儿童在生长阶段若长期饮用浓缩果汁，可能引发肥胖症、钙质流失、蛀牙、厌食症，甚至会导致青少年糖尿病。

二、食品的低温处理技术

低温处理是提高食品质量的有效方法，是一种在较低的温度范围内进行加工、处理和保存食品的技术。常见的低温处理方法包括冷却冷藏和冻结冻藏。低温处理的作用机制主要是通过减缓食品中的化学反应速率，从而达到保持食品品质、延长保质期的目的。具体而言，低温处理可以抑制微生物的生长和繁殖，减少食品中的酶活力和氧化反应、褐变反应等；同时，还可以降低食品中水分含量，防止微生物污染和生长。低温处理可以适用于包括肉类、水产品、乳制品、果蔬等在内的各类食品，不同的食品有不同的处理温度和时间要求。

（一）食品的冷却与冷藏

1. 概述

冷却是将食品的温度降低到接近食品的冰点但不冻结的一种冷加工方法，被广泛应用于延长食品的保质期。冷却食品的温度范围上限是15℃，下限是0~4℃。该温度下，既能延长食品的保质期，又能最大限度地保持食品的新鲜状态。但是由于部分微生物在这样的温度下仍能生长繁殖，因此，经过冷却的鱼肉类食品不能长期贮存。冷却是食品冷藏前的必经阶段。

在实际操作中，根据食品种类与冷却要求的不同选择合适的冷却方法，常见的有空气冷却、冷水冷却、碎冰冷却、真空冷却等。

2. 冷却与冷藏对食品安全性的影响

冷却与冷藏的温度一般不会太低，属于低温不结冻，在保证食品营养与品质的同时，还是会发生一系列的变化导致食品腐败变质，其原因主要包括微生物、酶以及一些其他因素的影响。

（1）冷却与冷藏对微生物的影响　在冷却冷藏的温度环境下，食品表面微生物的活动受到抑制，温度越低其活动能力越低，但一般情况下微生物不会被杀死而失去活性。还需要注意一些嗜冷微生物。如果储藏时间过久，微生物总量达到一定值就会使食品发生腐败，存在食用危害。不同的冷却方式也会导致微生物的滋长。如水冷却过程中，冷却介质与被冷却食品有直接接触，会导致微生物通过冷却水传播，进而污染食品。果蔬在冷却前需进行预处理，清洗表面附着的灰尘、泥沙和大量微生物及残留农药，使之符合商品要求和卫生标准后才能进入冷藏。在冷藏食品出冷藏室时，需要经过回热的过程，由于冷藏食品的温度低于外界空气的露点温度，空气中的水分冷凝在食品表面，其带有的灰尘和微生物便会污染食品。

（2）冷却与冷藏对酶活力的影响　不同的食品中酶的含量不尽相同，它具有催化剂的作用，参与食品的多种生理活动。由于酶的特殊性，使得酶对低温的耐受性很强。低温可以极大程度上抑制酶的活性，延缓食品发生腐败变质的速度，但不能使酶失去活性。

（3）冷却与冷藏对其他变质因素的影响　在低温储藏过程中，食品内部的生理生化反应的发生并没有消失。如维生素C的氧化、油脂的酸败、番茄红素的氧化等都会造成食品的腐败变质。冷却时由于水分蒸发导致食品发生干耗，尤其是肉类食品在发生干耗后，肉的表面收缩、硬化，形成干燥皮膜，加剧脂肪氧化。一些原产于热带和亚热带的果蔬对低温特别敏感，易遭受冷害，导致果实极易感染病菌，完全丧失商品价值。

3. 研究现状

当前我国低温冷藏技术还不够成熟，对食品的保藏效果相对不佳，导致了部分食品的品质下降，不但损害了生产经营者的利益，也对消费者的身体健康存在安全隐患。真空冷却法是目前较为干净卫生、降温迅速的方法，是利用真空降低水的沸点，促使食品中的水分在较低温度下蒸发，通过散发潜热从而使食品温度降低而冷却。

（二）食品的冻结与冻藏

1. 概述

冻结是将食品的温度降低到食品汁液的冻结点以下（一般要求食品的中心温度达到-15℃或以下），使食品中的水分大部分冻结成冰。常用的方法有空气冻结法、间接接触冻结法和直接接触冻结法。食品的冻藏是将食品放在低于-18℃贮存，在这样的低温环境中微生物、酶及氧气等不利因素能得到有效控制，可以较好地保持食品的品质。

2. 冻结对食品安全性的影响

冻结过程本身不破坏营养素，但由于食品内细胞的体积变化和胶体性质变化伴随冰晶的机械损害，食品的营养价值、风味和质构会受到不同程度的损失。影响食品品质的关键因素是冻结速度。相对于缓冻，速冻对食品品质的影响较小，可以降低对细胞的机械损伤，减弱细胞内溶质的浓缩作用。因降温迅速，微生物的生长和酶的活力也能得到有效抑制。

但冻结速度过快也有不利的一面。速冻时因食品表层先冻结，限制了内层冻结时的膨胀，当食品外层承受不了内压时，便以破裂方式进行释放，产生龟裂。如鱼体在发生龟裂后，会导致内脏的酶类挤出、红细胞崩溃、脂肪向表层移动等一系列不良反应。速冻可以使微生物存活量急剧下降，但不能使其全部死亡。缓慢冻结和重复冻结对微生物杀伤作用大，而具有较强抵抗力的孢子体常能免于冷冻的伤害。

3. 冻藏对食品安全性的影响

冻藏是一个比较长的过程，在冻藏期间由于冻藏温度的波动和空气中氧的作用，食品品质会发生一些不良的变化。

（1）冰结晶的成长和重结晶　在蒸气压差的推动下，冻藏期间的细小冰晶会聚集成长为大的冰晶体。温度波动导致的重结晶也会使冰晶体颗粒增大。冰结晶的成长和重结晶会使细胞受到严重的机械损伤并促使蛋白质变性。

（2）冻干损害　冻藏食品的水分在周而复始的升华凝结过程中不断干燥，造成重量的损失。随着贮藏期的延长，在冰晶升华的地方会形成细微的孔隙，增加了食品与空气的接触面积，进而引发强烈的氧化反应和蛋白质脱水变性。

（3）营养成分的变化　冻藏过程中食品物料的生理生化反应都在缓慢地进行着。脂类会发生自动氧化反应，导致食品物料产生哈喇味，游离脂肪酸的含量也会随着冻藏时间的延长而增加。果蔬中维生素 C 的含量也会由于氧化作用而减少。

（4）其他变化　食品物料在冻藏期间还会发生其他一些变化，如 pH、色泽、风味的改变等。酶受低温影响仍保持着一些活性，因此在冻藏期间动物组织内蛋白质可以发生水解。酵母菌和霉菌耐低温能力较强，部分在 0℃以下仍可以生长繁殖。一些嗜冷微生物可以在-20~-10℃的环境中活动。冻藏的低温条件下，肉毒梭菌等产生毒素的细菌也能缓慢生长并产生毒素。

三、食品的热处理技术

（一）概述

热处理能够杀灭致病菌和其他有害微生物，钝化酶类，破坏食品中不需要的或有害成分及因子，改善食品的品质与特性，以及提高食品中营养成分的可利用率、可消化性等，是食品加工与保藏中用于改善食品品质、延长食品保质期的重要手段之一。热加工主要包括烹调、烫漂、巴氏消毒和杀菌等，其中烧、烤、煎、炸等为常见的烹调方式。

（二）热处理对食品安全性的影响

食品热处理技术带来的益处使之成为人类生活不可或缺的一部分，但它们也存在一定的危害，具体表现为营养学、微生物学以及毒理学方面的安全问题。

1. 热处理对食品营养安全性的影响

热处理造成的食品营养成分的变化与损失，既存在有利影响，也有不利的影响。热处理工艺无论是烤制、油炸、煎炸均会对肉品的蛋白质含量产生影响。高温会使蛋白质结构发生变化，导致变性、老化和焦煳等，造成蛋白质的生物利用率下降。若过度加热使蛋白质的一级结构发生改变，则会造成必需氨基酸含量的降低或抗营养和有毒衍生物的生成。脂肪在热处理过程中会被氧化并分解成游离脂肪酸。碳水化合物在高温下分子链断裂，结构改变，影响其营养价值。许多维生素对热敏感，如维生素 C 在高温下易被氧化破坏，导致含量下降。

2. 热处理对食品微生物学安全性的影响

热处理并没有完全杀灭食品中的细菌、寄生虫和病毒等病原体，如果食品在前期处理和后续储存过程中没有得当的操作，就有可能导致食物中毒的发生。

目前，应用于食品领域的一些热处理杀菌技术均存在一定的缺点。适用于牛奶等液体食品的巴氏杀菌是一种 100℃ 以下的低温加热杀菌方式，虽能杀灭致病性微生物，但仍会含有腐败菌，需要辅以其他保藏方式。较强烈的商业杀菌能够使所有的病原性微生物、产生毒素的微生物以及其他可能在通常的贮存条件下繁殖并导致食品腐败的微生物完全被破坏，但只适用于密闭容器内的食物，而且可能仍然存在一些抗热性的细菌孢子。要想达到完全无菌的程度，就有可能导致食品品质劣变甚至失去商品价值。

3. 热处理对食品毒理学安全性的影响

在加热条件下，食品中的蛋白质、脂肪和糖类等物质会发生化学反应，产生低剂量的毒性物质，产生不安全性。如丙烯酰胺、呋喃、3-氯-1,2-丙二醇、脂肪过氧化物、反式脂肪酸等，动物实验已证实热处理后上述产物的毒性。

（1）脂肪过氧化物　食物中的脂肪在高温下会形成脂肪过氧化物自由基，过量摄入该类物质会大大提高心脑血管疾病与肿瘤的患病风险。

（2）反式脂肪酸　在油炸、煎烤等过程中，植物油中的顺式脂肪酸因高温受热部分转变为反式脂肪酸。反式脂肪酸的摄入量与心血管疾病、乳腺癌和结肠癌等疾病的发生呈正相关。

四、食品化学保藏技术

食品的化学保藏，是指在食品生产、贮存和运输过程中使用化学制品来提高食品的耐藏性和尽可能保持食品原有品质的一系列措施。其中腌制、熏制及食品添加剂的合理使用是常用方法。

（一）腌制

1. 概述

腌制，又称腌渍，是指用食盐、糖等腌制材料处理食品原料，使其渗入食品组织内，以提高食品渗透压，降低食品水分活度，并有选择性地抑制有害微生物的活动，促进有益微生物的活动，从而防止食品的腐败，改善食品食用品质的加工方法。

通常腌制泛指盐腌。盐腌包括盐渍和熟成两个阶段。

（1）盐渍　食品与固体食盐接触或浸于食盐水中，食盐向食品中渗入，同时一部分水分从食品中除去，从而使食品的水分活度降低，以达到抑制腐败变质的作用。

（2）熟成　由于微生物和食材中酸类的作用，在较长时间的盐渍过程中食材逐渐失去原来的组织状态和风味特点，质构变软，氨基酸含量增加，形成咸制品特有的风味。此过程即为咸制品的熟成或腌制熟成。

2. 腌制对食品安全性的影响

食盐溶液的防腐机制：食盐溶液对微生物细胞具有脱水作用；食盐溶液对微生物酶活力有影响；食盐溶液可降低微生物环境的水分活度；食盐的加入使溶液中氧气浓度下降。

食盐浓度达到饱和时的最低水分活度为 0.75，该水分活度并不能充分抑制嗜盐细菌、耐旱霉菌和耐高渗透压酵母的缓慢生长。所以气温高的地区和季节，腌制品仍有腐败变质的可能。

盐腌方法可分为干腌法、湿腌法、混合腌制法和注射腌制法。

（1）干腌法　利用干盐并依靠食材中渗出的水分所形成的食盐溶液而进行盐渍的方法。脱除食材中的水分，同时食盐溶液吸热可降低食材的温度，利于防止变质。但干腌法因为盐水不能很快形成，加之吸热不均匀，使盐渍效果不一致。此外，制品与空气接触面积较大易产生油脂氧化，使制品质量降低。

（2）湿腌法　食盐可均匀渗透，食材不与空气接触，不会产生油脂氧化，能制得质量较好的制品。但从食材中析出的水会使盐溶液的浓度迅速降低，防腐效果减弱，所以要及时补充食盐。

（3）混合腌制法　干腌法和湿腌法的复合方法，食盐渗透均匀，盐渍初期也不易变质，能抑制脂质的氧化，制品外观好。

（4）注射腌制法　为加快腌制进程，在用盐水腌制时先将食材用盐水注射，再放入盐水中腌制。该法可节约时间，提高效率，但成品品质不如干腌制品。

①动脉注射法：用泵将盐水或腌制液经动脉系统压入分割肉或腿肉内，此为扩散盐腌的最好方法。优点是腌制液能快速渗透肉的深处，不破坏肉的完整性，腌制速度快。缺点是腌制用肉必须是血管系统没有损伤、刺杀放血良好的前后腿，同时产品易腐败变质，必须冷藏。

②肌肉注射法：分为单针头注射和多针头注射两种，针头大多为多孔型，单针头注射法适合于分割肉，多针头注射法适合于形状整齐且不带骨的肉类。

（二）烟熏

1. 概述

烟熏是利用燃料没有完全燃烧的烟气对食物进行熏制，以烟熏来改变产品的口味、提高品质并延长保质期的一种加工方法。熏制品的贮藏性主要取决于制品的干燥程度（水分活度）。熏制前原料先进行盐渍，然后在水中浸泡脱盐，再熏干。

烟熏的作用主要有：赋予制品特殊的烟熏风味，增加香味；使制品外观产生特有的烟熏色，对加硝肉制品有促进发色作用；脱水干燥，杀菌消毒，防止腐败变质，使肉制品耐贮藏；熏烟成分渗入制品内部，防止脂肪氧化。

熏制加工中用于发烟和发热的燃料为熏材，一般选用含树脂较少的木材或锯木屑。通常使用阔叶树的硬质木料，水分含量在20%~30%；新鲜的木材有机酸含量多，会使制品香味降低，不宜使用；熏材中的木屑通常用于燃烧发热，木片和木块供发烟。

2. 熏制对食品安全性的影响

（1）熏烟的产生　熏烟是植物性材料缓慢燃烧或不完全氧化时产生的水蒸气、气体、树脂和微粒固体的混合物。木料加热至内部水分接近零时，温度便迅速上升到200~400℃，就会因热分解而产生熏烟。燃烧温度在340~400℃以及氧化温度在200~250℃所产生的熏烟质量最高。

（2）熏烟的成分及作用　熏烟中最重要的成分为酚类、羰基化合物、有机酸类、醇类和烃类等。

酚类包括苯酚、甲苯酚、愈创木酚、二甲酚等，其作用包括抗氧化、形成特有的烟熏味和抑菌防腐。

羰基化合物包括醛类、酮类，促成熏制品的色泽（褐变）和芳香味（烟熏风味）。

有机酸类对风味影响微弱，增加防腐作用，促进制品表面蛋白质凝固，形成良好的保护膜。

醇类主要是甲醇等，作为挥发性物质的载体。

烃类有苯并[a]芘、二苯并蒽、4-甲基芘等，为熏烟成分中的有害物质，存于熏烟的固体微粒上，可过滤清除。

（3）致癌物　近年来发现熏制品含有苯并[a]芘。苯并[a]芘也是一种强烈的致癌物，可诱发多种脏器和组织的肿瘤，如肺癌、胃癌等。熏制食品中的苯并[a]芘有多个来源。首先，熏烟中含有这类物质，在熏制过程中能污染食物；其次，肉类本身所含的脂肪，在熏制时如果燃烧不完全，也会产生苯并[a]芘；此外，烤焦的淀粉也能产生这类物质。

熏制食品致癌性的大小取决于许多因素，具体如下。

①食入量：吃得越多，摄入的苯并[a]芘等致癌物也越多，所以熏制品不宜作为日常食品。

②熏烤方法：用炭火熏烤，每千克肉能产生2.6~11.2μg的苯并[a]芘，而用松木熏烤，每千克红肠能产生苯并[a]芘88.5μg，所以最好选用优质炭作为熏烤燃料。另外，熏烤时食物不宜直接与火接触，熏烤时间也不宜过长，尤其不能烤焦。

③食物种类：肉类制品致癌物质含量较多，1kg烟熏羊肉相当于250支香烟产生的苯并[a]芘，而淀粉类熏烤食物，如烤白薯、面包等产生的苯并[a]芘含量较低。

3. 研究现状

液熏法是烟熏制品新工艺，利用烟熏香味料液熏食品是目前世界烟熏食品业广为应用的方法，烟熏香味料为烟熏业最有前途的香料。

五、食品加工高新技术

随着高新技术逐步应用到食品加工行业，食品加工呈现出迅猛发展的势头，技术研究和创新也成为食品加工专业人员追求的最高目标。技术化的食品加工产业，一方面，会节约成本，提高效率，减少化学污染，实现绿色发展，推进碳达峰、碳中和；另一方面，会提升食品的口感和质量，加快新产品的研发速度。食品行业的高新技术作为节能、高效、环保的新型工艺，应用这些技术得到的产品生产过程安全、对环境无污染，不仅符合当今工业化生产的要求，而且符合当今世界可持续发展的趋势。借助高新技术去研制开发高端食品不仅是全球食品专家的任务和使命，也是未来食品加工行业势不可挡的潮流。

（一）超高压（高静水压）技术

1. 概述

超高压技术简称高压技术或高静水压技术，是将食品原料包装后密封于超高压容器中，在一定压力（100~1000MPa）和温度下加工适当的时间，杀灭食品中的细菌等微生物，同时使食品中的酶、蛋白质和淀粉等生物高分子改变活性、变性或糊化，从而达到食品灭菌、保藏或加工的目的。超高压技术在食品杀菌、加工技术领域具有独特的优点：作用均匀、瞬时、高效；易控制，操作安全，能耗低，污染少；可保持食品固有的营养品质和风味；改善生物多聚体的结构，调整食品质构；不同压力作用影响性质不同。

2. 超高压技术对食品安全性的影响

超高压加工食品的原理是：当食品在超高压状态下时，其中的小分子（如水分子）间的距离会缩小，而食品中的蛋白质等大分子团构成的物质仍保持原状。这时水分子会产生渗透和填充作用，进入并且黏附在蛋白质等大分子团内部的氨基酸周围，从而改变蛋白质等大分子团的性质，当压力下降为常压时，变性的大分子链会被拉长，使其部分立体结构遭到破坏，从而使蛋白质凝固、淀粉变性、酶失活，细菌等微生物被杀死，食品的组织结构改善，促成新型食品生成。只作用于非共价键是超高压技术的一个独特性质，因此它对维生素、色素和风味物质等低分子物质的共价键无明显影响，可较好地保持食品原有的营养价值、色泽和天然风味。

超高压作用下，低温或高温能提高灭菌效果。果汁在适当温度下加压可以降低酵母菌、霉菌的致死压力。枯草杆菌的孢子在800MPa下很难被完全杀死，但在45~60℃时，600MPa即可杀灭。高压热处理会由于压力而作用放大，如控制好温度，可减少加工时间和压力。某些微生物如大肠杆菌在加压至400MPa时，反而能生存，此时在低温高压下处理，杀菌效果会增强。当菌悬液的水相出现冰晶，细胞受到机械损伤，同时又受到压力作用，杀菌效果增强。蛋白质在低温高压下敏感性增强，容易变性，酶活力较弱，且在低温下有利于保持食品的风味及营养。

（二）微胶囊技术

1. 概述

微胶囊技术是指将分散的固体颗粒、液滴甚至气体等用天然高分子材料或合成高分子材料包裹成微小、具有半透性或密封囊膜的微型胶囊的技术。所得到的微小粒子称为微胶囊（microcapsule），其内部所包裹的物料称为芯材或囊芯，芯材可以是固体、液体或气体，也可以是它们的混合体；外部的囊膜称为壁材或囊壁，通常为单层结构，也可由多层结构包埋。微胶囊粒径一般为1~1000μm，小于1μm的微胶囊称为纳米微囊。如今，微胶囊技术已成功应用于食品、化工、医学、生物技术等诸多领域。根据微胶囊性质、成囊条件和囊壁形成原理可将微胶囊制备技术分为物理法、化学法、物理化学法等三大类20余种方法。目前在食品工业中应用较成熟的方法有喷雾干燥法、空气悬浮法、喷雾冻凝法、分子包埋法、物理吸附法、复凝聚法、挤压法等。

2. 微胶囊技术对食品安全性的影响

研究表明，理想的壁材应符合安全卫生的要求，无毒、无致癌性，不与芯材发生化学反应，具备一定的抗氧化性等。不同壁材种类对芯材的包埋率差异很大，更会影响其在加工和贮藏过程中的稳定性，需根据产品性质和功能选择合适的材料。如淀粉类壁材易被酸侵蚀和被淀粉酶水解；麦芽糖糊精类壁材乳化能力、封装效率及贮藏性较差。

思考题

1. 油炸与焙烤过程会对食品安全性产生什么影响？
2. 辐照食品和微波加工食品在国内外的应用现状如何？它们对食品安全性的影响体现在哪些方面？
3. 食品添加剂在使用时有哪些要求？要遵循哪些原则？
4. 常用的食品添加剂有哪些种类？它们分别会对食品的安全性产生什么影响？
5. 食品加工过程中常用的加工方式有哪些？各加工方式的原理是什么？
6. 食品干燥、低温处理、热处理等加工方式在使用时分别会对食品品质和安全性产生什么影响？
7. 食品加工过程中易生成的有毒有害物质有哪些？它们对人体健康会造成什么危害？

第八章

08

食品包装材料与食品安全性

学习目标

1. 掌握食品包装的定义及其作用。
2. 了解食品包装的类别。
3. 掌握不同类别食品包装材料对食品安全的影响。

食品包装是食品加工的重要环节。随着科学技术的不断进步和发展，食品包装材料的种类也越来越丰富和多样化。食品安全不仅指食品本身的安全性，也包括食品接触材料的安全性，其对食品安全有着重要的意义。食品包装在食品生产、流通和消费活动中发挥着重要作用。食品包装可保护食品不受外界污染，保持食品本身的水分、营养成分和品质等特性不发生改变，方便内装物贮运、延长货架期和提高商品价值，但其本身所含化学成分可能会迁移到食品，影响食品安全。随着包装技术的发展、消费水平的提升和国家产业政策的调整，社会各界对环保及食品包装安全的关注度不断提升，我国食品包装产业将面临重大转型，绿色环保、功能多样、安全可靠将成为行业发展的新趋势。

第一节　食品包装的基本概念

一、食品包装的定义

我国国家标准 GB/T 4122. 1—2008《包装术语　第 1 部分：基础》规定，包装是为在流通过程中保护产品，方便储运，促进销售，按一定技术方法而采用的容器、材料及辅助物等的总体名称。也指为了达到上述目的而采用容器、材料和辅助物的过程中施加一定方法等的操作活动。

二、食品包装的作用

食品包装的好坏直接影响到食品能否以完美的状态到达消费者手中，其主要作用有：①保护商品；②方便贮运；③促进销售；④提高商品价值。

三、食品包装的类别

1. 按包装材料和容器分类

（1）纸和纸板　主要有纸盒、纸箱、纸袋、纸罐、纸杯等。

（2）塑料　主要有聚乙烯、聚丙烯、聚氯乙烯、聚苯乙烯、聚偏二氯乙烯、丙烯腈共聚塑料、聚碳酸酯树脂、复合薄膜以及塑料薄膜袋、编织袋、周转箱、热收缩膜包装、软管等。

（3）金属　主要有镀锡钢板、镀铬钢板、铝等制成的金属罐、桶等。

（4）玻璃　主要有瓶、罐、坛、缸等。

（5）其他　主要有橡胶、搪瓷、陶瓷等。

2. 按在流通过程中的作用分类

（1）运输包装　运输包装又称大包装，具有很好的保护作用，方便运输和易于装卸，其外表面对运输注意事项应有明显的文字说明或图示，如“不可倒置”“易燃”“防雨”等。木箱、金属大桶、集装箱等一般都属运输包装。

（2）销售包装　销售包装又称小包装或商业包装，不仅具有保护作用，而且注重包装的促销和增值功能，如瓶、罐、盒、袋及其组合包装等。

3. 按包装结构形式分类

（1）贴体包装　贴体包装是将产品封合在用透明塑料片制成的、与产品形状相似的型材和盖材之间的一种包装形式。

（2）组合包装　组合包装是将同类或不同商品组合在一起进行适当包装，形成一个搬运或销售单元的包装形式。

（3）托盘包装　托盘包装是将产品或包装件放在托盘上，通过捆扎、裹包或黏结等方法固定而形成包装的一种包装形式。

此外，还有可携带包装、热收缩包装、可折叠式包装等。

4. 按销售对象分类

按销售对象可分为出口包装、内销包装、军用包装和民用包装等。

5. 按包装技术方法分类

按包装技术方法可分为真空包装、充气包装、防潮包装、防水包装、防伪包装、无菌包装等。

第二节　塑料包装材料及制品

塑料由于原料来源丰富、成本低廉、重量轻、运输方便、化学稳定性好、易于加工、装饰效果好以及良好的保护作用等特点而受到食品包装业的青睐，成为世界上发展最快、用量最大的包装材料。塑料包装材料广泛用于食品的包装，大量取代了玻璃、金属和纸类等传统包装材料，使食品包装的面貌发生了巨大的改观。但是，塑料包装对环境造成的污染是各类包装废弃物中最严重的。目前处理方案为回收利用和开发应用降解塑料相结合，以回收利用为主。

一、塑料的组成、分类和性能

(一) 塑料的组成

塑料是以一种高分子聚合物树脂为基本成分，加入用来改善性能的各种添加剂制成的高分子材料。

1. 聚合物树脂

塑料中聚合物树脂占40%~100%，树脂的种类、性质以及在塑料中所占的比例对塑料性能起着主导作用。

2. 塑料常用添加剂

塑料添加剂主要是在塑料结构中分散的一类化学物质的总称，这些添加剂并不会对塑料分子结构造成影响，但可以有效节约塑料生产成本，改善塑料的物理性质。塑料添加剂的类别和品种繁多，主要有以下几种。

(1) 增塑剂　这是一类可以增加塑料制品可塑性的添加剂。增塑剂主要有邻苯二甲酸酯类、磷酸酯类等。其中，邻苯二甲酸酯类应用最广，毒性较低；磷酸酯类增塑剂中的己二酸二辛酯耐低温性较好。

(2) 稳定剂　稳定剂是防止塑料制品在空气中长期受光的作用或长期在较高温度下降解的一类物质。稳定剂主要有硬脂酸锌盐、铅盐、钡盐、镉盐等，但铅盐、钡盐、镉盐对人体危害较大，食品包装材料一般不用这类稳定剂。锌盐稳定剂在许多国家都允许使用，其规定用量为1%~3%。

(3) 填充剂　它的作用是弥补树脂某些性质不足，改善塑料的使用性能，如提高制品的耐热性、硬度等，同时可降低塑料成本。常用的填充剂有滑石粉、碳酸钙、陶土、石棉、硫酸钙等，其用量一般为20%~50%。

(4) 着色剂　着色剂主要为染料及颜料，用于改变塑料等合成材料固有的颜色，可使制品美观，提高商品价值。

(5) 润滑剂　润滑剂主要是一些高级脂肪酸、高级醇类或脂肪酸酯类，润滑剂可分为内部润滑剂与外部润滑剂。内部润滑剂最主要的功能是改善树脂的内流动性，减少树脂分子链间的内摩擦，如脂肪酸酯类（硬脂酸单甘油酯）。外部润滑剂降低树脂对加工机械的黏着，并提高产品表面的光滑，使其易于脱模。

(6) 抗氧化剂　抗氧化剂主要作用为延缓或抑制塑料因光、热、辐射以及金属杂质的作用发生的氧化降解。常用的抗氧化剂均有一定的毒性，因此塑料食品包装中常使用芳胺作为抗氧化剂，安全性较高，但是抗氧化效果稍差，一般为 BHA（丁基羟基茴香醚）和 BHT（二丁基羟基甲苯）。

(7) 抗静电剂　抗静电剂的主要功能是赋予塑料导电性，以使其避免因摩擦而造成静电的积存。常用的抗静电剂有四级铵盐（quaternary ammonium salt）、乙氧化胺类、脂肪酸酯类与磺化腊类（sulfonated wax）等。其中烷基苯磺酸盐、烯烃磺酸盐等毒性均较低。

(二) 塑料的分类

通常根据加热、冷却时呈现的不同性质，把塑料分为热塑性塑料和热固性塑料两类。

1. 热塑性塑料

热塑性塑料主要以加成聚合树脂为基料，加入少量添加剂而制成。其优点为成型加工简单，包装性能良好，废料可回收再利用。其缺点为刚硬性低、耐热性不高。用于食品包装及容器的热塑性塑料主要有聚乙烯、聚丙烯、聚苯乙烯、聚氯乙烯等。

2. 热固性塑料

热固性塑料主要以酚醛树脂为基料，加入添加剂、固化剂及其他添加剂而制成。其优点是耐热性高、刚硬、不溶、不熔等。其缺点为性脆、成型加工效率低，废弃物不能回收再利用。热固性塑料主要有脲醛塑料及醛酚塑料等。

（三）塑料分类标志

塑料分类标志又称合成树脂识认码、塑料材质编号、塑料材料编码与塑料编码，是美国塑料工业协会于1988年编制的分类编码方式。

绝大多数的塑料皆可回收，但需要根据聚合物种类而分类。规范使用塑料分类标志可以有效降低塑料分类、回收、利用的难度。塑料分类标志的符号包含了顺时针转的箭头，形成一个完整的三角形，并将编码包围于其中。通常在三角形之下会标上代表塑料材料的缩写。当该标志的编码被省略时，这个符号就变成通用的循环再造标志，用来指一般可回收的材料。在这个状况下，"其他"（OTHER）用来指使用过的材料。具体分类标志如图8-1所示。

图8-1 塑料分类标志

（四）塑料包装材料的性能

1. 物理性能优良

塑料具有一定的强度和弹性，耐折、耐磨、抗震，并且具有一定阻隔性。

2. 化学稳定性好

塑料大多耐酸、耐碱等。

3. 质量轻

方便运输、销售等。

4. 易加工成型

塑料容易加工成各种形状，可将塑料加工成薄膜、片材、中空容器、复合材料等包装制品。

5. 美观

塑料可进行印刷装潢，应用透明的塑料包装，可增加商品的美观效果。

二、塑料中有害物质的来源

塑料包装体现了现代食品包装形式丰富多样、流通使用方便的发展趋势，成为食品销售包装最主要的包装材料。但塑料包装用于食品也存在着一些安全性问题。

（1）制作塑料的主要原料树脂本身有一定的毒性。

（2）树脂中残留有毒单体、裂解物及老化产生的有毒物质。

（3）塑料包装容器表面有微尘杂质及微生物污染。

（4）塑料制品在制作过程中添加的稳定剂、增塑剂、着色剂等容易迁移出塑料，造成二次污染，也是危害食品安全的因素。

（5）塑料回收料再利用时附着的一些污染物和添加的色素可造成食品的污染。

塑料以及合成树脂均由很多小分子单体聚合而成，小分子单体的分子数越多，聚合度越高，塑料的性质越稳定，当与食品接触时，向食品中迁移的可能性就越小。添加到塑料中的低分子物质或添加剂很多，如防腐剂、抗氧化剂、杀虫剂、热稳定剂、增塑剂、着色剂、润滑剂等，它们易从塑料中迁移，应事先采取措施加以控制。

三、塑料包装材料对食品安全的影响

1. 聚乙烯

聚乙烯（PE）是由乙烯单体聚合而成的化合物。聚乙烯包装的优点为对水蒸气的透湿率低，有一定的拉伸强度和撕裂强度，柔韧性好，耐低温，化学性能稳定，热封性好，易成型加工等。其缺点为对氧气、二氧化碳的透气率高，不耐高温，印刷性能和透明度较差。

采用不同工艺方法聚合而成的聚乙烯因其相对分子质量大小及分布不同，分子结构和聚集状态不同，形成不同的聚乙烯品种，一般分为低密度聚乙烯（LDPE）和高密度聚乙烯（HDPE）两种。低密度聚乙烯主要用于制造食品塑料袋、保鲜膜等；高密度聚乙烯主要用于制造食品塑料容器、管等。

聚乙烯塑料本身是一种无毒材料，它属于聚烯烃类长直链烷烃树脂。聚乙烯塑料的污染物主要包括聚乙烯中的单体乙烯、添加剂残留以及回收制品污染物。其中乙烯有低毒，但由于沸点低、极易挥发，在塑料包装材料中残留量很低，加入的添加剂量又非常少，基本上不存在残留问题，因此，一般认为聚乙烯塑料是安全的包装材料。但低相对分子质量聚乙烯溶于油脂会使油脂具有蜡味，从而影响产品品质。聚乙烯塑料回收再生制品存在较大的不安全性，由于回收渠道复杂，回收容器上常残留有害物质，难以保证清洗处理完全，从而造成对食品的污染。有时为了掩盖回收品质量缺陷往往添加大量涂料，导致涂料色素残留，污染食品。因此，一般规定聚乙烯回收再生品不能用于制作食品的包装容器。

2. 聚丙烯

聚丙烯（PP）是由丙烯聚合而成的一类高分子化合物，其力学性能优于聚乙烯。聚丙烯的优点是透明度高，光泽度好，具有良好的机械性能和拉伸强度，硬度及韧性均高于聚乙烯。耐油脂，耐高温。聚丙烯的阻隔性能优于聚乙烯，其化学稳定性好，易加工成型。其缺点是耐低温比聚乙烯差，热封性比较差。

聚丙烯主要用于制作食品塑料袋、薄膜、保鲜盒等。聚丙烯加工中使用的添加剂与聚乙烯塑料相似，一般认为聚丙烯是安全的，其安全性高于聚乙烯塑料。聚丙烯的安全性问题主要是针对回收再利用品，与聚乙烯类似。

3. 聚氯乙烯

聚氯乙烯（PVC）是由氯乙烯聚合而成。聚氯乙烯塑料是由聚氯乙烯树脂为主要原料，再加以增塑剂、稳定剂等加工制成。聚氯乙烯树脂本身是一种无毒聚合物，但其原料单体氯乙烯具有麻醉作用，可引起人体四肢血管的收缩而产生痛感，同时还具有致癌和致畸作用。它在肝脏中可形成氧化氯乙烯，具有强烈的烷化作用，可与DNA结合产生肿瘤。因此，聚氯乙烯塑料的安全性问题主要是残留的氯乙烯单体、降解产物以及添加剂的溶出造成的食品污染。单体氯乙烯对人体的安全限量为1mg/kg体重。我国国产聚氯乙烯树脂单体氯乙烯残留量可控制在3mg/kg以下，成品包装材料已控制在1mg/kg以下。

聚氯乙烯塑料有软质和硬质之分，软质聚氯乙烯塑料中增塑剂含量较大，用于食品包装安全性差，通常不用于即食食品的包装，常用于生鲜水果和蔬菜包装。硬质聚氯乙烯塑料不含或含极少增塑剂，它们安全性好，可用于食品的包装。

4. 聚苯乙烯

聚苯乙烯（PS）由苯乙烯单体聚合而成。聚苯乙烯本身无毒、无味、无臭、不易生长霉菌，可制成收缩膜、食品盒等。其安全性问题主要是单体苯乙烯及甲苯、乙苯和异丙苯等。残留量对大鼠经口的LD_{50}：苯乙烯单体为5.0g/kg，乙苯为3.5g/kg，甲苯为7.0g/kg。苯乙烯单体还能抑制大鼠生育，使其肝、肾重量减轻。残留于食品包装材料中的苯乙烯单体对人体最大无作用剂量为133mg/kg，塑料包装制品中单体残留量应限制在1%以下。

5. 聚偏二氯乙烯

聚偏二氯乙烯（PVDC）是由偏氯乙烯单体聚合而成的高分子化合物。纯的聚偏二氯乙烯很脆、很硬，不适合用作包装材料，但与氯乙烯单体共聚，并加入增塑剂和稳定剂后，可制得化学性质稳定、透明性良好的薄膜。

聚偏二氯乙烯薄膜主要用于制造火腿肠等灌肠类食品的肠衣。聚偏二氯乙烯中可能有氯乙烯和偏氯乙烯残留，属中等毒性物质。按GB 4806.1—2016《食品安全国家标准　食品接触材料及制品通用安全要求》规定，氯乙烯和偏氯乙烯残留量应分别低于2mg/kg和10mg/kg。

6. 聚碳酸酯

聚碳酸酯（PC）是分子链中含有碳酸酯基的一类高分子聚合物，酯基的结构可分为脂肪族、芳香族、脂肪族-芳香族等多种类型。此前芳香族聚碳酸酯允许使用在食品包装材料中，其生产过程需添加双酚A用于产品防碎，但研究表明双酚A能导致内分泌失调，会威胁幼儿的健康，甚至诱发癌症和导致肥胖等。我国卫生部发布公告，2011年9月1日起禁止进口和销售聚碳酸酯婴幼儿奶瓶和其他含双酚A的婴幼儿奶瓶，已经上市的产品由生产企业或进口商负责召回。

7. 聚酯

聚酯（PET）是聚对苯二甲酸乙二醇酯的简称，俗称涤纶。聚酯具有良好的阻气、阻湿、阻油和保香性能，化学稳定性良好。其刚硬而有韧性，抗拉强度是聚乙烯的5~10倍，是聚酰胺的3倍，还具有良好的耐磨和耐折叠性。聚酯安全性好，大量用于饮料包装。

8. 复合薄膜

复合薄膜是由两层或两层以上的不同品种可挠性材料，通过一定技术组合而成，所用复合基材有塑料薄膜、铝箔、纸和玻璃纸等。

复合薄膜是塑料包装发展的方向，它具有以下特点：可以高温杀菌，食品保质期长；密封性能良好，适用于各类食品的包装；防氧气、防水、防光线的透过，能保持食品的色、香、味；如采用铝箔层，则增加印刷效果。复合薄膜所采用的塑料等材料应符合卫生要求，并根据食品的性质及加工工艺选择合适的材料。复合薄膜的突出问题是黏合剂。目前采用的黏合方式有两种，一是采用改性聚丙烯直接复合，其不存在食品安全问题。另一种是采用黏合剂黏合，多数厂家采用聚氨酯型黏合剂，但这种黏合剂中含有甲苯二异氰酸酯（TDI），这种复合薄膜袋装食品经蒸煮后，会使TDI迁移至食品中并水解产生具有致癌性的2,4-二氨基甲苯（TDA）。

第三节　橡胶、搪瓷和陶瓷包装材料及制品

一、橡胶包装材料及制品

橡胶制品常用作奶嘴、瓶盖、高压锅垫圈及输送食品原料、辅料、水的管道等。橡胶可分为天然橡胶与合成橡胶两大类，天然橡胶是以异戊二烯为主要成分的天然长链高分子化合物，本身既不分解也不被人体吸收，一般认为对人体无害，但由于加工的需要，加入的多种助剂，如促进剂、防老剂、填充剂等，给食品带来了不安全的风险。合成橡胶是由单体聚合而成的高分子化合物，影响食品安全性的问题主要是单体和添加剂的残留。

橡胶中许多成分具有毒性，这些成分包括硫化促进剂、抗氧化剂和增塑剂等。橡胶制品在使用时，这些单体和助剂有可能迁移至食品，对人体产生不良影响。橡胶加工时使用的无机促进剂用量较少，因而较安全。有机促进剂如甲醛类的乌洛托品能产生甲醛，对肝脏有毒性；秋兰母类、胍类、噻唑类、次氯酰胺类对人体也有危害。

二、搪瓷和陶瓷包装材料及制品

搪瓷是以铁片作为胚料，搪釉后经800~900℃的高温烧结制成；陶瓷器是将瓷釉涂覆在由黏土、长石和石英等混合物烧结成的坯胎上，再经焙烧（1000~1500℃）而成的产品。

搪瓷、陶瓷容器的主要危害来源于制作过程中在坯体上涂的彩釉、瓷釉、陶釉等。釉料主要是由铅、锌、镉、锑、钡、钛、铜、铬、镉、钴等多种金属氧化物及其盐类组成，它们多为有害物质。当使用搪瓷容器或陶瓷容器盛装酸性食品（如醋、果汁）和酒时，上述物质容易溶出而迁入食品，甚至引起中毒。所以，对搪瓷、陶瓷器的要求是：容器内壁应光滑，上釉均匀，花饰无脱落现象；浸泡后铅、镉等有害物溶出量符合规定（陶瓷器卫生标准以4%乙酸浸泡后铅、镉的溶出量为标准，镉的溶出量应小于0.5mg/L；搪瓷器卫生标准以铅、镉、锑的溶出量为控制要求，标准规定铅小于1.0mg/L，镉小于0.5mg/L，锑小于0.7mg/L）；接触食品部位不应有花饰。

第四节　金属包装材料及制品

金属用作包装材料有较长的历史，马口铁用于食品包装已有近200年的历史，其他金属包装材料用于食品包装也有100多年的历史。

金属包装主要是以铁、铝为原材料，将其加工成各种形式的容器来包装食品。由于金属包装材料及容器具有包装性能和包装效果优良、包装材料和包装容器的生产效率高、包装食品流通贮藏性能好等特点，其在食品包装材料中占有非常重要的地位，成为食品包装最重要的四大材料之一。

一、金属的包装性能

金属包装与其他包装相比，有许多显著的性能和特点。其优良性能主要表现在以下几个方面。

1. 具有优良的阻隔性能

金属包装不仅可以阻隔气体，还可阻隔光，特别是阻隔紫外光，具有良好的保藏性能。这一特点使食品具有较长的货架寿命。

2. 具有优良的机械性能

金属包装的机械性能主要表现为耐高温、耐湿、耐压、耐虫害、耐有害物质的侵蚀。这一特点使得用金属容器包装的商品便于运输与贮存，使商品的销售半径大为增加。

3. 方便性好

金属包装容器不易破损，携带方便，易开盖，增加了消费者使用的方便性。

4. 表面装饰性好

金属具有表面光泽，可以通过表面印刷、装饰提供理想的美观商品形象，以吸引消费者，促进销售。

5. 废弃物容易处理

金属容器一般可以回炉再生，循环使用，既能回收资源、节约能源，又可减少环境污染。

6. 具有良好的加工适用性

金属材料具有良好的耐高低温性、导热性、耐热冲击性，可以适应食品冷加工、热加工、高温杀菌以及杀菌后的快速冷却等加工需要。

金属包装材料虽然具有许多优良特性，但也有不足之处。主要缺点为：①化学稳定性差，主要表现为耐酸碱的能力差，金属包装高酸性内容物时容易腐蚀，金属离子易析出而影响食品风味，这在一定程度上限制了它的适用范围，但现在应用一些涂料，使这个缺点得以弥补。②质量较大，价格较贵。金属材料与纸和塑料相比，其质量较大，加工成本较高，但随着生产技术的进步和大规模生产而得以改善。

二、金属包装材料对食品安全的影响

1. 铁质包装材料

铁质制作的容器在食品中的应用较广，如烘盘及食品机械中的部件。铁质容器的安全性问题主要有两个方面。

（1）白铁皮（俗称铅皮）镀有锌层，接触食品后，锌会迁移至食品。国内曾有报道用镀锌铁皮容器盛装的饮料引发食品中毒的事件。在食品工业中应用的大部分是黑铁皮。

（2）铁质容器不宜长期接触食品。

2. 铝制包装材料

作为金属包装材料中应用最广泛的一种材料，铝制包装材料有许多优点：表面性能优异，光泽效果好；热传导率高，适合于热加工食品包装和冷冻食品包装；质量轻；易成型；阻隔性好；可循环利用。其缺点为：强度较低，不耐腐蚀，焊接性差等。

铝制包装材料主要分为熟铝、生铝、合金铝三类。过量摄入铝元素会对人体的神经细胞带来危害，如炒菜普遍使用的生铝铲会将铝屑过多地通过食物带入人体。因此，在铝制食具的使用中应注意，最好不要将剩菜、剩饭放在铝锅、铝饭盒内过夜。更不能在铝制容器中存放酸性食物，因为铝的抗腐蚀性很差，酸、碱、盐均能与铝发生化学反应，析出或生成有害物质。应避免使用生铝制作饮具。在食品中应用的铝材（包括铝箔）应该采用精铝，不应采用废旧回收铝作原料，这主要因为回收铝来源复杂，常混有铅、镉等有害金属及其他有毒物质。

铝的毒性表现为对脑、肝、骨、造血系统和细胞的毒性。研究表明，透析性脑痴呆与铝有关，长期输入含铝营养液的病人易发生胆汁淤积性肝病。铝中毒时常见小细胞低色素贫血。我国规定在食品包装材料和容器中精铝制品和回收铝制品的铅溶出量应分别低于0.2mg/L和5mg/L，锌、砷、镉溶出量应分别控制在1mg/L、0.04mg/L、0.02mg/L以下。

3. 不锈钢包装材料

不锈钢包装材料以精美、华丽、耐热、耐用等优点，日益受到人们的青睐。不锈钢的基本金属是铁，由于加入了大量的镍元素，使金属铁及其表面形成致密的抗氧化膜，提高其电极电位，使之在大气和其他介质中不易被锈蚀。但在受高温作用时，镍会使容器表面呈现黑色。使用不锈钢应注意，不能与乙醇（酒精）接触，以防镉、镍游离。不锈钢食具盛装料酒或烹调使用料酒时，料酒中的乙醇可将不锈钢涂层中的镍溶解，容易导致人体慢性中毒。

由于食品与金属制品直接接触会造成金属溶出，因此对金属溶出物有控制指标。我国罐头食品中的铅溶出量≤1mg/kg，锡溶出量≤200mg/kg，砷溶出量≤0.5mg/kg。对铝制品容器的卫生标准规定为在4%乙酸浸泡液中，锌溶出量≤1mg/L，铅溶出量≤0.2mg/L，镉溶出量≤0.02mg/L，砷溶出量≤0.04mg/L。

第五节　玻璃包装材料及制品

玻璃发明于3000年前的埃及，用作包装材料的历史悠久。玻璃是由硅酸盐、碱性成分（纯碱、石灰石、硼砂等）、金属氧化物等为原料，在1000~1500℃高温下熔化而成的固体物质。玻璃的种类很多，根据所用的原材料和化学成分不同，可分为氧化铝硅酸盐玻璃、铅晶体玻璃、钠钙玻璃、硼硅酸玻璃等。玻璃包装容器是指将熔融的玻璃料经吹制、模具成型制成的一种容器。与其他材质的包装容器相比，玻璃具备稳定的材料性质、良好的耐腐蚀和耐酸蚀性、良好的阻隔性和密封效果、可以回炉再生产等性能优势，因此在食品、药品等领域广泛使用。随着人们环保意识、节约资源意识的增强，玻璃包装容器已经成为政府鼓励类包装产品，消费者对玻璃包装容器的关注程度也不断提升。

一、玻璃的包装性能

玻璃包装材料具有以下优点。

（1）无毒无味，化学稳定性好，卫生清洁，与包装食品无任何不良反应。

（2）温度耐受性好，可高温杀菌，也可低温贮藏。

（3）光亮，透明，美观，内装物清晰可见，特别适合透明销售包装。

（4）原材料来源丰富，价格便宜，成本低。

（5）成型性好，加工方便，可制作各种形状，以适应市场需要。

（6）可回收及重复使用，对环境污染少。

（7）刚性好，不易变形。

（8）阻隔性能好，不透气，能提供良好的保质条件，对食品的风味、香气保持良好。

玻璃包装材料也有不足之处，其主要缺点为：①重量大，运输费用高；②脆性大，易破碎；③加工耗能大；④印刷性能差。

二、玻璃包装材料对食品安全的影响

玻璃的着色需要用金属盐，如蓝色需要用氧化钴，茶色需要用石墨，竹青色、淡白色及深绿色需要用氧化铜和重铬酸钾等。玻璃的安全性问题主要是从玻璃中溶出的迁移物，如在高脚酒杯中往往添加铅化合物，加入量一般高达玻璃的30%，铅有可能迁移到酒或饮料中，对人体造成危害。此外，在玻璃制品的原料中，二氧化硅的毒性虽然很小，但应注意二氧化硅原料的纯度。

第六节　纸质包装材料及制品

纸是一种古老的包装材料，自公元105年中国发明了造纸术后，纸不仅带来了文化的普及和繁荣，也促进了科学技术的发展。

纸质食品包装材料原材料为树木，具有来源广、成分天然、易降解和回收、安全卫生、可循环利用、成本经济、节能环保和减少资源浪费等优势，且易印刷、裁切、黏合、折叠、造型和钉接，工艺简捷，装潢精美，机械强度优良，因此作为环保型的包装材料，在食品行业得以推广和应用。

纸及其制品包装材料在一些发达国家占整个包装材料总量的40%~50%，在我国约占40%。常用的食品包装用纸有牛皮纸、羊皮纸和防潮纸等。牛皮纸主要用于外包装；羊皮纸可用于奶油、糖果、茶叶等食品的包装；防潮纸又称涂蜡纸，有良好的抗油脂性和热封性，主要用于新鲜蔬菜等食品的包装。

一、纸的包装性能

纸及其制品在包装领域之所以独占鳌头，是因为其一系列独特的优点。

（1）加工性能良好，印刷性能优良，具有一定的机械性能，便于复合加工。

（2）卫生安全性好，废弃物可回收利用。

（3）原料来源广泛，成本低廉，容易形成大批量生产。

（4）重量较轻，便于运输。

纸包装材料虽然有很多优点，但其资源消耗较大，造纸行业“三废”污染比较严重。

二、常用纸类包装容器

纸容器是以纸或纸板等纸复合材料制成的纸袋、纸盒、纸杯、纸箱、纸桶等容器。按其用途可分为两大类：销售包装和运输包装。

1. 纸袋

纸袋是用纸加工而成的一种袋式容器，主要用于盛装农产品、食品等。

纸袋种类繁多，按其用途可分为大纸袋和小纸袋两种。大纸袋又称贮运袋，一般由多层纸或与其他材料复合而成，用于盛放砂糖、粮食等大宗粉粒状食品；小纸袋主要用于零售食品。

2. 纸杯

纸杯是一种纸质小型包装容器，纸杯通常口大底小，可以一只只套叠起来，便于取用、装填和贮存，并带有不同的封口形式。常用的纸杯为复合纸杯，是以纸为基材的复合材料经加工而成。

3. 纸盒

纸盒是一种半硬性纸包装材料。为保证食品安全，防止包装材料带来的污染，与食品的接触面应加衬里等，也有的涂覆 PE（聚乙烯）。用纸、塑料等材料复合制成可折叠纸盒，密封性能好，其材料由 PE/纸/PE/Al/PE 构成，常用的形状有屋顶长方形、平顶长方形、正四面体等，主要用于牛奶与果汁等饮料的无菌包装。

4. 纸桶

纸桶又称纸板桶或牛皮纸桶，容器一般在 220L 以下，最大装量 100kg，常用于粉状食品、化工原料等的包装。纸桶比金属桶轻，虽然可在桶外壁进行防水处理，但仍不适于户外存放或长期置于自然环境中。

5. 纸复合罐

纸复合罐于 20 世纪 50 年代开始用于食品包装。由于选用了高性能的纸板、金属薄层衬里及树脂薄膜，使复合罐密封性能有所提高。复合罐抗压性比马口铁罐差，不能用于蒸汽杀菌及水杀菌，气密性不如金属罐。

纸复合罐可用于盛装干性粉体、块体等固体食品，如可可粉、茶叶、麦片、咖啡及各类固体饮料；也适合于油性黏流体包装，如油料食品等；还适合于流体内容物包装，包括调味品、酒、矿泉水、牛奶以及果汁饮料等。

三、纸中有害物质的来源

纯净的纸是无毒的，但由于原料受到污染，或经过加工处理，纸和纸板中通常会存在一些杂质、细菌和某些化学残留物。当包装材料与食品接触时，不但影响食品的风味价值和营养，有害物质还有可能迁移到食品中，造成食品污染，危害人类健康。

纸中有害物质的来源主要有以下几个方面。

（1）造纸原料中的污染物。

（2）造纸过程中添加的助剂（如固化剂、杀菌剂、抗氧化剂、荧光增白剂、消泡剂和防油剂等化学物质）残留。

（3）彩色颜料污染。

（4）纸表面杂质及微生物污染。

（5）纸在加工处理时使其含有较多的化学污染物。

四、纸对食品安全的影响

包装纸对食品安全的影响与制纸原料、添加物、油墨等有关。

1. 制纸原料

制纸原料主要有木浆、草浆、棉浆等，木浆最佳。由于作物在种植过程中使用农药等，因此在麦秆、稻草等制纸原料中可能含有害物质，有的可能还掺有一定比例的回收废纸。虽然回收废纸经脱色可将油墨染料脱去，但铅、镉、多氯联苯等有害物质仍残留在纸浆中。因此，制作食品包装用纸不应采用回收废纸作原料。

2. 添加物

造纸所用的添加物有亚硫酸钠、硫酸铝、氢氧化钠、次氯酸钠、松香、防霉剂等，这些物质残留将对食品造成污染，因此应防止其在纸中残留。此外，为了使纸增白，往往在纸中添加荧光增白剂，荧光增白剂是一种致癌物，应禁止在食品包装纸中添加。

3. 油墨

目前，食品包装纸的油墨污染比较严重，而我国还没有食品包装用专用油墨，一般工业印刷用油墨中含有铅、镉、甲苯、二甲苯等有害物质。一些高级食品包装都使用了锡纸，据了解，很多锡纸中铅含量都超过了卫生允许指标，而铅是公认的造成重金属中毒的“元凶”。还有许多企业喜欢用彩色包装纸包装食品，虽然彩色油墨是单面印刷在食品包装纸外侧，但印刷后的彩纸是捆叠在一起的，每张包装纸的无印刷面也接触了油墨，即使是浸了石蜡的彩色蜡纸，也会因涂蜡不匀，使彩色油墨有机会与食品直接接触。因此，食品包装用纸可能存在安全隐患。为了防止油墨对食品造成的污染：一方面要加强对油墨配方的审查，选用安全的颜料和溶剂；另一方面印刷面不能直接接触食品。

为了排除食品接触纸质包装材料中有害物质迁移所引发的威胁消费者健康的可能性，各国食品接触用纸的相关标准陆续发布。由早期的研究材料残留化学物质的毒性到后来的迁移试验模型的建立，标准也一直在更新中，如现行有效的 GB 4806.8—2016《食品安全国家标准　食品接触用纸和纸板材料及制品》替代了原有的 GB 11680—1989《食品包装用原纸卫生标准》和 GB 19305—2003《植物纤维类食品容器卫生标准》等。现行标准从原料要求、感官要求、理化指标要求、微生物限量、添加剂要求、标签标识要求等方面对食品接触用纸和纸板的安全进行管控。

思考题

1. 食品包装的类别有哪些？
2. 简述塑料材料用于食品包装的优缺点。
3. 列举金属包装材料的优点。
4. 试比较塑料、金属、纸类、玻璃四大类包装材料的包装特点和适用场合。
5. 你认为食品包装的未来发展方向是什么？

第九章

09

新型食品及其安全性

学习目标

1. 掌握转基因食品的定义，认识转基因食品的两面性。
2. 可以运用本章理论知识解读转基因食品的标识。
3. 通过对转基因食品两面性的讨论，培养科学的态度和求真务实的理念。

第一节　转基因食品及其安全性

一、转基因食品概况

世界卫生组织对转基因生物的定义为，转基因生物是指遗传物质通过非自然交配或非自然重组的方式发生改变的生物体（即植物、动物或微生物），通常称为基因技术、基因工程、重组 DNA 技术。利用现代分子生物技术，将某些生物的优良基因转移到其他受体物种中去，改造生物的遗传物质，使其在性状、营养品质、消费品质等方面向人们所需要的目标转变，经培育或种植而获得转基因生物。转基因生物直接食用或作为加工原料生产的食品，统称为转基因食品。

转基因重组技术始于 20 世纪 70 年代初，20 世纪 90 年代被广泛应用到农产品生产中。美国最早进行转基因食品的研究，1983 年，世界上成功培育了第一例转基因植物——转基因烟草。世界上第一种转基因食品是 1993 年投放美国市场的转基因番茄。随后，转基因食品开始进行大规模生产并商业化，各种转基因食品应运而生。转基因作物主要有：抵抗昆虫的玉米、抵抗杀虫剂的大豆、抵抗病虫害的棉花、富含胡萝卜素的水稻、耐寒抗旱的小麦、抵抗病毒的瓜类和控制成熟速度及硬度的番茄等。2017 年，转基因作物扩展到了四大作物（玉米、大豆、棉花和油菜）以外，即苜蓿、甜菜、木瓜、南瓜、茄子、马铃薯和苹果，这些转基因作物均已上市，为消费者提供了多样性的选择。目前我国的转基因植物有 22 种，其中转基因大豆、转基因马铃薯、转基因烟草、转基因玉米、转基因花生、转基因菠菜、转基因甜椒、转基因小麦等进行了田间试验。

随着全球人口的不断增长，预计到 2050 年人口达到 100 亿，加之耕地面积不断减少，粮食问题已经成为很多国家面临的重要问题之一，保障重要农产品有效供给，就必须走科技创新之路。因此，利用转基因技术来增加粮食生产的途径受到广泛的关注，利用转基因技术生产出更有营养、更宜贮存和能促进健康的食品，对工业化国家和发展中国家的消费都有好处，对缓解或解除粮食危机具有重要意义。要满足人们的食品供应，提高食品供应质量，必须依靠科学技术。日益成熟的转基因技术正在推动生物技术产业成为新世纪最重要的产业之一，深刻地改变人类的医疗卫生、农业、人口和食品状况，同时还可以减少农业和食品生产对环境造成的负担。

二、转基因食品的种类及特点

根据转基因食品来源的不同，转基因食品可以分为植物性转基因食品、动物性转基因食品、微生物性转基因食品和特殊转基因食品。

（一）植物性转基因食品

植物性转基因食品是以含有转基因的植物为原料的转基因食品。涉及的食品或食品原料包括番茄、大豆、玉米、马铃薯、油菜、甜椒、西葫芦等。目前转基因植物性食品研究的重点在于培育延缓成熟、耐极端环境、抗病虫害等优良性状的作物。转基因作物又称转基因改制作物，是指运用基因技术，克服传统嫁接及杂交技术的不确定性，通过定向进化方式培养而成的农作物。转基因作物旨在培育不同脂肪酸组成的油料作物、高蛋白质的粮食作物、不同糖类组成的经济作物等可以廉价生产、具有特殊价值的农业产品。转基因作物在全球的大规模应用不仅一定程度上改善了一些经济不发达国家贫困、饥饿人口的生活状况，为一些国家带来了巨大的经济效益，并且由于减少了农药的使用，增加了全球的植被面积，也对环境的改善、气候的变化、碳排放的减少起到了积极作用。转基因作物包括以下几种。

1. 抗除草剂转基因作物

抗除草剂转基因作物通过导入外源基因，在作物体内表达出特异的酶，以抵抗除草剂的破坏作用，使作物在吸入除草剂后仍能继续生长。该种作物可以减少更多的劳动成本。

2. 抗虫转基因作物

抗虫转基因作物可以产生杀虫的蛋白毒素，起到防治虫害的目的。如 BT 玉米可产生三种毒素：Cry1Ab、Cry1Ac、Cry9c。

3. 营养增强型作物

营养增强型作物中特定营养组分和维生素含量更高。美国培育的各种低亚麻酸（2%）大豆、低棕榈酸（4%）大豆、高油酸（70%）大豆、高硬脂酸（28%）大豆、高棕榈酸（27%）大豆等品种，显著改善了大豆油的营养价值、氧化稳定性、功能性以及氢化加工时的物理性质，并有望提高油脂产品的附加值。2006 年，英国科学家开发出一种富含胡萝卜素的转基因稻米——第二代“黄金大米”，其胡萝卜素含量达到第一代的 23 倍，相比第一代“黄金大米”中使用的黄水仙的目标基因，第二代“黄金大米”是利用玉米中的对应基因培育出来的。

4. 其他转基因作物

其他转基因作物的目的是改善产品的品质、增强作物抵抗病毒病、真菌病及细菌病的能力。

植物性转基因食品的优点有以下几点。

（1）增加食品的种类，改善食品的营养。通过基因工程技术可以培育出新的转基因食品，使其营养成分的配比、组成更加合理，以改善其食用品质或加工特性，使食品中不良成分种类减少，含量降低。

（2）转基因技术的应用，可以减少或避免使用农药、化肥，极大地减少了农药、化肥所造成的环境污染、人畜伤亡等事故。

（3）缩短了生长期，增加了作物产量。可以从根本上缓和需求与供给、人口与资源的矛盾，解决粮食短缺问题，进而带动相关产业的发展。

（4）使作物具有耐寒、耐热、耐干旱、耐涝等不同特性，从而适应不同的生长环境。

（5）延长食品的货架期。目前，国内外已生产出商品化的转基因耐贮番茄，通过在普通番茄中加入一种在北极生长的海鱼的抗冻基因，能使番茄在冬天保存更长时间，从而延长番茄的保鲜期。

（6）发展功能性食品，满足人体健康需要。日本科学家利用转基因技术成功培育出可降低血清胆固醇含量、防止动脉硬化的水稻新品种。

（二）动物性转基因食品

对于动物性转基因食品目前还没有统一定义，可以理解为将某些生物的基因转移到受体动物中，改造或修饰受体动物的遗传物质，使受体动物携带外源基因并能表达和遗传，这种获得了外源基因的动物被称为转基因动物，涉及的食品或食品原料包括兔、猪、鸡、羊等。动物性转基因食品生产中主要以培育生长速度快、抗病力强、肉质好的转基因动物为目标，或旨在增加产仔（卵）数、饲料转化率、产奶量和改善奶的组成。1997 年，我国科学家研究的转基因羊的乳汁中含有人的凝血因子，具有药食同源的功效。1999 年，在我国诞生了首例转基因试管牛产奶。还有研究在猪的基因组中转入人的生长素基因，猪的生长速度增加了一倍，并且发现猪肉的品质显著改善。

（三）微生物性转基因食品

微生物性转基因食品是以含有转基因的微生物为原料的转基因食品。涉及的食品或食品原料包括转基因酵母、食用发酵用酶、猪等胰岛素，微生物性转基因食品着重于改造有益微生物，生产食用酶，并提高酶产量和酶活力，改善发酵食品的风味和品质。20 世纪 80 年代，“工程菌”推入市场，开创了微生物生产高等动物基因产物的新途径。基因工程已能将多种酶、蛋白质和香精原料等物质的基因转入合适的微生物宿主中，利用细菌生长速率快的优势实现大量生产。如传统生产奶酪的凝乳酶需要从小牛的胃中才能取出，现在利用转基因微生物已能够使凝乳酶在体外大量产生，避免了小牛的无辜死亡，同时也降低了生产成本。

微生物性转基因食品中含有微生物的一部分基因，具有易培育、结构简单等特点，目前是应用最广泛、最常用的转化材料。通过将特定的优良基因片断导入受体生物体内，以获得物化性质、营养品质和消费水平等方面更符合人们需要的新产品。

（四）特殊转基因食品

特殊转基因食品的原理是利用生物的遗传特性，在农产品中注入少量的抗病基因。人类食用该类转基因食品会逐渐增强自身防病能力。

三、研究转基因食品的目的

研究转基因食品主要有以下六个方面的目的。

（一）提高产量与增强抗性

农作物增产与其生长、分化、肥料、抗逆、抗虫害等因素密切相关，通过转移或修饰相关的基因可达到增产效果。通过基因工程，我们可以获得高产、稳产、多抗性的优良农作物品种，改良植物性食品的生产性能。如将携带抗虫性状的外源性基因转移到玉米上，获得具有抗虫基因的玉米，性状表现出抗虫特性。20 世纪 80 年代以来，有近 30 种转基因植物进入商业化生产，如大豆、番茄、玉米、小麦、西葫芦等。

通过基因工程可以培育生长速度快、抗病力强、肉质好的转基因动物。将外源性生长激素的基因导入目标动物，使得该动物的肌肉蛋白质含量和饲料转换率明显提高，生长速度加快。如将两种鱼类基因——生长激素基因和激活该生长激素基因的基因转移到大西洋鲑鱼体中，得到的转基因鲑鱼生长速度可提高 10 倍。

利用基因工程可以改变微生物生理调控机制，获得符合人类需求性状的菌株，改善微生物来源的有机酸、氨基酸、维生素、酶、香料、单细胞蛋白质以及传统酿造食品的生产工艺，可以提高产品产量，降低生产成本。

（二）改善营养品质

改良植物性食品的营养品质有以下两种基因工程途径。

1. 在目标植物中转入产生所需成分的基因

许多粮食作物缺少人体的一些必需氨基酸，为了改变这种状况，可以从改造种子的蛋白质基因入手，使其表达的蛋白质具有更丰富的氨基酸组成。如将玉米中编码必需氨基酸的基因导入马铃薯中，可以得到必需氨基酸含量增加 10%以上的转基因马铃薯；把编码大豆铁蛋白的基因导入水稻，可使转基因水稻种子胚乳中铁的含量提高 3 倍。

2. 通过删除有害性状基因，使转基因作物品质得到改善

通过消除蔬菜、水果中脂肪氧化酶、多酚氧化酶的基因，提高产品的加工性能和感官质量，延长保质期。利用这种方法还可对农作物食品进行转基因脱毒。

（三）增加保健功能

开发转基因生物，生产基因工程疫苗或抗体——食品疫苗，是当前研究的热点之一。通过转移病原体的抗原基因或毒素基因至粮食作物、果树及动物受体细胞中，使受体产生对应的抗体。食用此类食品，相当于在补充营养的同时服用了疫苗，起到预防疾病的作用。已报道研究成功的例子很多，如能够分泌抗人类病毒疫苗乳的转基因牛、转基因羊，能够增加牛奶中乳铁蛋白含量的转基因牛，可以生产含有抗感染人类抗体鸡蛋、人类生长因子鸡蛋、人类干扰素鸡蛋的转基因鸡，以及能够生产含有人类抗体血清的转基因猪等。此外，有的转基因食品可防止动脉粥样硬化和骨质疏松。还有通过将各种不同糖类作为发酵原料的酵母菌的酶基因进行重组，得到能把糖化液中所含各种糖完全发酵的菌株，生产出可供糖尿病人饮用的“淡啤酒”。

（四）增加生物多样性

通过不同种间的基因重组可形成新品种，所获得的转基因食品可能在口味、色泽和香气方面具有新的特点。因此，可以按各个国家的需求来培植新的农作物，生产所需的食品。如在油菜中导入硬脂酸-ACP 脱氢酶的反义基因，可使其种子中硬脂酸的含量从 2%增加到 40%；将硬脂酸-CoA 脱饱和酶的基因导入作物后，可以使作物中饱和脂肪酸（棕榈酸、硬

脂酸）含量下降，不饱和脂肪酸（油酸、亚油酸）含量增加，其中油酸的含量可增加 7 倍。

将植物或动物基因转入微生物目标菌中并进行表达，开发出新的食品生产基因工程菌，由此利用微生物发酵法生产植物性和动物性食品原料、食品添加剂、食品生产用酶类等产品，有利于提高原料利用率、降低生产成本和开发新的食品来源。

（五）改善植物性食品的加工、贮藏性能

通过基因工程技术，改变作物产品的物质组成，使之更适于各种不同的食品加工工艺和保鲜的需要。应用转基因技术还可以解决植物性食品贮藏保鲜的难题。番茄、香蕉、草莓、蜜桃、杏、荔枝等果蔬产品在收获后的贮藏、运输及销售过程中，由于果实后熟难以控制，常常由于软化、过熟、腐烂变质造成巨大经济损失。传统的贮藏保鲜技术如冷藏、涂膜保鲜、气调保鲜等在贮藏费用、贮藏期限、保鲜效果等方面存在不足，难以满足人民生活水平日益提高的需求。随着对果蔬成熟及软化机制的深入研究和基因工程技术的迅速发展，使得通过基因工程方法直接生产耐贮藏的果蔬品种成为可能。目前无论在国外还是国内都已有商品化的转基因耐贮藏番茄的生产。

（六）有利于保护环境

传统农业耕种主要通过施肥来提高产量、通过农药来防治病虫害，其带来的弊端是综合地力下降与环境污染。通过转基因技术得到的具有抗病虫害功能和抗逆境生存的作物，在提高对疾病抵抗能力的同时，可减少使用化肥与农药造成的环境污染，降低农作物的生产成本，如转基因马铃薯、水稻、大豆、小麦等，能抵御各种病虫害和杂草，不用喷洒农药，可避免农药污染。我国首创的将人工合成的抗菌肽基因以农杆菌为载体导入水稻细胞，得到 6 种抗白叶黏病细菌病害株系；把北冰洋比目鱼的抗冻基因转入草莓中，可提高草莓的抗冻能力。

四、转基因食品的安全性问题

从世界上最早的转基因作物（烟草）的诞生，到美国孟山都公司转基因食品研制的延熟保鲜转基因番茄在美国批准上市，转基因食品的研发迅猛发展，产品品种及产量也成倍增长，但转基因技术作为一门新兴的技术，存在着一定的不成熟性和不确定性，在转基因食品的研究和应用深入发展的同时，转基因食品有无毒性、过敏性及抗生素抗性等安全性问题成为人们关注的焦点。这些不仅仅是科学问题，还涉及政治、经贸、法律、伦理等许多领域。有专家认为，生态环境是建立在自然选择的基础上，历经数十亿年演化而来，人工培育的转基因作物能否在现有的自然环境中生存是一个未知数，且就长远而言其对人类、对生存环境的影响也是未知的。因而对转基因技术应当慎之又慎，在转基因问题上，人类必须走全面、协调、可持续发展的道路。尽管转基因食品自问世以来，经过全球几亿人的食用验证，目前尚未有可靠证据表明其对人体有危害，但潜在的风险仍需要进行长时间的监测才能得出最终的科学论证，目前也不能下绝对性的论断。

从理论方面看，转基因食品和常规育种得到的食品都是通过优良基因重组获得的新品种，只不过运用的技术手段不同而已。常规育种之所以能被大多数人接受是由于常规育种是在自然生态环境中，仅限于种内或近缘种间进行的方法。而转基因技术是将自然界几乎不可能发生或很难发生的事件通过基因重组获得，以期修饰原有品种的部分性状或根据人类意愿增加有利性状和消除不利性状，因此也引发人们对其安全问题的思考。学术界对转基因食品

的安全性存在较大争议，从技术研究和安全评价的角度尚无法对转基因食品是否安全做出明确的定论。

食品安全关乎社会稳定和百姓健康，搞清楚转基因食品的安全性问题十分必要。我国近几年关于转基因问题争论的焦点先是科学层面的食用安全和环境安全，后来逐渐延伸到了产业安全，即转基因食品的安全性问题主要包括三方面：一是可能会危害人类身体健康、影响下一代；二是转基因作物释放后会引起杂草耐药性、害虫抗性和危害生物多样性等；三是转基因作物的商业化种植，可能会影响我国的产业安全。

（一）转基因食品对人体健康可能产生的影响

1. 潜在致敏性

食物过敏指一种对食物中存在的抗原分子的不良免疫介导反应，这是全世界关注的公共卫生问题。对外源基因编码蛋白质的直接毒性进行评价主要根据以下两个方面开展：①根据外源基因编码蛋白质的化学组成判断其毒性；②采用动物试验或模拟试验的方法评判外源基因编码蛋白质的毒性。目前通过严格审查后被批准的外源基因编码蛋白质对人类均无直接毒性。转基因食品中导入的蛋白质，有可能引起人类食物过敏，全世界有近2%的成年人和4%~6%的儿童会产生过敏反应。因此，要加强对转基因食品的管理，必须对它的潜在致敏性进行严格的上市前试验，并在上市后对食用人群进行跟踪监测。

2. 对营养物质的改变

评价营养物质改变与否即评价转基因食品是否与同种类非转基因食品（即传统食品）一样，可以提供人类生长繁衍需要的营养物质。外源基因的引入有可能会对某些食品的营养价值产生无法预期的改变，可能会使某些营养成分含量降低，也有可能使某些营养成分含量增加，从而造成体内营养素平衡紊乱。转基因食用植物和动物中的营养成分改变对营养成分间的相互作用、营养基因间的相互作用、营养的生物利用率、营养的潜能和营养的代谢等方面的影响，目前还在进一步研究中。

3. 转基因食品的潜在毒性

遗传修饰在打开一种目的基因的同时，也可能会无意中连带提高某种天然植物毒素的表达水平。某些天然毒素基因，如马铃薯的茄碱、番茄毒素、木薯和利马豆的氰化物、豆科的蛋白酶抑制剂等都有可能受到影响，这些毒素的表达水平和含量增加将直接危及消费者的健康。

4. 基因转移

基因转移泛指基因或DNA片段在不同生物个体之间的传递，包括横向和纵向两个方向。纵向传递即通过繁殖进行的亲代和子代的基因传递。基因横向传递，又称水平基因转移（horizontal gene transfer，HGT），指在差异生物个体之间，或单个细胞内部细胞器之间进行的遗传物质的交流。当把一个外来基因加入植物或细菌中，这个基因会与别的基因连接在一起。人们在摄入改良食物后，食物会在人体内将抗药性基因传给致病的细菌，使人体对抗生素产生抗药性。

5. 对人体肠道微生态环境的影响

转基因食品中的标记基因有可能传递给人体肠道内正常的微生物群，引起菌群谱和数量变化，导致菌群失调而影响人的消化功能。

（二）转基因食品的生态环境安全性问题

生态环境是人类可持续发展的物质基础。绿色产业已经成为各行业的发展方向，转基因食品也不例外。人类历史上几千年的作物改良，所产生的一个总体效应是：作物遗传改良的程度越高，对人类创造的环境的依赖性就越大，在自然条件下就越难生存。转基因植物是近年来出现的新生事物，发展十分迅速，种植面积直线上升。

随着转基因植物的迅速发展，关于转基因植物的争论也越来越激烈，如转基因植物是否会演化为“超级杂草”，从目前的转基因植物田间试验来看，转基因植物在生长势头、越冬能力上并不比非转基因植物强，也就是说，大多数转基因植物的生存竞争力并没有增加，故一般不会演变成为农田杂草。又如种植抗虫转基因植物后，是否会使害虫产生耐受性并稳定遗传，从而产生更加难以消灭的“害虫”；其他生物吃了转基因生物后是否会产生畸变或灭绝；转基因生物是否会破坏生物多样性等。在这些争论中越来越多地掺入了转基因植物是否会对生态环境产生影响。越来越多的人认为转基因植物对生态环境的影响比其对人类健康的直接影响可能更大。

（三）国家经济安全性问题

转基因食品的安全性问题已经涉及政治和贸易问题。转基因食品一定程度上解决了人类生存的问题，但某些国家基于社会经济考虑，禁止或限制转基因食品的进口，设置新的技术性贸易壁垒，来保护本国的生物技术产业。发达国家凭借先进的生物技术水平，在专利权方面产生新的垄断，如“终止子技术”专利使得农民无法留种，使遗传工程技术公司能够谋取高额利润，在国际引起很大反响。如果对类似的经济安全问题不加以解决，转基因食品的专利权垄断同样会加剧贸易两极分化，使经济发展水平不均衡，进而导致地区冲突甚至影响全球政治。

综上，随着转基因食品的飞速发展，人类对其食用安全性、环境释放安全性及国家经济安全性越来越关注。转基因食品既要和传统食品一样安全，又要有不低于传统食品的营养价值。各国及国际机构均在制订相应的法规和条例，以便在促进生物技术发展的同时，保障环境安全及人类健康。

五、转基因食品的检测

通常人们认为，传统食品是安全的，但随着新技术在食品生产中的不断应用，也带来了新的食品安全风险，相当多的食品安全风险的实质是科学应用的风险，这种风险只有通过科学的手段才能加以识别和控制。加强对转基因食品安全管理的核心和基础是安全性评价，转基因食品的安全性评价包括转基因食品与传统食品进行比较，既要考虑期望效应又要考虑非期望效应，其中非期望效应可能是对健康不利的、中性的或有益的。转基因食品的食用安全评价内容是涵盖营养学与毒理学等学科，多方面进行的综合评价。衡量转基因农产品食用安全性的指标主要包括营养成分（与非转基因农产品之间是否存在显著性差异）和抗营养因子、毒性及致敏性、标记基因的安全性（如耐抗生素）以及非预期效应（长期效应）等。

目前，国内外对转基因食品的检测主要是基于外源蛋白靶标和外源核酸成分，相继建立了一系列快速、灵敏的转基因食品定性、定量检测技术，主要包括三种：一是核酸检测技术，包括聚合酶链反应（PCR）、连接酶链反应（LCR）、指纹图谱法（RFIP、AFLP 及 RAPD 等）与探针杂交法等。二是蛋白质检测技术，包括蛋白质单向电泳、蛋白质双向电泳、Western 杂交分析与酶联免疫吸附技术（ELISA）等。三是酶活力检测技术。目前，转基因食品的检测方法主要是蛋白质检测技术和核酸检测技术，但由于蛋白质在加工过程中受高温、高压及酸碱作用易变性，因此蛋白质检测方法适用于转基因初产品。而基于 PCR 技术的检测方法因具有检测范围广、特异性好、灵敏度高等优点而被广泛使用。

（一）外源基因检测方法

基于外源基因的转基因食品检测技术主要以 PCR 为主，它利用聚合链反应将外源基因进行扩增，通过是否扩增出外源基因对转基因食品进行检测。常见的基于外源核酸成分的转基因检测技术主要包括多重 PCR 检测技术、实时荧光定量 PCR 技术、基因芯片技术与等温扩增技术等。

1. 多重 PCR 检测技术

多重 PCR 检测技术是在常规 PCR 基础上发展而来。多重 PCR 是指在同一个 PCR 反应体系中加入多对特异性引物，可以同时扩增出多个目的基因片段。与常规 PCR 相比，各个扩增反应在扩增过程中存在相互竞争，一定程度上降低了假阳性出现的概率；同时各个扩增反应之间会相互竞争 Taq DNA 聚合酶，扩增效率相对较低的反应将会受到抑制，添加适量浓度的 Taq DNA 聚合酶可以有效地减弱抑制作用。多重 PCR 具有高效性，对多个品系的转基因成分进行检测时，同一 PCR 反应体系中可以同时扩增出多个不同的目的基因，因此在检测通量和成本控制方面具有明显优势。

2. 实时荧光定量 PCR 技术

随着世界各国对转基因相关产品标识制度的逐步建立和不断完善，一些国家或组织明确规定了转基因成分的最低含量阈值，如韩国为 3%，巴西为 1%，欧盟为 0.9%等。因此，需要建立和开发新的转基因产品定量检测技术。实时荧光定量 PCR 技术是将荧光染料和 PCR 结合，利用实时荧光信号变化监测靶基因扩增的整个过程，根据建立的标准曲线以及 Ct 值对目的基因进行定量分析，实现了 PCR 从定性分析到定量分析的飞跃。实时荧光定量 PCR 技术与常规 PCR 技术相比，具有污染少、定量准确、实时监测与自动化程度高等优点。目前，实时荧光定量 PCR 已被广泛应用于转基因产品检测。

3. 基因芯片技术

基因芯片技术是近年来快速发展起来的分子生物学高新技术，是基于核酸杂交的一项高通量检测技术。该技术利用固体基质表面特定探针与标记的样品进行杂交，通过分析杂交信号强度，准确地对样品中不同种类的 DNA 序列进行定性、定量检测。基因芯片的出现解决了传统核酸印迹杂交技术，如 Southern Blotting 和 Northern Blotting 等存在的操作繁杂、自动化程度低、操作序列数量少和检测效率低等不足。目前该技术已被广泛应用于转基因检测等多个领域。

4. 等温扩增技术

等温扩增技术是近年来新发展起来的核酸恒温扩增检测技术。该技术是在恒温条件下，利用不同活性的酶和特异性引物对目的基因进行扩增的技术。与常规 PCR 相比，该类检测技术具有灵敏度高、特异性强、等温高效、操作简单和设备要求低等优势，应用前景良好。

（二）外源蛋白质检测方法

基于外源蛋白质的转基因食品检测技术主要以免疫分析技术为基础建立，利用转基因作物产生的特定的外源蛋白质与抗体的免疫反应，从而对外源蛋白质进行定性分析和定量分析。常见的基于外源蛋白质靶标的转基因食品检测技术包括酶联免疫吸附技术（ELISA）、蛋白免疫印迹（Western Blot）检测技术、胶体金试纸条技术与蛋白质芯片技术等。

1. 酶联免疫吸附技术

酶联免疫吸附技术（ELISA）是将可溶性的抗原或抗体固定到ELISA酶标板上，保持其免疫活性，同时利用抗原抗体特异性结合反应与酶对底物高效催化反应相结合，通过酶催化产生的颜色深浅进行定性和定量分析检测。目前，该方法已被广泛用于转基因作物及其相关产品的定性和定量分析。

2. 蛋白免疫印迹检测技术

蛋白免疫印迹（Western Blot）检测技术是定性、定量检测蛋白质表达的一种经典实验方法，其原理是利用蛋白质凝胶电泳在电场力的作用下使蛋白质在聚丙烯酰胺凝胶上逐步分离，并转移到固相载体（如硝酸纤维素膜或聚偏二氟乙烯膜上），使膜上的蛋白质与相应的抗体发生免疫反应形成抗原-抗体复合物，然后与酶标记的二抗反应，通过显色反应对转基因食品中外源蛋白质进行检测。该技术将电泳的高分辨能力与抗原抗体免疫反应的特异性相结合，可以定性和定量检测转基因作物和食品中的外源蛋白质。

3. 胶体金试纸条技术

胶体金试纸条技术是利用胶体金免疫层析技术研制而成，该技术是以免疫渗滤技术为基础建立的一种快速简易的免疫学检测技术，可用于间接定性或半定量的检测。胶体金在碱性环境中带负电荷，并与蛋白质分子的正电荷产生静电吸引，牢固结合，以硝酸纤维素膜为载体，利用了微孔膜的毛细血管作用，使滴加在膜一端的液体缓慢向另一端渗透转移，通过抗原抗体结合，并利用胶体金呈现颜色反应，检测外源蛋白质。

4. 蛋白质芯片技术

蛋白质芯片技术又称蛋白质微阵列，是一种高通量的蛋白质功能分析技术，可用于蛋白质表达谱分析，研究蛋白质与蛋白质的相互作用。与基因芯片类似，蛋白质芯片利用化学和物理方法对固相载体进行处理，再将已知的蛋白质固定在载体上形成蛋白质探针，如酶、抗原、抗体等，捕获能与之特异性结合的转基因蛋白质，最后用专用计算机进行定性、定量分析。

六、主要国家转基因食品安全法规体系和管理

由于转基因技术开辟了一个新领域，目前的科学技术水平还难以完全准确地预测外源基因在受体生物遗传背景中的全部表现，人们对于转基因食品的潜在危险性和安全性还缺乏足够的预见能力。因此，必须采取一系列严格措施对遗传工程体从实验研究到商品化生产进行全程安全性评价和监控管理，以保障人类和环境的安全。各国均针对自己的国情制定出或正在制定综合性的生物技术安全指南和管理措施，建立起一系列的转基因生物安全管理的程序和规定，其中美国是以产品为基础的管理，欧盟是以研发过程为基础的管理，中国、日本、韩国等国家兼顾生物产品与研发过程。以下介绍几个主要国家及组织的转基因食品管理模式。

（一）美国对转基因食品的管理

美国政府采取“可靠科学原则”对转基因食品本身进行管理。它认为：科学是管理的基石，必须有可靠的科学证据证明风险确实存在并可能导致损害时，政府才能采取管制措施。美国生物技术食品主要由美国食品与药物管理局（the Food and Drug Admistration，

FDA）、美国环保局（the Environmental Protection Agency，EPA）和美国农业部（the U. S. Department of Agriculture，USDA）负责检测、评价和监控。FDA 主要负责植物新品种的加工食品和饲料的安全性；EPA 主要负责由生物技术生产的生物杀虫剂的安全性，制定食品和饲料残留中的杀虫剂的法定容许标准；USDA 主要负责转基因作物的种植安全和转基因禽蛋类产品的养殖生产安全。

1990 年 3 月，FDA 讨论了第一个用于食品的重组 DNA 技术物质——凝乳酶的管理，该酶被应用在生产奶酪和其他日常食品中。FDA 在检测中考虑到：引入基因表达的蛋白质具有与动物来源的凝乳酶相同的结构和功能；生产过程是可靠的；生产菌在加工过程中被除去或消灭，并且其本身不存在毒性或致病性；任何抗生素抗性标记基因在加工过程中已被除掉，故认为该酶符合食品添加剂的安全性指标（GRAS）。

1992 年，FDA 颁布了食品安全和管理指南，以保证 FDA 对那些通过现代生物技术生产的食物和食物成分进行管理的权力。一种新食物的研制方法，如生物技术，并不能作为决定这种新食物安全性的因素。同样，安全性评价应根据“实质等同性”原则来进行。生物技术食品要接受 FDA 的食物销售法规的管理，加入食物中的物质应按食品添加剂的要求进行上市前审批。FDA 同时认为，由于重组 DNA 技术等的快速发展，管理方针应具有足够的灵活性。以便允许随技术革新而做必要的修改。FDA 在 1992 年的指南中，要求利用生物技术生产食物的生产商要考虑转基因食品发生的预料之中及预料之外的改变，还要检查受体、DNA 的供体、被转入或修改的 DNA 及其产物的特性。FDA 认为食品的安全性只是相对的，如许多食品包含某些成分，如果这些成分浓度超过可接受范围，可能表现出危险性。此外，某些消费者对一定食品过敏或不能忍受。因此，FDA 认为绝对安全的食品是不存在的。但是生产商必须保证，不能将有毒物质转入受体，食物产生的毒性物质及抗营养因子不能超过无法接受的水平。应该考虑在营养成分、毒性、过敏和抗营养方面可能发生的质量和数量的变化。新转入的或已知功能的转基因物质，如果曾经在其他的食物中以相当的水平被食用，或与那些安全食用的食物相似，则不需要再通过 FDA 的批准。

如果转入的 DNA 来源于一种已知的过敏原或可能的过敏原，生产商应向 FDA 进行咨询，此外，根据转入蛋白质与已知过敏原的序列结构、大小、对消化酶的抵抗力、对热的稳定性及其他科学标准，生产商应保证其不是过敏原。另外，FDA 也鼓励生产商在研究和生产过程中，就遇到的科学及法律上的问题向 FDA 咨询。生产商应向 FDA 提交转入物质的安全性报告，FDA 接到有关安全报告后，如果没有特殊的安全问题，则不再对该产品的安全性做进一步的考虑。

（二）欧盟对转基因食品的管理

因 20 世纪 90 年代的疯牛病等食品安全事件频繁发生，欧盟坚持用“风险预防原则”对转基因食品的生产方法进行全过程管理。欧盟认为科学存在局限性，不能以缺乏充分的科学证据为理由来延迟采取预防措施。欧盟的转基因食品管理机构主要有食品科学委员会、食品和兽医办公室、食品安全局。食品科学委员会负责食品领域与转基因生物安全有关的决策咨询工作；食品和兽医办公室负责监督各成员国执行欧盟法规的情况及其他国家出口到欧盟的食品的安全情况；食品安全局对转基因食品进行统一管理，负责全程监控转基因食品从农田到餐桌的过程，为欧盟委员会及各成员国制定法律和政策提供科学依据。

欧盟国家对生物技术食品评估作出了严格的法律规定。欧盟管理体系基于两方面的基本考虑：一方面考虑生物技术的应用可能引起的特定风险，另一方面考虑最终产物及其安全性。1997 年 5 月 14 日，欧盟通过了《欧盟议会和委员会新食品和食品成分管理条例第 258/97 号令》，并即日生效。该管理法规主要规定了新食品的定义、新食品和新食品成分上市前安全性评估的机制和对转基因生物（genetically modified organism，GMO）产生的食品和食品成分的标签要求。欧盟认为新食品包括含有 GMO 的食品和食品成分、对 GMO 来源的食品和食品成分以及其他分子结构经过修饰的食品和食品成分等。新食品和食品成分不应给消费者带来危险，不能误导消费者，不能明显不同于现有的食物以至于营养学方面不利于消费者。管理法规要求申请者必须提交申请给成员国并提供必要的信息。成员国再把申请复件送给欧盟委员会和各成员国。申请所在成员国授权机构必须在 3 个月内提交给欧盟委员会和所有成员国一份最初的评估报告。若经过 60d，各成员国不提出异议，该食品或食品成分可被允许进入欧盟市场。但若该食品包含 GMO，则必须经过由（欧盟委员会）食品常务委员会等组成的审议程序。2004 年实行集中管理，由食品安全总署（EFSA）负责农业 GMO 安全管理。

为了保证最终消费者了解必要的信息，欧盟要求新食品必须贴有标签。对于转基因食品或食品成分则实现强制性标签。标签一栏必须标明该食品的组成、营养价值和食用方法。

在英国，新食品必须得到独立的新食品和工艺顾问委员会的批准。英国政府的政策要求基因改良产品在标签上注明以便消费者选择。英国政府约有 15 个委员会（每个委员会均由独立专家组成），专门处理较大的有关道德和其他公众关心的问题。1998 年，英国首相组建了一个新的内阁委员会来管理生物技术领域的发展，包括与卫生、粮食和农业等的联系，协调政府对这些问题的态度。该委员会已全面评估英国的管理和委员会体系，保证不出现断层和不必要的机构重叠或抵触，保证在技术、公关政策和道德问题审查之间达到正确的平衡。此外，英国有关生物技术的一些决定还受到欧盟委员会法律法规的管辖。如根据欧盟程序英国否决了诺华（Novartis，由 Ciba-Geigy 和 Sandoz 合并）的基因改良玉米。

欧盟基于研发过程中是否采用转基因技术及其影响制定的法规和指令如下。

1. 横向系列的法规

（1）基因修饰微生物的封闭使用指令。

（2）基因修饰生物的目的释放指令。

（3）基因工程工作人员劳动保护指令。

2. 与产品相关的法规

（1）基因修饰生物及其产品进入市场的指令。

（2）基因修饰生物与病原生物体运输的指令。

（3）饲料添加剂指令。

（4）医药用品指令。

3. 新食品指令

（1）关于转基因生物有益环境释放的指令。

（2）关于转基因微生物封闭使用的指令。

（3）关于转基因食品和饲料条例及其实施细则。

（4）关于转基因生物的可追踪性和标识及由转基因生物制成的食品和饲料产品的可追踪性条例。

（三）日本对转基因食品的管理

日本对转基因食品管理既不是欧盟的预防原则，也不同于美国的科学原则，而是介于两者之间。日本的转基因生物技术研究和应用较早，并从一开始就非常重视其安全管理。日本政府制定了一系列法规以保证研究和应用重组 DNA 生物的安全性。早在 1979 年 8 月 27 日，日本政府就颁布了《重组 DNA 生物实验指南》，并进行多次修订。1996 年 3 月颁布了第 10 次修正案。1989 年 4 月，日本农林水产省颁布了《农、林、渔及食品工业应用重组 DNA 准则》，并先后 3 次修订。日本目前实施的是 1995 年第 3 次修正案。该准则要求，凡是准备生产和销售重组 DNA 生物用于农业，以及用重组 DNA 生物生产相关的材料（包括以前按照该准则没有特殊控制方法的环境应用），都必须根据其受体、重组 DNA 分子和所用载体的特性进行全面的重组 DNA 生物安全性评价。

日本对转基因农作物的研究、开发和安全性管理，按照政府机构的职能分工，由科学技术厅、农林水产省、厚生劳动省分三个阶段，分别制定管理指南进行安全性的评价、认定与管理。具体内容如下。

1. 制定法规

（1）科学技术厅　制定实验阶段安全指南，对实验室及封闭温室内转基因植物的研究进行规范。

（2）农林水产省　农林水产省制定农、林、渔业和环境影响的安全性评价指南。1989 年，由农林水产省发布农业转基因生物环境安全评价指南，该指南主要指导研究开发人员对转基因生物的潜在风险进行评估。评估分为两个阶段：第一阶段是隔离条件下的试验；第二阶段是开放环境下的栽培试验。1996 年，农林水产省又发布了转基因饲料安全性评价指南，从 2001 年 4 月起，转基因饲料的安全评价纳入现行的《饲料安全保障与质量改进法》中执行；1991 年，发布《转基因食品安全评价指南（试行）》，2001 年 4 月正式实施。规定转基因产品只有通过环境安全评价和食品安全评价，或通过环境安全评价和饲料安全评价，才能被允许在日本进行商业化生产和从国外进口。2000 年 3 月发布《转基因食品标识标准》，对本国流通的转基因食品进行标识，该法案自 2001 年 4 月 1 日起实施，适用于 5 种农作物产品，包括大豆、玉米、马铃薯、油菜籽、棉花，以及由上述作物产品加工后重组 DNA 或蛋白质仍然存在的加工品。

2. 规范内容

（1）科学技术厅　实验室研究与开发；一般温室内转基因植物的比较。

（2）农林水产省　隔离条件下的安全性；一般开放性环境中的栽培；作为饲料的营养成分比较及转基因产品安全性评价。

（3）厚生劳动省　作为饲料、食品营养成分比较及其转基因产品的安全性评价。

3. 安全评价对象及其项目指标的确定

（1）作为转基因植物受体的安全状况　自然界的分布、栽培并作为食品的历史、形态特征、杂草化及有无产生有毒物质的可能性。

（2）遗传基因导入的安全性　目的基因的来源、性能、碱基构造、序列及其有无毒性。

（3）遗传工程体的安全性　①包括导入的方法、发育过程、操作安全。②转基因植物对环境安全的影响（如花粉漂移、种子发芽率、近缘植物杂交的可能性、植物提取液的分析等）。③转基因产品——食品及其饲料等的安全性（按照厚生劳动省制定的食品安全性评价指南进行，对于国外进入日本的转基因食品、饲料，在日本还要重新做安全性评价）等。

另外，日本食品流通局负责《新食品规则》的制定和转基因食品的标识。厚生劳动省的安全管理机构设食品卫生科，由审议会和食品卫生调查会审批并报厚生劳动省大臣确认转基因食品的安全性。具体的审查工作由 16 名专家组成的生物技术特别小组负责国内外企业、农林水产科研单位等的转基因食品的评价工作。日本的标识管理基本符合日本国情，一方面是因为日本的耕地面积非常有限，而转基因技术的应用对保障粮食安全贡献巨大，因此部分公众力挺转基因；另一方面是围绕转基因技术的争议使得转基因技术呈现负面属性，这让部分公众对转基因食品仍然心存疑惑。基于此，日本采取了折中的管理办法。

针对较大程度依赖进口食品的国情，日本建立了以“转基因食品”为重点的“科技、农业、食品卫生”相衔接的基因工程管理法制体系和评价制度。从 1988 年到 1998 年 10 月 15 日，日本通过安全评价确认达到“一般性场地开放性试验”的转基因植物 35 种，通过食品安全确认的共 23 种，主要是来自美国的转基因大豆和加拿大的转基因油菜。

（四）我国对转基因食品的管理

我国由于转基因技术发展较欧美晚，在安全法规和管理上起步晚于发达国家。目前有关国际组织和国外的现行法规，已经明确将转基因食品归入了“新食品（novel foods）”的管理范畴。按多数国家的规定，所谓“新食品”是指在一个地区或国家以前无食用习惯的食品，在我国的现行法律法规中将此类食品称为“新资源食品”，并将转基因食品归入“新资源食品”的管理范畴，对其食用安全性评价与监督管理也做出了一系列规定。

我国《农业转基因生物安全管理条例》第一条表明了转基因生物安全管理的目的：为了加强农业转基因生物安全管理，保障人体健康和动植物、微生物安全，保护生态环境，促进农业转基因生物技术研究。依据此条例，农业部于 2002 年 1 月 5 日颁布了《农业转基因生物标识管理办法》，并分别于 2004 年 7 月 1 日和 2017 年 12 月 1 日进行了修订，由此确立了转基因食品标识制度。此外，《食品安全法》也明确要求生产经营转基因食品应当按照规定显著标识。《农业转基因生物标识管理办法》中详细规定了我国转基因食品的标识要求，具体包括以下内容。

凡是列入标识管理目录的农业转基因生物，在销售时必须标识，未标识和不按规定标识的，不得进口或销售。通过目录可以控制转基因标识制度的实施范围和实施力度。截至目前，列入标识目录的产品包括以下 5 类、17 种产品。

（1）大豆种子、大豆、大豆粉、大豆油、豆粕。

（2）玉米种子、玉米、玉米油、玉米粉（含税号为 11022000、11031300、11042300 的玉米粉）。

（3）油菜种子、油菜籽、油菜籽油、油菜籽粕。

（4）棉花种子。

（5）番茄种子、鲜番茄、番茄酱。

转基因技术
重要事件

根据《农业转基因生物标识管理办法》的规定，目前我国对转基因食品实行按目录定性标识，还没有对转基因食品实行定量标识管理。没有设定阈值，也可以理解为零容忍。

第二节　克隆食品及其安全性

一、克隆技术及克隆食品概况

克隆技术是指众多的基因或细胞群体中，通过选择和无性繁殖获得目的基因或细胞的技术操作。克隆可根据其研究或操作的层次分为基因克隆、细胞克隆和个体克隆三大类。基因克隆是指在DNA分子水平上开展研究工作，以获得大量的相同基因及其表达产物，又称分子克隆，其技术称重组DNA技术。细胞克隆是在细胞水平上进行操作以获得大量相同的细胞。个体克隆则是经过一系列的不同操作产生一个或多个与亲代相同的个体，如克隆羊等。

克隆动物是指不经过有性繁殖，通过对母本动物进行基因复制而得到的一模一样的另一只动物，它和母本动物就像不同时出生的双胞胎。世界上第一只体细胞克隆动物是1996年出生于英国的克隆羊多莉，随后克隆牛、克隆猪等相继诞生。克隆动物技术可以使一些优良动物品种快速产出大量“后代”，比起传统培育和繁殖方法，采用这种技术在时间和数量方面具有优越性，使少数优秀个体迅速扩大成群，具有生产效率高、周期短、成本低等显著优势。

克隆食品是克隆动物本身或克隆动物的分泌代谢产物如酶、乳以及以克隆动物或产物为原料加工而成的食品。

20世纪年50年代中期，有两个年轻的美国人做了一个非常漂亮的实验，得到了细胞核移植的青蛙，即克隆蛙。十多年以后，有一位英国科学家，利用非洲蛤蟆做了另外一个实验，突破了以前的实验禁区。他发现用分化了的蝌蚪肠上皮细胞进行核移植，有可能得到蝌蚪或得到蛤蟆，说明分化了的细胞有可能去分化或再程序化，这项杰出的工作非常轰动。20世纪60年代早期，童第周教授在我国开始了克隆鱼的研究，他把鲤鱼的细胞核移植到鲫鱼去掉细胞核的卵子里，或反过来，均获得了成功，证实了不同种的生物之间也可以成功地进行细胞核的移植。1981年，中国科学院水生生物研究所用肾脏细胞克隆了一条鱼，这在科学发展中是一件很重要的事情，证明了成年细胞也可以去分化和再程序化。1996年威尔莫特实验室成功克隆了绵羊“多莉”，1997年6月该实验室用胚胎细胞为核供体，获得了表达治疗血友病的凝血因子Ⅸ的转基因克隆绵羊“波莉”，1997年12月又在美国*Science*杂志上发表了用转染的胚胎成纤维细胞获得6头转基因克隆绵羊。转基因克隆绵羊能高水平地表达人血凝因子Ⅸ，开创了转基因克隆动物技术的先河。进入21世纪，克隆动物技术的研究在发达国家和发展中国家都掀起了热潮，克隆技术成果离应用阶段越来越近。2004年，西班牙北部城市维多利亚第一只克隆牛出生。中国农业大学农业生物技术国家重点实验室的李宁教授成功地克隆了牛和医用猪。

克隆技术主要应用于扩增特殊的或不育的优良动物个体，比如克隆高产的奶牛等。牛奶是一种营养丰富的食品，含有人体所需要的蛋白质和脂肪等营养物质。用牛的皮肤细胞进行核移植后可获得克隆牛。与非克隆牛相比，克隆牛的乳汁中蛋白质和脂肪的含量低，但就乳蛋白和乳脂含量的变化幅度而言，克隆牛个体间的变化幅度要小于非克隆牛。这可能是因为由单一细胞系进行核移植而来的克隆牛群体在基因上比非克隆牛群体彼此更加接近。提高牛奶中蛋白质的浓度，可用来改善牛奶的营养价值。将编码β-酪蛋白和κ-酪蛋白的基因导入牛的纤维细胞，用这种供体细胞进行核移植获得的克隆牛，其奶中酪蛋白含量显著增加，κ-酪蛋白水平增加了两倍。

除了奶的营养性以外，克隆动物的肉的营养性也已被科学家加以研究。与非克隆牛相比，克隆牛的肉中大理石花纹数量少，多不饱和脂肪酸的比例提高而单不饱和脂肪酸与饱和脂肪酸的比例降低，且大理石花纹数量少与脂肪酸比例的变化相关。人体所需的必需脂肪酸为多不饱和脂肪酸，从营养角度来说，提高食品中多不饱和脂肪酸的比例具有一定的意义。

二、克隆食品的安全性问题

一般来说，克隆动物是否安全有三方面的含义。首先，从生态角度讲，它是否安全；其次，从遗传角度讲，它是否安全；最后，把它作为食物、作为药物，应用角度是否安全。一些专家认为，从克隆只是复制而转基因要进行基因改造来考虑，或许克隆动物食品面临的安全风险较小。

克隆动物自身的安全性引起很多人质疑。克隆“多莉羊”的诞生与死亡让人们看到一个可怕的事实——克隆动物比普通动物短命得多，“多莉羊”寿命还不到7年，普通羊的寿命平均为12年。这证实，尽管基因和模本动物完全一样，尽管肉和乳制品与普通产品没有差别，但是，克隆动物还是存在不可避免的缺陷。更有人担心，克隆动物拥有完全一样的基因，一旦爆发某种疾病所有动物将无一幸免，全部死亡，那将带来灾难性的后果。克隆动物常见的问题包括：分娩的成功率低、胎儿过大以及胎盘畸形、水肿、产期死亡、复制动物导致动物的死亡率上升等。克隆动物的这些问题提醒我们关注克隆食品安全性和动物健康问题是十分必要的。克隆技术虽然为优良品种动物的快速繁殖提供重要途径，但对克隆动物本身也增加了相应的风险，因此，对克隆家畜的肉奶产品等转基因食品应采取谨慎的态度。

三、主要国家及组织克隆食品安全法规体系和管理

1. 美国

2002年美国国家科学院的一个调查委员会对用于动物的生物技术进行了为期一年的研究，研究结果显示，克隆和转基因动物生产的食品和生物医药产品没有明显的健康风险，食用克隆动物及其产品，产生过敏反应的可能性很低。2008年1月，FDA正式发布有关美国克隆食品安全性的文件，给出如下结论：源于克隆牛、猪、山羊及它们的后代的肉和奶都与源于传统养殖动物的食品一样安全。

FDA收到的大量数据显示，克隆牲畜与普通牲畜出产的肉制品与乳制品没有区别。FDA收到的最重要数据来自得克萨斯州奥斯汀的ViaGen公司，该公司用来自4头克隆公猪和3头普通公猪的精子让89头母猪受孕，共产下404只幼崽，其中242只为克隆猪后代，这404只幼崽全部由美国农业部科学家在相同环境下饲养成年后宰杀。一家独立实验室随后对克隆猪后代的猪肉进行了蛋白质构成、脂肪酸分析等多项共1.4万份测试，其中只有3份测试结果与普通猪肉不同，仅1份超出农业部认定的正常范畴。

关于克隆牛所产的奶和肉，与天然繁殖的牛所产的奶和肉到底有没有明显区别，美国、

日本科学家组成的研究小组在 *Science* 杂志上称，来自美国康涅狄格大学和日本鹿儿岛良种牛育种研究所的科学家采用体细胞克隆技术，分别用表皮纤维原细胞克隆了良种的日本黑肉牛与欧洲荷斯坦奶牛，然后将克隆肉牛的肉与天然繁殖肉牛的肉进行比较，同时将克隆奶牛所产的奶与天然繁殖奶牛所产的奶进行比较，结论是克隆奶牛和天然繁殖奶牛所产奶的脂肪、蛋白质、乳糖、固体物以及尿素含量都没有明显区别；克隆牛所产牛初乳与天然繁殖牛所产牛初乳在抗体成分上也极为相似。对牛肉的比较研究中，研究人员发现克隆牛和天然繁殖牛的肉的湿润度、粗蛋白质、粗脂肪、氨基酸和脂肪酸含量等100多项指标中有90多项基本一致，不一样的是克隆牛的肥肉含量、肠系膜脂肪含量和脂肪酸含量都略高，不过这些指标也在食品管理机构允许的范围内。

2. 欧盟

2008年1月，欧盟食品安全局称，在食品安全方面，来自克隆动物及其后代的肉和奶与传统饲养动物的没有显著差异，这个结论的假设前提是，这些肉和奶来源于符合相关食品安全规定的健康动物。但由于数据有限，这份风险评估存在不确定性，其中只对克隆猪和牛的安全性作了定论。随后的两年中，欧盟食品安全局收集最新的科学证据，对克隆食品安全性进行进一步评估，至2010年做出的声明依然是不改变2008年给出的结论，随后于2012年7月再次重申克隆食品的安全性并强调动物健康和福利问题。

与此同时，欧盟的其他机构给出了不同意见，欧盟下属的咨询机构科学与新技术伦理欧洲小组向欧盟委员会发出意见书，表示没有任何令人信服的证据证实克隆食品的安全性。

3. 日本

由日本东京大学等单位的6名教授组成的科研小组在1999年以“利用克隆技术的动物性食品的安全性”为题进行了多方面的研究，研究结果显示，担心胚胎细胞克隆牛和体细胞克隆牛作为食品有安全性问题是没有科学根据的。科研小组的研究结果认为：①胚胎细胞克隆牛和体细胞克隆牛虽然流产死亡和出生后死亡的事例比较多，但是，也有许多克隆牛在顺利地成长，仅对这些个体进行的研究来看，包括各种生理功能在内，未见任何异常。②虽然哺乳动物和鸟类的体内存在着毒性和病原性物质，构成它们的蛋白质作为食品被食用后会对部分人产生过敏反应，但是并没发现导致人体产生毒性和病原性物质的情况。③目前也没有发现胚胎细胞克隆牛和体细胞克隆牛的蛋白质产生新的毒性和病原性物质。

日本政府2000年发表研究报告称，食用克隆牛制作的食品不存在安全问题，可以放心食用，担心胚胎细胞克隆牛和体细胞克隆牛作为食品有安全性问题是没有科学根据的。2008年，日本农林水产省下属的独立行政法人畜产草地研究所的调查结果指出，体细胞克隆牛产下的后代的肉质和牛奶与一般牛相比都不存在生物差别。2009年，日本内阁食品安全委员会的专家工作组会议汇总报告称，使用体细胞克隆技术养殖的猪、牛作为食品，与普通的猪、牛一样安全。

4. 中国

中国目前还没有官方的克隆食品安全性评估报告，也没有相关方面的正式立法，但已有数家科研机构有能力进行动物克隆。中国在克隆动物领域的研究不断取得新的进展，为改造我国家畜和培养优质食用动物奠定基础。1963年，我国生物学家童第周用核移植的方法培育出世界上第一群克隆鱼，这群克隆鱼健康地完成了完整的个体发育期，并产生了后代，童第周希望克隆技术能在水产养殖产业发挥积极作用。2002年，中国农业大学等成功克隆地方优质冀南黄牛。2005年，中国农业大学率先培育出我国第一例克隆猪。2001年，青岛农业大学克隆技术课题组，在山东淄博高青培育出我国首例和第二例体细胞克隆牛“康康”和“双双”，经过10多年的发展，克隆牛数量迅速增长，初步形成克隆牛的产业化规模，在高青、烟台、青岛等地均有克隆牛的子孙后代。目前中国大部分消费者对于克隆食品还不了解，有的消费者还完全没有克隆食品的概念，而有的消费者把克隆食品与转基因食品混为一谈。对待克隆食品的态度，我国一部分人持反对态度，也有一部分人乐于接受克隆技术带来的高品质动物性产品。

尽管欧美的食品安全机构公布的数据显示，克隆牲畜与普通牲畜出产的肉制品与乳制品没有区别，是安全的。然而，全球各地仍有许多人对食用克隆家畜的肉制品、乳制品充满了疑虑。皮尤食物和生物技术项目组织在2006年9月做了一项民意调查，64%的人表示他们不能接受克隆食品，人们给出的最主要原因是“宗教和道德”，食品安全排在第二。2008年1月17日，法国和德国农业部长坚决表示，不会食用克隆动物产品。英国主流媒体更是毫不留情地把克隆动物称作“农场坟墓的怪胎”，把克隆食品视为“怪物食品”。

消费者和有关国家的某些担心并非没有根据。自从德国胚胎学家汉斯·施佩曼于1938年率先提出克隆动物的设想以来，人们对克隆技术的怀疑和争议一直就没有间断过。尽管人类在这一领域的探索已有几十年的历史，但克隆技术至今仍不成熟。研究发现，如同文件反复复印后清晰度会降低一样，使用体细胞克隆技术使动物代代相传，会对动物基因造成或大或小的损伤，而基因信息的流失会导致克隆动物出现“先天性病残”。与自然繁殖的动物相比，克隆动物容易出现体重超重等异常，患病率和死亡率相对较高，寿命更短。由此可见，FDA关于克隆动物和普通动物“无差别论”似乎经不起推敲，克隆绵羊“多莉”的早逝可能就是有力的例证。

目前克隆动物食品要真正走向人们的餐桌还有3个困难需要克服。首先，克隆动物食品的安全性问题仍受到人们质疑。其次，现在生产克隆动物食品的成本高于传统食品的成本。最后，克隆动物食品要真正走向人们的餐桌，最根本的阻力来自消费者心理。

由于上述原因，尽管欧美相继为克隆动物食品开“绿灯”，但克隆动物的肉类和乳品要摆上普通百姓的餐桌恐怕还要经过激烈的交锋和艰难的过程。然而，随着科学技术的进步，克隆食品会像转基因食品一样，进入食物流通领域，摆上百姓的餐桌。因此，世界各国目前应该考虑如何共同应对。如出台相关的法律法规和技术标准，不断完善克隆技术，研发并运用针对克隆食品的检验和检疫技术，防止有问题的克隆食品出入境，尤其要防止克隆食品演变为有害垃圾甚至基因炸弹，以确保消费者的知情权和克隆食品的安全性。

总之，克隆食品是否安全，不仅事关人类的健康和生命安全，还关系到人类的可持续繁衍。

第三节 保健食品及其安全性

一、保健食品概况

《“健康中国2030”规划纲要》中提出：要从“普及健康生活、优化健康服务、完善健康保障、建设健康环境、发展健康产业”几方面推进健康中国建设。在我国，国民健康依靠较多的是传统模式，包括传统医疗服务、药品产业及医疗器械及工业发展等，而现在这些传统模式正向大健康产业与创新技术等多方面逐渐转化，现代模式更注重疾病预防与健康维护来预防慢性疾病的发生。保健食品作为大健康产业的“重要成员”迎来了发展的新机遇。

保健食品在许多国家有不同的概念，如在日本称为功能性食品，强调以调节人体机能为主要目的。在我国保健食品是声称并具有特定保健功能或以补充维生素、矿物质为目的的食品，即适用于特定人群食用，具有调节机体功能，不以治疗疾病为目的，并且对人体不产生任何急性、亚急性或慢性危害的食品。保健食品对于生理功能正常，想要维护健康或预防疾病的人来说，是一种营养补充品；对生理功能异常的人来说，是一种调节生理功能、强化免疫功能的食品。

保健食品既是食品，又不是普通食品。首先，保健食品必须是食品，必须无毒、无害，符合普通食品的基本要求，即能提供一种或多种营养素，能被人体消化吸收，安全无害。其次，保健食品应有特定的保健功能，且是可以用科学的试验方法进行客观验证的具体、明确的功能，可满足一部分特殊人群的特殊生理功能的调节需要；同时，它不能取代人体正常的膳食摄入和对各种必需营养素的需要。再次，保健食品是适宜于特定人群食用的特殊食品，是为解决一部分特殊人群的特殊需要的特殊食品，它对食用对象、食用量都有一定的限制，并非人人皆宜。此外，保健食品虽能满足一部分特殊人群的特殊需要，但这只是在较少的食用量下，由其所含的功能因子参加机体的生理调节作用，促进机体由一种不稳定或病态向正常状态转化，所以它的作用是缓慢的。当病人处于病态时，不能取代药物对病人的治疗作用。所以保健食品不应也不能作为药品，它不能以治疗疾病为目的，只能通过一定的途径调节机体的生理功能来满足人体的要求。

保健食品一方面应保证对人体不产生任何急性、亚急性或慢性危害；另一方面应通过科学试验（功效成分定性、定量分析，动物或人群功能试验），证实确有有效的功效成分和有明显、稳定的调节人体机能的作用，或通过动物（人群）试验，确有明显、稳定的调节人体机能的作用。

二、保健食品的功效成分

保健食品的功效成分主要有以下几类。

（1）多糖类　如膳食纤维、茯苓多糖、灵芝多糖、香菇多糖等。

（2）功能性甜味剂类　如单糖、寡糖、多元糖醇等。

（3）功能性油脂（脂肪酸）类　如多不饱和脂肪酸（油酸、亚麻酸、花生四烯酸等）、磷脂、胆碱等。

（4）自由基清除剂类　如超氧化物歧化酶（SOD）、谷胱甘肽过氧化酶等。

（5）维生素类　如维生素 A、维生素 E、维生素 C 等。

（6）肽与蛋白质类　如谷胱甘肽、免疫球蛋白等。

（7）活性菌类　如乳酸菌、双歧杆菌等。

（8）微量元素类　如硒、锌等。

其他还有二十八烷醇、植物甾醇、皂苷等。

三、保健食品的产品分类

保健食品按调节人体机能的作用可分为增强免疫功能食品、辅助改善记忆食品、改善生长发育食品、缓解体力疲劳食品、减肥食品、提高缺氧耐受力食品、对辐射危害有辅助保护功能食品、辅助降血脂食品、辅助降血糖食品等。

按组成和功能可分为以下几种。

1. 营养型保健品

营养型保健品中含有人体易缺乏的一种或多种营养成分，如维生素类、氨基酸类、微量元素类或特殊营养成分等，能针对性地补给人体所缺乏的营养，补充能量，恢复人体正常状态，避免因人体缺乏某种营养成分所导致的疾病。

2. 中药型保健品

中药型保健品是以中医药学理论指导组方原则，适当添加相应的中药或中药提取物而制成的保健品，如辅助降血脂、增强心肌功能的保健品等。

3. 微生态型保健品

微生态型保健品内含一种或多种有益身体的细菌，通过补充体内的有益菌，抑制杀灭体内有害菌，防止感染性疾病的发生。有益菌还可降低体内各种毒素和废物含量。生物合成维生素等有关营养成分，有利于补充体内营养；并可防止多种慢性病及老年病的发生。

4. 综合型保健品

综合型保健品是集营养成分、中药活性成分、微生态成分于一体的保健品。由于内含成分全面，可综合调节人体生态平衡功能，具有良好的开发和使用前景。

5. 其他类型的保健品

其他类型的保健品主要指从龟、鳖、蛇、蚁、虫等动物中提取的活性成分制成的保健品。这类保健品富含营养成分，并具有特有的活性成分，对特定的人群具有明显的保健功能。

四、保健食品的价值

保健食品的价值包括以下几点。

1. 文化价值

我国保健食品具有悠久的历史，药酒、中药、保健茶等在中国养生保健史上一直扮演着重要的角色，也已成为中国保健文化的鲜明符号。保健食品的表现形式在历史的进程中也层出不穷，多种多样的表现形式丰富了我国保健文化的内涵。其中，有把汤药作为保健食品的记录：晋代《甲乙经》曾记载，“伊尹以亚圣之才，以为汤药”，当时人们在烹调的过程中偶然发现了某种特定的汤食可以治疗疾病或食用了某些汤食以后身体会变得强壮，因此，汤药就成为了当时重要的药品和保健食品。直到现在，用某些食材和药材熬制出的具有保健功能的汤药仍然被人们广泛地食用。

除了汤药以外，药酒、保健酒等也是保健食品的重要类型，在历史上有饮用药酒强身健体、固本培元的传统和文化。

饮用药酒不仅可以增强体质、强身健体，而且逐渐成为一种独特的文化现象。普通百姓的家里也会自己泡制一些药酒，如鹿茸酒、虎骨酒、人参酒、枸杞酒、茯苓酒、桂花酒等供自己和亲朋饮用。

除饮用药酒以外，部分可以医食两用的中药材也是保健食品的重要组成部分，构成了具有中国特色的保健文化。在我国传统保健文化中，有些中药材可以起到延缓衰老、益智明目、滋阴补阳的作用。因此，按照人的不同症状和要求食用不同种类的中药材是中药保健重要的原则，也是我国保健文化的形成基础。

2. 经济价值

我国的保健文化历史悠久，加之我国拥有丰富的中药材资源和动植物资源，因此，我国保健行业的发展有着坚实的基础。“十三五”时期，中国人均预期寿命从 76.3 岁提高到 77.3 岁，预计“十四五”期间在此基础上还将再提高一岁达到 78.3 岁。随之而来的是我国人口老龄化进程加剧。2021 年我国 60 岁及以上人口为 2.64 亿人，占 18.70%，标志着我国已进入并将长期处于老龄化社会，未来老龄化现象还会持续。人均寿命的大幅提升、老年人口的增多，增加了保健食品市场保健食品的消费金额及购买频次。

同时，随着现代社会生活节奏的加快，工作压力的变大，我国多数人群的身体处于亚健康状态。其中青年及中间人群占有极大比例，亚健康人群基数大增、慢性疾病病程不断延长。人们越来越关注自身和家庭成员的营养健康，人民健康素养水平不断提高。2021 年我国居民健康素养水平由 2020 年的 23.15%提高至 25.4%，呈现稳步提升态势。亚健康人群及慢性病患者长期诊疗、消费人群扩大及多样化为保健食品提供规模巨大的消费市场，与此同时随着健康素养的提高，内涵丰富的大健康产业应运而生，保健食品成为大健康产业的最大消费热点。健康产业将成为继 IT 产业之后的全球“第五波财富”。同时，大健康产业的持续发展、居民消费观念升级，带动保健食品产业的发展，为保健食品的需求提供持续的动力。

在国外，许多国家的国民也热衷于购买、食用一些保健食品。虽然中国的保健食品文化历史悠久，但是保健食品行业起步却较晚，与美国等具有较为成熟的保健食品行业的国家相比，保健食品行业规模和效益都有一定差距。美国保健食品市场有 4000 多种功效各异的保健食品，虽然美国没有中国这样浓厚的保健文化底蕴，但是美国人均收入水平较高，因此，美国民众对保健食品的需求也非常强烈，50%以上的美国人购买过保健食品。日本保健食品市场与美国类似，在日本共有 4000 多种保健食品，维生素类、蜂王浆是中老年群体经常购买的保健食品。保健食品行业的迅速发展带来了巨大的经济效益。

3. 社会价值

保健食品的社会价值是指保健食品及保健食品行业发展给整个社会带来的好处和其对社会的贡献。社会价值包括社会环境的改善、就业机会的增加与生活水平的提高等方面，社会价值随着社会环境的变化而变化。首先，社会价值需要消费者的评价，保健食品的社会价值高低水平并不由其生产商和销售商评定，而应由广大消费者决定，如果消费者认为保健食品没有起到外包装标识的功效，保健食品的社会评价就会呈现一种负面状态，其社会价值就相对较低。其次，社会价值需要符合公共利益。作为一种特殊的商品，保健食品的生产、销售、食用以及最终的效果均受到了社会公众的广泛关注，人们购买保健食品主要是为了改善身体状态、延年益寿。保健食品的社会价值表现为：一是创造了大量就业机会；二是增加个人财富，促进社会稳定；三是合理食用正规保健食品提高了人们的身体素质，改善了人们的精神状态和生活质量；四是体现管理的科学化。

五、保健食品的安全性问题

1. 溶剂残留

保健食品残留的有机溶剂由生产加工过程带入或来源于包装材料，对人体健康存在潜在的危害，因此要求保健食品生产加工过程中使用有机溶剂或间接引入有机溶剂时，应符合GB 2760—2024《食品安全国家标准　食品添加剂使用标准》附录C中食品工业用加工助剂使用规定或有关规定。

2. 农药残留

以植物天然原材料及其提取物为主要成分的保健食品，其企业标准中常见的农药残留监测项目为难以降解的六六六和DDT，实际上这两类有机磷农药已经禁止使用。相比于庞杂的农药种类和实际使用情况，尚缺少系统的植物源类保健食品的农药残留监管方案。我国已开展建立保健食品安全风险监测和预警平台，收集并研判各检测单位对保健食品农药残留监测的数据，加快保健食品农药残留检测方法和限量规定的标准制定工作。

3. 内源性危害成分

由于保健食品原料复杂，对其内源性成分尚缺乏深入系统的研究，且未解决潜在内源性危害成分风险监控、产品中成分相互作用等问题。如对于中药来源类保健食品，一方面需规定其服用剂量和期限，另一方面需分析明确其潜在风险成分和毒性作用。

4. 有害物质与卫生指标问题

食品中的有害重金属主要是能够对人体健康产生危害的铅、砷、汞、镉、铬等，如铅可以对人体产生神经、造血、消化、心血管和内分泌等多个系统的危害性。保健食品产生的重金属污染主要是原料带入及加工过程带入。值得注意的是，GB 16740—2014《食品安全国家标准　保健食品》中规定了无相应类属食品的总汞和总砷限量值。近年来，以水产品为原料的保健食品越来越多。通常认为，海藻、磷虾、海参等水产品具有富集砷元素的特性，但主要以有机砷形态存在，占总砷含量的90%以上，而有机砷通常被认为是低毒或无毒的，无机砷才具有致癌毒性。因此，应当考虑按照原料区分有机砷和无机砷来规定其限量值。鱼类、贝类等水产品具有富集汞元素的特性，且主要以甲基汞为主要暴露途径，甲基汞属于有机汞的一种，对人体的危害最强。因此，应当考虑按照原料区分有机汞和无机汞并规定其限量值。

食品中的微生物污染主要指对人体产生危害的致病性微生物，如金黄色葡萄球菌、沙门氏菌等，同时也有一些反映环境卫生程度的指示性微生物指标，如菌落总数、大肠菌群等。GB 16740—2014《食品安全国家标准　保健食品》中对保健食品终产品微生物限量作出规定，按照类属食品和非类属食品进行区分，根据产品的形态分为液态、固态和半固态形式（表9-1）。各国对致病菌限量规定均为不得检出，而对于指示菌限量的规定各国有所不相同。由于分类方式不同，不能简单从数值大小进行对比。一般国际上制定菌落总数指标的目的是反映在良好卫生或操作规范条件下通常能达标的水平。因此，保健食品推行良好操作规范非常有必要。

表 9-1 保健食品终产品微生物限量

项目	限量		检验方法
	液态产品	固态或半固态产品	
菌落总数/（CFU/g 或 CFU/mL）≤	10^3	3×10^4	GB 4789.2《食品安全国家标准 食品微生物学检验 菌落总数测定》
大肠菌群/（MPN/g 或 MPN/mL）≤	0.43	0.92	GB 4789.3《食品安全国家标准 食品微生物检验 大肠菌群测定》MPN 计数法
霉菌和酵母/（CFU/g 或 CFU/mL）≤	50		GB 4789.15《食品安全国家标准 食品微生物学检验 霉菌和酵母计数》
金黄色葡萄球菌≤	0/25g（mL）		GB 4789.10《食品安全国家标准 食品微生物学检验 金黄色葡萄球菌检验》
沙门氏菌≤	0/25g（mL）		GB 4789.4《食品安全国家标准 食品微生物学检验 沙门氏菌检验》
致病菌	不得检出		

六、主要国家及组织保健食品安全法规体系和管理

1. 美国

在美国保健食品被称为膳食补充剂（dietary supplements），即为增加每日总摄入量而补充的膳食成分（烟草除外），或是以上成分的浓缩品、代谢物、提取物或组合品，含有一种或多种如下成分：维生素、矿物质、草药、氨基酸和酶等，以片剂、胶囊、软胶囊、凝胶、粉末或液体等形式销售。美国膳食补充剂上市前无需审批，美国食品与药物管理局（FDA）有专门的膳食补充剂成分咨询清单，目的是当FDA鉴定出市场上存在非法膳食补充剂成分时能迅速提醒公众。《联邦食品、药物和化妆品法》要求膳食补充剂制造商和分销商如果销售含有新膳食成分的膳食补充剂，必须在产品进入州际贸易前至少75d向FDA提交安全性资料进行备案，由企业或企业委托FDA请有关单位证明产品依标签推荐或建议的条件下使用是安全的，FDA不承担安全职责。美国的膳食补充剂企业与行业协会自律性相对较高，市场也较为成熟。

《营养标签法规与教育法》《膳食补充剂和膳食成分的制造、包装或保存的现行生产质量管理规范》要求膳食补充剂的标签应标注产品名称、功能声称、原料、净含量、每种膳食成分含量、生产者的名称和地址，并注明“本产品不得用于诊断、治疗、治愈或预防任何疾病”。《膳食补充剂标签管理实施细则》要求膳食补充剂标签上必须载明“膳食补充剂”字样，“膳食”可用具体成分名称代替，但不能使用“食物补充剂”。对于推荐用量及营养成分应使用“食用份量”和“补充剂成分”表述，便于消费者与普通食品区分。

美国膳食补充剂功能声称分为三类，分别是健康声称、结构/功能声称和营养素含量声称。第一类，FDA审批并建立允许使用的健康声称名单，包括原料名称、含量、特征、对应

功能、声称用语等要求。如超出名单范围，生产商应在产品上市前120d，向FDA提交有关其健康声称的内容和依据。第二类，结构/功能声称无需FDA审批，只需在上市后30d内向FDA备案。此类声称包括对某种典型营养缺乏症有益并说明该营养缺乏症在美国普遍存在、一种营养素或膳食成分对人类身体结构和功能的影响作用、描述上述作用机制和描述服用后幸福感，但须注明"此声称未经FDA审批，本品不用于诊断、处理、治理和预防任何疾病"。第三类，营养素含量声称不需FDA审批，但内容需真实并不造成误导，并标注"该产品未经FDA审批"。

美国2002年实施的《公共卫生安全与生物恐怖防范应对法案》要求所有膳食补充剂企业须在生产、销售前向FDA登记信息。膳食补充剂生产企业强制执行现行良好操作规范，并向FDA登记生产设备，FDA定期检查生产设备，发现不合格即采取警告、暂时关闭、刑事起诉等强制措施。膳食补充剂产品上市前无须经过FDA批准，但政府承担安全隐患产品的举证责任，生产商、包装商和销售商保存6年内所有的不良反应报告记录，并在15个工作日内向FDA报告所有严重不良事件，消费者、健康专业人士和行业成员自愿向FDA报告与健康有关的严重反应或疾病（也称为不良事件），以便FDA采取行动保护公众免受伤害。FDA可采取行动，将掺假、虚假标签或误导性标签的不合格产品退市。

2. 欧盟

保健食品在欧盟被称为食品补充剂，是营养物质或其他物质的浓缩，单独或混合使用保健食品具有营养或生理作用，以胶囊、片剂、药丸和其他相似的以小剂量计量的液体或粉末等形式销售。欧盟食品补充剂的监管特点如下。

食品补充剂的生产销售通常无需取得欧盟成员国的行政许可，欧盟多数国家规定食品补充剂上市前应向本国政府主管机关进行登记备案或仅依靠上市后的监管，如果该产品已在一个欧盟成员国备案，则可在欧盟各成员国内流通，不必向其他成员国备案。

欧盟《食品标签、标识与宣传》禁止食品补充剂使用有关医疗、保健的宣称。标签须标注名称、营养成分含量、使用原料、每日推荐摄入量等，标明"食品补充剂"，不得宣称预防和治疗疾病作用，有"勿超过推荐摄入量，不能代替正常饮食"的提示性说明。欧盟将食品补充剂健康声称分为两类，第一类为功能声称或一般健康声称，欧盟对此类声称采取列表制度，2012年欧盟委员会公布了一般健康声称名单，主要指维生素和矿物质，即凡是列入允许使用健康声称范围内的声称，满足使用条件的食品均可标注。第二类为特殊健康声称，该类健康声称的使用必须经过欧盟委员会的许可。若使用降低疾病风险声称时，在产品标签、广告或宣传品上还需注明所述疾病具有多种危险因素，降低其中一个危险因素可能带来益处。对于以上2种声称未列入列表的新健康声称则需要经过1年左右的审批，欧盟对此制定了详细、规范的申请和批准程序。

3. 日本

日本的特殊食品根据认证方式、成分、功能和标记分为3类：特定保健用食品、营养机能食品和功能性标示食品。其中，特定保健用食品（food for specified health uses，FOSHU）定义为含对人体生理学功能产生影响的保健功效成分、有助于增进健康或降低疾病的食品。日本的FOSHU批准制度将FOSHU分为5个子类：常规型、规格基准型、降低疾病风险型、再授权型和条件限制型，分类依据包括产品类型、有效活性成分和科学证据支持程度。

日本FOSHU审批流程由消费者厅（相当于我国市场监督管理部门）负责执行，主要步骤包括：食品企业向消费者厅提交设置许可申请书、审查申请书及附件；消费者厅向消费者委员会下设的新开发食品评价第一调查会和新开发食品调查部会进行调查，向食品安全委员会下设的新开发食品专门调查会进行咨询，该委员会负责评估产品的安全性，征询厚生劳动省下的医药生活卫生局的意见，三者可同时进行，分别向消费者厅给出答复，上述审查结束后可由申请人将产品样品提交给医药健康营养研究所或认证的试验机构进行成分、功效和安全性检测。各部门完成评估后，给消费者厅发回报告或答复。最后，消费者厅从日本学术界遴选专家成立专家委员会，根据产品声称的健康功效，将申请分配给相应专家委员会进行审查和评论，通过后可授予 FOSHU 产品证书。

日本管理 FOSHU 的主要适用法律为《食品安全基本法》。该法律将风险分析的概念引入食品安全管理。其中食品安全保障体系由风险评估、风险管理和风险沟通三要素组成。风险评估机构（食品安全委员会）和风险管理组织（厚生劳动省、消费者厅等）相互独立运作从而确保食品安全。消费者厅就食品安全建立安全卫生标签系统，该系统包括食品有效期、食品添加剂及过敏反应 3 类标签信息的展示。官方文件中对食品有效期、食品添加剂和过敏反应均设有相关设置指南和测试方法。

4. 中国

根据我国《保健食品标识规定》，保健食品标签应注明：产品名称、保健食品特有标志（“蓝帽子”）、净含量、警示语、原/辅料、功效或标志性成分及含量、适宜/不适宜人群、保健功能、食用量及方法、规格、贮藏方法、保质期、注意事项、生产日期、执行标准、许可证编号、企业名称及地址与投诉服务电话。标签内容的基本要求为：名称以汉字为主要文字，可配拼音或外文，但需与汉字直接对应且以汉字为主体；标识内容需与产品实际情况一致，不得呈现误导性文字或图片，不得暗示与其他产品类似，不得标示虚假信息或夸大保健作用，更不得描述或声称有疾病治疗作用。

我国保健食品的注册审批由国家市场监督管理总局（State Administration for Market Regulation，SAMR）各部门协同管理，法规依据为 2016 年发布的《保健食品注册与备案管理办法》。我国保健食品按出产地可分国产和进口两类，注册流程有所不同：国产保健食品提交注册申请前，申请人需向 SAMR 认可的保健食品检验机构提交产品样品，进行样品的安全、功能、成分、卫生和产品稳定性的全面检测。检测完成后，向当地市场监督管理局提交《国产保健食品注册申请表》、检测结果和样品。监管部门 5 日内确定是否受理申请，若通过则开展样品生产现场核查，并向检验机构送检抽样产品，完成后将申请材料、审查意见和检验结果一同上报 SAMR。SAMR 对初审合格的产品进行资料审查，审查通过者可授予《国产保健食品批准证书》。进口保健食品注册则无需向当地市场监督管理局提交注册申请，直接向 SAMR 提交《进口保健食品注册申请表》、申请资料及样品，其他步骤与国产保健食品注册流程相同，最后颁发《进口保健食品批准证书》。此外，我国保健食品实行注册与备案双轨制，需进行注册和备案的食品类别存在差异：原料在保健食品原料目录外的保健食品及首次进口的保健食品（除补充维生素、矿物质等营养物质的保健食品外）需进行注册；而原料已列入保健食品原料目录的保健食品及首次进口的补充营养物质类保健食品则需进行备案，备案人根据国产/进口保健食品材料要求向 SAMR 提交备案，备案材料符合要求者当场备案，存档备案信息并发放备案号。

《食品安全法》第七十八条强调：保健食品的标签、说明书不得涉及疾病预防、治疗功能，内容应当真实，与注册或者备案的内容相一致，载明适宜人群、不适宜人群、功效成分或者标志性成分及其含量等，并声明“本品不能代替药物”。保健食品的功能和成分应当与标签、说明书相一致。此外，卫生部制定了保健食品专用法规《保健食品管理办法》，其中规定：申请保健食品需提供有直接管辖权的卫生行政部门发放的有效食品生产经营卫生许可证及三批产品的质量与卫生检验报告；进口保健食品则需额外提供口岸进口食品卫生监督检验机构的检验合格证。《保健食品管理办法》也对保健食品生产和评价做了具体安全性要求：①申请《保健食品批准证书》须提交毒理学安全性评价报告。②原料及产品须符合食品卫生要求，即对人体无任何急性、亚急性或慢性危害。③生产过程、生产条件须符合相应食品生产规范和卫生要求，加工过程不转化或产生有害中间体。④直接与保健食品接触的包装材料或容器须符合有关卫生标准或卫生要求。此外，GB 16740—2014《食品安全国家标准　保健食品》列明保健食品相关安全标准，如微生物、重金属、放射物质的测定方法和标准，原/辅料和食品添加剂的农药、兽药、生物毒素残留限量标准。

思考题

1. 转基因食品的基本概念是什么？
2. 转基因食品的优势体现在哪些方面？
3. 转基因食品存在哪些潜在危害？
4. 转基因食品的评价方法有哪些？
5. 如何理解对转基因食品标识的管理？
6. 转基因食品的常用检测方法有哪些？
7. 对于转基因食品的安全性管理你有哪些建议？

第十章

10

食品安全性评价

学习目标

1. 掌握食品安全性评价相关概念。
2. 掌握食品安全性毒理学评价的阶段和实验内容。
3. 掌握食品安全性风险评价的作用、意义及程序。

第一节　概　　述

食品安全性评价（food safety evaluation）是运用毒理学动物试验结果，结合流行病学的调查资料来阐明食品中某种特定物质的毒性及潜在危害、对人体健康的影响性质和强度，预测人类接触后的安全程度。食品安全性评价是对当前某类或全部食品的安全水平给予判断性的描述，是一个分类等级评价问题。其对普通百姓的健康安全、监管工作人员的工作方式、国计民生的安定、食品安全科技的进步都具有重要意义，是当下食品、分析、数理乃至社会科学行业共同推进的重大课题。

一、毒理学在食品安全性评价中的应用发展

毒理学（toxicology）又称中毒学、毒物学等，是从生物医学角度研究化学物质对生物体的损害作用及其机制的科学。近年来，毒理学的研究范围已扩大，不只限于化学物质，还包括各种有害因素如放射性、微波等物理因素以及生物因素。20 世纪生命科学如生物化学、生物物理学、遗传学和分子生物学的新概念、新技术推动了毒理学的发展，不仅形成了一系列专门化的分支学科，而且具有各种各样特异性毒作用的毒物也成为生命科学打开生命奥秘的工具和钥匙。食品毒理学是在大量重大食品安全事故、事件的发生后引起各国政府的关注而逐步形成的。

食品毒理学（food toxicology）是现代毒理学的一个分支学科，主要研究食品中有害外源性化学物质对机体产生的不良作用及其机制，并确定这些物质的安全限量和进行安全性评价，是现代食品科学的一个重要组成部分。

食品安全性评价是毒理学的具体应用。经典方法中对安全系数做了许多附加修正，以提高种属之内与之间推导预测的精确性，但可能面临来自行政规定而缺乏科学依据的一连串修

正系数。近年已提出了新的方法，尽可能使用实际数据而不是人为的假设来确定安全系数。如对致癌物质的评定将使用一种定量模型，它所重视的是从高剂量到低剂量的推导，而不是从动物到人的种属间的推导。外源性化学物质安全性评价的新进展还包括用毒性等效性因子或问答式的方法、构效关系的定量分析等来研究复杂化学物。

二、食品安全性评价检测技术的发展

检测技术是进行食品安全性评价工作的基础。为此，各国的食品安全控制系统都把检测机构的设置、先进检测方法的应用、分析质量保证（AQA）体系的建立和提高以及人员培养放在优先地位，也是国家食品安全保障体系能力建设的重点。

目前，食品安全性评价及控制呈现两个明显的趋势：①安全卫生指标限量值逐步降低，并出现了污染物的超痕量指标，如二噁英检测超痕量水平达 $10^{-15} \sim 10^{-12}$ 数量级。②检测技术日益趋向于高技术化、系列化（多残留）、速测化、便携化。如在化学性危害的检测方面，做到了按一定规范对受检产品取样进行快速检验；又如运用免疫学、生物工程技术建立的快速检测方法，这些方法有酶联免疫法、放射免疫法、受体传感器法、荧光素标记法、cDNA标记探针法等。这些高技术方法具有如下特点：第一，灵敏度高，可达 $10^{-15} \sim 10^{-12}$，甚至几个分子。第二，方法的特异性高、假阳性率相对较低。第三，适用范围较宽，可测定各类食品。第四，检测的费用低。国内外已有不少农、兽药残留和生物毒素快速筛检的试剂盒产品。这些检测一般可在非实验室的条件下，即在现场对样品进行筛检，只要检验结果为阳性，受检食品就不允许上市。当需要确认所检测项目的定量结果时（如进行食品安全性评价、发生国内外贸易纠纷及仲裁、政府行为的监督检查时），再把阳性样品送到实验室内，用大型精密（甚至超精密）仪器进一步的验证和定量分析。

近年来，使用大型精密仪器对食品中很多痕量级成分进行提取、纯化、检测，如快速溶剂提取系统（ASE）、固相萃取系统（SPE）、超临界萃取系统（SPP）、免疫亲和层析柱（IAC）等样品处理、浓缩技术等用于检测。与传统方法相比，对微量、痕量成分提取更加简化和快速，缩短了检测周期。又如，某些化学污染物在环境和生物体内难降解，造成食品和人体蓄积，需要采用大型精密仪器进行检测。此外，如二噁英及其类似物（包括多氯联苯），检测方法灵敏度的要求为超痕量水平，需要用高分辨质谱分析和采用稳定性同位素稀释技术进行检测。传统的原子吸收分光光度方法检测食品中矿物质和其他元素也逐步被更加灵敏和快速的等离子体质谱仪（ICP-MS）取代。

目前，农药残留的检测已从单个化合物的检测发展到同时检测几百种化合物的多残留系统分析，兽药残留的检测也向多组分方向发展。如美国FDA的多残留方法（可检测360多种农药）、德国科学基金会（DFG）的方法（可检测325种农药）、荷兰卫生部的多残留分析方法（可检测200种农药）、加拿大多残留检测方法（可检测251种农药）、英国中央科学实验室（CSL）的多残留检测方法（可检测104种农药）。将农药残留分析的主要步骤（样品的采集、制备、提取、纯化、浓缩、分析、确证等）采用的不同方法建成不同的模块，根据样品及分析要求的不同，组合成不同的处理分析流程，从而建立起一个多残留检测选择检索程序的前处理技术平台，使复杂的技术流程简化且保证分析质量。

我国GB 2763—2021《食品安全国家标准　食品中农药最大残留限量》规定了564种农药残留限量标准，包括我国批准登记的农药428种、禁限用农药49种、我国禁用农药以外的尚未登记农药 87 种，同时规定了豁免制定残留限量的低风险农药 44 种。从涵盖的农药品种数量看，已超过 CAC、美国，基本接近欧盟。

在生物性危害方面，一些国家建立了以致病菌遗传物质的分子结构为基础的 DNA 指纹图谱鉴定技术，为可靠地确定食源性疾病患者排泄物中所分离的细菌与可疑中毒食品中分离的细菌的同源性提供了重要的手段。这些检测技术为开展食源性致病菌的定量危险性评价提供了必不可少的技术支撑，成为控制微生物食源性危害的重要手段。美国已在全国范围内建立了细菌分子分型国家电子网络，并已成功地应用于导致沙门氏菌食物中毒暴发的食品的溯源及控制。而基于 PCR 快速检测技术，特别是基因芯片的高通量能力可以从众多肠道致病菌或致泻性病毒与寄生虫中筛检病原并达到溯源的能力。

三、危害物质的监测

在食品安全性评价的过程中，有关危害物监测研究资料对危害物的确定、危害程度的判断均具有重要的参考作用。因此，建立对危害物质进行监测、溯源和预警的体系，既能有效掌握和减少危害物质对人体健康的危害，还能积累数据，作为危险性评估的重要资料。

1. 食源性疾病与危害的监测

对食源性疾病采用设置的哨点（sentinel point）进行监测，以及在发生食源性疾病后，对病原菌的摄入量与健康效应进行剂量-反应关系的分析，是进行危险性评估、掌握食源性疾病的变化趋势和制定食源性疾病控制对策的重要依据。目前，美国疾病预防控制中心（CDC）的主动监测网络在改善食源性疾病的漏报率方面已取得显著成绩。一些国家已开展了禽、肉制品中沙门氏菌以及乳制品中李斯特氏菌的定量危险性评价。

2. 食品中化学污染物的监测

食品中化学污染物的监测主要是对影响健康的有害金属元素、农药及兽药残留、有机污染、食品添加剂等进行的监测。早在 1970 年，世界卫生组织（WHO）、联合国环境保护署（UNEP）和联合国粮农组织（FAO）就联合发起全球环境监测规划/食品污染监测与评估项目（GEMS/Food），并与相关国际组织制定了庞大的污染物监测项目与分析质量保证体系（AQA），其主要目的是监测全球食品中主要污染物的污染水平及其变化趋势。如此，不但可了解食品中化学污染物的基本情况，还可为优先控制污染物并追踪其变化趋势、进行食品安全性评价提供可靠依据。目前，一些国家有比较固定的监测网络和比较齐全的污染物与食品监测数据。我国也从国家层面建立了全国食品安全风险监测网络。《食品安全法》第十四条规定，国家建立食品安全风险监测制度，对食源性疾病、食品污染以及食品中的有害因素进行监测。国务院卫生行政部门会同国务院食品安全监督管理等部门，制定、实施国家食品安全风险监测计划。国务院食品安全监督管理部门和其他有关部门获知有关食品安全风险信息后，应当立即核实并向国务院卫生行政部门通报。对有关部门通报的食品安全风险信息以及医疗机构报告的食源性疾病等有关疾病信息，国务院卫生行政部门应当会同国务院有关部门分析研究，认为必要的，及时调整国家食品安全风险监测计划。省、自治区、直辖市人民政府卫生行政部门会同同级食品安全监督管理等部门，根据国家食品安全风险监测计划，结合本行政区域的具体情况，制定、调整本行政区域的食品安全风险监测方案，报国务院卫生行政部门备案并实施。

3. 对食源性危害物进行人群接触评估

开展监测研究的重要目的之一是对各种消费人群进行危害物接触评估，以得出危险性评价的最终结果。国际上成熟的经验是首先要知道平均每人每天某些危害的膳食摄入量，即所谓“外接触”；接着要知道在机体内的负荷（如血、尿中铅的浓度、二噁英的浓度等），即所谓的“内接触”。鉴于当前所关注的主要化学性危害均是低剂量和长时间接触，以临床指标评价健康效应不现实。因此，必须采用生物学标志物进行评估。生物学标志物包括接触性标志物和效应性标志物。接触性标志物可以反映某些危害的摄入水平，如尿中黄曲霉毒素与DNA的结合物，氯丙醇的代谢产物巯基尿酸和氯乳酸等。效应性标志物可以反映机体生理功能的损伤，如镉导致尿中β_2-微球蛋白的出现，伏马菌素引起神经鞘氨醇的改变，二噁英和氯丙醇引起男性精子动力学的变化。这些数据为评价食源性危害的危险性提供十分宝贵的依据。如果外接触指标不超过FAO/WHO提出的安全摄入量水平（ADI），或暂定每周允许摄入量（PTWI），内接触不超过正常值，生物学标志物不显著高于非接触人群，则可以确认此摄入量安全；反之，则不安全，需要采取控制措施。这套评估技术是一些国家工作经验的总结，并已纳入FAO/WHO和WTO/CAC的相关文件，同时，这也是制定食品安全标准和仲裁贸易纠纷的重要手段和依据。

四、对新技术、新工艺、新资源加工食品进行安全性评估

现代农业生产过程中，农药、植物生长调节剂的使用日趋增加。农产品农药残留以及对蔬菜、水果进行“膨大”“催熟”的植物生长调节剂是否具有性激素活性，成为人们关注的焦点。此外，在日常膳食中存在的植物雌激素（如大豆异黄酮等）对儿童的性激素作用也引起国际学术界对婴儿配方食品中是否允许添加大豆制品的争论。为此，很多国家已经开展环境内分泌干扰物的筛选计划，美国已经对所批准登记的农药进行内分泌干扰活性的筛选，并于2008年公布根据内分泌干扰活性重新确定的农药的最高残留限量（MRL）。

由新技术生产出的食品的安全性一直是各国关注的重心。如由转基因技术生产的油料含有反式脂肪酸致心血管疾病；辐照食品衍生物的安全性问题；螯合钙（甘氨酸钙）与传统钙原的吸收利用率明显不同，它仅在1/5剂量就可能造成中毒；我国保健食品的主要原料成分与国际功能食品或膳食补充剂有很大不同，一般是多种植物粗提取物的混合物，纯度低等。目前，还缺乏对新技术带来的安全性问题开展针对性评价的合理、权威的方法。

此外，食品工业用菌安全性的检测与评价在世界各国均受到很大程度的关注。在欧洲、美国、日本等地区和国家，对食品发酵用菌种的管理、审批非常严格，对菌种的使用历史、分类鉴定、耐药性、遗传稳定性、有效性都有明确的要求和数据库，生产用的菌株要求必须在国际公认的菌种保存中心保存。许多国家还制定出食品工业中允许使用的菌种名单，建立了完善的菌种安全性评价的检验方法。

五、食品安全性评价方法的发展

现代生物学应用，对外源性化学物已经从安全性评价（safety evaluation）发展到危险性评估（risk assessment）。

在20世纪50年代初期，以急性和慢性毒性试验获得的动物实验资料为基础的综合评价一般称为安全性评价，提出未观察到有害作用剂量（no observed adverse effect level，NOAEL）

及制定人的每日允许摄入量（accept abledaily Intake，ADI），以此为基础与基准制定各种卫生标准。到目前为止，我国在此领域的国家标准为GB 15193.1至GB 15193.26系列标准。而1960年美国国会通过的Delaney修正案确定了“凡是对人和动物有致癌作用的化学物不得加入食品”的条款，按此进行管理就提出了致癌物零阈值（zero threshold）的概念。20世纪70年代后期，发现的致癌物越来越多，而其中一些（如二噁英）是难以避免或无法将其完全消除的，或在权衡利弊后尚无法替代的化学物。于是，零阈值的概念演变成可接受危险性（acceptable risk）的概念，以此对外源性化学物进行危险性评估，即接触某化学物终生所致的危险性减低到可接受危险性，且将其视为相当于不可抗拒的自然灾害所致的人类社会危险性。随之，危险性评估与预测的方法应运而生，并已经从化学物的致癌作用扩展到了生殖发育和内分泌危害、神经精神危害和免疫危害，甚至生物性因素（如微生物感染）领域的危险性分析。从安全性评价向危险性评估的发展，不仅是“有毒、有害物质”的危害定量化的发展，而且在定性方面也有了很大进展。这使得毒理学与食品安全学科紧密地结合起来，把危险性科学的发展推到了一个新的高度。

由于化学、毒理学、营养学和微生物学之间的界限日渐缩小，利用多学科机制建立起来的食品安全性评价将全面地发展到以危险性评估、危险性管理和危险性交流组成的危险性分析技术。因为常用的危险性评估架构可以指导危险性管理者用相对统一的方法来使用有用的信息，而评价者可以在做出合理决策时指出尚缺乏的科学资料，并可协调各国间食品“安全性评价”程序的差别。

第二节　食品的毒理学评价

一、毒理学基本概念

（一）毒物及其分类

1. 毒物的概念

毒物（poison）是指在一定条件下，以较小剂量进入机体就能干扰正常的生化过程或生理功能，引起暂时性或永久性的病理改变，甚至危及生命的化学物质。

实际上，几乎所有的化学物质都有引起机体损伤的可能。如各种药物在其治疗剂量范围内发挥疗效，而超出该范围达到中毒剂量时，则成为毒物。又如人体内经常有痕量的铅、汞等重金属存在，对人体没有危害，但超过一定剂量后，会发生重金属中毒。可见，所有化学物质都是毒物，剂量将它们区分为毒物与药物。

2. 毒物的分类

人类最早接触的毒物主要是动植物中的天然毒物。自19世纪工业革命以来，化学合成物大量面世。全世界已经登记的化学品超过1亿种，当前商品化应用的化学品超过4000万种。随着人类科学技术的飞速发展，人们接触的化学物质数量和种类迅猛增长。在毒理学研究中可将这些化学物质按用途和分布范围分类。

（1）工业化学品　如工业生产原料、辅剂、中间体、副产品、杂质、成品等。

（2）食品添加剂　如香精、食用色素、防腐剂、甜味剂、抗氧化剂等。

（3）日用化学品　如化妆品、清洁与洗涤用品等。

（4）农用化学品　如化肥、农药（如杀虫剂、防虫剂、除草剂）、植物生长调节剂、保鲜剂等。

（5）医用化学品　如各种剂型的药物、消杀剂、造影剂等。

（6）环境污染物　如存在于废水、废气、废渣中的各种化学物质。

（7）生物毒素　如动物毒素、植物毒素、细菌毒素、真菌毒素等。

（8）军事毒物　如芥子气等战争毒剂。

（9）放射性物质　如放射性核素、天然放射性元素等。

（二）毒性及其分级

1. 毒性

毒性（toxicity）是指化学物质能够造成机体损害的能力。毒性的大小与剂量、接触条件包括接触途径、接触期限、速率和频率等因素有关。

（1）剂量　剂量是化学物质毒性的决定因素。在同等剂量下，对机体损害能力越大的化学物质，其毒性越高。相对于同一损害指标，需要剂量越小的化学物质，其毒性越大。毒性大小也是相对的。只要达到一定的剂量水平，化学物质就具有毒性，而如果低于某一剂量水平时，不具有毒性。

（2）接触途径　多数情况下，化学物质需要进入血液并随血流到达作用部位才能发挥其毒性，而同一种化学物质经由不同途径（经口、皮、呼吸道等）与机体接触时，其吸收系数（即入血量与接触量之比）不同。如经静脉染毒时，化学物质直接入血，吸收系数为 1，即完全被吸收，通常表现出的毒性最高。其他静脉外途径染毒，一般吸收系数都小于 1，表现出的毒性也相对较低。经口染毒时，化学物质在胃肠道吸收后经由门静脉系统到达肝脏被代谢（称为首过效应，first pass effect）。在这种情况下，代谢产物的毒性直接影响化学物质对机体的损害能力。

（3）接触期限、速率和频率

①接触期限：在毒理学研究中，通常按给动物染毒的时间长短分为急性、亚慢性和慢性毒性试验。急性毒性试验为 1 次或 24h 内多次对实验动物高剂量染毒，而亚慢性和慢性毒性试验则为较长时间（至少 1 个月以上）内对动物反复多次低剂量染毒。许多化学物质的急性染毒与较长时间染毒的毒性表现不同，一般前者迅速而剧烈，后者则相对平缓。除了强度差别外，有时还有性质差别。如有机溶剂苯的急性中毒表现是中枢神经系统受到抑制，而重复接触则导致再生障碍性贫血和白血病。

②接触速率：不同化学物质即使染毒剂量相同，若吸收速率不同则中毒表现也将不同。吸收速率快者（如静脉注射）可在短时间内到达作用部位并形成较高浓度，从而表现出较强的毒性。

③接触频率：对于具体的化学物质而言，接触的间隔时间如短于其生物半衰期（$t_{1/2}$）时，进入机体的量大于排出量，易于积累至一个高水平，从而引起中毒。反之，如接触的间隔时间长于 $t_{1/2}$ 时，就不易引起中毒（高剂量接触时除外）。

2. 选择毒性

选择毒性（selective toxicity）指一种化学物质只对某种生物产生损害作用，而对其他种类生物无害；或只对机体内某一组织器官发挥毒性，而对其他组织器官不具毒性作用。

化学物质出现选择毒性的原因可能在于：①物种和细胞学差异；②不同生物或组织器官对化学物质生物转化过程的差异；③不同组织器官对化学物质亲和力的差异；④不同组织器官对化学物质所致损害的修复能力的差异。

选择毒性反映了生物现象的多样性和复杂性，使毒理学动物试验结果外推至人存在困难。但也正是由于选择毒性的存在，人类才得以发明各种特异性药物用于临床医疗、农业和畜牧业等领域，并从中获益。

3. 毒性分级

（1）毒性终点　在毒理学研究中，不同阶段的试验可用于观察化学物质的不同毒作用或毒性终点。如急性毒性试验以受试物引起的机体死亡为毒性终点指标；亚慢性、慢性毒性试验以受试物造成的生理、生化、代谢等过程的异常改变为毒性终点指标；而遗传毒理学试验则以受试物导致的基因突变、染色体畸变、畸形、肿瘤形成等为毒性终点。

（2）毒性分级　因许多毒性终点之间无法类比，故化学物质的毒性分级标准以终点为基础，如急性毒性根据 LD_{50} 分级，致畸物则根据致畸指数分级。但目前各国分级标准尚不统一。世界卫生组织（WHO）和我国对外来化合物、农药的急性毒性分级标准，如表 10-1 和表 10-2 所示。

表 10-1　外来化合物急性毒性分级标准（WHO）

毒性分级	大鼠一次经口 LD_{50}/（mg/kg）	6 只大鼠吸入 4h，死亡 2~4 只的浓度/（mg/kg）	兔经皮 LD_{50}/（mg/kg）	对人可能致死的剂量 /（g/kg）	对人可能致死的剂量 总量/（g/60kg）
剧毒	<1	<10	<5	<0.05	0.1
高毒	1~	10~	5~	0.0	3
中毒	50~	100~	44~	0.5~	30
低毒	500~	1000~	350~	5~	250
实际无毒	5000~	1000~	2180~	>15	>1000

表 10-2　我国农药的急性毒性分级标准

毒性分级	经口 LD_{50}/（mg/kg）	兔经皮 LD_{50}/（mg/kg）	吸入 LD_{50}（2h）/（mg/kg）
剧毒	<5	<20	<20
高毒	5~50	20~200	20~200
中毒	50~500	200~2000	200~2000
低毒	>500	>2000	>2000

（三）毒作用及其分类

1. 化学物质的毒作用

化学物质的毒作用（toxic effect）是指外源性化学物质本身或其代谢产物在作用部位达到一定数量并停留一定时间，与组织大分子成分互相作用的结果。毒作用又称毒效应，是化学物质对机体所致的不良或有害的生物学改变，故又称为不良效应、损伤作用或损害作用。

一般认为，毒作用应具有以下特点：①造成机体的正常形态、生理过程、生长发育过程受到影响，寿命可能缩短。②造成机体的功能容量（如维持机体内稳态的能力、进食量、耐力等）降低。③造成机体对外加应激的代偿能力降低。④造成机体对其他某些环境有害因素的易感性增高。

2. 化学物质的毒作用分类

化学物质的毒作用根据其特点、发生时间和部位有不同的种类。

（1）速发作用与迟发作用

①速发作用（immediate effect）：指机体与化学物质接触后在短时间内出现的毒效应。

②迟发作用（delayed effect）：指机体接触化学物质后，中毒症状缺乏或虽有中毒症状但似已恢复，经过一定的时间间隔才表现出来的毒效应。致癌物的潜伏期往往很长，从机体与之初次接触到出现肿瘤有时需要20~30年，又称为远期作用。

（2）局部作用与全身作用

①局部作用（local effect）：指发生在化学物质与机体直接接触部位的损伤作用。

②全身作用（systemic effect）：指化学物质经血液循环到达体内其他组织器官引起的毒效应。

大多数化学物质引起全身作用。如铅吸收后，可引起血液、神经、消化、生殖等多系统病变。某些化学物质兼具上述两种作用，如四乙基铅在接触部位对皮肤有损害作用，吸收后分布到全身，对中枢神经系统以及肝、肾等实质性脏器发挥其毒性。某些严重的局部作用也可间接引起全身作用，如严重的酸灼伤后，可引起未接触到酸的肾脏损害。

（3）可逆作用与不可逆作用

①可逆作用（reversible effect）：指停止接触化学物质后，造成的损伤可以逐渐恢复。常见于接触化学物质的剂量较低、接触时间较短、损伤较轻时。

②不可逆作用（irreversible effect）：指停止接触化学物质后，损伤不能恢复，甚至进一步发展加重。

化学物质的毒作用是否可逆主要取决于被损伤组织的再生能力。如对于肝脏这样再生能力强的器官，多数损伤可逆；而对于中枢神经这样再生能力很差的组织，损伤多为不可逆的。

（4）过敏性反应（hypersensibility） 又称变态反应（allergic reaction）。该反应与一般的毒性反应不同。某些作为半抗原的化学物质（致敏原）与机体接触后，与内源性蛋白质结合为抗原并激发抗体产生，称为致敏。当再度与该化学物质或结构类似物质接触时，引发抗原抗体反应，产生典型的过敏反应症状。化学物质所致的过敏性反应在低剂量下即可发生，难以观察到剂量-反应关系。损害表现多种多样，轻者仅有皮肤症状，重者可致休克，甚至死亡。

（5）特异体质反应（idiosyncraticreaction） 由于遗传因素所致的对某些化学物质的反应异常。如肌肉松弛剂琥珀酰胆碱正常时可被血浆中的拟胆碱酯酶迅速分解，故作用时间很短。而某些病人由于该酶基因中的个别单核苷酸发生了改变，使之缺乏分解该药物的能力。当被给予标准剂量的琥珀酰胆碱时，呈现持续性的肌肉松弛，甚至窒息。

（四）损害作用与非损害作用

损害作用（adverse effect）所致的机体生物学改变是持久的，可逆或不可逆的，造成机体功能容量，如进食量、体力劳动负荷能力等涉及解剖、生理、生化和行为等方面的指标的改变，维持体内的稳态能力下降，对额外应激状态的代偿能力降低以及对其他环境有害因素的易感性增高，使机体正常形态、生长发育过程受到影响，寿命缩短。

非损害作用（non-adverse effect）所致机体发生的一切生物学变化都是暂时和可逆的，应在机体代偿能力范围之内，不造成机体形态、生长发育过程及寿命的改变，不降低机体维持稳态的能力和对额外应激状态代偿的能力，不影响机体的功能容量的各项指标改变，也不引起机体对其他环境有害因素的易感性增高。

（五）毒效应谱

化学物质与机体接触后引起的毒效应包括肝、肾、肺等实质器官损伤、内分泌系统紊乱、免疫抑制、神经行为改变、出现畸胎、形成肿瘤等多种形式。效应的范围则从微小的生理生化正常值的异常改变到明显的临床中毒表现，直至死亡。毒效应的这些性质与强度的变化构成了化学物质的毒效应谱（spectrum of toxic effects）。

（六）靶器官

化学物质被吸收后可随血液分布到全身各个组织器官，但其直接发挥毒作用的部位往往只限于一个或几个组织器官，这样的组织器官称为靶器官（target organ）。

许多化学物质有特定的靶器官，也有一些化学物质作用于同一个或多个靶器官，这在化学结构与理化性质近似的同系物或同类物中更为多见。但对同一靶器官产生相同毒效应的化学物质的作用机制可能不同。

（七）生物学标志

生物学标志（biomarker，biological marker）又称生物学标记或生物标志物，是指针对通过生物学屏障进入组织或体液的化学物质及其代谢产物，以及它们所引起的生物学效应而采用的检测指标。生物学标志的研究与应用可准确判断机体接触化学物质的实际水平，有利于早期发现特异性损害并进行防治，对于阐明毒作用机制、建立剂量-反应关系、进行毒理学资料的物种间外推具有重要意义，是阐明毒物接触与健康损害之间关系的有力手段。

生物学标志可分为接触生物学标志、效应生物学标志和易感性生物学标志 3 类。

（1）接触生物学标志　接触生物学标志（biomarker of exposure）是对各种组织、体液或排泄物中存在的化学物质及其代谢产物，或它们与内源性物质作用的反应产物的测定值，可提供有关化学物质暴露的信息。接触生物学标志又分为体内剂量标志和生物效应剂量标志。

①体内剂量标志：可以反映机体中特定化学物质及其代谢物的含量，即内剂量或靶剂量，如检测人体的某些生物材料（如血液、尿液、头发中的铅、汞、镉等重金属含量）可以准确判断其机体暴露水平。

②生物效应剂量标志：可以反映化学物质及其代谢产物与某些组织细胞或靶分子相互作用所形成的反应产物含量。如苯并[a]芘可与 DNA 结合形成加合物，又如环氧乙烷可与血红蛋白形成加合物。这些加合物的形成往往预示着毒效应的起始，而加合物的数量则决定了毒效应的强度。故生物效应剂量标志的使用有助于准确地建立剂量-反应关系。

（2）效应生物学标志　效应生物学标志（biomarker of effect）指可以测出的机体生理、生化、行为等方面的异常或病理组织学方面的改变，可反映与不同靶剂量的化学物质或其代谢产物有关的健康有害效应的信息。

效应生物学标志包括早期效应生物学标志、结构和功能改变效应生物学标志和疾病效应生物学标志。早期效应生物学标志主要反映化学物质与组织细胞作用后，在分子水平产生的改变。结构和功能改变效应生物学标志反映的是化学物质造成的组织器官功能失调或形态学改变。

（3）易感性生物学标志　易感性生物学标志（biomarker of susceptibility）是反映机体对化学物质毒作用敏感程度的指标。

二、剂量–反应关系

（一）剂量

剂量（dose）通常可指机体接触化学物质的量或在试验中给予机体受试物的量（外剂量），也可指化学物质被吸收入血液的量（内剂量）或到达靶器官并与其相互作用的量（靶剂量、生物有效剂量）。单位 mg/kg 体重、mg/cm^2 皮肤等。

（二）反应

反应（response）是指化学物质与机体接触后引起的生物学改变。反应分为量反应（graded response）和质反应（quantal response）两类。

量反应属于计量资料，有强度和性质的差别，可以某种测量数值表示。如有机磷农药抑制血中胆碱酯酶活性，其程度可用酶活力单位的测定值表示。

质反应通常用于表示化学物质在个体中引起的毒效应强度的变化。质反应属于计数资料，没有强度的差别，不能以具体的数值表示，而只能以“阴性或阳性”“有或无”来表示，如死亡或存活、患病或未患病等。质反应用于表示化学物质在群体中引起的某种毒效应的发生比例。

（三）剂量–反应关系

剂量–量反应关系和剂量–质反应关系统称为剂量–反应关系。化学物质的剂量越大，所致的量反应关系强度越大，或出现的质反应发生率越高。在毒理学研究中，剂量–反应关系的存在被视为受试物与机体损伤之间存在因果关系的证据。

（1）剂量–量反应关系（gradeddose–response relationship）　表示化学物质的剂量与个体中发生的量反应强度之间的关系。如空气中的 CO 浓度增加导致红细胞中碳氧血红蛋白含量随之升高。

（2）剂量–质反应关系（quantal dose–response relationship）　表示化学物质的剂量与某一群体中质反应发生率之间的关系。如在急性吸入毒性实验中，随着苯的浓度增高，各实验组的小鼠死亡率也相应增高。

（四）剂量–反应曲线

（1）定义　以表示量反应强度的计量单位或表示质反应的百分率为纵坐标、以剂量为横坐标绘制散点图，可得到一条曲线，即剂量–反应曲线。

（2）形式　常见的剂量–反应曲线有以下几种形式。

①S 形曲线：S 形曲线是典型的剂量–反应曲线，多见于剂量–质反应关系中，分为对称 S 形曲线和非对称 S 形曲线两种形式。

a. 对称 S 形曲线。当群体中的全部个体对某一化学物质的敏感性差异呈正态分布时，剂量与反应率之间的关系表现为对称 S 形曲线（图 10-1）。

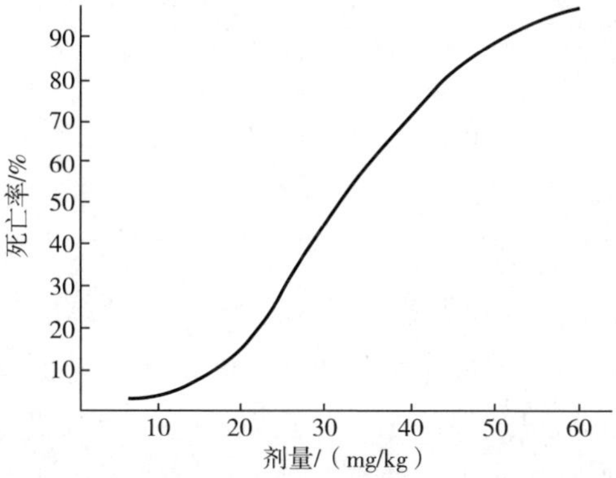

图 10-1　对称 S 形曲线图

b. 非对称 S 形曲线。曲线在靠近横坐标左侧的一段曲线由平缓转为陡峭的距离较短，而靠近右侧的一段曲线则伸展较长。它表示随着剂量增加，反应率的变化呈偏态分布（图 10-2）。

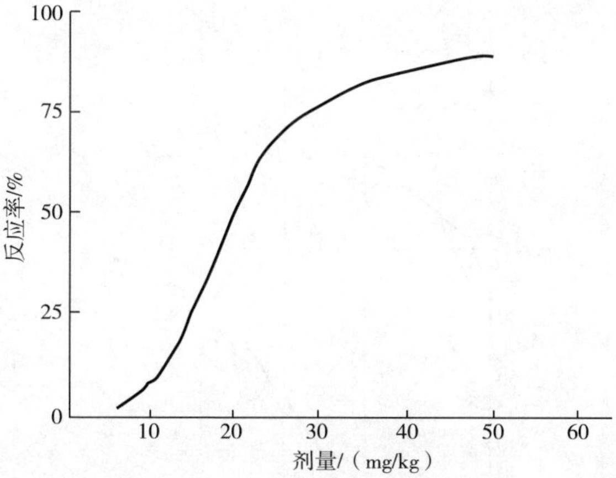

图 10-2　非对称 S 形曲线图

对称 S 形曲线和非对称 S 形曲线在 50%反应率处的斜率最大，剂量与反应率的关系相对恒定。因此，常用引起 50% 反应率的剂量来表示化学物质的毒性大小。如半数致死剂量（LD_{50}）、半数中毒剂量（TD_{50}）、半数效应剂量（ED_{50}）等。

②直线：化学物质剂量的变化与反应的改变成正比。

③抛物线：为一条先陡峭后平缓的曲线，类似于数学中的对数曲线，又称为对数曲线型。这种曲线只需将剂量换算为对数即可转变为一条直线。

（3）曲线的转换　当把纵坐标的标识单位反应率改为反应频率时，对称 S 形曲线转换为高斯曲线（图 10-3 的下图）。当纵坐标标识单位用概率单位（表 10-3），对称形曲线即转换为直线（图 10-3 的上图）。如非对称 S 形曲线转换为直线：先把横坐标的剂量单位换算为相应的对数，再把纵坐标的反应率改为概率单位，即可得到一条直线。

表 10-3　反应率与概率单位之间的换算关系

反应率/%	概率单位	反应率/%	概率单位
0.1	2	84.1	6
2.3	3	97.7	7
15.9	4	99.9	8
50	5		

转换而来的直线可以建立数学方程，计算出各剂量对应的反应率及曲线斜率。LD_{50}、TD_{50}、ED_{50} 等只是引起 50%反应率发生的一个点剂量，不能全面反映化学物质的毒性特征，而曲线斜率可反映这方面的情况。如图 10-4 所示，A、B 两种化学物质的 LD_{50} 相同，但其曲线斜率不同。A 物质的曲线斜率小，需要有较大的剂量变化才能引起明显的死亡率改变；而 B 物质的曲线斜率大，相对小的剂量变化即可引起明显的死亡率改变。在较低剂量时，A 物质的危险性较大，而在较高剂量时，B 物质的危险性较大。

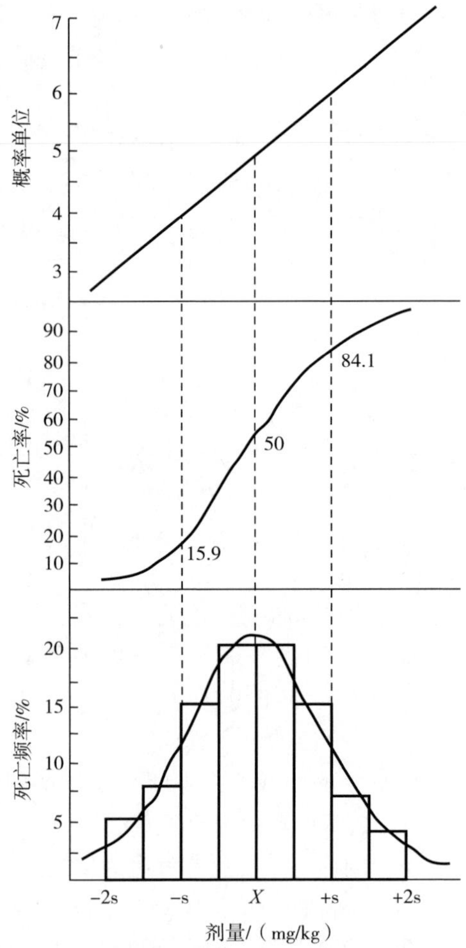

图 10-3　S 形剂量-反应曲线转换为直线图

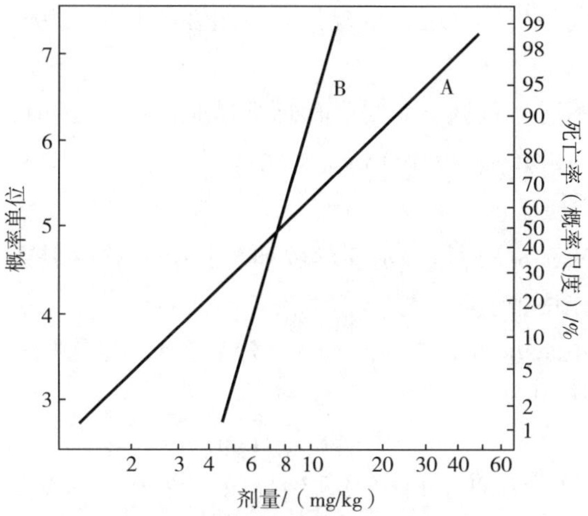

图 10-4 两种化学物质的毒性比较

三、常用的毒性指标

毒理学中常用的毒性指标包括致死剂量、阈剂量、最大无作用剂量和毒作用带等。当受试物质存在于空气或水中时，上述各指标中的剂量改称为浓度（concentration）。

（一）致死剂量

（1）绝对致死剂量（abaolutelethaldose，LD_{100}） 绝对致死剂量指化学物质引起受试对象全部死亡所需要的最低剂量或浓度。

（2）最小致死剂量（minimal lethal dose，MLD 或 LD_{01}） 最小致死剂量指化学物质引起受试对象中的个别成员出现死亡的剂量。从理论上讲，低于此剂量即不能引起死亡。

（3）最大耐受剂量（maximal tolerance dose，MTD 或 LD_0） 最大耐受剂量指化学物质不引起受试对象出现死亡的最高剂量。若高于该剂量即可出现死亡。

（4）半数致死剂量（medianlethal dose，LD_{50}） 半数致死剂量指化学物质引起一半受试对象出现死亡所需要的剂量，又称致死中量。LD_{50} 是评价化学物质急性毒性大小最重要的参数，也是对不同化学物质进行急性毒性分级的基础标准。化学物质的急性毒性越大，其 LD_{50} 的数值越小。

（二）阈剂量和最大无作用剂量

（1）阈剂量（threshold dose） 阈剂量指化学物质引起受试对象中的少数个体出现某种最轻微的异常改变所需要的最低剂量，又称为最小有作用剂量（minimal effect level，MEL）。

阈剂量分为急性和慢性两种：急性阈剂量（acute threshold dose，Lim_{ac}）为与化学物质一次接触所得；慢性阈剂量（chronic threshold dose，Lim_{ch}）则为长期反复多次接触所得。

由于实际工作中，化学物质所致的损害作用受到所选观察指标、检测技术的灵敏度和精确性、试验设计的剂量组数以及每组受试对象数等多种因素的影响，准确地测定阈剂量很困难，故该概念只有理论上的意义。在毒理学试验中获得的类似参数是观察到损害作用的最低剂量（lowest observed adverse effect level，LOAEL）。

（2）最大无作用剂量（maximal no-effect dose，MNED） 最大无作用剂量指化学物质在一定时间内，按一定方式与机体接触，用现代的检测方法和最灵敏的观察指标不发现任何损害作用的最高剂量。

最大无作用剂量也不能通过试验获得。毒理学试验能够确定的是未观察到损害作用的剂量（no-observed adverse effect level，NOAEL）。

（三）毒作用带

毒作用带（toxic effect zone）是表示化学物质毒性和毒作用特点的重要参数之一，分为急性毒作用带与慢性毒作用带。

（1）急性毒作用带（acute toxic effect zone，Z_{ac}） 急性毒作用带为半数致死剂量与急性阈剂量的比值，如式（10-1）所示。

$$Z_{ac} = LD_{50}/Lim_{ac} \tag{10-1}$$

Z_{ac} 值小，说明化学物质从产生轻微损害到导致急性死亡的剂量范围窄，引起死亡的危险性大；反之，则说明引起死亡的危险性小。

（2）慢性毒作用带（chronic toxic effect zone，Z_{ch}） 慢性毒作用带为急性阈剂量与慢性阈剂量的比值，如式（10-2）所示。

$$Z_{ch} = Lim_{ac}/Lim_{ch} \tag{10-2}$$

Lim_{ac} 与 Lim_{ch} 之间的剂量范围大，由极轻微的毒效应到较为明显的中毒表现之间发生发展的过程较为隐匿，易被忽视，故发生慢性中毒的危险性大；反之，则说明发生慢性中毒的危险性小。

（四）安全限值

安全限值即卫生标准，是对各种环境介质（空气、土壤、水、食品等）中的化学、物理和生物有害因素规定的限量要求。它是国家颁布的卫生法规的重要组成部分，是政府管理部门对人类生活和生产环境实施卫生监督和管理的依据，是提出防治要求、评价改进措施和效果的准则，对于保护人民健康和保障环境质量具有重要意义。常用每日容许摄入量（acceptable daily intake，ADI）、最高容许浓度（maximum allowable concentration，MAC）、阈限值（threshold limit value，TLV）、参考剂量（reference dose，RfD）等来表示。

（1）每日容许摄入量 每日容许摄入量指允许正常成人每日由外环境摄入体内的特定化学物质的总量。单位为 mg/kg 体重。

（2）最高容许浓度 在劳动环境中，MAC 是指车间内工人工作地点的空气中某种化学物质不可超越的浓度。在此浓度下，工人长期从事生产劳动，不致引起任何急性或慢性的职业危害。在生活环境中，MAC 是指对大气、水体、土壤等介质中有毒物质浓度的限量标准。

接触人群中最敏感的个体即刻暴露或终生接触该水平的化学物质，不会对其本人或后代产生有害影响。由于接触的具体条件及人群不同，即使是同一化学物质在生活或生产环境中的 MAC 也不相同。

（3）阈限值 阈限值为美国政府工业卫生学家委员会（ACGIH）推荐的生产车间空气中有害物质的职业接触限值，为绝大多数工人每天反复接触不致引起损害作用的浓度。由于个体敏感性的差异，在此浓度下不排除少数工人出现不适、既往疾病恶化甚至罹患职业病。

（4）参考剂量 参考剂量为环境介质（空气、水、土壤、食品等）中化学物质的日平均接触剂量的估计值。RfD 由美国环境保护局（EPA）首先提出，用于非致癌物质的危险度评价。人群（包括敏感亚群）在终生接触该剂量水平化学物质的条件下，预期一生中发生非致癌或非致突变有害效应的危险度可低至不能检出的程度。

化学物质的安全限值一般是将 LOAEL 或 NOAEL 缩小一定的倍数来确定的。这个缩小的倍数称为安全系数或不确定系数。

四、食品安全性毒理学评价程序

食品安全性毒理学评价程序可参照 GB 15193.1—2014《食品安全国家标准　食品安全性毒理学评价程序》。

第三节　食品安全性的风险评价

一、食品安全性风险评价的程序

（一）食品安全性风险评价有关概念及意义

食品法典委员会（CAC）于 1995 年在食品安全性评价中提出了风险分析的概念，风险分析（risk analysis）指对可能存在危害的预测，并在此基础上采取规避或降低危害影响的措施，是由风险评估、风险管理和风险交流三部分共同构成的一个过程。风险分析是一个结构化的过程，主要包括风险评估（risk assessment）、风险管理（risk management）和风险交流（risk communication）三个部分，在食品安全风险分析过程中，这三部分看似独立存在，但其实三者是一个高度统一融合的整体，在解决具体的食品安全问题上，具有非常密切的相互关系，在食品安全风险分析过程中缺一不可，只有三个部分的工作都得到了开展，才能称之为运用了风险分析（图 10-5）。

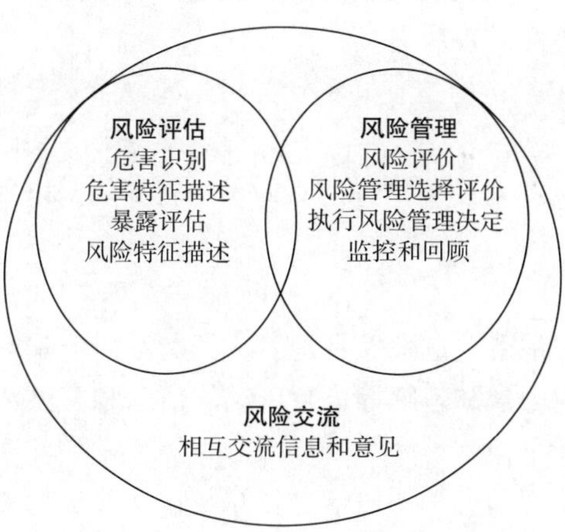

图 10-5　食品安全风险分析框架

1. 风险评估

风险评估是风险分析过程的关键和核心，是以科学研究为基础，系统地、有目的地评价已知的或潜在的一切与食品有关的对人体产生负面影响的危害。风险评估指对人体接触食源性危害而产生的已知或潜在的对健康的不良作用的可能性及其严重程度所进行的一个系统的科学评估程序。

《食品安全法》第十八条规定，有下列情形之一的，应当进行食品安全风险评估：①通过食品安全风险监测或者接到举报发现食品、食品添加剂、食品相关产品可能存在安全隐患的；②为制定或者修订食品安全国家标准提供科学依据需要进行风险评估的；③为确定监督管理的重点领域、重点品种需要进行风险评估的；④发现新的可能危害食品安全因素的；⑤需要判断某一因素是否构成食品安全隐患的；⑥国务院卫生行政部门认为需要进行风险评估的其他情形。

2. 风险管理

风险管理是指在风险评估的科学基础上，为保护消费者健康、促进国际食品贸易而采取的预防和控制措施，是权衡接受、减少或减低风险性，并选择和实施适当政策的过程。根据风险评估的结果，选择和实施适当的管理措施，尽可能有效地控制食品的风险，从而保障大众的健康。

风险评估是一个单纯的科学技术。评价结果适用于任何国家和社会。风险管理受不同政治、文化、经济因素的影响，它的目的是选择管理上述风险的必要措施，具有政策性的功能。当监测数据显示某种食品对消费者的健康可能造成危害时，即需要进行风险管理。政府风险管理者必须采取适当的控制措施来管理这种风险，为了使消费者能更清楚地理解风险，风险管理者必须邀请食品科学专家进行风险评估。

风险管理的程序可分为 4 个部分：风险评价、风险管理选择评价、执行风险管理决定、监控和回顾。

（1）风险评价　包括确认食品安全性问题、确定风险概况、对危害的风险评估和风险管理优先性进行排序、为进行风险评估制定风险评估政策、进行风险评估、风险评估结果的审议。

（2）风险管理选择评价　包括确定现有的管理选项、选择最佳的管理选项（包括考虑一个合适的安全标准）和最终的管理决定。

（3）执行风险管理决定　指的是有关主管部门，即食品安全风险管理者执行风险管理决策的过程。

（4）监控和回顾　指的是对实施措施的有效性进行评估，以及在必要时对风险管理或评估进行回顾。

3. 风险交流

风险交流是指在风险评估者、危险性管理者、消费者、企业、学术团体和其他组织间就危害、风险，与风险相关的因素和理解等进行广泛的信息和意见沟通，包括风险评估的结论和风险管理决策。

风险交流是把所有的管理信息和评估信息告知与食品安全相关的利益相关者，包括国际组织（CAC、FAO、WHO、WTO 等）、专家、政府、消费者（最大的利益相关者）、媒体、食品生产经营者（包括养殖、种植产品生产者）以及消费者权益保护组织和行业协会等。风险交流是食品安全风险分析的三大组成部分之一，贯穿于整个风险分析的过程之中，也是食品安全管理的重要内容和目的所在。无论是专家的风险评估结果，还是政府的风险管理决策，都应该通过媒体或政府渠道向所有与风险相关的集团和个人进行通报，而与风险相关的集团和个人也可以并且应该向专家或政府部门提出他们所关心的食品安全问题和反馈意见，这个过程就是风险信息交流。交流的信息应该是科学的，而交流的方式应该是公开和透明的。交流的主要内容包括危害的性质、风险的大小、风险的可接受性以及应对措施。食品安全风险交流并不是食品安全风险分析的最后一步，而是自始至终贯穿于评估者、管理者和利益相关方信息交流过程中。

人们希望通过风险交流达到以下目的：①提高风险分析的效果和效率，使各风险分析机构间可以更好地进行沟通和互动，共享掌握的信息和数据，提高评估结果的可靠性；②通过有效的风险交流消除消费者对潜在危害的误解，消费者通过深入参与风险评估和风险管理过程，从更科学的角度审视食品质量安全问题，增强风险防范的意识和能力，增强对食品质量安全的信心，从而形成良性的循环；③确保各利益相关方对风险分析全过程信息的了解，使得风险分析的局限性能够被公众理解和接受，进而使风险管理决策的制定、选择和执行能够被广大消费者和食品行业从业者所认同。

4. 食品风险性评价的意义

食品风险性评价是一个科学技术过程，正如CAC对风险评估（risk assessment）的定义，是对人体暴露于食源性危害中，产生已知或潜在的健康不良作用的可能性及严重程度所进行的一个系统的科学评价程序。其评估结果可以用数量（定量）表示，如食品添加剂的每人每天允许摄入量（ADI）或污染物的每人每周耐受量（PTWI）；也可以用危险的性质（定性）表示，如黄曲霉毒素具有对人的致癌性。这些评估结果，如果由国际权威专家组作出，一般适用于世界各地的各类人群，包括不同种族、性别、年龄以及个体等，因为在科学的评估过程中已考虑到了这些因素。长期以来，在FAO/WHO组织下有几个国际权威性的从事危险性评估的专家组织，包括对食品添加剂、污染物和兽药残留进行评估的JECFA（FAO/WHO联合食品添加剂专家委员会）、对农药残留进行评估的JMPR（FAO/WHO联合农药残留会议），以及不定期开展工作的FAO/WHO（致病）微生物危险性评估专家组，这些专家组织均由国际上知名专家组成，对食源性危害进行独立的科学评估。评估结果由FAO/WHO统一向全世界公布。

风险评估在食品安全领域中应用的主要方面是制定食品安全标准（包括生产规范和指南）。无论是食品法典委员会（CAC）标准还是国家标准的制定都必须基于风险评估的结果。WTO的SPS协定明确规定了危险性评估的地位。同时，WTO的基于科学性、透明度和协调一致等原则均要求在制定标准的过程中运用危险性评估。因此，应该把风险性评价作为WTO的重要规则之一。

除标准以外，风险性评价的应用还涉及进出口食品的监督检验，按照食品中危害的类别全面地分配各项食品安全管理工作的资源，评价食品安全政策、法规和标准出台后的效果等。因此，可以认为风险性评价的应用涉及食品安全的科学研究和监督管理等各方面。

（二）食品安全性风险评估的程序

国际食品法典委员会将风险评估定义为一个以科学为依据的过程，并在其程序手册中规定了明确的步骤：①危害识别，识别是否存在已知的或潜在的危害，证据是什么，并描述危害的程度等相关因素。②危害特征描述，定量、定性地评估食品中化学性、物理性和生物性风险，对于化学性因素进行剂量-反应的评估。如果能够获得相关数据，对生物性因素进行剂量-反应评估。③暴露评估，描述某种危害的暴露途径，并估计其摄入总量。④风险特征描述，通过危害因素识别、危害描述和暴露评估，评估对特定人群可能产生的危害及不确定性（图 10-6）。风险评估的具体方法很多，使用较多的是四阶段法，即危害识别、危害特征描述、暴露评估和风险特征描述。

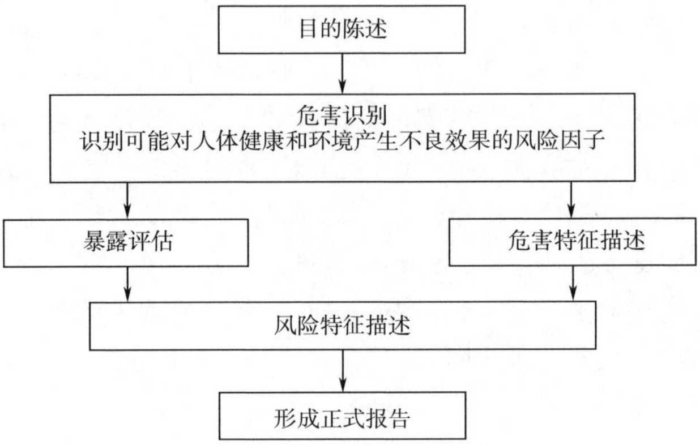

图 10-6　风险评估基本流程图

（1）危害的定义　危害（hazard）指食品中潜在的将对人体健康产生不良作用的生物性、化学性或物理性因子。

（2）危险性　危险性又称危险度或风险度（risk），是食品危害产生不良作用的可能性及其强度。

（3）危害的确定　危害的确定是根据流行病学研究、动物试验、体外试验、结构-反应关系等科学数据确定人体在暴露于某种危害后是否会对健康发生不良作用。

流行病学的数据是最有价值的，但往往难以获得，特别是对于新的食品添加剂，动物试验的数据往往是危害识别的主要依据。这就要求这些试验必须遵循标准化试验程序。国际经济合作与发展组织（OECD）和美国环境保护局（EPA）曾经制定了化学品的风险性评价程序，我国也以国家标准形式制定了 GB 15193. 1—2014《食品安全国家标准　食品安全性毒理学评价程序》。无论采用什么程序，所有试验均应按良好实验室规范（GLP）和标准化的质量保证/质量控制（QA/QC）方案实施。而体外试验的结果则可以作为作用机制的补充资料，但不能作为预测对人体危险性的唯一信息来源。结构-反应关系在对化学物（如脂链香精、多环芳烃、二噁英）进行评价时，有相当的价值。

（4）危害特征描述　危害特征描述（hazard characterization）是对食品中可能存在的物理、化学和生物等对健康不良的因素性质的定性或定量评价。危害特征描述的目的是评价食品中有害因子引起副作用的特征、严重性和持续性，通过使用毒理数据、污染物残留数据分析、统计手段、接触量及相关参数的评估等系统科学的步骤，对影响食品安全卫生质量的各种风险因子进行评估，定性或定量的描述风险特征，提出安全限值。对化学性因素应进行剂量-反应评估；对生物或物理因素，如可得到数据时，也应进行及时的剂量-反应评估。评估方法一般是由毒理学试验获得的数据外推到人，计算人体的 ADI 值。这是因为动物毒理学试验是为了能观察到毒性，不得不使用很高的剂量，但绝大多数食源性危害（如食品添加剂、农药残留）在食品中的实际含量往往很低。因此，困难在于用高剂量所观察到的动物不良反应来预测人体低剂量暴露的危害，存在不确定性，目前尚未有适当的解决办法。对于大多数化学物质而言，在剂量-反应关系的研究中都可获得一个阈值（NOAEL），乘以一个适当的安全系数（100 倍），即为安全水平，或称为每日允许摄入量（ADI），以每日每公斤体重摄入的量（毫克）表示。此外，剂量的种属间度量系数也是目前争论很大的问题。如致癌物可分为遗传毒性致癌物和非遗传毒性致癌物，前者能够直接或间接引起靶细胞的遗传改变，其作用的主要靶子是遗传物质，后者作用于非遗传位点，可能导致细胞增殖或靶位点的持续性的功能亢进或衰竭。某些非遗传毒性致癌物在剂量大小不同时，会产生不同的效果，而遗传毒性致癌物不存在一个没有致癌危险性的低摄入量。因此，非遗传毒性致癌物可以采用阈值除以安全系数得出 ADI 值。而遗传毒性致癌物应当采用非阈值法进行管理，目前通常的做法是应用一些数学模型来估计致癌物的作用强度（potency），以每单位（μg、ng）摄入量引起的癌症病例数表示。如一般认为在每百万人口中增加一个癌症病例是可接受的危险性。

在进行数学模型的定量评估时，如果没有较大量的人群流行病学数据，而单凭动物试验的结果来外推，评估结果往往是不可靠的。

近年来，在致病微生物的危险性评价（MRA）中，也开展了剂量-反应关系研究，即找出预计能引起 50%消费者发生食源性疾病的致病微生物的摄入量。目前，在国际上已对沙门氏菌、李斯特氏菌和出血性大肠杆菌进行了研究。

（5）摄入量评估　摄入量评估又称暴露评估，是危险性评估的重要部分。如果没有摄入量数据，则所制定的 ADI 值或 PTWI 值没有意义。任何一个国家或地区都需要进行摄入量评估，因为摄入量因文化、经济、生活习惯等因素而不同。无论是制定国家食品标准，还是参与制定国际食品标准，乃至解决国际食品贸易争端，都必须有本国的摄入量数据。

（6）风险特征描述　风险特征描述（risk characterization）是在危害识别、危害描述和暴露评估的基础上确定事件暴发的概率和严重性，或对健康产生潜在不良影响的定性或定量评估的过程。风险特征描述将上述步骤中的所有信息进行整合，对给定人群或特定消费群的风险进行评价。最终风险评价的可信度取决于上述所有步骤中已确认的可变性、不确定性和假设。

①有阈值的化学危害物：对于化学物质的风险评估，如果是有阈值的化学物质，则对人群风险可以用摄入量与 ADI 值（或其他测量值）比较作为风险描述。如果所评价物质的摄入量比 ADI 值小，则对人体健康产生不良作用的可能性为零，即安全限值（margin of safety，MOS）= ADI/暴露量。MOS≤1 时表示该危害物对食品安全影响的风险是可以接受的；MOS>1 时表示该危害物对食品安全影响的风险超过了可以接受的限度，应当采取适当的风险管理措施。

②无阈值的化学危害物：如果所评价的化学物质没有阈值，对人群的风险是摄入量和危害程度的综合结果，即食品安全风险 = 摄入量×危害程度。对于微生物危害的风险描述依据危害识别、危害特征描述、暴露评估等数据。风险描述提供特定菌种对特定人群产生损害作用的定性或定量估计。

总之，风险评估是一个系统的、循序的科学过程，其核心步骤是危害特征描述。而风险性评估结果的可靠性在很大程度上取决于数据的数量和质量。如果具有比较完整的数据（包括各种动物毒性试验、体外机制研究、毒代动力学研究、流行病学调查等），同一项研究又有不同国家、单位和专家的报告，而且结果比较一致，则其风险性评价结果就比较可靠。然而，在实际工作中，往往数据不足，特别是缺少人群流行病学数据，且不同研究报告的结果不尽一致，给风险性评估带来许多不确定性（uncertainty）和变异性（variability）。所以，在使用专家提供的风险性评估结果时，必须了解其数据资源和评估过程。

二、有毒化学物质的风险性评价

化学物质的风险性评价主要针对有意加入的化学物质、无意的污染物和天然存在的毒素，包括食品添加剂、农药残留和其他农业用化学品、兽药残留、不同来源的化学污染物以及天然毒素（如霉菌毒素和鱼贝类毒素）。但微生物中细菌毒素不包括在内。

（1）危害识别　根据流行病学研究、动物试验等确定人体摄入化学物质的潜在不良效应，这种不良作用产生的可能性，以及产生不良作用的确定性和不确定性，并对这种不良效应进行分类和分级。

（2）危害特征描述　对食品中化学有害物（食品添加剂、农药、兽药和污染物等）建立剂量-反应关系或计算人群危险性。

（3）暴露评估　人体与化学物质的接触，发生于外部环境和机体的交换界面（如皮肤、肺和胃肠道）。暴露评估是对人体与化学物质接触进行定性和定量评估，包括暴露的强度、频率和时间，暴露途径（如经皮、经口和呼吸道），化学物质摄入（intake）和摄取（uptake）速率，跨过界面的量和吸收剂量（内剂量）等。

暴露评估主要根据膳食调查和各种食品中化学物质暴露水平调查的数据进行，通过计算可以得到人体对于该种化学物质的暴露量。

对于食品添加剂、农药和兽药残留以及污染物的膳食摄入量的估计，需要有相应的食物消费量与这些食物中要评估的化学物质浓度资料。食品添加剂、农药和兽药残留的膳食摄入量可根据规定的使用范围和使用量来估计。最简单的情况，食品中某一添加剂含量保持恒定，原则上以最高使用量计算摄入量。但在许多情况下，食品中化学物质的量在食用前就发生了变化，如食品添加剂（如亚硝酸盐、抗坏血酸等）在食品储存过程中可能发生降解或与食品发生反应；农药残留在农产品原料加工过程中会降解或富积；食品中的兽药残留受到动物体内代谢动力学、器官分布和停药期的影响。因此，食品中化学物质的实际水平可能远远低于最大允许使用量或残留量。因仅有部分农作物或家畜家禽使用农药和兽药，食品中有时可能没有农药或兽药残留。食品添加剂的含量可以从制造商那里获得，而包括农药和兽药残留在内的食品污染物的摄入量则要通过敏感和可靠的分析方法对代表性食品进行分析获得。

评估食品中各种化学物质的摄入量时，不仅要求我国居民食物消费的平均数，而且应该有不同人群的食物消费资料，特别是敏感人群的资料。如在铅的评估中，婴幼儿十分重要，1992 年的中国总膳食研究包括了婴儿和 2~8 岁幼儿和儿童的食物消费量数据，并采用这些数据进行食品样品的制备与分析。我国目前膳食摄入量的数据主要来自膳食调查，但在制定国际性食品安全危险性评估办法时应该注意膳食摄入量资料的可比性，特别是世界上不同主食消费情况。GEMS/Food 已经建立了 5 个地区性（亚洲、非洲、东地中海、欧洲和拉丁美洲）和全球性的膳食数据库，该数据库是依据联合国粮农组织（FAO）食物平衡表数据制定的。

（4）风险特征描述　某一化学物质如果存在阈值，则对人群危险性可以采用摄入量与

ADI 值相比较的百分数作为危险性特征的描述，如果所评价的化学物质的摄入量较 ADI 值小，则对人的健康危害的可能性较小，甚至为 0。如 1992 年中国总膳食研究评估，我国膳食总体是安全的，但 2~8 岁幼儿和儿童铅的摄入量超过暂定允许摄入量的 18%，表明我国儿童已经处于铅污染的危害中；同时从大样本的儿童调查中也发现血铅超过 100μg/L 的儿童在城市已经占 40%，这也表明铅对我国儿童健康的潜在危害已经是不容忽视的问题。

如果所评价的化学物没有阈值，对人群的危险性是摄入量与危害强度的综合结果。

食品添加剂以及农药和兽药残留采用固定的风险性水平比较切合实际，因为假如估计的风险性超过了规定的可接受水平，就可以禁止这些化学物质的使用。但是，对于污染物［包括明令禁止使用但已经在环境中持久存在的污染物（如有机氯农药）］比较容易超过制定的可接受水平。

三、生物性危害的风险性评价

食品总是带有少量的生物性危害，食品企业需要尽量在现有技术条件下将生物性风险降低到可接受水平，管理机构则需要用风险性分析的方法确定食源性危害的生物风险性水平，然后制定食品安全政策。这些生物性危害包括致病性细菌、霉菌、病毒、寄生虫、藻类及它们的毒素。生物性危害主要通过产生毒素造成症状或宿主进食具有感染性的活病原体而产生病理学反应使人致病。毒素的阈值较容易确定，有可能开展风险性评价；而病原菌产生的危害在进行评估时，风险特征的描述比较困难，因为微生物病原体可以繁殖，也可以死亡，其生物学相互作用很复杂。进入食物链的原料受到污染的程度可因很多因素影响而发生改变。动物品系和环境也影响病原体的致病性，且宿主和病原体的变异也非常大。目前仅仅停留于对机体摄入某一食品产生损害的严重程度和可能性进行定性评估。对全球食品安全构成危害的最重要的生物因素是致病性细菌，目前的数据也主要是针对细菌的风险性评价，并且是定性的风险特征描述。如许多国家正在制定的熟食的李斯特氏菌属标准，其风险性评价就是采用了定性的方法，涉及食源性疾病暴发的流行病学特征、食物原料可能的污染率、不同食物中李斯特氏菌属的生态学知识和食品加工、储存、销售和消费者再加工所造成的影响等内容。

以微生物的风险性评价程序为例进行说明。

（1）危害识别　根据流行病学调查及实验室检验等相关资料，确定食品中具有公共卫生意义的生物性危害，如致病性细菌及其毒素、真菌毒素、病毒、藻类、原生动物和蠕虫等。危害的资料也可以从科学文献、食品企业、政府机构、相关国际组织的数据库、专家意见等渠道获得。

（2）危害特征描述　对食品中病原菌分布趋势、对人体所致不良作用强度和持续时间作定性或定量评估。

（3）暴露评估　微生物性危害的暴露评估是对一个个体或一个群体暴露于微生物危害的可能性的估计。提供食品中病原微生物的数量或生物毒素污染水平的估计值，还应考虑每一加工步骤中温度失控对菌数的影响。对于不能在食品中生长的病毒和寄生虫，主要关注污染频率、浓度和分布、去除污染或灭活措施的效率。此外，还应参考病原菌生态学特征，地区和季节特点，卫生条件和控制水平，加工、包装、储存食品的方法及与其他食品的交叉污染等情况。食品消费模式是进行暴露评估的另一部分，包括食品的消费范围，每周或每年的消费频率，食品生产和消费时的环境条件，社会经济和文化背景，民族、季节、地区差异，消费者的饮食习惯和行为等。

（4）风险特征描述　不同个体经食品感染病原菌后患病的风险性取决于食用者本人、病原和食品基质三方面的因素。由于受资料来源（试食志愿者，动物模拟实验，细胞、组织、器官等体外实验，流行病学调查，中毒资料，年度统计资料）和某些资料的不完整（致病菌感染量、发病率、病死率以及个体患病的敏感性差异等）的影响，获取致病菌的剂量-反应关系非常困难，但致病菌的剂量-反应关系对科学地进行风险性评价具有非常重要的作用。

四、转基因食品的安全性评价

转基因食品是食品领域出现的新型食品，体现了基因工程与食品领域的结合发展，通过向生物体内移植某段基因组，从而提高农产品的质量，使其有更高的产量和营养价值，作物在生长的过程中抵抗恶劣自然环境和病虫害的能力也相应提升。转基因食品虽有着无可替代的优势，但其安全性始终是消费者和研究者广泛关注的话题。

（一）转基因食品的不安全因素

转基因食品安全性问题一直是科学界、政府、消费者关注的热点。因转基因食品的风险具有低确定性和低共识的特点，目前还没有足够科学证据表明转基因食品对人类健康无害或有害。由于基因与人类疾病和健康的关系十分复杂，人们对改变基因的远期健康效应知之甚少。

转基因食品具有以下风险：首先，转基因食品可能对人体健康带来不利影响。这种不利影响源自该技术在运用时可能产生的毒性。实际上，某些传统作物也具有毒性，只不过人类进化后具备了相应的免疫力。但转基因食品的外源性基因的产物通常非受体物种本来的成分，因此人体缺乏天然的降解酶和代谢循环，所带来的不利影响是外源性基因的产物无法被正常降解，在人体内生成不可预知的产物。其次，人体健康的第二大威胁来自转基因食品的过敏性。受体生物引入外源性基因后，因携带新的遗传密码而产生新的蛋白质。此外，抗生素耐药性、营养失衡也是转基因食品潜在的健康威胁。抗生素抗性基因作为标记基因在商业转基因生物中广泛运用，这样可能使抗生素抗性基因存留在生物体内，这些生物体被人体食用后转入消化系统的细菌体内。

（二）转基因食品的安全性评价

随着转基因作物在全球的种植面积不断扩大，转基因食品的种类和数量急剧增加，世界各国已普遍关注转基因食品的安全性。对转基因食品进行安全性的分析并做出正确评价非常迫切。

1. 转基因食品安全性评价的目的

从技术上分析生物技术及其产品的潜在危险，对生物技术的研究、开发、商品化生产和应用的各个环节的安全性进行科学、公正的评价，以期在保障人类健康和生态环境安全的同时，也有助于促进生物技术的健康、有序和可持续发展。因此，对转基因食品安全性评价的目的可以归结为：①提供科学决策的依据；②保障人类健康和环境安全；③回应公众疑问；④促进国际贸易，维护国家权益；⑤促进生物技术的可持续发展。

2. 转基因食品安全性评价的原则及过程

转基因食品安全性评价主要包括两方面内容：遗传工程体（genetically modified organisms）特性分析和实质等同性（substantial equivalence）原则。

（1）遗传工程体特性分析　主要包括以下三点：①对供体的来源、分类、学名、与其他物种的关系、作为食品食用的历史、有无有毒史、过敏性、传染性、抗营养因子、生理活性物质、关键营养成分等进行分析。②对被修饰基因及插入的外源 DNA 进行描述，包括来源、结构、功能、用途、转移方法、助催化剂的活性等。对介导物的名称、来源、特性和安全性进行分析。③分析受体与供体相比的表型特性和稳定性、外源基因的拷贝量、引入基因移动的可能性、引入基因的功能与特性。

（2）实质等同性原则　1993 年经济合作发展组织（OCED）在绿皮书《现代生物技术食品的安全性评价概念与原则》中，提出对现代生物技术食品采用实质等同性的评价原则。该原则认为，若某一转基因食品和传统食品具有实质等同性，即该转基因食品的特性与其非转基因亲本生物或同类传统产品，除转基因所导致的性状外，在营养成分、毒性以及致敏性等食品安全方面没有实质性差异，则认为是安全的；否则便需进行严格的安全性评价，包括对转基因产物的结构功能和专一性的评价及由转基因产物催化产生的其他物质（脂肪、碳水化合物或小分子化合物）的安全性评价。若某一转基因食品和传统食品不具有实质等同性，则需要从营养性和安全性等方面进行更全面的评价和分析。

转基因食品的安全性评价过程如图 10-7 所示。

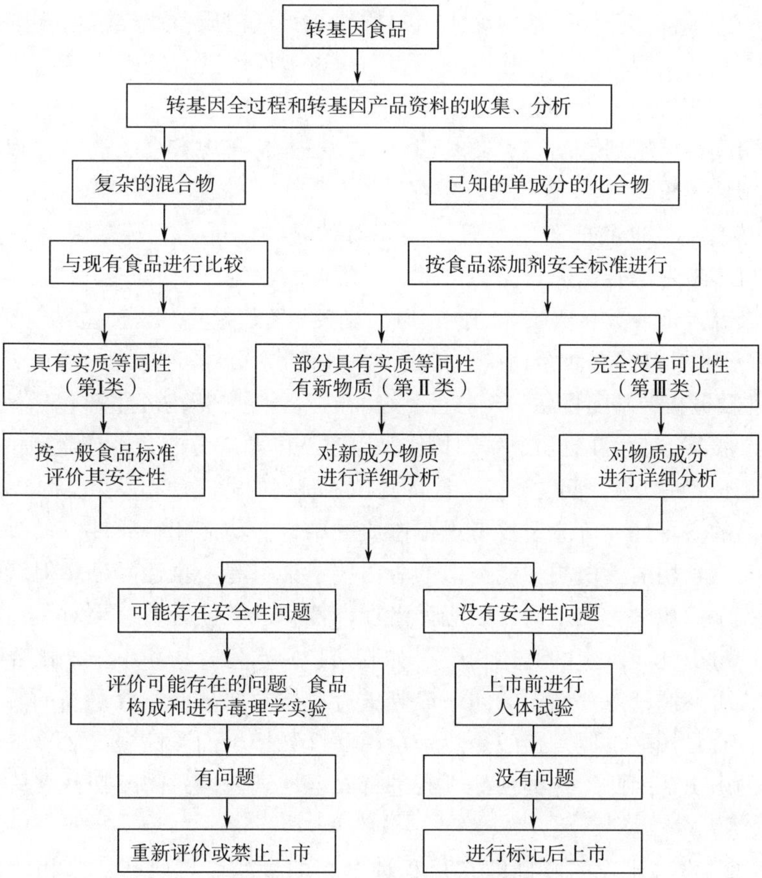

图 10-7　转基因食品的安全性评价过程

3. 实质等同性的比较内容

一般来说，进行实质等同性比较时应包括以下几个方面。

（1）生物学特性的比较　对植物来说包括形态、生长、产量、抗病性及其他有关的农艺性状；对微生物来说包括分类学特性（如培养方法、生物型、生理特性等）、定殖潜力或侵染性、寄主范围、有无质粒、抗生素抗性、毒性等；对动物来说包括形态、生长生理特性、繁殖、健康特性及产量等。

（2）主要营养成分比较　主要营养成分包括脂肪、蛋白质、碳水化合物、矿物质、维生素等。一般情况下，对食品的所有成分进行分析没有必要，但如果其他特征表明由于外源基因的插入产生了不良影响，就应该考虑对广谱成分予以分析。

（3）天然有毒物质与抗营养因子比较　天然有毒物质与非转基因的起始植物相比，转基因植物及其产品中的天然有毒物质含量是否增加，如番茄中的番茄素、马铃薯中的茄碱、葫芦科作物中的葫芦素等。其育成的品种中含量应在安全标准以下。

（4）过敏原比较　在某些植物中含有对部分人群致敏的物质，过敏蛋白质一般不易在食品加工过程及消化系统中被降解、糖基化。若基因来自非已知过敏原或对新基因的表达产物是否有过敏反应不清楚，应对新产品做过敏性分析。

转基因食品中外源蛋白质是否会产生过敏性，可通过以下几方面进行评判：①外源基因是否编码已知的过敏蛋白质。②外源基因编码蛋白质与已知过敏蛋白质氨基酸序列在免疫学上是否有明显的内源性。③外源基因编码蛋白质属某类蛋白质，此类蛋白质中有些是过敏蛋白质。已被批准的转基因食品中，外源编码蛋白质过敏性均已经过相关审查。

4. 转基因食品安全性评价方法

按照实质等同性原则划分的三类转基因食品，根据其与现有食品的差异程度，采取不同的方法进行安全性评价。

（1）转基因食品或食品成分实质等同于现有的食物，可认为转基因食品和现有食品相同。此时无需更多地考虑转基因食品在毒理、过敏和营养等方面的安全性。

（2）现有食品及成分具有实质等同性，但存在某些特定差异。这种差异包括：引入的遗传物质是编码一种蛋白质还是多种蛋白质，是否产生其他物质，是否改变内源成分或产生新的化合物。这时应主要分析转基因食品与现有食品之间的差异。分析内容主要包括植入的基因与几种蛋白质有关，是否会产生新物质，基因操作是否改变内源成分或是否产生新的化合物。一般来说，基因本身不存在安全性问题，要关注的是植入基因的稳定性和发生基因转移的可能性。

对这类食品的安全性评价应主要考虑蛋白质的结构、功能和特异性以及食用的历史。一般来说，与可安全食用的蛋白质功能类似的蛋白质不会引起安全性问题。但若转基因食品蛋白质与现有食品蛋白质的功能不同，则应做潜在毒性和过敏性分析。除对蛋白质本身的安全性进行研究外，对由此而产生的其他物质（如脂肪、碳水化合物和小分子化合物）的安全性也应加以注意，可参照其他食品中的同一成分进行对比。如月桂酸含量高的转基因油菜，虽然油菜中并不含有月桂酸，但月桂酸是热带食用油（如椰子油、棕榈仁油）的主要成分，有长期安全食用的历史。因此，这类食品不需进行安全性试验，只需改变其名称以反映其成分和特性的变化。

（3）某一食品没有比较的基础即它是一种全新的食品，与现有食品相比较，没有等同性。虽然这种新食品与现有食品没有可比性，但这种食品是否安全不能一概而论，在这种食品供应市场之前必须对其安全性和营养性进行分析。应全面分析基因操作中的各有关要素和基因产物特性，若转入的是功能不清楚的基因组区段，则应同时考虑供体生物的背景资料。由于目前转基因食品还没有出现上述情况，故这方面的研究还没有开展。

在应用实质等同性原则评价转基因食品时，应该考虑国家、文化背景和宗教等差异。

转基因食品的安全性评价程序正趋于完善阶段，在基本遵循实质等同性原则的前提下，目前具体实行的评价方法有以下几种。

①实质等同性比较法：遵循实质等同性原则将转基因生物与对应的传统生物的生态学（形态、性状、生长发育、产量、抗逆性、适应性和其他常测指标等）和生理学（脂肪、蛋白质、碳水化合物、维生素、毒素和过敏原等）进行比较。根据遗传背景熟知度，可以进行风险评价和管理。如有可能产生意外效果，则需要检测更多的项目。

美国 FDA 采用两步法评价转基因生物的安全性：第一步是对目的基因及相应产物做出评价，所测数据及评价结果只反映外源基因及其产物本身的安全性。第二步是对寄主生物接受外源基因后出现的意外性状进行评价，其结果只代表寄主植物的属性。

②等同性与相似性比较法：此法由国际生命科学学会欧洲分会（ILSI · Europe）于 1996 年提出，其基本原则是等同性与相似性联合使用。依据此法将转基因食品分为三个安全类别：Ⅰ类转基因食品，与现有的传统食品具有实质等同性；Ⅱ类转基因食品，除某些特定的差异外，与传统食品具有实质等同性；Ⅲ类转基因食品，与传统食品没有实质等同性。

③Fagan 改良法：此法由 Fagan J. B. 博士于 1996 年提出，主要包括两个方面的内容。第一，通过对已知毒素、过敏原和营养成分的检测，查明寄主植物中原有毒素、过敏原是否存在，营养成分是否发生变化。第二，对未知毒素和过敏原的鉴定，通过动物实验和人体试验，明确是否有不良反应。此外，还要进行市场信息反馈和社会调查，印证其安全性。此法较为科学严谨，但如此多的监测内容和如此长的研究周期，特别是人体试验观察，不仅增加了操作难度，而且可能影响到人体安全。

④树状决策法：此法 1998 年由国际生物技术委员会和国际生命科学研究院提出来，通常用于转基因食品潜在过敏性评价。如果转基因食品含有已知过敏原，就应该假定新生基因产物也是过敏原，可采用树状决策法决策程序。

依据树状决策法还需要补充下述两项检测：a. 对新生蛋白质的表达水平高和存在部位在可食部位的食品应重点关注。b. 对新生蛋白质功能不清楚的食品，如甲硫氨酸蛋白质含量高是否构成过敏原需进一步研究认定。“随机监控跟踪”可以监视转基因食品的中长期影响；“解剖技术”可以在不同层面使用，如基因研究、蛋白质研究和代谢研究等，用于监控意外效果，两个方法均被认为是有效的替代方法，进一步完善了安全性评价方法。

五、食品的致敏性评价

（一）食品的致敏性评价程序

食品的致敏性评价程序包括资料审查和信息检索、特性检验、消化及加工稳定性试验、动物皮肤局部过敏试验、动物全身过敏试验、血清学试验。

（二）食品的致敏性评价方法

1. 资料审查和信息检索

通过国际相关信息网的资料审查和信息检索，确认致敏成分是否属于常见的致敏食物，确定其可能致敏的成分及名称，并检索致敏成分的特性，分析受体生物致敏的可能性，获取相关致敏成分的特性参数，为致敏成分的检验选择适当的技术路线和方法。

2. 致敏成分分子特性检验

根据已知的致敏成分的相对分子质量范围和理化性质，采用抽提和层析技术，从样品中提取和纯化目标粗蛋白质。经凝胶电泳和显影，显示样品中目标蛋白质的条带。与蛋白质相对分子质量标准物及对照样品比较，鉴定其相对分子质量，判定产品样品中是否存在致敏物质的成分。

具体操作方法：①目标粗蛋白质的提取和纯化。②凝胶电泳。③致敏性成分条带及相对分子质量的鉴定。

检验结果若确认产品样品有与致敏性成分相同或相近的蛋白质条带，指示产品样品中可能有此致敏成分，需对此成分作进一步的分析。

3. 消化及加工稳定性试验

根据经济合作与发展组织（OECD）提出的判断标准，致敏蛋白质具有抗蛋白质水解或热变性的能力，即能耐受食品加热和烹调操作，能抵抗肠道消化酶的作用。通过对样品进行体外酶消化试验和加工处理试验，测定样品中可能致敏成分的稳定性。

（1）体外酶消化试验

①模拟人胃肠道消化条件，配制蛋白酶消化液（蛋白酶的种类及浓度可通过实验选择）。

②产品样品和对照样品按正常的食用方式进行处理，并加以机械破碎，制成浆液。

③样品浆液与蛋白酶消化液按一定比例混合，在适合于酶作用的温度和酸度下进行消化度试验。作用完成后，以此为样品进行上述致敏成分分子特性检验。

（2）加工稳定性试验　模拟食品常用的加工方式，对产品样品和对照样品进行加热及加工处理。处理完成后，对样品进行机械破碎，制成浆液。以此为样品进行上述致敏成分分子特性检验。

（3）结果判定

①试验结果确认产品样品的可能致敏成分在消化稳定性试验、加热和加工稳定性试验中降解至不出现相应的蛋白质条带，指示样品中可能的致敏成分为非致敏成分。

②试验结果确认产品样品的可能致敏成分在消化稳定性试验、加热和加工稳定性试验中不发生降解，仍出现相应的蛋白质条带，指示样品中可能的致敏成分为致敏成分。

4. 动物皮肤局部过敏试验

通过动物局部皮肤涂敷试验，检验可疑致敏成分对动物皮肤的刺激强度，为可疑致敏成分的皮肤致敏反应评分，判定可疑致敏成分对皮肤致敏反应性质。

（1）样品　对照样品。空白对照：赋形剂；阳性对照：阳性致敏物。

（2）操作方法

①受试物：如果受试物为固体，应将其粉碎并用水或其他溶剂充分湿润，以保证受试物与皮肤有良好接触。如使用其他溶剂，应考虑该溶剂对受试动物皮肤刺激性的影响。液体受试物一般不需稀释而直接使用原液。

②实验动物：应首选白色家兔，采用成年、健康、皮肤无损伤的动物。至少使用 4 只家兔，必要时需增加实验动物数。

③实验步骤：按《化妆品卫生规范》中“皮肤刺激性/腐蚀性试验”方法进行试验和

评分。

（3）结果判定

①皮肤局部过敏试验结果确认可疑致敏成分对动物皮肤具有中等刺激性或强刺激性，指示可疑致敏成分为极有可能对人具有皮肤致敏作用。

②皮肤刺激试验结果从动物外推到人的可靠性有限，白色家兔在大多数情况下对具有刺激性或腐蚀性的物质较人类敏感。若用其他品系动物进行试验也得到类似结果，则可增加从动物外推到人的可靠性。

5. 动物全身过敏试验

通过动物全身给药试验，检验可疑致敏成分对动物致敏反应的强度，为可疑致敏成分的致敏反应评定级数，判定其对动物致敏反应性质。

（1）样品　对照样品阴性对照为赋形剂；阳性对照为人血白蛋白。

（2）操作方法

①受试物：可用受试物的半水解物或受试物与佐剂（如氢氧化铝凝胶）按 1∶1 混合后作为致敏液。

②实验动物：健康无病的豚鼠 6 只，体重 200～300g。

③实验步骤：按《动物实验方法学》（孙敬方主编）推荐的“全身过敏试验”方法进行试验。无菌操作，隔日每只肌肉注射受试物 0.5mL，共 3 次。然后将其均分为两组，一组于首次注射后的第 11 天，由静脉注射受试物 2mL（或腹腔注射 2～3mL），观察注射后有无抓鼻、竖毛、呼吸困难、痉挛、休克直至死亡等过敏症状。另一组于首次注射后的第 21 天同法注射受试物 2mL，进行观察。

（3）结果判定

①全身过敏试验结果确认可疑致敏成分对动物具有 2 级以上过敏反应强度，指示可疑致敏成分为全身致敏成分。

②注射途径尽可能与生活中人体摄入方式相符。

③静脉或腹腔注射后，如果发现存在过敏反应，应取健康未致敏豚鼠 2 只，自静脉注射受试物 2mL，观察有无药物作用引起的类似过敏反应症状，以供结果判定时参考。

6. 血清学试验

利用针对外源基因供体致敏原特异的抗血清为抗体，与样品中可疑的致敏原进行免疫学反应，对表达产物的可疑致敏成分进行识别和鉴定。

（1）样品　对照样品阴性对照：赋形剂。

（2）操作方法

①血清制备：

a. 试剂盒。采用检验相应致敏成分的血清学检验试剂盒。

b. 自制动物血清。当市场上无相应的试剂盒销售时，可自制动物血清进行试验。动物血清及效价测定的具体方法参见《动物实验方法学》（孙敬方主编）中“动物免疫血清的制备方法”。

c. 过敏者血清。血液样品采自多个对目标蛋白质有过敏史的自愿供血者，分离血清，储藏备用。采用相应的标准物质进行血清效价测定，确定血清的特异性和效价。

②按试剂盒说明书的操作方法进行试验。

③采用单相免疫扩散试验-琼脂或琼脂糖凝胶扩散法：将一定量的抗体（抗血清）与用缓冲溶液配制的琼脂溶液混匀制成凝胶，再把抗原液放在凝胶上或滴进凝胶的小孔中，在一定的条件下进行扩散，在抗原和抗体浓度适合的距离处形成沉淀线或环。当抗体浓度一定的情况下，抗原浓度高，线或环距离原点远，所形成的面积（或直径）与浓度在一定范围内成正比。具体方法参见《动物实验方法学》（孙敬方主编）中“免疫学指标测定方法”。

④采用双向免疫扩散试验法：抗原、抗体分别放在两个或多个孔中，抗原和抗体在同一个凝胶内彼此扩散，抗原、抗体扩散后在凝胶中相遇时形成复合物，由于复合物相对分子质量增大，沉淀物不再扩散，并形成特异性屏障，使在免疫学性质上与之相近的抗原抗体分子不能通过，而其他的分子可继续通过，直至形成自己的复合物为止。

（3）结果判定

①按试剂盒提供的标准进行结果判定。

②如果外源基因来自一种常见致敏性生物，必须用 14 种针对该生物的免疫血清进行血清学试验。若免疫分析结果为阴性，则可判定供体的主要致敏原未转入转基因食品的概率大于 99.9%，次要致敏原未转入转基因食品的概率大于 95%。

③如果外源基因来自一种非致敏生物，则须用 5 种血清进行血清学试验。如免疫分析结果为阴性，则可判定供体的主要致敏原未转入转基因食品的概率大于 95%。

④血清学试验结果若为阳性，则充分证明转基因食品有高度致敏危险性。

思考题

1. 试述食品安全性评价的作用。
2. 简述食品安全性评价及控制发展的趋势。
3. 列举急性毒性试验方法要点。
4. 说明食品安全性风险评价的意义。
5. 列举转基因食品安全性评价方法。

11

第十一章

食品法规与标准

学习目标

1. 辨析标准与法规的区别及联系。
2. 了解我国食品标准体系的构成，我国不同类型食品标准现状与国外先进标准的主要差距。
3. 掌握食品标准的基本内容与不同食品标准技术指标的差异以及关键技术指标的设置依据和作用。
4. 掌握部分国家食品法律法规体系及有关贸易技术壁垒的主要措施。

第一节　基本概念

一、食品安全标准

标准为在一定的范围内获得最佳秩序，对活动或其结果规定共同的和重复使用的规则、导则或特性的文件，该文件经协商一致制定并经一个公认机构的批准。标准以科学、技术和经验的综合成果为基础，以促进最佳社会效益为目的。标准是一种要求，也可以说是市场和消费者的要求。

食品法规与标准

构成一项标准的全部要素分为：①概述要素，包括识别标准，介绍标准内容，说明标准背景、标准的制定以及与其他标准的关系等内容。②标准要素，规定了标准的要求和必须遵守的条文。③补充要素，提供有助于理解标准或使用标准的补充信息。

我国发布的食品标准分为国家标准和行业标准等，其中与食品安全相关的标准包括基础标准、限量标准、管理及控制标准、检测检验方法标准、特定产品标准、标签标识标准、包装材料卫生标准。

食品安全标准主要是用来控制食品安全及提高食品安全水平，各类食品、与食品相关的物品及相关的生产方式、检验方法等都会被制定相应的标准以控制食品安全生产及应用。这是食品质量和安全的可靠保障。由于不同食品的生产要求不同，食品标准会分成不同层次。食品必须严格按照标准来进行生产，不得滥用添加剂和违规使用非食品添加剂，更不得用添加剂来掩盖食品腐败变质的事实。

二、食品法律法规

法律法规是指中华人民共和国现行有效的法律、行政法规、司法解释、地方法规、地方规章、部门规章及其他规范性文件以及对法律法规的修改和补充。

我国食品法律法规体系涉及食品及食品原料、食品包装材料和容器的管理、餐饮业和学生集体用餐的管理、食品卫生监督处罚等方面。

法律有狭义和广义之分，狭义仅指全国人民代表大会及其常委会制定的规范性文件，广义则泛指一切规范性文件。我国最高权力机关全国人民代表大会和全国人民代表大会常务委员会行使国家立法权，立法通过后，由国家主席签署主席令予以公布。因而，法律的级别最高，如《中华人民共和国食品安全法》。

法规可分为行政法规和地方性法规、自治条例和单行条例。行政法规由国务院制定，通过后由国务院总理签署国务院令公布，具有全国通用性，是对法律的补充，在成熟的情况下会被补充进法律，其地位仅次于法律，多称为“＊＊条例”，可以看作是全国性法律的实施细则，如《中华人民共和国食品安全法实施细则》等。地方性法规、自治条例和单行条例是各省、自治区、直辖市的人民代表大会及其常务委员会（各地方的最高权力机构）制定。地方性法规大部分称为条例，有的称为法律在地方的实施细则，部分为具有法规属性的文件，如决议、决定等。地方法规的开头多贯有地方名字，如《北京市食品安全条例》《北京市实施〈中华人民共和国动物防疫法〉办法》等。

食品法律法规的应用与实施在食品生产管理中有重要的作用：一是以法律条文的形式明确告知人们，合法与非法的界限，违法者将会受到怎样的制裁，以实现知法和守法为基本前提的明示作用。二是根据法律的规定自觉地调节和控制自己的思想和行为，从而达到有效避免违法和避免犯罪现象发生的目的。三是通过法律的强制执行力来机械地校正社会行为中所出现的一些偏离法律轨道的不法行为，使之回归到正常的法律轨道。

食品法律法规体系的建设是我国保证食品安全、提高人民生活质量、保障人民饮食卫生和公共健康的需要，是我国食品工业发展和参与国际食品贸易的需要。

三、法律法规与标准的关系

社会规范是人们处理社会生活中相互关系应遵循的具有普遍约束力的行为规则，而技术规范是人们同客观事物打交道时必须遵循的行为规则。在科学技术和社会生产力高度发展的现代社会，越来越多的立法把遵守技术规范确定为法律义务，从而把社会规范和技术规范紧密结合在一起，这是一种必然，因为人们处理社会生活关系时离不开客观事物。

（一）法律法规和标准的相同之处

（1）一般性　法律法规和标准都是现代社会和经济活动必不可少的统一规定，具有一般性，对任何人都适用，同等情况同等对待。

（2）公开性　法律法规和标准在制定和实施过程中都公开透明。

（3）明确性和严肃性　法律法规和标准都由权威机关按照法定的职权和程序制定、修改或废止，都用严谨的文字进行表述。

（4）权威性　法律法规和标准都在调控社会方面发挥主导作用，享有威望，得到社会广泛的认同和普遍的遵守。

（5）约束性和强制性 要求社会各组织和个人服从法律法规和标准的规定，作为行为的准则。

（6）稳定性 法律法规和标准都具有时间上的稳定性和连续性，不允许擅自改变和轻易修改。

（二）法律法规和标准的不同之处

（1）法律法规在一切领域处于至高无上的地位，具有基础性和本源性。标准必须有法律依据，必须严格遵守有关的法律法规，在内容上绝不能与法律法规相抵触和冲突。

（2）法律法规涉及国家生活和社会生活的方方面面，调整一切政治、经济、社会、民事、刑事等法律关系，而标准主要涉及技术层面。

（3）法律法规一般较为宏观和原则，标准则较为微观和具体。

（4）法律法规具有较长时间内的稳定性，标准则经常随着科学技术和生产力的发展而补充修改。

（5）标准比较注意民主性，强调多方参与、协商一致，尽可能照顾多方利益。

（6）标准的强制力也源自法律法规的赋予，标准分为强制性和推荐性两种，对推荐性标准企业有选择执行或不执行的权利。

（7）标准和法律法规都是规范性的文件，但标准在形式上有文字的，也有实物的。

（三）法律法规、标准与市场经济的关系

1. 法律法规与市场经济的关系

市场经济在一定意义上是法治经济，即市场经济的秩序必须通过法治来形成和维持。因此，法治是市场经济的必备条件和基本特征。

（1）市场经济是自主性经济，因此要求法律确认市场主体资格，平等保护市场主体的财产权。

（2）市场经济是契约经济，因此要求法律确认契约是处理经济关系的法律形式，并保护契约在市场经济中的作用。

（3）市场经济是竞争经济，因此要求法律维护和保障正当竞争，限制和惩处不正当竞争。

（4）市场经济是主体地位平等的经济，因此要求法律确认所有人的平等地位，平等地享有权利和履行义务。

（5）市场经济是开放的经济，因此要求法律不断进行调整，对标国际高标准经贸规则，营造统一开放的国内市场和全球化的国际市场。

2. 法律法规对市场经济的保障作用

（1）利益保障 市场经济关系的各种行为，大多为了实现一定的物质利益，法律通过及时制止侵犯他人、集体和国家利益的违法犯罪行为，来保障市场经济。

（2）秩序保障 法律引导和促进市场行为在一定的秩序中正常进行，从而保障市场经济的发展。

改革开放特别是确定社会主义市场经济体制改革目标以来，我国加强了市场经济法治建设，取得了十分显著的成就，为社会主义市场经济的建立和发展提供了重要的法律依据和法律保障。

3. 标准与市场经济的关系

标准是市场经济运行的必备条件，与市场经济的关系可概括为以下几点。

（1）市场经济是自主性经济，市场主体为了生存和发展，必须执行或制定先进的产品质量标准，满足市场和用户的需求。

（2）市场经济是契约经济，在契约合同中设定的产品质量标准是双方检验产品质量的依据，是发生经济纠纷时仲裁的技术基础。

（3）市场经济是竞争经济，市场主体运用标准化加快新产品开发，可以提高产品的竞争力；市场主体执行先进的产品质量标准，可以提高产品质量和竞争力。

（4）市场经济是开放的经济，标准是国内国际市场贸易中必须遵守的技术准则，是国际条约和基本规则的技术层面的组成内容。

（5）市场经济是受调控和监督的经济，国家授权的监督机关以及消费者依据各种标准，依法对产品质量、工程质量和服务质量实施监督。

随着改革开放和经济发展，特别是加入 WTO 以后，我国越来越重视标准化工作，积极参与国际标准化活动，积极采用国际标准，取得了显著的成绩。

第二节 我国食品安全标准与法规体系建设

一、食品安全标准与法规体系发展研究

（一）“食品安全关键技术”科技专项深入开展食品安全标准与法规研究

“食品安全关键技术”科技专项针对当前中国加强食品安全管理的形势以及适应我国加入 WTO 后的迫切需要，进行食品安全的关键技术攻关，研究开发当前急需的食源性危害检测、监测、控制及评价技术等，建立我国食品安全保障体系，以保护消费者的健康和权益，促进食品进出口贸易，提高我国食品在国际市场的竞争力。

（二）研究与构建科学、合理的食品安全标准与法律法规体系

1. 食品安全标准体系的主要研究内容

针对目前我国食品安全标准体系存在的问题，研究分析国际标准化组织（如 FAO/CAC，ISO/TC34、OIE、IPPC）及发达国家和地区食品安全标准体系发展现状和趋势，分析对比国内外的差距，以系统的科学理论、标准化原理、控制理论和风险分析原则为指导，针对“从农田到餐桌”全过程中影响食品安全的各种因素进行控制与管理，构建一个既适合我国食品产业发展又与国际接轨的，结构合理、功能完善、层次分明、重点突出，包括产前、产中、产后即“从农田到餐桌”全过程的食品安全标准体系框架，编制重点食品（如粮油、果蔬、畜产品、水产品、饮料、调味品等）安全标准体系表，建立食品安全标准数据库，以逐步实现与国际接轨。

2. 体系研究已经开展的主要工作

（1）构建了食品安全标准体系总体框架　食品安全标准化是一项复杂而庞大的系统工程，覆盖了食品“从农田到餐桌”的各个环节，将标准化贯穿于食品链全过程。在目前食品

安全标准化研究的基础上构建我国的食品安全标准体系，可以从宏观上指导我国食品安全标准化建设。

（2）研究并编制了6类重点食品安全标准体系表　在充分研究分析我国食品工业发展现状和趋势及国内外食品安全标准化发展现状、趋势的基础上，依据食品安全标准体系总体框架，重点对粮油、果蔬、畜产品、水产品、饮料、调味品6类食品进行研究，编制了上述6类重点食品的安全标准体系表。

（3）建立了食品安全标准数据库　在标准化、高起点、实用性和开放性原则的指导下，建立了食品安全标准数据库，包括国外食品安全标准与技术法规数据库、我国食品安全标准数据库、食品有毒有害物质残留限量指标值数据库。数据库初步实现如下功能：标准信息录入、修改、撤销，对按标准编号、批准发布单位、提出单位、归口单位、负责起草单位、标准类别、标准性质、标准级别、采用国际标准程度、标准内容简介、重要指标对比等数据信息进行查询和日常管理等。

食品安全标准体系主体框架如图11-1所示。

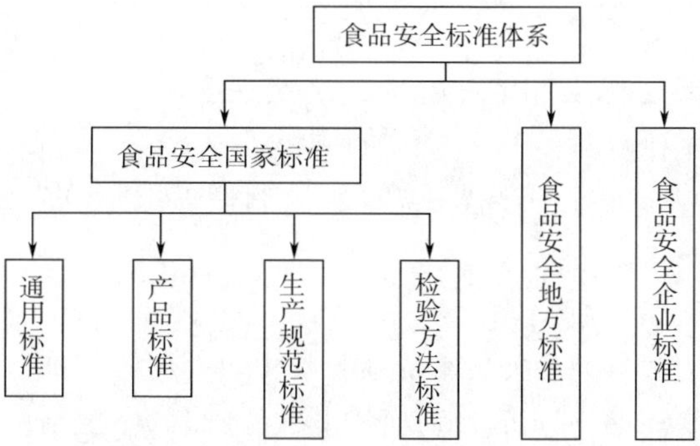

图11-1　食品安全标准体系主体框架

3. 研究与制定一批重要且急需的食品安全标准

在食品安全标准与法律法规体系总体框架的指导下，针对我国食品安全急需解决的问题，研究与修订一批重要和急需的食品安全标准，包括食品有毒有害物质限量标准、食品有毒有害物质检测方法标准、重要的食品安全控制与管理标准以及与食品接触材料卫生标准等。

食品安全专项有近180项标准的研究，主要涉及以下4个方面的内容。

（1）食品有毒有害物质限量标准　主要包括食品中农药残留限量标准、食品中添加剂限量标准、食品中有害污染物限量标准、食品中有害微生物与生物毒素限量标准等。

（2）食品有毒有害物质检测方法标准　主要包括食品中农药残留检测方法标准、食品中兽药残留检测方法标准、食品中有毒生物检测方法标准、重要的动物外来疫病检测方法标准、人畜共患病及植物疫病检测方法标准以及食品安全检测实验室质量控制规范等。

（3）重要的食品安全控制与管理标准　主要包括食品企业通用良好操作规范（GMP），罐藏食品加工、水产食品加工、啤酒企业、畜禽屠宰业、肉制品加工等行业专用良好操作规范（GMP），食品安全管理体系要求与指南标准，辐照食品安全剂量标准，以及粮食、果蔬、肉类、乳制品等大宗食品的运输与货架贮存技术规范等。

（4）与食品接触材料卫生标准　主要包括食品包装材料的卫生要求标准等。

通过对上述各类标准的研究与制定，解决我国现行的食品中有毒有害物质限量与检测标准以及食品安全控制与管理标准技术水平偏低、市场适应性较差以及缺乏基础数据等问题，从而健全与完善我国食品安全标准体系，实现对食品安全的有效监控，提升我国食品安全的总体水平。

总之，国家鼓励和支持开展与食品安全有关的基础研究和应用研究，鼓励和支持食品生产经营者为提高食品安全水平采用先进技术和先进管理规范。

二、我国食品标准制定程序

（一）标准的制定必须遵循的原则

（1）必须遵循《中华人民共和国标准化法》第六条的规定，该规定是标准制定工作总的指导原则。

（2）必须遵循《标准化工作导则》（GB/T 1.1—2020《标准化工作导则　第1部分：标准化文件的结构和起草规则》、GB/T 1.2—2020《标准化工作导则　第2部分：以ISO/IEC标准化文件为基础的标准化文件起草规则》等）和相关标准制定的原则。

（3）必须遵循国家《食品安全法》《计量法》等法律法规对标准编修的规定要求。

（4）必须遵循经济上合理、技术上先进的原则。

（二）国家标准、行业标准和地方标准的制定程序

制定标准是标准化工作三大任务之一。要使标准制定工作落到实处，制定标准就应有计划、有组织地按一定的程序进行。食品产品标准的制定程序一般分为准备阶段、起草阶段、审查阶段、报批阶段和复审阶段。

1. 准备阶段

在准备阶段必须查阅大量的相关技术资料，其中包括国际标准、国家标准和相关企业标准，然后进行样品的收集和检测分析，确定控制产品质量的主要指标项目，确定技术指标中关键指标项目和非关键指标项目。在准备阶段，必须进行大量的实验工作，否则，标准的制定就会因缺乏技术含量而失去科学性。

2. 起草阶段

标准起草阶段的主要工作内容有：编制标准草案（征求意见稿）及其编制说明和有关附件，广泛征求意见。在整理汇总意见基础上进一步编制标准草案（预审稿）及编制食品标准与法规。

3. 审查阶段

产品标准的审查分为预审和终审两个过程。预审工作由各专业技术委员会组织有关专家进行，对标准的文本、各项技术指标进行严格的审查，同时也审查标准草案是否符合《中华人民共和国标准化法》和《标准化工作导则》的要求，技术内容是否符合实际和科学技术的发展方向，技术要求是否先进、合理、安全、可靠等。预审通过后按审定意见进行修改，整理送审稿，报有关标准化工作委员会进行最终审定。

4. 报批阶段

终审通过的标准可以报批，行业标准报行业标准化行政主管部门，国家标准报国家市场监督管理总局，批准后进行编号发布、实施。

5. 复审阶段

根据《中华人民共和国标准化法》第二十九条规定：国务院标准化行政主管部门和国务

院有关行政主管部门、设区的市级以上地方人民政府标准化行政主管部门应当建立标准实施信息反馈和评估机制，根据反馈和评估情况对其制定的标准进行复审。标准的复审周期一般不超过五年。经过复审，对不适应经济社会发展需要和技术进步的应当及时修订或者废止。

产品标准的制定是一项十分严肃的工作，从起草到审批、发布、实施需经过几稿的讨论和修改，各项技术指标的确定都是在大量试验的基础上确定的，因此符合标准的食品应该是安全的，质量是可靠的，食品标准是食品质量和安全的保证。

（三）企业标准的制定程序

1. 调查研究，收集资料

起草单位应针对以下方面进行调查研究和收集资料。

（1）标准化对象的国内外以及本企业的现状和发展方向。

（2）有关的最新科技成果。

（3）生产和工作实践中积累的技术数据，统计资料。

（4）国际标准、国外先进标准、技术法规和国内相关标准。

2. 起草标准草案（征求意见稿）

对搜集到的资料进行整理、分析、对比、选优，必要时应进行试验验证，然后起草草案（征求意见稿）和编制说明。

3. 征求意见，形成标准送审稿

将标准草案（征求意见稿）分发给企业内有关部门（必要时分发给企业外有关单位，特别是用户，征求意见），对收到的意见逐一分析研究，决定取舍后形成标准送审稿。

4. 审查标准，形成标准报批稿

根据标准的复杂程度、涉及面大小，聘请本行业的专家审查，可分别采取会议审查或函审的方式审定。审查、审定通过后，起草单位应根据其具体的建议和意见，编写标准报批稿和在进行报批时需呈交的其他材料。

5. 标准的批准、发布与实施

企业标准由企业法人代表或授权的主管领导批准，由企业标准化管理部门编号、发布和实施。

6. 标准的备案

中华人民共和国卫生部于 2009 年 6 月 10 日颁布《食品安全企业标准备案办法》，规定食品生产企业制定下列企业标准，应当在组织生产之前向省、自治区、直辖市卫生行政部门备案。

（1）没有食品安全国家标准或者地方标准的企业标准。

（2）严于食品安全国家标准或者地方标准的企业标准。

7. 企业标准的复审

标准应定期进行复审，复审周期一般不超过三年。复审工作由企业标准化机构负责组织，复审结果按下列情况分别处理。

（1）标准内容不做修改，仍然适应当前需要，符合当前科学技术水平的，给予确认。确认的标准，不改变标准的顺序号和年代号，只在标准封面上写明“××××年确认”字样。

（2）为完善和充实标准内容，对标准条文、图表做少量修改、补充时，按标准有关修改的规定执行。

（3）标准的主要规定需要较大改动才能适应当前生产、使用的需要和科学技术水平时，应作为修订项目。修订标准的工作程序按制定标准的程序进行。修订后的标准不改变顺序号，但要写明修改的年号。

（4）标准内容已不适应当前的需要，或为新标准所替代的标准应予以废止。复审后的企业产品标准必须按有关规定重新进行备案。

三、我国食品标准的分类

（一）按级别分类

根据《中华人民共和国标准化法》的规定，标准包括国家标准、行业标准、地方标准、团体标准、企业标准。从标准的法律级别上来讲，国家标准高于行业标准，行业标准高于地方标准，地方标准高于企业标准，团体标准和企业标准属于同一层级的标准。但从标准的内容上来讲却不一定与级别一致，一般来讲企业标准的某些技术指标应严于地方标准、行业标准和国家标准。

在食品行业，一般基础性的卫生标准和安全标准均为国家标准，而产品标准多为行业标准和企业标准。但无论哪种标准，其中食品卫生和安全指标必须符合国家标准和国际标准的要求，或严于国家标准和国际标准的要求。

（二）按内容分类

食品标准按内容分类，主要有食品产品标准、食品卫生标准、食品添加剂标准、食品检验方法标准、食品包装材料与容器标准、食品工业基础标准及相关标准等。而食品生产加工企业卫生规范以国家标准的形式列入食品标准中，但它不同于产品的卫生标准，它是食品企业生产活动和过程的行为规范。食品生产加工企业卫生规范主要围绕预防、控制和消除食品微生物和化学污染，确保产品卫生安全质量，对食品企业的工厂设计、选址和布局、厂房与设施、废水与处理、设备和器具的卫生、工作人员卫生和健康状况、原料卫生、产品的质量检验以及工厂卫生管理等方面提出具体要求。我国的食品卫生规范主要依据良好操作规范（GMP）和危害分析与关键控制点（HACCP）的原则制定，属于技术法规的范畴。

（三）按形式分类

按标准的形式可分为两类。

（1）用文字表达的标准，称之为标准文件。

（2）实物标准，包括各类计量标准器具、标准物质、标准样品如农产品、面粉质量等级的实物标准等。

（四）按作用范围分类

按标准的层次和作用范围可以分成三大类。

（1）技术标准（technical standard）　对标准化领域中需要协调统一的技术事项制定的标准称为技术标准。技术标准是企业标准体系的主体，是企业组织生产、技术和经营、管理的技术依据。

技术标准可以分成基础技术标准、产品标准、工艺标准、检验测试标准、设备标准、原料标准、半成品标准、安全卫生标准、环境保护标准等。技术标准均应在标准化法律法规、各种相关法规的指导下形成。

（2）管理标准（administrative standard）　对标准化领域或企业标准化领域中需要协调统一的管理事项制定的标准称为管理标准。管理标准主要对管理目标、管理项目、管理程序和管理组织作出规定。

管理标准可以分成管理基础标准、技术管理标准、经济管理标准、行政管理标准、生产经营管理标准。对于企业而言，管理事项主要包括企业管理活动中所涉及的经营管理、设计开发管理与创新管理、质量管理、设备与基础设施管理、人力资源管理、安全管理、职业健康管理、环境管理、信息管理等与技术标准相关的重复性事物和概念。

（3）工作标准（duty standard）　对标准化领域或企业标准化领域中需要协调统一的工作事项制定的标准称为工作标准。工作标准是对工作责任、权力、范围、质量要求、程序、效果、检查方法、考核办法等制定的标准。

工作标准可以分成决策层工作标准、管理层工作标准和操作人员工作标准。决策层工作标准可以分成最高决策层工作标准和决策层人员工作标准两类。管理层工作标准可以分成中层管理人员工作标准和一般管理人员工作标准两类。操作人员工作标准可以分成特殊过程操作人员工作标准和一般人员（岗位）工作标准两类。

（五）按遵守与执行的效力和性质分类

根据《中华人民共和国标准化法》的规定，国家标准分为强制性标准和推荐性标准，行业标准、地方标准是推荐性标准。强制性标准必须执行。国家鼓励采用推荐性标准。有关食品安全的标准、法律法规一般意义上均具有强制性的特征，地方标准在本地区内是强制性标准。如食品卫生的基础标准，关系人体健康和安全，属于强制性标准，其他食品产品标准是推荐性标准。

国家强制性标准的代号是“GB”，字母“GB”是“国标”两字汉语拼音首字母的大写；国家推荐性标准的代号是“GB/T”，字母“T”表示“推荐”的意思；推荐性地方标准的代号如陕西省地方标准的代号为“DB61/T”。对于这类标准，企业可根据自身情况，有选择性地采纳和使用。而一般意义上，国家标准是食品企业必须遵循的最低标准，行业标准或企业标准要严于国家标准。食品安全标准和法律法规体系的发展趋势是，涉及产品质量的标准将逐步转化为推荐性标准，而涉及食品安全的标准和法规将逐步转变为强制性标准。

我国强制性标准属于技术法规的范畴，其范围与 WTO 规定的五个方面，即“国家安全”“防止欺诈”“保护人身健康和安全”“保护动植物生命和健康”“保护环境”基本一致。强制性标准必须执行，而占国家标准、行业标准总数 85%以上的推荐性标准，与国际上的自愿性标准一致。

虽然，推荐性标准本身并不要求有关各方遵守，但在一定的条件下，推荐性标准可以转化成强制性标准，具有强制性标准的作用，如以下几种情况。

①推荐性标准被行政法规、规章引用。

②推荐性标准被合同、协议引用。

③推荐性标准被使用者声明其产品符合某项标准。

四、标准化的作用与意义

如果说标准是衡量事物的依据或准则，标准化则是对实际的或潜在的问题制定共同的和重复使用的规则的活动，包括制定、发布及实施标准的过程，可以在一定的范围内获得最佳秩序，标准化是组织现代化生产的重要手段和必要条件。

标准化的作用与意义：①是合理发展产品品种、组织专业化生产的前提；②是提高产品质量、实现安全、卫生生产的技术保证；③是实现科学管理和现代化管理的基础；④是国家资源合理利用、节约能源和节约原材料的有效途径；⑤是推广新材料、新技术、新科研成果的桥梁；⑥是消除贸易壁垒、促进技术合作、实现公平竞争、促进国际贸易发展的通行证。

五、我国食品法规与标准

（一）《中华人民共和国食品安全法》

2009 年 2 月 28 日第十一届全国人民代表大会常务委员会第七次会议通过。2015 年 4 月 24 日第十二届全国人民代表大会常务委员会第十四次会议修订。根据 2018 年 12 月 29 日第十三届全国人民代表大会常务委员会第七次会议《关于修改〈中华人民共和国产品质量法〉等五部法律的决定》第一次修正，根据 2021 年 4 月 29 日第十三届全国人民代表大会常务委员会第二十八次会议《关于修改〈中华人民共和国道路交通安全法〉等八部法律的决定》第二次修正。共分十章，一百五十四条。

（二）《中华人民共和国农产品质量安全法》

2006 年 4 月 29 日第十届全国人民代表大会常务委员会第二十一次会议通过。根据 2018 年 10 月 26 日第十三届全国人民代表大会常务委员会第六次会议《关于修改〈中华人民共和国野生动物保护法〉等十五部法律的决定》修正。2022 年 9 月 2 日第十三届全国人民代表大会常务委员会第三十六次会议修订。共分八章，八十一条。

（三）食品企业良好操作规范（GMP）

食品企业 GMP 诞生于美国。1963 年，美国食品与药物管理局制定药品 GMP，目的为确保药品的高质量。1964 年美国强调实施药品 GMP，1969 年美国公布食品 GMP 基本法，1969 年世界卫生组织（WHO）通函各国政府促请研究并实施药品 GMP 制度。我国食品企业卫生规范是在药品 GMP 的基础上建立起来的，并以强制性国家标准发布实施。从 1988 年开始，我国先后颁布了多个食品企业卫生规范和食品企业通用卫生规范，具体如下。

GB 8950—2016《食品安全国家标准　罐头食品生产卫生规范》

GB 12695—2016《食品安全国家标准　饮料生产卫生规范》

GB 8951—2016《食品安全国家标准　蒸馏酒及其配制酒生产卫生规范》

GB 12696—2016《食品安全国家标准　发酵酒及其配制酒生产卫生规范》

GB 8952—2016《食品安全国家标准　啤酒生产卫生规范》

GB 8953—2018《食品安全国家标准　酱油生产卫生规范》

GB 8954—2016《食品安全国家标准　食醋生产卫生规范》

GB 19304—2018《食品安全国家标准　包装饮用水生产卫生规范》

GB 8956—2016《食品安全国家标准　蜜饯生产卫生规范》

GB 17403—2016《食品安全国家标准　糖果巧克力生产卫生规范》

GB 8957—2016《食品安全国家标准　糕点、面包卫生规范》

GB 17404—2016《食品安全国家标准　膨化食品生产卫生规范》

GB 12693—2023《食品安全国家标准　乳制品良好生产规范》

GB 17405—1998《保健食品良好生产规范》

GB 12694—2016《食品安全国家标准　畜禽屠宰加工卫生规范》

GB 14881—2013《食品安全国家标准　食品生产通用卫生规范》

GB 23790—2023《食品安全国家标准　婴幼儿配方食品良好生产规范》

1. 食品生产通用卫生规范（general hygienic regulation for food enterprises）

GB 14881—2013《食品安全国家标准　食品生产通用卫生规范》规定了食品生产过程中原料采购、加工、包装、贮存和运输等环节的场所、设施、人员的基本要求和管理准则。该标准适用于各类食品的生产，如确有必要制定某类食品生产的专项卫生规范，应当以该标准作为基础。

2. 保健食品良好生产规范（good manufacture practice for health food）

GB 17405—1998《保健食品良好生产规范》规定了对生产具有特定保健功能食品企业的人员、设计与设施、原料、生产过程、成品贮存与运输以及品质和卫生管理方面的基本技术要求，适用于所有保健食品生产企业。该规范引用了 GBJ 73—1984《洁净厂房设计规范》（现已被 GB 50073—2013《洁净厂房设计规范》替代）、GB 5749—1985《生活饮用水卫生标准》（现已被 GB 5749—2022《生活饮用水卫生标准》替代）、GB 7718—1994《食品标签通用标准》（现已被 GB 7718—2011《食品安全国家标准　预包装食品标签通则》替代）、GB 14881—1994《食品企业通用卫生规范》（现已被 GB 14881—2013《食品安全国家标准　食品生产通用卫生规范》替代）。GB 17405—1998 由中华人民共和国卫生部在 1998 年 5 月 5 日批准，并于 1999 年 1 月 1 日实施，主要内容包括原料、中间产品、成品、批号，即保健食品生产过程中使用的所有投入物，包括加工助剂和食品添加剂、需进一步加工的物质或混合物、产品形成定型包装后的待销售成品等。

（四）食品产品质量标准

针对各种食品的质量制定的国家标准，如 GB 2716—2018《食品安全国家标准　植物油》、GB/T 8235—2019《亚麻籽油》、GB 19301—2010《食品安全国家标准　生乳》、GB 5420—2021《食品安全国家标准　干酪》、GB 10765—2021《食品安全国家标准　婴儿配方食品》、GB 19645—2010《食品安全国家标准　巴氏杀菌乳》、GB 25190—2010《食品安全国家标准　灭菌乳》、GB 25191—2010《食品安全国家标准　调制乳》、GB 19302—2010《食品安全国家标准　发酵乳》、GB 13102—2022《食品安全国家标准　炼乳》、GB 19644—2024《食品安全国家标准　乳粉和调制乳粉》、GB 11674—2010《食品安全国家标准　乳清粉和乳清蛋白粉》、GB 19646—2010《食品安全国家标准　稀奶油、奶油和无水奶油》、GB 25192—2022《食品安全国家标准　再制干酪和干酪制品》、GB 10766—2021《食品安全国家标准　较大婴儿配方食品》、GB 10767—2021《食品安全国家标准　幼儿配方食品》、GB 10769—2010《食品安全国家标准　婴幼儿谷类辅助食品》、GB 10770—2010《食品安全国家标准　婴幼儿罐装辅助食品》等。

（五）有机食品技术规范

国家环境保护总局在 2001 年发布了环境保护行业标准 HJ/T 80—2001《有机食品技术规范》。

（六）食品添加剂使用标准

食品添加剂使用标准有 GB 2760—2024《食品安全国家标准　食品添加剂使用标准》、GB 14880—2012《食品安全国家标准　食品营养强化剂使用标准》。

（七）食品检验方法标准

食品检验方法标准

食品检验方法标准主要包括微生物学检验方法标准与食品理化检验方法标准，还涉及乳品及婴幼儿食品系列标准以及许多食品产品的专项检测标准。

（八）食品中有毒有害物质最高残留限量标准

主要农药及污染物最大残留限量

我国现在关于食品中农药残留及污染物的最大限量的相关标准主要有 GB 2715—2016《食品安全国家标准　粮食》、GB 2763—2021《食品安全国家标准　食品中农药最大残留限量》、GB 31650—2019《食品安全国家标准　食品中兽药最大残留限量》等。

六、我国的食品安全监管体制

按照《中华人民共和国食品安全法》第二条第二款的规定：供食用的源于农业的初级产品（以下称食用农产品）的质量安全管理，遵守《中华人民共和国农产品质量安全法》的规定。但是，食用农产品的市场销售、有关质量安全标准的制定、有关安全信息的公布和本法对农业投入品作出规定的，应当遵守本法的规定。

同时《中华人民共和国食品安全法》第五条规定：国务院设立食品安全委员会，其职责由国务院规定。

国务院食品安全监督管理部门依照本法和国务院规定的职责，对食品生产经营活动实施监督管理。

国务院卫生行政部门依照本法和国务院规定的职责，组织开展食品安全风险监测和风险评估，会同国务院食品安全监督管理部门制定并公布食品安全国家标准。

国务院其他有关部门依照本法和国务院规定的职责，承担有关食品安全工作。

关于县级以上地方人民政府对食品安全承担的领导职责见《中华人民共和国食品安全法》第六条规定。

目前世界上没有任何一个国家从种植到加工、到餐饮是由一个部门监管的。我们国家实行分段监管符合国际惯例，也符合中国的国情。

七、我国食品安全标准的管理体制

我国食品安全标准的管理参考《中华人民共和国食品安全法》第三章食品安全标准。

第二十四条　制定食品安全标准，应当以保障公众身体健康为宗旨，做到科学合理、安全可靠。

第二十五条　食品安全标准是强制执行的标准。除食品安全标准外，不得制定其他的食品强制性标准。

第二十六条　食品安全标准应当包括下列内容：

（一）食品、食品添加剂、食品相关产品中的致病性微生物，农药残留、兽药残留、生物毒素、重金属等污染物质以及其他危害人体健康物质的限量规定；

（二）食品添加剂的品种、使用范围、用量；

（三）专供婴幼儿和其他特定人群的主辅食品的营养成分要求；

（四）对与卫生、营养等食品安全要求有关的标签、标志、说明书的要求；

（五）食品生产经营过程的卫生要求；

（六）与食品安全有关的质量要求；

（七）与食品安全有关的食品检验方法与规程；

（八）其他需要制定为食品安全标准的内容。

第二十七条　食品安全国家标准由国务院卫生行政部门会同国务院食品安全监督管理部门制定、公布，国务院标准化行政部门提供国家标准编号。

食品中农药残留、兽药残留的限量规定及其检验方法与规程由国务院卫生行政部门、国务院农业行政部门会同国务院食品安全监督管理部门制定。

屠宰畜、禽的检验规程由国务院农业行政部门会同国务院卫生行政部门制定。

第二十八条　制定食品安全国家标准，应当依据食品安全风险评估结果并充分考虑食用农产品安全风险评估结果，参照相关的国际标准和国际食品安全风险评估结果，并将食品安全国家标准草案向社会公布，广泛听取食品生产经营者、消费者、有关部门等方面的意见。

食品安全国家标准应当经国务院卫生行政部门组织的食品安全国家标准审评委员会审查通过。食品安全国家标准审评委员会由医学、农业、食品、营养、生物、环境等方面的专家以及国务院有关部门、食品行业协会、消费者协会的代表组成，对食品安全国家标准草案的科学性和实用性等进行审查。

第二十九条　对地方特色食品，没有食品安全国家标准的，省、自治区、直辖市人民政府卫生行政部门可以制定并公布食品安全地方标准，报国务院卫生行政部门备案。食品安全国家标准制定后，该地方标准即行废止。

第三十条　国家鼓励食品生产企业制定严于食品安全国家标准或者地方标准的企业标准，在本企业适用，并报省、自治区、直辖市人民政府卫生行政部门备案。

第三十一条　省级以上人民政府卫生行政部门应当在其网站上公布制定和备案食品安全国家标准、地方标准和企业标准，供公众免费查阅、下载。

对食品安全标准执行过程中的问题，县级以上人民政府卫生行政部门应当会同有关部门及时给予指导、解答。

第三十二条　省级以上人民政府卫生行政部门应当会同同级食品安全监督管理、农业行政等部门，分别对食品安全国家标准和地方标准的执行情况进行跟踪评价，并根据评价结果及时修订食品安全标准。

省级以上人民政府食品安全监督管理、农业行政等部门应当对食品安全标准执行中存在的问题进行收集、汇总，并及时向同级卫生行政部门通报。

食品生产经营者、食品行业协会发现食品安全标准在执行中存在问题的，应当立即向卫生行政部门报告。

八、展望

为顺应全球食品安全形势的发展，我国一直在积极加强食品安全标准体系的建设，通过建立并实施标准体系，加快食品安全标准与法律法规的制修订，为食品安全的各项控制措施提供强有力的技术支撑和保障，为保证消费者权益、促进我国食品的健康发展做出贡献。

1. 尽快建立健全食品安全标准体系

针对中国食品安全标准的现状，借鉴其他国家和地区的经验，建立健全食品安全标准体系。包括：全面清理现行食品标准，解决标准之间的交叉、重复和矛盾问题；以食品安全标准为重点，组织全国专业标准化技术委员会调整食品标准体系结构；加快食品标准的制修订，重点为食品卫生标准（重点补充完善农药、兽药、生物激素、有害重金属元素、有害微生物限量和检验方法标准）、食品生产安全控制标准、重要产品标准等。

逐步建立健全定位准确的强制性标准与推荐性标准；国家标准、行业标准和地方标准相互协调，企业标准合法有效；基础标准、产品标准、方法标准和管理标准配套，与国际食品标准体系基本接轨。总之，应尽快建立与完善能适应食品行业发展，保障消费者安全健康，满足进出口贸易需要，科学、合理、完善的食品标准体系。

2. 加强标准的基础性与科学性的研究

加强标准的基础性研究和风险性评估等科学方法的研究，提高标准的科学性和合理性。包括：加强食品质量安全标准与食品标识、物流标准的前期研究，特别是开展食品中有毒有害物质残留限量、转基因产品安全评价以及检验方法等方面的标准研究，提高标准的科学性；开展风险性评估等科学方法在标准制定、修订过程中应用的研究，提高标准的合理性和有效性；积极开展利用标准手段保护国内食品市场的技术性贸易措施和跨越国外技术性壁垒的研究，提高我国食品行业的竞争力。

3. 加强对国际和国外先进标准的跟踪和转化研究

加强对国际食品法典委员会（CAC）、国际标准化组织食品标准化技术委员会（ISO/TC34）、国际乳品联合会（IDF）、国际葡萄与葡萄酒局（OIV）等国际标准化组织发布的标准、指南等技术文件的搜集、分析和研究，对适合我国国情和发展需要的国际标准，要尽快转化为我国的标准；同时，积极引导企业实质性参与国际标准化活动，鼓励企业大力推行和使用采标标志（采标标志由国家质量技术监督局统一设计标志图样，外圈表示“中国制造”，用CHINA的第一个字母C表示，里面是地球和ISO、IEC图样），提高我国食品标准的总体水平。

国际标准作为国际贸易的“通用语言”，在提升国际贸易效率、降低合作成本、应对全球性紧急事件等方面，都发挥着重要作用。中国作为生产制造大国，必须高度重视国际标准的作用，推进更深层次的技术、标准和规则互通互认，大力推动中国技术标准与国际接轨，不断提升国际话语权。一是要大力实施标准国际化战略，助力提升我国标准的整体质量。要建立国际与国内标准项目同步发展的工作机制，提升国际国内标准一致性水平，积极推动我国各方参与国际标准化活动。就某一领域而言，如果已有成熟的国际标准，应积极采标。借鉴国际成熟的经验，提高产品的整体水平。对我国原创或产业实力雄厚的领域，要积极推广中国标准的应用范围，把中国标准上升为国际标准，纳入国际标准制修订计划，淡化标准的中国概念，中国标准就是国际标准。二是积极引领国际标准规则制定，为我国参与国际标准化提供制度支撑。加强国际标准研究工作，针对国际标准的空白领域，提出组建国际标准组织新技术领域和国际标准新提案的工作建议，发起成立更多的技术委员会，进而提升中国标准的国际话语权。三是善于运用主导制定的国际标准，建立相应的国际合格评定体系，助力中国标准、技术、产品“走出去”。近年来，我国主导制定的国际标准数量不断增加，但运用好这些国际标准成果还需要更进一步的工作。国际标准以及相关认证体系对于产品的国际市场准入至关重要，而当前中国相关认证体系建设与世界制造贸易大国的地位还很不相称，因此需要结合国际标准完善相关认证体系建设，加强与国际标准认证体系的互认，推动中国标准和认证“走出去”，带动产品、技术、装备和服务“走出去”。

4. 加强标准的宣贯和培训

通过加强标准的宣贯和培训以强化食品安全标准的实施，包括：举办各种类型的标准宣贯班和标准化知识培训班；加强对食品生产加工企业产品标准的备案管理；推动食品行业开展创建“标准化良好行为企业”工作；加强食品标准实施的监督检验等。同时，应进一步提高食品安全标准化工作人员素质，加大对食品安全标准体系建设的投入，并积极争取国家财政支持。

第三节　国际食品安全标准与法规体系建设

一、国际食品标准与法规

国际食品标准主要有 ISO 制定的国际标准、CAC 制定的国际食品法典、欧盟食品标准和部分国家食品标准以及有关国际组织协会制定的标准。

（一）食品法典委员会与国际食品法典

1963 年，联合国的两个组织——联合国粮农组织（FAO）和世界卫生组织（WHO）共同创建了 FAO/WHO 食品法典委员会（Codex Alimentarius Commission，CAC），并使其成为一个促进消费者健康和维护消费者经济利益，以及鼓励公平的国际食品贸易的国际性组织。该组织的宗旨在于保护消费者健康，保证开展公正的食品贸易和协调所有食品标准的制定工作。至今已有包括中国在内的 180 多个成员国和 1 个成员国组织（欧盟）参加，覆盖全球 99%的人口。

1984 年，中国正式成为 CAC 成员国。CAC 联络点设在农业部，作用相当于一座桥梁，来连接 CAC 总部和国家一级的各项活动。联络点接收来自位于罗马的 CAC 总部的所有信息，也要搜集有关方面的评论并将其返回 CAC 总部。同时成立了与 CAC 有关的单位组成的 CAC 协调小组，由卫生部和农业部分别担任组长和副组长。组长负责国内的组织和协调工作，副组长负责对外联络。1999 年 6 月，新的 CAC 协调小组由卫生部、农业部、国家质量技术监督局、国家出入境检验检疫局、外经贸部、国家石油和化学工业局、国家轻工局、国家内贸局、国家粮食储备局及全国供销总社 10 家成员单位组成。近年来，中国参与 CAC 工作的广度和深度显著增加。

1. CAC 的组成与职责

（1）CAC 的组成　CAC 由 FAO 及 WHO 总干事直接领导下设在罗马的 CAC 秘书处总体协调，每两年在罗马或日内瓦举行一次会议。自 2001 年起，大会开始采用阿拉伯语、汉语、英语、法语和西班牙语五种语言作为工作语言。

CAC 的具体工作由成员方组成的委员会开展，共有三类委员会：一般议题委员会，主要涉及食品卫生、农药残留及分析和采样方法等；商品委员会，主要涉及鱼和鱼制品、新鲜水果和蔬菜、乳和乳制品等；地区协调委员会，如欧洲、亚洲以及北美和西南太平洋。

每个委员会下设专业分委员会，如食品卫生分委员会等。每一个委员会由一个成员政府作为主席和东道主，并支付会议费用。委员会会议通常在主席国召开。

（2）CAC 的主要职责

①保护消费者健康和确保公正的食品贸易。

②促进国际组织、政府机构和非政府机构在制定食品标准方面的协调一致。

③通过或与适宜的组织一起决定、发起和指导食品标准的制定工作。

④将由其他组织制定的国际标准纳入 CAC 标准体系。

⑤修订已出版的标准。

2. 国际食品法典的主要内容与成效

食品法典包含：食品产品标准，卫生或技术规范，评价的农药，农药残留限量，污染物准则，评价的食品添加剂，评价的兽药；各种（良好）操作规范、技术法规和准则，各种限量标准，食品的抽样和分析方法以及各种咨询与程序。

由于确立了国际食品安全和贸易标准，因此 CAC 对发达国家和发展中国家同样重要。食品法典委员会已经成为国际上最重要的食品标准制定组织。

（1）食品法典的框架和内容　食品法典是一套标准、操作规范、准则及其他建议的汇集，有一般要求也有具体要求，有涉及与某种食品或某类食品相关的详细要求，有涉及生产过程的操作和管理，也有政府食品安全管理系统及消费者保护的具体操作。

食品法典中标准通常涉及产品的特点，并可能涉及政府对商品的所有适当的管制特点。食品中农药或兽药最高残留限量（MRLs）是仅涉及一种特点的标准的例子。食品添加剂和食品中污染物及毒素的通用食品法典标准既含有一般也含有具体商品的规定。包装食品标签的食品法典通用标准涵盖这一类别中的所有食品。由于标准与产品的特点有关，凡产品用于贸易时均可适用这些标准。

食品分析和取样方法，包括食品中污染物和农药及兽药残留的分析和取样方法也在食品法典标准中得到考虑。

食品法典规范包括卫生操作规范，被认为对确保供消费的食品安全和适当性至关重要的个别食品或食品类别的生产、加工、制作、运输和储存方法。

《食品卫生一般原则》介绍了采用危害分析与关键控制点（HACCP）的食品安全管理系统。关于控制兽药使用的规范为这方面提供一般指导。

国际食品法典各卷名录如表 11-1 所示，从表 11-1 能够全面了解食品法典的主要内容，从其内容上也能够反映标准的分类情况。

表 11-1　国际食品法典各卷名录

卷	标题
第 1A 卷	一般要求（General Requirements）
第 1B 卷	一般要求（食品卫生）［General Requirements（Food Hygiene）］

续表

卷	标题
第 2A 卷	食品中农药残留（Pesticides Residues in Food）
第 2B 卷	食品中农药残留——最大残留限量（Pesticides Residues in Food - Maximum Residue Limits）
第 3 卷	食品中兽药残留及最大残留限量（Veterinary Drugs Residues in Food and Maximum Residue Limits）
第 4 卷	特殊膳食食品（包括婴幼儿及儿童食品）[Foods for Special Dietary Uses（Including Foods for Infants and Children）]
第 5A 卷	加工和速冻水果与蔬菜（Processed and Quick Frozen Fruits and Vegetables）
第 5B 卷	新鲜水果和蔬菜（Fresh Fruits and Vegetables）
第 6 卷	果汁及相关物质（Fruit Juices and Related Products）
第 7 卷	谷类、豆类及其制品、植物蛋白（Cereals，Pulses，Legumes and Derived Products，Vegetable Proteins）
第 8 卷	油脂及其有关产品（Fats，Oils and Related Products）
第 9 卷	鱼和鱼制品（Fish and Fishery Products）
第 10 卷	肉和肉制品（Meat and Meat Products）
第 11 卷	糖、可可制品、巧克力及其制品（Sugars，Cocoa Products and Chocolate and Miscellaneous）
第 12 卷	乳与乳制品（Milk and Milk Products）
第 13 卷	采样与分析（Methods of Analysis and Sampling）

（2）食品法典取得的成效

①成为唯一的国际参考标准：在建立食品法典的初始阶段，食品法典委员会作为主管和发展食品法典的机构，在食品质量和安全方面已引起世界的重视。在过去的几十年中，所有与消费者健康保护和公平食品贸易相关的重要的食品情况，均受委员会的监督。FAO 和 WHO 更是坚持不懈地致力于发展食品法典委员会所鼓励的食品相关科学技术的研究和讨论。这些工作让国际社会对食品安全和相关事宜的认知提升到了一个空前的高度，在相关食品标准方面，食品法典也成为唯一最重要的国际参考标准。

②得到了国际和各国政府的认知：在全球范围内，广大消费者和大多数政府对食品质量和安全问题的认识在不断提高。各国消费者要求他们的政府通过立法来确保食品的质量和安全，消费者也要求政府制定食品中卫生危害因素的最低限量。总之，通过对法典标准的详述和对所有相关决定的考虑，CAC 实质上已经使各国政府将食品的安全和质量问题纳入了政治议程。事实上，各国政府已经意识到，如果政府忽视消费者对食品的关心，势必导致严重的政治后果。

③增强了对消费者的保护：CAC 工作最基本的准则已得到了社会的广泛支持，人们有权要求他们所食用的食品是安全和高质量的。CAC 通过主办一些国际会议和专业会议发挥了重要作用，且这些会议本身也影响着委员会的工作，这些会议包括：联合国大会，联合国粮农组

织/世界卫生组织关于食品标准、食品中化学物质残留和食品贸易会议（同关税和贸易总协定的组织机构合办），联合国粮农组织/世界卫生组织关于营养的国际大会和联合国粮农组织世界食品高峰会议。凡参加过这些国际性会议的各国代表都鼓励或承诺他们的国家采纳了确保食品安全和质量的措施。我国多次组团代表中国政府参加了 CAC 成员大会和各类法典会议 30 多次，加强了与 FAO、WHO 以及其他成员的联系。

（3）CAC 法典标准制定程序

第一步：大会批准新的工作，成立制标小组。

第二步：制标小组拟订草案初稿。

第三步：送交有关政府征求意见。

第四步：委员会审议草案初稿和反馈意见。

第五步：大会采纳拟议的草案。

第六步：再次送交有关政府征求意见。

第七步：委员会再次审议草案和反馈意见。

第八步：大会批准，并以法典标准公布。

（4）法典标准的内容要求　法典标准包括标准范围、标准表述、基本结构和质量要素、重量和尺寸、标签。法典商品标准包括污染物、卫生学、食品添加剂、分析方法。

（二）国际标准化组织（ISO）与国际食品标准

ISO 是国际标准化组织的简称，其英文全称是 International Organization for Standardization，是目前世界上最大、最具权威的国际标准化机构。1946 年 10 月 14 日至 26 日，中国、日本、英国、美国、法国等 25 个国家的 64 名代表集会于英国伦敦，讨论并通过了创立国际标准化组织的决议。1947 年 2 月 23 日，ISO 章程得到了 15 个国家标准化机构的承认，ISO 从此宣告正式成立。1946 年 10 月伦敦会议的 25 个参与国成为 ISO 创始成员国，美国的 Howard Coonley 先生当选为 ISO 的第一任主席。ISO 的前身是 1928 年成立的国际标准化协会国际联合会（ISA）。另外，国际电工委员会（IEC）也是比较大的标准化组织。IEC 主要负责电工、电子领域的标准化活动，而 ISO 负责除此之外的其他领域的标准化活动。

1. ISO 的宗旨

20 世纪中叶，世界性贸易已有较广泛深入的发展，包括技术合作、物资（产品）流通等。这种世界范围的合作和交流需要在许多方面形成国际一致的准则，即国际标准，如技术规范、产品规范等。ISO 创立和工作的宗旨是在全世界范围内促进标准化工作及其相关活动的发展，以便于国际物资交流和服务，并扩大在知识、科学、技术和经济方面的合作。

ISO 的主要职责是制定国际标准，协调世界标准化工作。在标准化方面，ISO 是联合国经济及社会理事会的甲级咨询组织，是联合国贸易与发展理事会综合级（高级）咨询组织。因此，ISO 是世界标准制定、协调、统一化的重要决策智囊团，在世界科学技术发展和经济领域发挥着重要作用。

2. ISO 的组织结构

按照 ISO 章程，其成员为团体成员和通讯成员，团体成员由 ISO 认可的各国国家标准化机构构成，通讯成员是尚未建立标准化机构的发展中国家和地区。通讯成员不能参加 ISO 技术工作。ISO 现有 117 个成员，包括 117 个国家和地区。ISO 的最高权力机构是每年一次的全体成员大会，其日常办事机构是中央秘书处，设在瑞士的日内瓦。中央秘书处现有170名职员，由秘书长领导。理事会是ISO常务领导机构，理事会下设8个工作委员会，包括执行委员会、技术委员会、合格评定委员会、消费者政策委员会、发展委员会、情报委员会、标准样品委员会、标准化原理委员会。

3. ISO的工作

ISO最初的工作是制定技术标准。到20世纪80年代末期，ISO已从单纯制定技术标准发展到制定管理标准。制定管理标准，从质量管理开始。因此，在1987年形成了质量管理与质量保证系列标准和指南。

ISO通过它的2856个技术机构开展技术活动，其中技术委员会（TC）共185个，分技术委员会（SC）共611个，工作组（WG）2022个，特别工作组38个。

ISO的2856个技术机构技术活动的成果就是国际标准。ISO现已制定国际标准10300多个，主要涉及各行各业的技术规则。ISO制定出来的国际标准格式：ISO+标准号+［杠+分标准号］+冒号+发布年号（方括号中的内容可有可无），如ISO 8402：1987、ISO 900-1：1994等，分别是某一个标准的编号。

4. 我国在ISO中的角色

我国是ISO的25个创始国之一。但因历史原因，成员国资格于1950年被取消。1978年9月1日，我国以中国标准化协会（CSA）的名义重新进入ISO，1998年起由中国国家技术监督局（CSBTS）作为中国在ISO的代表。2018年我国机构改革后，国家标准化管理委员会（SAC）代表中国参加ISO的活动。目前，中国已成为ISO的重要成员，中国人开始在此领域担任重要角色，各种有关标准的国际性学术活动等也频频在中国举办。

5. ISO的技术工作分工

ISO的技术工作通过技术委员会（Technical Committee，TC）开展。根据工作需要，每个技术委员会可以设若干分委员会（SC），TC和SC还可设立若干工作组（WG）。

ISO/TC 176——国际质量管理和质量保证技术委员会

ISO/TC 34——国际农产、食品委员会

ISO/TC 54——国际香精油委员会

ISO/TC 122——国际包装委员会

ISO/TC 166——国际接触食品的陶瓷器皿、玻璃器皿委员会

ISO/TC 207——国际环境管理技术委员会

目前ISO的技术委员会正在不断地制定新的产品、工艺及管理方面的标准。

6. 国际标准分类法

ISO国际标准采用三级分类：第一级由41个大类组成，第二级为387个二级类目，第三级为789个类目（小类）。国际标准分类法采用数字编号。第一级采用两位阿拉伯数字，第二级采用三位阿拉伯数字，第三级采用两位阿拉伯数字表示，各级类目之间以下脚点相隔。

国际标准分类法在食品领域的分类如下。

67　食品技术

67.020　食品工艺，包括食品卫生

67.040　农产食品综合，食品微生物学，见07.100.30

67.060　谷物、豆类及其制品，包括谷物、玉米、面粉及其烘烤制品等

67.080 水果、蔬菜及其制品，包括罐装的、干制的及速冻的水果和蔬菜、坚果及食用菌等；水果汁、蔬菜汁和花蜜，见 67.160.20

67.080.01 水果、蔬菜及其制品综合

67.080.10 水果及其制品，包括坚果

67.080.20 蔬菜及其制品，包括浓缩番茄汁、番茄酱等

67.100 乳和乳制品

67.100.01 乳和乳制品综合

67.100.10 乳

67.100.20 奶油

67.100.30 乳酪，包括酪农乳酪、乳清乳酪

67.100.40 冰淇淋和果冻，包括果汁

67.100.99 其他乳制品

67.120 肉、肉制品和其他动物类食品

67.120.01 动物制品综合

67.120.10 肉和肉制品

67.120.20 家禽和蛋

67.120.30 鱼和水产品，包括水生软体动物和其他海产品

67.120.99 其他动物制品

67.140 茶、咖啡、可可

67.140.10 茶，包括草本茶

67.140.20 咖啡和咖啡代用品

67.140.30 可可

67.160 饮料

67.160.01 饮料综合

67.160.10 酒精饮料

67.160.20 无酒精饮料，包括果汁、汽水、矿泉水、柠檬汽水、无酒精啤酒、可乐等；茶、咖啡、可可，见 67.140

67.180 糖、糖制品、淀粉

67.180.10 糖和糖制品，包括糖浆、糖果、蜜饯、蜂蜜等

67.180.20 淀粉及衍生制品，包括葡萄糖浆等

67.190 巧克力

67.200 食用油和脂肪、含油种子

67.200.10 动物和植物的脂肪和油，奶油，见 67.100.20

67.200.20 含油种子

67.220 香料和调料、食品添加剂

67.220.10 香料和调料

67.220.20 食品添加剂，包括盐、醋、食品防腐剂等

67.240 感官分析

67.250 与食品接触的物品与材料

67.260 食品工业厂房和设备，制冷设备，见 27.200

07.100 微生物学

07.100.01 微生物学综合

07.100.30 食品微生物学 包括饲料微生物学；饲料，见 65.120；食品，见 67

71.100.60 香精油

（三）欧盟食品安全局与食品安全标准

1. 欧盟食品安全局（European Food Safety Authority，EFSA）

在欧洲发生了疯牛病（BSE）、二噁英（dioxin）和其他食品危机的背景下，欧盟理事会于 2001 年 1 月发表了《食品安全白皮书》，决定加强对食品“从农田到餐桌”的控制。同时，它要求各成员国机构加强工作，保证措施可靠、合适地执行。

2002 年 1 月 28 日，欧盟颁布食品安全基本法（EC）178/2002 号条例。同年成立了欧盟食品安全局，2005 年该局总部在意大利北部城市帕尔玛正式挂牌。该机构的主要职责是向欧盟委员会和欧洲议会等欧盟决策机构就食品安全风险提供独立、科学的评估和建议，负责向欧盟委员会提出一切与食品安全有关的科学意见，以及向民众提供食品安全方面的科学信息等。

欧盟执行法律（EC 178/2002）规定了欧盟食品安全局的使命，即提供基于风险评估的科学依据，支撑与食品/饲料安全相关的风险管理，提供与食品/饲料安全相关领域的科学与技术建议，与欧盟委员会/成员国公开交流所有研究结果。

欧盟食品安全局是专门从事食品/饲料安全风险评估的机构，其在科研工作上完全独立于欧盟委员会，与欧盟成员国进行紧密合作，与欧盟委员会、欧洲议会和成员国分享该领域的风险交流，提供食品安全意见和建议。

风险评估理事会由 9 个小组构成：食品添加剂、香料、加工助剂、食品接触物；动物健康与福利；生物危害；食品链的污染物；用于动物饲料的添加剂和产品；转基因生物；饮食、营养和过敏；植物健康；植物保护产品及残留。

2. 欧盟食品法规建设

欧盟食品安全局自成立以来，不断补充出台相关食品法规，完善食品安全法律体系。主要涉及以下几个方面。

（1）食品及饲料安全 欧盟 2006 年颁布了《欧盟食品及饲料安全管理法规》，以提高欧盟对食品及饲料的监督管理能力，为欧盟消费者提供更加安全的食品。新法简化并加强了欧盟监管体系并赋予欧盟委员会全新的管理手段，以保障欧盟实行更高的食品安全标准。新法赋予欧盟委员会采取临时强制性措施的权力，以保护人民健康、动物卫生及生存环境。该法案特别要求第三国输欧食品必须符合欧盟相关标准。

（2）添加剂、调料及经放射线照射的食品安全 相关添加剂、调料必须符合欧盟标准，包括其所含的着色剂、甜味剂等添加剂。欧盟还建立了经放射线照射的食品目录，并加强了对天然矿泉水构成成分的检查。

（3）欧盟食品快速预警系统（RASSF） 该预警系统的建立为欧盟成员国提供了交流的有效途径。任何一个成员国发现与食品及饲料安全有关的信息都可上报欧盟委员会，在进行相关调查后，欧盟委员会有权采取紧急措施，包括暂停该类食品进口。该系统定期（每周一期）发布预警及信息通报，将不符合欧盟标准的相关食品公布。预警范围包括来自欧盟成员国及非欧盟国家的各类食品。

（4）针对非欧盟成员国的规定　欧盟声明尊重在WTO框架下签订的《动植物卫生和检疫措施协议》及《贸易技术壁垒协议》。但如果国际标准与欧盟标准相比不能提供高标准人类健康保证，则国际标准只作参考。非欧盟国家输欧食品必须遵守欧盟颁布的相关法规。

3. 欧盟对食品安全法规的规定

（1）针对食品标签的规定　2010年3月公布食品标签法规草案，内容包括：将能量值、脂肪、碳水化合物、糖分及盐等作为强制性信息列于标签上；能量及营养含量应以100g或100mL为单位；肉类、家禽、新鲜水果及蔬菜须加贴原产国标签；建议包装上所有字母的字体不小于3mm，以确保其清晰可读性；食品中若含有纳米材料，必须注明其成分及含量。该规定实行三年过渡期，于2013年正式生效。

（2）欧盟有机食品规定　2007年6月，欧盟出台了针对有机食品的新规，自2009年1月起生效。该法规定了有机食品生产的目标、原则及通用规则。其主要内容有：只有超过95%的成分是有机的食品才能标明“有机（Organic）”标识；在有机食品生产中，禁止使用转基因成分（GMO）；非欧盟国家输欧有机产品必须符合欧盟相关法规，如第三国生产条件不能完全适用欧盟的生产和控制规则，则须经过欧盟授权的检测机构认证方可出口欧洲。此外，2010年2月8日欧盟委员会宣布，“欧洲叶”（Euro-Leaf）标志成为欧盟有机产品标识，自2010年7月1日起正式使用。

（3）对食品中有害人体健康物质的限值规定　欧盟不断提高对输欧食品安全性的要求，并加大检测力度。2010年2月欧盟发布条例修订食品中黄曲霉素最大限量值，总体降低了其在各种食品中的含量限值；2010年4月欧盟宣布将食品中三聚氰胺含量由5mg/kg降至0.2mg/kg，并加大对输欧乳制品的检测力度。2009年欧盟加大了对野生牛肝菌中尼古丁含量的检测力度，规定按0.01mg/kg限量值进行判定。欧盟还规定相关输欧风险食品入关24h之前必须向有关部门申报，并提供进口许可证明。入关审查期最长可达30d，通过严格检查后方可入关。

（4）转基因产品规定　欧盟非常重视转基因食品的安全性，出于保障公民身体健康的考虑，并不鼓励生产和进口转基因食品。1998—2002年，欧盟甚至出台了对所有转基因产品的临时禁令。经过多年科学论证，欧盟逐渐认可了转基因技术，并批准了转基因玉米、油菜及烟草等作物的种植，欧盟还解除了一些转基因产品的进口禁令，2009年先后批准了加拿大转基因油菜籽及美国转基因玉米的进口。然而，欧盟对中国转基因产品的歧视仍未消除，2008年4月起，欧盟要求中国所有输欧大米制品必须接受其认可实验室的检验，并加附未含“BT63”（我国研制的转基因水稻）的卫生证书方可出口欧洲。

4. 欧盟食品标准

欧盟标准（EN）和欧共体各成员国国家标准是欧共体标准体系中的两级标准，其中欧盟标准是欧共体各成员国统一使用的区域级标准，对贸易有重要的作用。欧盟标准由三个欧洲标准化组织制定，分别是欧洲标准化委员会（CEN）、欧洲电工标准化委员会（CENELEC）、欧洲电信标准协会（ETSI）。这3个组织都是被欧盟委员会按照83/189/EEC指令正式认可的标准化组织，分别负责不同领域的标准化工作。

CEN致力于食品领域的分析方法，已经发布了260多个欧洲食品标准，主要用于取样和分析方法，这些标准由7个技术委员会制定，如与果蔬安全有关的技术委员会有：TC174

(水果和蔬菜汁分析方法)、TC194(与食品接触的器具)、TC275(食品分析-协调方法)、TC307(含油种子、蔬菜及动物脂肪和油以及其副产品的取样和分析方法)。

CEN与ISO有密切的合作关系，1991年签订了维也纳协议，是ISO和CEN间的技术合作协议，主要内容是CEN采用ISO标准（当某一领域的国际标准存在时，CEN即将其直接采用为欧洲标准)。

欧盟已经建立了一套比较完善的技术法规和标准体系，该体系以深入食品生产全过程的法律法规为主，辅以严密的食品标准，具有强制性、实用性和修订及时的特点。

以欧盟果蔬食品安全标准体系为例，管窥欧盟的食品安全标准体系建设。整个体系的标准总数共128个，其中技术法规包括强制执行的果蔬食品卫生标准，果蔬食品试验、检验、检疫方法标准，果蔬食品安全控制与管理技术标准，果蔬食品包装标签、标识标准，特定食品产品标准和其他标准六个部分的内容，共48个，占整个体系标准总数的37.5%。技术标准包括果蔬食品理化检验方法标准、与食品接触材料卫生检验方法标准和食品加工机械卫生安全标准三个部分，共80个，占整个体系标准总数的62.5%，略高于技术法规的数量。

第一部分是涉及果蔬食品卫生方面的标准，主要是果蔬食品中农药残留、微生物、生物毒素、添加剂、有害金属、非金属及化合物几个方面的有毒有害物质的限量标准和与食品接触材料的卫生标准，共25个，这部分均为技术法规。其中，果蔬食品中农药残留限量标准12个，法规中农药、杀虫剂残留限量规定十分详尽，收录了大约40种果蔬中的78种农药的残留限量要求。食品添加剂使用要求标准5个，与食品接触材料卫生标准7个，果蔬食品中有害金属、非金属及化合物限量标准1个，规定了食品中某些污染物的最大限量。

第二部分是果蔬食品、试验、检验、检疫方法标准，包括微生物检验方法、理化检验方法、毒理学评价方法和食物中毒诊断的标准，共77个，这一部分技术标准居多。理化检验方法标准59个，且均为技术标准，是该体系中技术标准数目最多的部分，其中果汁和蔬菜汁理化测定方法较全，共32个，占整个体系标准总数的25%，农残检测方法3个，黄曲霉毒素测定方法（EN12955—1999）1个，有害金属、非金属及化合物测定方法12个。与食品接触材料卫生检验方法标准18个，其中技术法规3个，技术标准15个。欧盟对果蔬食品中有毒有害物质和与食品接触的材料不仅制定了强制性的法规，而且提供了相应的检测方法。

第三部分是果蔬食品安全控制与管理技术标准，共4个，均为加工和销售方面的技术法规。

第四部分是果蔬食品包装标签、标识标准，不包括包装产品标准，它是技术法规中数目最多的部分，共13个，且均为法规，表明欧盟注重食品标签部分的法规制定，这部分内容对维护消费者利益十分重要。

第五部分的特定食品产品标准中只有特殊膳食品法规1个，为89/389/EEC，是欧盟关于统一各成员国有关特殊营养用途食品法律的理事会指令。

第六部分是上述五部分中未包括的其他的食品安全标准，共8个。其中，93/43/EEC是有关食品卫生的理事会指令；2001/449/EC是关于制定水果、蔬菜加工产品有关理事会指令，属技术法规；其余6个均是食品加工机械的安全和卫生要求，属技术标准。

欧盟在食品安全方面的措施极为详尽，对食品生产厂家的生产、投放市场的卫生条件、厂库设备条件、工作人员的健康及着装、食品加工与包装、保鲜与运输及产品卫生的监控等各个环节，都提出了十分严格的要求。

二、部分国家食品安全法规与标准保障体系概况

（一）美国：食品安全法规种类繁多

1. 有关食品安全的法律法规

美国是世界上食品安全法规比较健全的国家，构建了较为缜密的食品安全体系以保证食品安全问题。美国的食品法包括食品、药品和保健品法、包装和标签法，并被列入联邦法规中。如《食品、药品和化妆品法》（FDCA）、《食品质量保护法》（FQPA）、《公共卫生服务法》（PHSA）和《营养标签与教育法案》（NLEA）等综合性法令和法规。这些法律法规覆盖了所有食品，为食品安全制定了非常具体的标准以及监管程序，其目的一是保证食品微生物指标、物理指标和化学指标安全合格；二是保证市场竞争正当、公平。

美国负责食品安全管理的机构主要有卫生部（DHHS）和食品与药物管理局（FDA）、美国农业部（USDA）、美国环境保护局（EPA）、疾病预防和控制中心（CDC）等10个部门。FDA是从USDA中分离出来的，它从USDA中分离后，肉类、家畜和蛋类产品的法规也从其他食品产品的法规中独立。除肉类、家禽、蛋类、酒精饮料和大众性饮用水外，其他所有食品均受FDA的监督管理。食品不符合安全标准，则不允许其上市销售。美国从事食品生产、加工与销售的企业比较规范。

美国大部分食品法的精髓来自1938年建立的FDCA，至今仍在不断地修订。按时间顺序美国食品法的发展过程如下：1906年，纯净食品及药品法规；1938年，FDCA；1957年，家禽产品检验法规；1958年，FDCA中增添食品添加剂法规；1959年，FDCA中增添食用色素法规；1966年，食品包装及标签法规（FPLA）；1969年，白宫关于食品、营养与健康的研讨会；1970年，蛋的检验法规；1977年，美国参议院特别委员会关于营养与人类需求方面的美国膳食目标；1990年，营养标签与教育法（NLEA）；1991年，美国工业奖励法；2002年，公共健康安全生物恐怖主义预防法。2011年，美国颁布实施《食品安全现代化法案》（FSMA）。

2. 食品产品标签要求

1938年的FDCA、1966年的FPLA及1990年的NLEA都建立了食品产品标签应遵循的法规，其目的是让消费者在购买商品时能方便地了解产品的必要信息，同时知道该产品的食用方法。标签的具体要求可以在文件中找到：21CFR101（FDA限制性食品），QCFR317（肉类产品），QCFR381（家禽类产品）。

管理食品标签的法律法规及政策非常复杂，而且根据特定销售对象（如直接消费者、食品经销商、食品加工商等）、包装（货运大包装、多层包装、单位量包装或非包装即食食品等）、销售方法（自销、商店经销或餐饮机构经销的即食食品等）不同而有所区别。许多必需的标签说明在包装袋上的位置及型号尺寸都有明确规定，如产品名称、总含量、营养成分、成分说明、生产商名字及地址、包装商及批发商名字。目前要求致过敏物也应当写在标签上。

在绝大多数营养标签上，必须包含：①营养事实；②适合的用量；③每份食品的热值。来自脂肪的热值；总脂肪、饱和脂肪酸酯、胆固醇、钠、总糖、膳食纤维、蔗糖及蛋白质的每日摄入百分含量；维生素A、维生素C、钙和铁的每日摄入百分含量。

某种维生素或矿物质如果被添加到食品中或声明某产品添加了某种维生素或矿物质，那

么该维生素或矿物质的每日摄入量必须标明。对多不饱和脂肪酸、单不饱和脂肪酸，其他多糖、糖醇、可溶或不溶性膳食纤维及钾的说明是自愿的。营养事实的说明方式有很多种，包括标准式、表格、合计、二维列表、简化式、缩写式及线条图案，但它们在提出过程中必须经过论证。

FDA 已经证明了下列 4 条食品中成分含量与疾病相关的健康声明：钙与骨质疏松症；油脂与心血管疾病；膳食油脂与癌症；钠与高血压。另外，含膳食纤维的谷物产品可预防癌症，含膳食纤维的食品可预防心血管疾病，含膳食纤维的水果和蔬菜可预防癌症已得到证实并让公众知晓。

3. 食品产品检验标准

一个标准会给一种食品在市场上一个普通的或常用的名字，任何一种产品，冠以这种名字就必须符合相应标准的要求，这些要求通常在其实际的或评估出的经济因素上建立。

检验标准不仅可以帮助消费者在购买时做出自己的选择，也可以帮助食品生产商建立其必须符合的最低要求，以使各厂家能公平竞争。如花生酱中，花生含量必须大于等于 90%，否则只能称为“花生酱制品”，而不能称为“花生酱”；葡萄酱中，葡萄汁含量必须大于等于 45%，否则只能称为“葡萄酱制品”，而不能称为“葡萄酱”。

4. 附加法规

（1）良好操作规范（GMP）。

（2）联邦肉类检查规范。农业部食品安全和检察署负责实施本法规，对动物、屠宰条件、肉类加工设备进行强制性检查，肉类及其制品必须加盖“美国农业部检查通过”方可进入州际贸易市场。本法规也适用于进口肉类及其制品。

（3）联邦家禽产品检查法规。

（4）联邦贸易委托法规。

（5）婴儿食品配方法规。

（6）营养标识和教育法规。

（7）州和市政法规。

（二）德国：食品管理历史悠久

德国是世界上四大食品出口国之一，同时也是食品进口大国。无论是其国产还是进口食品，在包装的标签上都注明商标、食品成分和有效期，还有有关商检机构质量认可的显著标志。

1. 食品安全法律法规严格

早在 1879 年，德国就制定了《食品法》，目前执行《食品及日用品法》（LMBG），目的是在食品、烟草、化妆品及其他日用品方面保证消费者不会受到健康方面的危害。

欧洲食品局（ELB）成立后，很快在提高食品安全保障方面得到欧盟范围消费者的信任，德国立刻做出响应，食品和农业部、消费者保护组织对其下属机构的职责进行调整并建立联邦风险评估研究所、联邦消费者保护和食品安全局，前者成为欧洲食品局合作伙伴，重要职责是评定食品安全领域的健康风险和与消费者关系紧密的产品的风险，尽早向政府相关机构和公众公布食品安全、消费者保护方面存在或尚未排除的危害；后者主要负责风险管理工作，包括对食品监测的协调、起草消费者保护及食品安全领域的一般性管理规章等。

德国对食品安全控制非常谨慎，即便是 2002 年 2 月欧盟《通用食品法》生效，德国仍同时执行欧盟和本国两套体系，且德国本国的法律、法规比欧盟要严格。

此外，《肉类卫生法》《家禽肉类卫生法》《食品商标条例》《食品卫生条例》《产品责任法》《新型食品管理制度》等法规形成食品安全保障体系。

2. 食品安全管理、监测、监督与执法体系完善

为了保证食品安全，德国对食品生产和流通的每一个环节都进行严格的检查和监督。如肉类及其制品，无论是在屠宰场还是在食品加工厂，无论是在商店还是在运输过程中，其必须处在冷藏状态，不新鲜的肉绝对不允许上市出售。德国对农药残留最高限量、兽药应用、环境污染物、转基因食品和新型食品管理严格，为了保证国家制定的与食品安全相关的法规得到实施，国家设立了覆盖全国的食品检查机构，联邦政府、每个州和各地方政府都设有负责检查食品质量的卫生部门。

德国的监测体系分为食品企业自我监测检验、中性外部机构的监测检验和政府的监督和监测检验三个层面。

食品安全局负责法律执行，同时警察局及相关科研机构协助执法与监督。

3. 多方构建食品安全质量标准体系

（1）欧盟或国际通行的食品安全质量标准，如 WHO 和 FAO 制定的食品法典、HACCP 等。

（2）德国官方机构，即德国标准学会（DIN）依据本国情况制定具有法律效力的质量标准，如生产标准、食品加工标准、产品标签标准、食品销售标准等。

（3）非官方组织、机构、协会自行制定的不具有法律效力的质量标准。

为保证食品安全，联邦政府推行印章标识制度，分为生态食品质量印章和普通食品质量印章，前者实行自愿原则，若获得生态食品质量印章，则这类食品中至少 95%的成分源于生态农业。

（三）加拿大：食品检验严格且缜密

在加拿大商场内所有的食品都标有出厂日期或有效期，过期食品不允许出售给消费者。如面包，商店会在有效期前的一两天，捐赠给慈善机构，到期仍未售出的，就会被撤架销毁。在原有检验制度的基础上，联邦政府还以法律的形式于 2001 年 6 月明文规定，所有食品必须在成分说明的标签上列出能量和 13 种核心营养成分，包括脂肪、饱和脂肪酸、反式脂肪酸、胆固醇、钠、总碳水化合物、糖类、纤维素、蛋白质、钙、铁、维生素 A、维生素 C，以防止有些厂商滥用所谓的“健康食品”“绿色食品”定义，推销一些其实并不健康的食品。

加拿大食品卫生监控方面，检疫部门非常严格，如果看到屠宰场、肉类加工厂或商店内的标牌上写有“政府检验过的肉类”字样，消费者就可以完全放心购买与食用。

2011 年 2 月加拿大卫生部宣布，政府实施新的食品及饮料标签法。新法要求食品和饮料生产商明确标出食品和饮料中的过敏原（allergens）、麦麸（gluten）及亚硫酸盐（sulphits）成分，该标签法于 2012 年 8 月 4 日施行。2022 年 6 月 30 日，加拿大卫生部宣布引入预包装食品正面标注营养成分的规定，要求在包装正面带有食品富含饱和脂肪、糖或钠的标志，该规定于 2022 年 7 月 20 日起实施。

第四节　食品安全性与国际技术性贸易壁垒

技术性贸易壁垒指在国际贸易领域采取的、对正常国际贸易起阻碍作用的所有技术性措施，它主要表现为TBT协定和SPS协定管辖的技术性贸易措施。TBT协定管辖的技术性贸易措施称为TBT措施，SPS协定管辖的技术性贸易措施称为SPS措施。

1. TBT措施

TBT措施包括：技术法规、标准和合格评定程序。

（1）技术法规　技术要求可分为强制性技术要求和非强制性技术要求。强制性技术要求称为技术法规（TBT协定附件1第1条）；非强制（又称自愿）性技术要求称为标准（TBT协定附件1第2条）。

（2）标准　国际标准化组织和国际电工委员会（ISO/IEC）将标准分为8类（ISO/IEC导则2），即基础标准、术语标准、试验标准、产品标准、过程标准、服务标准、接口标准和数据待定的标准。

（3）合格评定程序　任何直接或间接用以确定某一产品是否满足技术法规或标准中的相关技术要求的程序称为合格评定程序。合格评定程序包括：抽样、检验和检查；评估、验证和合格保证；注册、认可和批准以及各项的组合。

2. SPS措施

SPS措施包括为保护动物或植物生命，免遭虫害、病害、致病有机体造成的风险而采取的措施；为保护人类或动物生命，免遭由食品、饮料、饲料中的添加剂、污染物、毒素、致病有机体造成的风险而采取的措施；为保护人类生命，免遭植物或动物携带的病害造成的风险而采取的措施；为保护国家安全，免遭因虫害的传入、定居或传播所造成的损害而采取的措施。

3. TBT措施与SPS措施的区别

TBT措施几乎涵盖所有产品，既包括工业品，也包括农产品；但TBT措施不适用于SPS协定附件A所定义的SPS措施。

4. 其他技术性贸易措施

其他技术性贸易措施包括绿色壁垒措施（GBs），又称环保贸易壁垒措施（ETBs）；信息技术壁垒措施（IT）；原产地地理标识壁垒措施；包装和标签要求壁垒措施；计量单位制壁垒措施。

5. 发达国家技术性贸易壁垒概况

发达国家的技术性贸易壁垒措施代表着当今技术性贸易壁垒措施的最高水平和发展趋势，值得认真研究、应对。

6. 技术性贸易壁垒的特点和作用

由于技术性贸易壁垒措施通常以维护国家安全、保护人类健康和安全、保护动植物生命、保护环境为由（上述理由被称为合法目标），因此它具有科学、合理的一面；同时，由于技术性贸易壁垒措施被滥用，因此它已成为新贸易保护主义的一种主要手段。由于技术性贸易壁垒措施具有上述一些特点，实施后既实现了合法目标，又保护了本国产业、市场。

7. 技术性贸易壁垒发展趋势

（1）从对单一产品的技术要求转向对体系要求。

（2）技术壁垒措施与知识产权保护措施相结合。

（3）绿色/环保壁垒措施在技术壁垒中扮演重要角色。

（4）社会责任成为技术壁垒的组成部分。

（5）借动物福利构筑“道德壁垒”。

（6）农业、食品、化工、机械、纺织是技术性贸易壁垒的重要领域。

（7）TBT/SPS 成为贸易争端的重要领域。

近年来，一些国家尤其是发达国家，不断采取新的手段，限制他国产品进口，保护本国利益。特别是在食品、畜禽产品方面，发达国家越来越多地以安全、卫生、健康为由，制定越来越高的技术法规和标准，设置技术性贸易壁垒。

思考题

1. 简述食品法规和标准的异同。
2. 简述制定标准的程序及基本原则。
3. 针对我国食品安全标准的发展历程，谈谈你的建议。
4. 简述我国食品标准分类情况。
5. 简述标准化的作用和意义。
6. 简述食品安全标准的内容。
7. 随着生产力的发展和科学技术的进步，20 世纪 60 年代以来，世界进入了现代管理的新阶段。标准化也扩展到社会生活的各个领域，现代标准化的特点有哪些？

第十二章 12

食品安全性检验与在线检测技术

学习目标

1. 掌握样品预处理技术的原则。
2. 掌握色谱分离的原理。
3. 掌握多聚酶链反应技术。
4. 掌握固相萃取技术的工作原理。

第一节　食品安全性检验的技术与方法

一、农药残留检测的技术与方法

在众多的环境污染物中，农药残留是重要的一类，不仅毒性大，而且其在蔬菜、水果等食品中的残留将直接影响人们的身体健康，并具有潜在的长期危害，所以急需开发快速、灵敏的现场农药残留检测技术和更高效的农药污染物治理技术。由于农残检测是痕量分析，因此，要求分析方法灵敏度高、特异性强。

（一）样品预处理技术

食品中的农药残留分析是在复杂的基质中对目标化合物进行鉴别和定量。农药残留的一般分析过程为：提取—净化—检测，其中提取和净化是预处理部分。样品预处理不仅要求尽可能完全提取其中的待测组分，还要尽可能除去与目标物同时存在的杂质，避免对设备产生污染，减少对检测结果的干扰，提高检测的灵敏度和准确性。因此提取、净化是农药残留分析过程中十分重要的步骤，不仅直接影响分析结果的正确性和可靠性，而且还会影响分析仪器的使用寿命。

样品预处理技术

根据国际 LC-GC 杂志对世界 100 多个实验室进行的统计，样品预处理所花费的时间占整个分析过程的 61%，分析过程中样品预处理产生的误差最大，高达 30%。

样品预处理应遵循的原则：①使被测组分与干扰组分完全分离，被测组分在处理过程中不得受到损失；②处理过程不得引入被测组分，也不能引入干扰组分；③经处理的样品不得影响后续样品分析；④尽可能不用或少用试剂，避免由试剂引入过多的杂质；⑤安全、简便、高效，具备相应的设备条件。

在食品分析中，样品的组分往往非常复杂且农药残留又极低，有时还存在着农药的同系物、异构体、降解产物、代谢产物和螯合物的影响，因此对样品中的残留农药进行直接测定非常困难。往往需要对样品进行提纯净化，以减少其他物质或因素的干扰与影响，然后根据待测分析样品的特性，选择合适的检测方法。目前，常用的预处理方法有如下几种。

1. 固相萃取

固相萃取（solid phase extraction，SPE）最早在20世纪70年代提出，主要用于样品的分离、纯化和富集，主要目的在于降低样品基质干扰，提高检测灵敏度。

SPE技术基于液-固相色谱理论，采用选择性吸附、选择性洗脱的方式对样品进行富集、分离、净化，是一种包括液相和固相的物理萃取过程。该方法利用固体吸附剂将液体样品中的目标化合物吸附，使之与样品的基体和干扰化合物分离，然后再用洗脱液洗脱达到分离和富集目标化合物的目的，如有机氯和有机磷农药预处理常用的Florisil柱。

2. 固相微萃取

固相微萃取（solid phase micro extraction，SPME）是在固相萃取技术上发展起来的一种微萃取分离技术，是一种集采样、萃取、浓缩和进样于一体的无溶剂样品微萃取技术。与SPE技术相比，SPME操作更简单，携带更方便，操作费用也更加低廉，且克服了固相萃取回收率低、吸附剂孔道易堵塞等缺点。因此，SPME成为目前所采用的样品前处理技术中应用最为广泛的方法之一。

SPME有三种基本的萃取模式：直接萃取、顶空萃取和膜保护萃取。

在直接萃取模式中，涂有萃取固定相的石英纤维被直接插入样品基质，目标组分直接从样品基质转移到萃取固定相。在实验室操作过程中，常用搅拌方法来加速分析组分从样品基质扩散到萃取固定相的边缘。

在顶空萃取模式中，萃取过程可以分为两个步骤：第一步，被分析组分从液相先扩散穿透到气相；第二步，被分析组分从气相转移到萃取固定相。这种改型可以避免萃取固定相受到某些样品基质中的高分子物质和不挥发性物质的污染。对于挥发性组分而言，在相同的样品混匀条件下，顶空萃取的平衡时间远远小于直接萃取平衡时间。

膜保护萃取的主要目的是在分析很脏的样品时保护萃取固定相免受损伤，与顶空萃取相比，该方法对难挥发性物质组分的萃取富集更为有利。另外，由特殊材料制成的保护膜对萃取过程提供了一定的选择性。

3. 液相微萃取

液相微萃取（liquid phase micro extraction，LPME）技术是在20世纪90年代中期提出，该技术集采样、分离、纯化、浓缩、进样于一体，能适应复杂介质、痕量成分、特殊性质成分的分析，操作简单、快捷、无需特殊仪器设备，萃取方式多，可选用的有机溶剂种类多且用量少（约几至几十微升）。

液相微萃取的方式主要有三种：单滴微萃取（SDME）、分散液液微萃取（DLLME）和中空纤维液相微萃取（HF-LPME）。

单滴微萃取是将萃取液直接接触样品溶液或悬于样品顶部空间，使目标化合物从水相转移至有机相（萃取溶剂），然后分析萃取溶剂。这种方法适合于萃取较为洁净的液体样品。但这种方法存在一定局限性，如悬在色谱微量进样器针头上的有机液滴在样品搅拌时易于脱落、萃取时间长、液滴不稳定等，因此该方法逐步被新型液相微萃取技术取代。

分散液液微萃取是 Rezaee 等于 2006 年基于由样本溶液、萃取剂（与水互不相溶）和分散剂（与水相和萃取剂混溶）组成的三重溶液系统开发的一种新型 LPME 技术。在该技术中，使用注射器将萃取剂与分散剂的混合物快速注入样本溶液，会产生高强度的湍流，从而将萃取剂以小液滴的形式完全分散到样本溶液中，形成由萃取剂、分散剂和样本溶液组成的乳浊液体系。由于萃取剂小液滴与样本溶液之间极大的接触面积，使疏水性目标物迅速在两相之间达到萃取平衡，实现向萃取剂的富集。萃取结束后，经离心分层，萃取剂聚集、沉淀到离心管底部，用微量注射器收集后，可直接进样分析。DLLME 中不存在 SDME 中悬挂液滴脱落以及 HF-LPME 中气泡影响方法重现性等问题。因此本方法在很多领域得到了广泛的应用。

中空纤维液相微萃取是将萃取剂固定在中空纤维的微孔结构中，形成分离相-萃取剂-固定相的三液相体系，由于中空纤维的结构可以实现对大分子化合物、大颗粒杂质的阻挡，使目标物在三液相体系中传递，实现分离和富集。与 SDME 相比，HF-LPME 有如下优点：一是萃取剂存在于中空纤维腔中，与样品溶液不直接接触，可通过加速搅拌提高萃取效率；二是实验使用的中空纤维是商品化的聚丙烯纤维，它对大多有机溶剂具有较强的结合能力，在萃取过程中不会发生有机溶剂渗出。

4. 凝胶渗透色谱法

凝胶有化学惰性，它不具有吸附、分配和离子交换作用。将被测量物的溶液通过一根内装凝胶的色谱柱，当溶液流经色谱柱（凝胶颗粒）时，较大的分子（体积大于凝胶孔隙）被排除在粒子的小孔之外，从粒子间的间隙通过，速率较快，先流出色谱柱；较小的分子可以进入凝胶粒子中的小孔，通过的速率要慢得多，最后流出色谱柱；中等体积的分子可以渗入较大的孔隙中，但受到较小孔隙的排阻，介乎上述两种情况之间。凝胶渗透色谱法（gel permeation chromatography，GPC）主要利用多孔物质，依据不同组分的分子大小和形状进行分离、萃取和净化，尤其对高脂含量样品显现其快速、高效的净化优势。

5. 基质固相分散萃取

基质固相分散萃取（matrix solid phase dispersion，MSPD）原理是将涂渍有 C18 等多种聚合物的担体固相萃取材料与样品一起研磨，得到半干状态的混合物并将其作为填料装柱，然后用不同的溶剂淋洗柱子，把各种待测物洗脱下来。其优点是浓缩了传统的样品预处理中的样品匀化、组织细胞裂解、提取、净化等过程，不需要进行组织匀浆、沉淀、离心、pH 调节和样品转移等操作步骤，避免了样品的损失。MSPD 可适用于多药物的残留分析。它是一种简单、高效、实际的提取净化方法，适用于各种分子结构和极性农药残留的提取净化，提高了分析速度，减少了试剂用量，适于自动化分析，具有同时制备、萃取和净化样品的优点。

6. QuEChERS 法

QuEChERS 取快速（quick）、简单（easy）、价廉（cheap）、高效（effective）、耐用（rugged）和安全（safe）六个单词的首字母，是近年来国际上最新发展起来的一种用于农产品检测的快速样品前处理技术，主要用于高湿度食品中多农药残留组分分析的样品制备与净化。其原理是均质后的样品经乙腈（或酸化乙腈）提取后，采用萃取盐盐析分层，利用基质分散萃取机制，采用乙二胺-*N*-丙基硅烷（PSA）或其他吸附剂与基质中绝大部分干扰物（有机酸、脂肪酸、碳水化合物等）结合，通过离心方式去除，从而达到净化的目的。

除此之外，分子印迹固相萃取技术、超临界流体萃取、低共熔溶剂法、加速溶剂萃取、微波辅助萃取、膜萃取等都在农药残留分析中发挥着重要作用，并带领着农药残留分析向样品预处理的微量化、自动化、无毒化、快速化和低成本方向发展。

（二）分析检测技术和方法

在检测技术方面，目前国际上已普遍采用多残留检测技术。这些方法的建立得益于气质联用（GC-MS）、液质联用（LC-MS）技术的应用以及常规使用的气相色谱仪（GC）、液相色谱仪（LC）技术上新的突破，并在提高农药定性定量准确性、多残留检测、快速检测等方面发挥着巨大的作用。

1. 色谱技术

色谱技术以其快速、高效、灵敏和极强的分离能力在农药残留检测方面发挥了重要作用。目前，气相色谱、高效液相色谱、超临界流体色谱、凝胶渗透色谱、薄层色谱等仪器均已在农药残留检测中广泛应用。由于农药的种类很多，不同类型农药的结构差异很大，而每一种检测器仅能对一类或几类原子和官能团进行响应，因而不同类型的农药常常需要采用不同类型的检测器，再加上农药的残留量一般都很低，所以检测器的选择十分关键，如分析有机氯类和拟除虫菊酯类农药采用电子捕获检测器（ECD）、分析有机磷农药采用火焰光度检测器（FPD）、分析含氮的农药和氨基甲酸酯类农药采用氮磷检测器（NPD）等。

高效液相色谱法（HPLC）在过去几十年里已经成为应用最为广泛的色谱技术之一，被广泛用于农残检测。超高效液相色谱法（UPLC）的出现使液相（LC）技术得到进一步的延伸和扩展。通过利用极小的颗粒技术，可以使色谱峰容量和分离速度达到一个新的极限，UPLC 比 HPLC 的检测灵敏度增加 2~3 倍，现逐步应用于我国的农药残留分析。

（1）色谱分离原理　色谱分离过程在色谱柱内完成，分离机制因固定相性质的不同而不同。当固定相为固体吸附剂颗粒时，固体吸附剂对试样中各组分的吸附能力不同是分离的基础。当固定相由担体和其表面涂渍的固定液组成时，试样中各组分在流动相和固定相两相间分配的差异则是分离的依据。当固定相为离子交换树脂时，组分与树脂上离子交换基团结合力的不同是分离的前提。各种被分析组分随流动相在色谱柱中运动时，在固定相和流动相间进行反复多次的分配过程，可使原来分配系数具有微小差异的各组分得到很好的分离。因此，两相的相对运动及反复多次的分配过程构成了各种色谱分析的基础。在气相色谱分析中，当试样由流动相携带进入色谱柱并与固定相接触时，被固定相溶解或吸附，随着流动相的不断通入，被溶解或吸附的组分从固定相中挥发或脱附，向前移动时又再次被固定相溶解或吸附，随着载气的流动，溶解、挥发或吸附、脱附的过程反复进行，从而实现了色谱分离。

各种色谱技术以其极好的分离性能在农药残留检测方面得到广泛应用，但是它们的鉴别能力不强，把色谱技术与具有较高鉴别能力的分析技术联机使用可以弥补色谱的不足，从而提高分析性能。目前，在农药残留分析方面使用最广泛的联用技术是色谱和质谱联用。最常用的两种色质联用技术是气质联用技术和液质联用技术。

（2）气质联用技术　气相色谱和质谱联用可以充分发挥气相色谱的高效分离和质谱的高专属性，实现对复杂样品的分离和样品中目标组分的定性、定量分析。气相色谱-质谱联用技术是将混合物样品组分经气相色谱分离成单一组分后，各组分按照保留时间的顺序依次通过联用仪的接口进入质谱，经离子化后按照一定质核比（m/z）顺序通过质量分析器进入检测器，根据产生的信号进行定性和定量分析。气相色谱仪是质谱法的理想“进样器”，质谱仪是气相色谱法理想的“检测器”，GC-MS 适用于多组分混合物中未知组分的定性鉴定，可以判断化合物的分子结构，准确地测定未知组分的相对分子质量。

有机混合物以色谱柱分离后经接口进入离子源被电离成离子，离子进入质谱的质量分析器，在离子源与质量分析器之间，有一个总离子流检测器，以截取部分离子流信号，总离子流强度与时间或扫描数变化曲线就是混合物的总离子流色谱图（TIC）。另一种获得总离子流色谱图的方法是利用质谱仪自动重复扫描，由计算机收集、计算并再现，此时总离子流检测系统可省略。对 TIC 图中的每个峰，可同时给出对应的质谱图，由此推测每个色谱峰的结构组成。各个峰的保留时间、峰高、峰面积可作为各峰的定量参数。一般 TIC 的灵敏度比 GC 的氢火焰离子化检测器高 1~2 个数量级，它对所有的峰都有相近的响应值，是一种通用型检测器。用选择的离子得到的色谱图进行定量分析，是 GC-MS 中进行微量成分定量分析常采用的方法。

（3）液质联用技术　液质联用技术是以质谱仪为检测手段，集 HPLC 高分离能力与 MS 高灵敏度和高选择性于一体的强有力的分离分析方法。随着电喷雾、大气压化学电离等软电离技术的成熟，其定性定量分析结果更加可靠。同时，由于液质联用技术对高沸点、难挥发和热不稳定化合物的分离和鉴定具有独特的优势，它已成为食品安全检测中不可缺少的检测方法。其分离过程为混合样品注入色谱仪后，经色谱柱分离，从色谱仪流出的被分离组分依次通过接口进入质谱仪。在质谱仪中首先在离子源处被离子化，然后离子在加速电压作用下进入质量分析器进行质量分离，分离后的离子按照质量的大小，先后由收集器收集，并记录质谱图。根据质谱峰的位置和强度可对样品的成分和其结构进行分析。

（4）二维色谱技术　二维色谱最早应用于纸色谱和薄层色谱，即使用不同溶剂进行双向展开，分离效率大大提高。二维色谱能够显著提高峰容量以适应复杂样品的分离分析。全二维气相色谱（GC×GC）和全二维液相色谱（LC×LC）的出现，使二维色谱分离技术进入了一个崭新的天地。该技术主要通过一定的接口将两种分离机制不同的色谱柱串接在一起，将第一根色谱柱分离的部分或全部组分转移到第二根色谱柱进行第二维分离，检测器检测到的响应信号经数据采集软件处理后，得到三维色谱图或二维轮廓图。根据三维色谱图或二维轮廓图中色谱峰的位置和峰体积，得到各组分的定性和定量信息。

2. 免疫分析法

免疫分析法（immunoassay，IA）是利用抗原和相应抗体在体外也能特异性结合的原理发展的一类特异性强、灵敏度高、分析容量大、分析成本低、安全可靠的检测方法。IA 是一种以抗体作为生物化学检测器，对化合物、酶或蛋白质等物质进行定性和定量分析，将免疫反应与现代测试手段相结合而建立的超微量测定技术。由于抗体是专为抗原产生的，试验的专一性及亲和力强，因而该方法灵敏度高且对提取净化的要求不是太高。但是与 GC 和 HPLC 相比，它所提供的信息量要少得多，不适合于多残留分析，同时免疫分析法的开发费用高、时间较长。目前常用的农残免疫分析法有以下几种。

（1）酶联免疫吸附测定技术　酶联免疫吸附测定技术（enzyme linked immunosorbent assay，ELISA）是免疫标记技术的一种，它首先将酶与抗原或抗体结合形成酶标记抗原或酶标记抗体，然后进行抗原抗体反应，并加入酶作反应的底物，发生酶促反应，生成有色产物，最后根据产物颜色有无或深浅进行定位或定量抗原或抗体。该过程既有抗原抗体反应的特异性。又有酶促反应的生物放大作用，具有高度特异性和反应灵敏的特点。常用于标记的酶有辣根过氧化物酶（HRP）、碱性磷酸酶（AP）等。

（2）放射免疫法　放射免疫法（radioimmunoassay，RIA）是将抗血清与待测农药在试管中培养一定时间后，加入同位素标记的待测农药，该同位素标记农药和待测农药与抗体发生竞争反应，采用适宜的方法将被抗体结合的和未被抗体结合的标记农药分离，未被抗体结合的放射性标记农药留在溶液中。

（3）荧光免疫法　荧光免疫法（fluorescence immunoassay，FIA）是一种将免疫学反应的特异性和荧光技术的敏感性结合起来的分析方法。基本原理是以荧光素标记抗原或抗体，再与标本中抗体或抗原反应，于荧光显微镜下观察，荧光素受激发光的照射而发出明亮荧光，从而实现对靶标的检测。该法既可对液体中的抗原和抗体定性和定量，也可对组织切片中的抗原、抗体进行定性和定量。一般以镧系元素作为荧光标记（示踪剂）。示踪剂与相应抗原或抗体结合后，借助荧光检测仪观察荧光现象或测量荧光强度，从而判断抗原或抗体的存在、定位和分布情况或检测受检标本中抗原或抗体的含量。常用的荧光免疫法可分为直接荧光法和间接荧光法，其优势主要体现在专一性强、灵敏度高、实用性好、操作简单快捷、检测成本适中等。

（4）流动注射免疫分析法　流动注射免疫分析法（flow injection immunoassay，FIIA）是农药残留分析中较为先进的技术。它由免疫分析和流动分析相结合而形成，农药抗体固定在可更换的膜上。此法的不足之处是变异系数大，采用一次性膜，抗体和酶标记的半抗原使用量大，一次只能检测一个样品，但它仍是农药残留检测的有效方法。

（5）生物条形码免疫法　生物条形码免疫法（bio-bar code immunoassay，BCIA）是将具有信号放大作用的寡聚核苷酸链作为探针，以一定的方式结合到纳米材料（如金纳米颗粒）表面，形成多级放大体系。在外加磁场作用下以磁性纳米颗粒分离，将生物条形码解离下来，测定其含量，从而将目标物的检测转换为探针检测，间接得到待测物的含量，显著提高了检测的灵敏性。因其灵敏度高、操作简单、检测时间短、成本低、重复性好等优势，已被用于农残的检测。

3. 生物传感器

生物传感器是由生物感受器（识别元件）、换能器及信号放大装置构成的一种分析检测工具。作为一种新型农残检测技术，其利用生物活性物质（如酶、微生物、细胞等）来实现食品中农药残留的检测。该技术以固定化的生物体成分（酶、抗原、抗体等）或生物体本身（细胞、微生物等）为敏感元件，再与适当的能量转换器结合成器件。传感器的生物敏感层与复杂样品中特定的目标分析物之间的识别反应会产生一些物理化学信号的变化，这些变化通过不同原理的传感器转换成次级信号（通常为电信号），经放大显示或记录，通过分析信号对待测物进行定性和定量分析。

4. 光谱分析技术

光谱分析技术作为分析化学中一项具有悠久历史的分析技术，通过目标分子的各种光谱特性，实现对目标物的定性或定量分析。光谱分析技术具有操作简单、快速、应用广泛、成本相对较低等优点，在农药残留检测领域，尤其在快速检测领域具有巨大的发展潜力。

（1）近红外光谱　近红外光谱（near infrared，NIR）分析是将光谱测量技术、计算机技术、化学计量学技术与基础测试技术有机结合的一种分析方法。通过检测样品对不同频率近红外光的吸收作用与样品特征吸收值的变化，即可实现对样品的识别与定量分析。近红外光谱分析方法具有检测快速、不破坏样品、绿色无污染、可同时对多种成分进行定量分析等优点。近红外光谱技术可以直接用于农药残留检测，该方法精确度高、实时性好，且只需极少量的样品，具有很大的发展潜力。近年来，借助光路系统或光导纤维来传递红外光，利用衰减全反射（ATR）原理和表面增强技术，使其灵敏度大大提高。但由于近红外区的吸收作用相对较弱，且低浓度的农药信号可能与基质中其他物质的信号发生重叠，因此需要对待测农药进行预浓缩富集与检测结果的化学计量学建模分析，以提高定量检测精确度。

（2）拉曼效应　拉曼效应是一种光的非弹性散射，单色光照射分子后，光与分子中化学键振动的相互作用会使部分散射光的能量发生改变，从而提供分子内化学键振动的信息。拉曼光谱通过记录物质的特征拉曼峰，从而实现对物质的鉴别。分子的拉曼散射效应相对较弱，需要通过一定手段增强拉曼信号来进行痕量物质的定量检测。开发适用于更多种类农药残留检测、成本更低、更稳定的拉曼信号增强基底，是推进拉曼光谱技术在农药残留检测领域应用的重点。

（3）太赫兹时域光谱　太赫兹辐射是电磁波谱中频率介于 0.1~10THz 的电磁辐射区域，对应的分子振动吸收主要为分子间的弱相互作用，如氢键、范德华力、晶格的低频振动以及生物大分子构型的集体振动模式等。这些吸收作用在太赫兹波段内会产生明显的响应，可用于分析分子的结构与构型等信息。太赫兹时域光谱是基于太赫兹辐射的远红外波段光谱技术，通过检测分子对不同频率太赫兹辐射的吸收，确定分子结构信息。

（4）激光诱导击穿光谱　激光诱导击穿光谱（laser-induced breakdown spectroscopy，LIBS）是原子发射光谱的一种。将超短脉冲激光聚焦在样品表面后，样品会气化并受激发生成等离子体，由于不同元素的激发光都具有一定的特征频率，通过记录等离子体发射光的光谱信息，即可识别样品中元素的组成成分，且理论上可实现对所有元素的识别。LIBS 技术已在食品分析领域得到较为广泛的应用。LIBS 检测农药残留耗时短、不需要前处理，适用于直接检测复杂基质中的农药残留。

（5）化学发光　化学发光是一种在化学反应过程中发生的光辐射效应。当化学反应生成某种处于激发态的物质时，该物质在回到基态时能量会以光子的形式释放产生光辐射。在一定的化学反应条件下，使用光电倍增管测定发光强度，即可实现对待测物的定量分析。化学发光分析作为一种新型的分析方法，具有极高的灵敏度、较好选择性、仪器简单、分析速度快（多在 1min 之内）、线性范围宽等优点。在环境、生命、医学等领域得到越来越广泛的应用。

5. 电化学分析

电化学分析是一种快速、灵敏、准确的微量和痕量分析方法。电化学分析法的基础是在电化学池中发生的电化学反应。电化学池由电解质溶液和浸入其中的 2 个电极组成，2 个电极用外电路接通。在 2 个电极上发生氧化还原反应，电子通过连接 2 个电极的外电路从一个电极流到另一个电极。根据溶液的电化学性质与被测物质的化学或物理性质之间的关系，将被测定物质的浓度转化为一种电学参量加以测量。近年来，电化学分析在有机分析领域越来越显示出其较大的潜力和优越性，在农药分析中的应用也日趋增多，有一些研究结合了化学计量学，大大提高了分析的范围。

6. 生物检测技术

（1）发光菌检测法　农药与细菌作用后可影响细菌的发光程度，通过细菌发光情况，测定农药残留量。发光菌被激活后，其发光强度会随时间的变化而变化，实际操作时，须选择发光变化率较小的时刻来测试。此法只对少数药剂有效，无法辨别残留农药的种类，准确性较低。

（2）敏感家蝇检测法　敏感家蝇对杀虫剂具有敏感性，记录家蝇存活情况，可知农药残留情况。可用于农药施用量的制定和果树上市前的自检，其局限性为需要繁殖大量的敏感性家蝇，前期准备工作比较复杂。

（三）农药残留快速检测技术的发展方向

农残快速检测技术要解决的问题主要是提高检测的灵敏度、选择性与稳定性，以及开发适用于商业化的检测方法。预处理工作向省时、省力、低成本、减少溶剂消耗、降低环境污染、系统化、规范化、微型化和自动化方向发展；各种在线联用技术可避免样品转移损失，减少各种人为偶然误差；生物技术与现代理化分析手段相结合，对于极性强、难挥发、热不稳定、易分解的农药残留分析新技术发展迅速。分析方法由传统的气相色谱法、液相色谱法向超临界流体色谱法、免疫分析法等新的分析技术转化，而且要简便、快捷、准确，新的分析技术将要求多学科知识的支持。将农药快速检测技术与其他新技术结合，实现高灵敏度、快速化、集成化及微型化，是农药残留快速检测的未来发展方向。

二、食源性致病微生物及毒素的检测技术与方法

食源性致病微生物常造成群发性的伤害，给人们的身体健康及生命财产造成了一定的危害。传统的微生物检测方法虽然有效且特异性高，但存在检测成本高、速度慢、效率低等问题，难以满足现代社会快速检测的要求，并且由于传统的微生物检测方法基本上都需要对病原菌进行人工培养，对一些生长缓慢的病原菌或新型病原菌难以用传统方法进行检测。免疫学技术、基因探针技术、PCR 技术、生物传感器等作为现代生物学技术手段应用于食品微生物的检测，克服了传统检测方法的缺点和不足，且具有灵敏度高、操作简便、检测周期短、检测成本低等优点。

（一）食源性致病微生物免疫学检测技术

1. 荧光抗体检测技术

荧光抗体检测技术（fluorescent antibody technique，FAT）是一种快速检测细菌的荧光抗体技术，主要有直接法和间接法。直接法是在检样上直接滴加已知特异性荧光标记的抗血清，经洗涤后在荧光显微镜下观察结果。间接法是在检样上滴加已知细菌特异性抗血清，待作用后经洗涤，再加入荧光标记的抗体后在荧光显微镜下观察结果。如沙门氏菌、炭疽杆菌检测，FAT 方法简便、快速经济，但有时受到样本中非特异性荧光的干扰，影响结果的判定，且需要昂贵的荧光显微镜。

2. 免疫酶技术

免疫酶技术（enzyme immunoassay，EIA）是将抗原、抗体特异反应和酶的高效催化作用

原理有机结合的一种新颖、实用的免疫学分析技术。它通过共价结合将酶与抗原或抗体结合，形成酶标抗原或抗体，或通过免疫方法使酶与抗酶抗体结合，形成酶抗体复合物。这些酶标抗体（抗原）或酶抗体复合物仍保持免疫学活性和酶活力，可以与相应的抗原（抗体）结合，形成酶标记的抗原-抗体复合物。在遇到相应的底物时，这些酶可催化底物反应，从而生成可溶或不溶的有色产物，或者发光，可用仪器定性或定量分析。常用酶技术分为固相免疫酶测定技术、免疫酶定位技术、免疫酶沉淀技术，固相免疫酶测定技术分为限量抗原底物酶法、酶联免疫吸附技术（ELISA）。酶联免疫吸附技术又分为间接法、竞争法、双抗体夹心法、酶-抗酶复合物法、生物素-亲和素系统等。在病原菌和真菌毒素检测中，应用较多的是竞争法、双抗体夹心法。

3. 免疫金技术

免疫金技术是指利用胶体金作为标记物，用于指示体外抗原抗体间发生的特异性结合反应，是血清学检验中标记技术之一。胶体金标记技术的灵敏性虽然不及荧光抗体技术、放射免疫分析技术及酶免疫技术，但与放射免疫分析技术相比，它不需要使用具有危险性的放射性同位素；与酶免疫技术相比，它具有自显色性，无需底物的显色环节；与荧光抗体技术相比，它不需要使用荧光显微镜。因而继三大标记技术后，免疫金技术成为又一成功应用的免疫标记技术。免疫金技术中最有代表性的是胶体金固相免疫测定技术。

胶体金固相免疫测定主要包括：斑点免疫金银染色测定法、斑点金免疫渗滤测定法及斑点金免疫层析测定法。这些方法可检测食源性致病微生物。

（1）斑点免疫金银染色测定法　斑点免疫金银染色测定法是与斑点酶联免疫吸附技术原理相似的一种方法。将蛋白质抗原直接点样在硝酸纤维膜上，与特异性抗体反应后再滴加胶体金标记的第二抗体，在抗原抗体反应处发生金颗粒聚集，形成肉眼可见的红色斑点，称为斑点免疫金染色测定法。此反应可通过银显影液增强，即斑点金银染色测定法。

（2）斑点金免疫渗滤测定法　此法原理同斑点免疫金染色法，只是在硝酸纤维膜下垫有吸水性强的垫料，即为渗滤装置，渗滤装置可以避免斑点免疫金染色测定法中的多次洗涤步骤。由于有渗滤装置，反应很快，在数分钟内即可显出颜色反应。

（3）斑点金免疫层析测定法　胶体金标记的特异性抗体与待检抗原反应后形成抗原-抗体复合物，这一复合物在硝酸纤维素膜上进行层析，当抗原-抗体复合物层析到膜上某一区域时被捕获，在局部显现胶体金的红色来指示反应结果，以实现特异性的免疫诊断。本法检测速度快、操作简便，便于商品化的产品开发。

（二）食源性致病微生物分子生物学检测技术

1. 核酸探针技术

核酸探针是指带有标记的特异 DNA 片段。根据碱基互补原则，核酸探针能特异性的与目的 DNA 杂交，最后用特定的方法测定标记物。探针标记方式分为放射性标记、非放射性标记。使用较多的非放射性标记，又分为生物素标记、地高辛标记、免疫标记、荧光素标记等，特点是直观、准确。

2. 多聚酶链反应技术

多聚酶链反应技术（polymerase chain reaction，PCR）的基本原理类似于 DNA 的天然复制过程，其特异性依赖于与靶序列两端互补的寡核苷酸引物。PCR 由变性—退火—延伸三个基本反应步骤构成：①模板 DNA 的变性：模板 DNA 经 93℃左右加热一定时间，模板 DNA 双链或经 PCR 扩增形成的双链 DNA 解离，成为单链，与引物结合，为下轮反应做准备；②模板 DNA 与引物的退火（复性）：模板 DNA 经加热变性成单链后，温度降至 55℃左右，引物与模板 DNA 单链的互补序列配对结合；③引物的延伸：DNA 模板-引物结合物在 TaqDNA 聚合酶的作用下，以 dNTP 为反应原料，靶序列为模板，按碱基配对与半保留复制原理，合成一条新的与模板 DNA 链互补的半保留复制链，重复循环变性—退火—延伸三过程，获得更多的半保留复制链，而且这种新链又可成为下次循环的模板。每完成一个循环需 2~4min，每一循环经过变性退火和延伸，DNA 含量增加一倍。2~3h 能将待扩目的基因扩增放大几百万倍。

测定 PCR 产物的方法较多，如凝胶电泳法、比色测定法以及化学发光测定法等。目前，已有自动化 PCR 检测试剂盒及仪器，使用方便，可检测沙门氏菌、肠毒素大肠杆菌、单核细胞增生李斯特菌、金黄色葡萄球菌等。虽然此法需要增菌且需专用设备，但它快速、灵敏、准确，在细菌诊断方面具有广阔的应用前景。

3. 基因芯片检测技术

基因芯片检测技术是 20 世纪 90 年代兴起的前沿生物技术。基因芯片是把大量基因探针或基因片段按照特定的排列方式固定在硅片、玻璃、塑料或尼龙膜等载体上，形成致密、有序的 DNA 分子点阵，然后与标记的样品进行杂交，通过检测杂交信号实现对生物样品快速、高效地检测或医学诊断。芯片分析实际也是传感器分析的组合，芯片占阵列中的每一个单元位点都是一个传感器的探头，阵列检测可以大大提高检测效率，减少工作量，增加可比性。基因芯片的分类方法有很多种，按其功能可分为表达谱基因芯片、检测芯片和诊断芯片，根据芯片的制备方式可分为点样法芯片和原位合成芯片，根据芯片所用探针的不同可分为寡核苷酸芯片和 cDNA 芯片，根据固相支撑物的不同可分为有机芯片和无机芯片。基因芯片技术具有高通量、高灵敏度和高特异性等优点，且操作简单快捷，已成为食品微生物检测中的重要手段之一。

（三）基于培养基生理生化特征的检测技术

1. 电阻抗法

电阻抗法应用于食品微生物的检验，其原理是细菌在培养基内生长繁殖的过程中，培养基中的大分子电惰性物质如碳水化合物、蛋白质和脂类等代谢为具有电活性的小分子物质，如乳酸盐、醋酸盐等，这些离子态物质能增加培养基的导电性，使培养基的阻抗发生变化，通过检测培养基的电阻抗变化情况，判定细菌在培养基中的生长繁殖特性，即可检测出相应的细菌。该法目前已经用于细菌总数、霉菌、酵母菌、大肠杆菌、沙门氏菌、金黄色葡萄球菌等的检测。

2. 微量生化法

Bachman 和 Weaver 在 20 世纪 40 年代后期开创了微量生化法。之后随着人们对细菌快速生化特性的需求增加，使高精密度（90%）和高重现性的商业试剂盒得以快速发展。至今，市售的微生物鉴定试剂盒有多种，常见的有 MICRO-ID、API 等。API 由 20 个含干燥培养基的微管组成，其中培养基用于酶促反应或糖发酵试验。检验时将预处理的菌悬液加入微管中培养并观察颜色变化，记录和输入 APILAB Plus 软件得出结果。API 创建了独特的数值鉴定法，可鉴定 15 个系列、600 多个细菌种。

3. 快速酶触反应及代谢产物的检测

快速酶触反应是根据细菌在生长繁殖过程中合成和释放某些特异性的酶的特性，选用相应的底物和指示剂，反应的测定结果有助于细菌快速诊断。如美国 3M Petfilm TM 微生物测试片可分别快速测定细菌总数、霉菌、酵母菌、大肠杆菌、金黄色葡萄球菌、大肠菌群等。

4. 测试片法

测试片由上、下两层薄膜组成，下层的聚乙烯薄膜上印有网格并且覆盖有细菌生长的培养基，上层是聚丙烯薄膜。使用时只需接种 1mL 待测样品的稀释液在下层的培养基上，盖上上层聚丙烯薄膜，此时聚乙烯层的培养基由于水的作用生成水合物，适合细菌的生长。

（四）食源性致病微生物的自动化检测技术

1. ATB Expression 细菌鉴定及药敏智能系统

该系统是用于细菌快速鉴定的主要仪器，细菌的鉴定是细菌分类的实验过程，即将未知细菌按分类原则放入某系统的适当位置与已知细菌比较，如果相同就采用已知细菌的名称，不同则按命名原则，确定一个新的名称。它从 API 系统发展而来，以 API 试剂条为基础，测试品种齐全，共有 750 种反应，电脑数据库已得到不断完善和补充，鉴定能力强，可鉴定近 700 多种细菌。

2. Bactometer 系统

主要由 BPU 电子分析器/培养箱组成。它是利用电阻抗、电容抗或总阻抗等参数的自动微生物检测系统。该系统目前已经用于细菌总数、霉菌、酵母菌、肠道杆菌如大肠菌群和沙门氏菌、金黄色葡萄球菌等的检测，可同时检测 64 个样品，样品无需预先稀释，结果报告可用数字及曲线图显示。

3. Vietk-AMS 全自动微生物分析系统

该系统能同时进行 60~480 个样品的分析，速度快，易操作，结果准确，细菌鉴定时间 2~3h，可鉴定革兰氏阳性菌、革兰氏阴性菌、厌氧菌、酵母菌、芽孢杆菌、非发酵菌等，药敏试验时间 3~6h。Vietk 专家系统保证鉴定、药敏试验结果可靠无误，电脑工作站具有较强的数据处理功能，但菌株需分离纯化。

4. Mini-VIDAS 微型全自动荧光酶标分析仪

是应用酶联荧光技术（ELFA），ELFA 技术具有优异的敏感性和特异性，抗原的检测是应用一种夹 GELFA 技术，SPR 包被针上拥有抗体包被，所测的荧光与抗体中抗原的含量成正比。内设自检系统，可检验李斯特菌、单增李斯特菌、沙门氏菌、葡萄球菌肠毒素、空肠弯曲杆菌、大肠杆菌 O157。

5. 流式细胞仪（FCM）检测技术

是用流式细胞仪对细胞悬液进行自动快速定量分析和分选的技术，具有速度快、精确度高、记数细胞量大以及参数分析等全面测量细胞和分选细胞等优点。现在该技术检测纯化的 DNA 可达 pg 级，在 10min 内可以完成数据的收集和分析。FCM 目前已经发展到可测定 DNA 片段的大小，是一种鉴定细菌很有发展潜力的技术。此外，FCM 结合免疫荧光抗体检测技术更能促进病原菌的特异性快速检测。

6. 肠杆菌快速测定仪

是快速检测大肠杆菌生化反应的色原及成套鉴定系统。以 API 为代表的细菌生化反应的成套系统中，已用新型的色原或荧光底物代替传统的糖类和氨基酸。此种底物由色原（呈色）或荧光与糖类或氨基酸人工合成。底物无色，经细菌的细胞内或细胞外酶的作用而释放出色原（呈色）或荧光，优点是特异性强、反应迅速、易于自动化检测，显著提高了细菌生化反应的准确性。

7. 微生物总数快速测定仪

又称 ATP 荧光仪，是专门设计用于快速检测微生物数量的测定仪器，用于分析从微生物中提取的 ATP，为在数分钟内检测微生物提供了一种简便而灵敏的方法。它简单实用，能快速和方便地得到微生物的增长水平，及时采取有效措施控制微生物的繁殖，防止由于微生物大量繁殖而引发的一系列问题。

（五）食源性致病微生物生物传感器检测技术

由生物活性物质作敏感元件，配上适当的换能器构成的分析工具（或分析系统）称为生物传感器。生物传感器是由固定化的生物材料及与其密切配合的换能器组成的分析工具或系统，换能器把生化信号转换成可定量的电信号。生物分子具有识别并特异性结合单一化合物或一小族化合物的性质，已用于生物传感器的生物分子是酶、抗体、完整的器官和组织。将生物分子用于传感器的优点是特异性和灵敏度，这可以构成能区分类似分子并检测其中一种具有经济上重要性的物质的探测器的基础。

目前已经商品化的传感器有酶传感器、免疫传感器、微生物传感器、DNA 杂交传感器、细胞器传感器、仿生传感器、分子印迹传感器等。光纤 DNA 生物传感器是 DNA 生物传感器中发展最晚、技术最新的一类，它的作用机理是利用石英的表面特性先接上一个连接物，然后将 ssDNA 或 cDNA 连接在光纤端面下，与目的基因进行杂交，杂交后的双链 DNA 经杂交嵌合剂产生的光效应而被检测。目前光纤传感器已经应用到测定污染食品的大肠杆菌 O157：H7、金黄色葡萄球菌、鼠伤寒沙门氏菌。

（六）毒素检测新技术

1. 食品中微生物毒素的检测

有些微生物在食品中生长繁殖，产生大量的毒素，存在于食品中，如细菌毒素、霉菌毒素等，这些毒素常引起食物中毒。随着科学的进步，检测手段日益先进，食品中微生物毒素的检测方法得到了快速发展。仪器分析检测方法主要有液相色谱法（LC）、高效液相色谱法（HPLC）和质谱检测（MASS）等，免疫学检测方法主要有放射免疫法（RIA）、荧光免疫技术、酶联免疫吸附法（ELISA）、免疫印迹技术及免疫胶体金技术等。

2. 食品中产毒微生物的检测

随着分子生物学技术的发展与应用、细菌分子遗传学研究的进展，可通过毒素基因检测来检测食品中的产毒微生物，从而评价食品的卫生质量。如核酸探针法、PCR 方法、基因芯片技术、环介导等温扩增技术等。

三、重金属检测技术和方法

重金属是有毒的、难以降解并具有潜在危害性的环境污染物，在农畜等产品中有不同程度的残留，具有隐蔽性、长期性和不可逆的特点，可通过食物链的生物放大作用进入人体并在人体内长期积累，对人类健康构成严重威胁。因此，需要加强对农产品重金属残留的检测。

（一）原子吸收分光光度法

原子吸收分光光度法的测量对象是呈原子状态的金属元素和部分非金属元素，是由待测元素灯发出的特征谱线通过供试品经原子化产生的原子蒸气时，被蒸气中待测元素的基态原子所吸收，通过测定辐射光强度减弱的程度，求出供试品中待测元素的含量。原子吸收分光光度法包括冷原子吸收法、火焰原子吸收分光光度法（FAAS）、石墨炉原子吸收分光光度法（GFAAS）、氢化物-原子吸收法。

1. 冷原子吸收法

此法专用于汞（Hg）的测定，主要是利用汞在常温下蒸气压较高和在空气中不易氧化的特点，将样品消化后还原生成 Hg，用载气将汞蒸气吹出，通过石英吸收池，汞蒸气对汞空心阴极灯的辐射产生吸收，从而达到定量分析的目的。

2. 火焰原子吸收分光光度法

将含待测元素的样品溶液喷射成雾状进入火焰，用该元素空心阴极作光源，辐射出特征谱线的光，当通过一定厚度的该元素蒸气时部分光被蒸气中基态原子吸收而减弱，从而测定其量。该法操作简便，重现性好，但由于灵敏度不高，故多用于相对含量较高元素的测定，如铜、砷、铅、汞、镉、铝、锰、锌、钴、镍、锶等。

3. 石墨炉原子吸收分光光度法

此法是利用石墨管高温下使样品原子化通过炉内光路产生吸收的原理来测定。该法具有灵敏度高、选择性好、方法简便、分析速度快等优点，可用于除汞以外的重金属的测定。但石墨管价格昂贵，且不能同时测定多个元素。

4. 氢化物-原子吸收法

此法是将待测元素在酸性介质中还原成沸点低、易受热分解的氢化物，在吸收池中被加热分解形成基态原子。氢化物-原子吸收法有比石墨炉原子吸收法更好的检测限且干扰低，其缺点是可检测的元素较少，可用于铅、砷、汞、锡、锑的测定。

（二）原子荧光光度法

此法是将待测元素的原子蒸气在特定频率辐射下激发到高能态，在其返回基态的过程中发射出原子荧光，通过测量此荧光发射强度来测定待测元素的含量。原子荧光光谱法的特点是发射谱线简单，比原子吸收光谱法的灵敏度更高，线性范围较宽，干扰少，能够同时对多元素进行测定。原子荧光光谱仪用途非常广泛，可对汞、砷、碲、铅、锡、锗、锑、铋、硒、镉、锌 11 种元素进行分析。在国家标准中，原子荧光光谱法为食品中砷、汞等元素的测定标准中首选方法。原子荧光光度法分为微波消解-原子荧光光度法、氢化物发生-原子荧光光谱法以及 X 射线荧光光谱法。

1. 微波消解-原子荧光光度法

该方法先于微波炉中对样品进行消解，再将待测元素的原子蒸气在辐射能激发下产生荧光，通过发射强度来测定待测元素。

2. 氢化物发生-原子荧光光谱法

该法是在常温下将待测元素在酸性环境中与还原剂反应形成气态氢化物，与大量基体分离，大大降低了基体干扰，且因为是气体进样方式，极大地提高了进样效率，提高了灵敏度。可进行砷、锑、铋、锗、锡、硒、碲元素的测定。

3. X 射线荧光光谱法

这是一种元素分析测试手段，是 ISO 分析方法之一。当照射原子核的 X 射线能量与原子核的内层电子的能量在同一数量级时，核的内层电子共振吸收射线的辐射能量后发生跃迁，而在内层电子轨道上留下一个空穴，处于高能态的外层电子跳回低能态的空穴，将过剩的能量以 X 射线的形式放出，所产生的 X 射线即为代表各元素特征的 X 射线荧光谱线。只要检测一系列 X 射线荧光谱线的波长，即能确定元素的种类；测得谱线强度并与标准样品比较，即可确定该元素的含量。

（三）电感耦合等离子体质谱法

电感耦合等离子体质谱法（ICP-MS）将电感耦合等离子体与质谱联用，利用电感耦合等离子体使样品气化，将待测金属分离进入质谱进行测定，具有比原子吸收法更低的检测限，是痕量元素分析领域中最先进的方法，但其设备价格昂贵、易受污染，可用于除汞外的绝大多数重金属的测定。该方法简便、准确、快速、重复性好、灵敏度高，可为食品质量控制提供一种简便方法。

（四）电感耦合等离子体发射光谱法

高频感应电流产生的高温将反应气加热、电离，利用元素发出的特征谱线进行测定，谱线强度与重金属量成正比。电感耦合等离子体发射光谱法（ICP-AES）具有速度快、分析周期短、检出限低、精密度高、基体效应小、线性范围宽和多元素同时测定等优点，已在中草药微量元素分析中得到广泛应用，是目前公认的多元素同时分析的有效方法。此法比药典中的化学法和原子吸收法样品用量少，分析速度快，分析周期短，检出灵敏度高，测试成本低，特别是可同时测定出多种重金属元素的含量，在微量和痕量组分分析中占有优势，是目前发射光谱最受重视、发展最快的一种分析方法。可用于除镉、汞等绝大部分金属元素的测定。

（五）高效液相色谱法

痕量金属离子与有机试剂形成稳定的有色络合物，然后用 HPLC 分离，紫外-可见光检测器检测，可实现多元素同时测定，但络合试剂的选择有限，限制了 HPLC 的广泛应用。

（六）免疫学方法检测

重金属的免疫学方法检测是利用选择性螯合剂和重金属生成螯合物，通过载体蛋白偶联制备成完全抗原后免疫动物，制备抗体，是一种快速检测重金属的方法。与传统检测方法相比，免疫学检测技术检测速度快、费用低、仪器简单易携带，可用于现场检验。重金属离子的免疫检测根据抗体的性质可分为多克隆抗体免疫检测和单克隆抗体免疫检测，方法有荧光偏振免疫检测、酶联免疫吸附检测和免疫传感器检测。其中，基于抗重金属离子-螯合剂复合物的单克隆抗体建立的免疫检测技术具有良好的应用前景。

1. 荧光偏振免疫检测

荧光偏振免疫检测（FPIA）的原理是样品中的金属离子与过量螯合剂形成金属-螯合剂复合物后，与固定浓度的金属-螯合剂-荧光复合物竞争多克隆抗体上的结合位点，进入荧光偏振分析仪进行分析，通过与标准曲线对照得出金属离子的浓度。

2. 间接竞争性 ELISA 免疫检测

重金属间接竞争性 ELISA 免疫检测法的原理是样品中的重金属离子与过量螯合剂形成可溶性的重金属-螯合剂复合物，将其与已经包被在酶标板上的重金属-螯合剂-蛋白质复合物竞争单克隆抗体的抗原结合位点，添加酶标二抗和底物显色，与标准曲线对照，即可得出样品的重金属离子浓度。

3. 免疫胶体金试纸条快速检测

胶体金快速免疫层析法的原理是以微孔滤膜为载体，包被特异性单克隆抗体，加入待检标本之后经滤膜的毛细管作用或渗透作用使标本中的抗原与膜上包被的单克隆抗体结合，再用胶体金结合物标记达到检测目的，能定性或半定量检测重金属离子。在对农畜产品的现场抽查及进出口快速通关检测中，可以利用胶体金快速免疫层析法对样品中重金属离子的含量进行初测。根据试纸条上的颜色深浅程度判断重金属离子含量是否超标。若超标或接近超标，则可选择其他方法精确测定重金属离子含量。利用免疫胶体金快速检测来初测农畜产品中的重金属离子含量，可以加快检测进程，提高现场抽查和快速通关检测的效率。

（七）传感器检测

1. KinExA 免疫传感器检测

KinExA 是一种计算机控制的流式荧光计，由毛细管流、观察单元组成，并配有多微孔筛。把金属-螯合剂-蛋白质复合物固定在硬质小珠上，利用微孔筛将其放入观测单元内，抗体、金属-螯合剂复合物、抗原-抗体复合物三者的混合溶液快速流经小珠，部分带有空白抗原结合位点的抗体分子固定在小珠上，结合了金属-螯合物的抗体、金属-螯合物都被冲洗掉，添加荧光标记的二抗，检测结合在小珠上的抗体分子，对照标准曲线即可得出重金属离子的浓度。KinExA 免疫检测的灵敏度比间接 ELISA 高 10～1000 倍。

2. 微悬臂梁传感器检测

微悬臂梁生化传感器是在悬臂梁的表面涂镀特殊的生物敏感层，当被测物质经扩散进入该生物敏感层，在悬臂梁表面发生物理吸附或化学吸附并产生机械响应。这些纳米级的机械响应包括表面应力变化、热转换、质量变化等，物理或化学的反应结果通过换能器被转换成电学信号记录下来以待分析。

第二节　食品在线检测技术

食品在线快速检测应用技术是食品质量安全控制的主要支撑体系之一。在线检测能够实时、连续地对样品进行分析。食品与农产品品质无损在线快速检测技术是 20 世纪后期发展起来的集物理学、化学、物料物性学、分析仪器、数据处理、信号分析和计算机应用等学科为一体的交叉型应用科学。实时在线检测技术大致包括：①仪器分析技术，如分光检测技术（紫外分光法、可见分光法、近红外分光法等）、机器视觉检测技术、介电特性检测技术、声学特性及超声波检测技术、力学检测技术、X 射线检测技术、核磁共振检测技术、生物传感器检测技术和电子鼻与电子舌检测技术等。②基于分子生物学、基因组学、多聚体化学、微分离技术、微处理技术和微缩信息处理器的快速检测技术。这些技术可应用于食品农药残留、兽药残留、食品中其他成分、致病微生物及毒素、重金属污染的无损实时在线检测。

对于食品行业的制造商而言，保证食品安全的工作需要在生产过程的每个环节进行。以往很多制造商会通过非常严格的操作规章制度及要求来控制工人的操作行为，同时通过人工抽检的方式降低污染概率，但是这些措施往往不能从根本上消除食品安全隐患，并且会因检测效率低下而影响生产效率和产品质量。因此，自动化的在线检测技术成为很多注重产品质量的制造商的首要选择。从生产过程中的原料、生产加工、包装检测、运输等多个环节入手，有针对性地提供量身订制的在线检测解决方案。下面重点介绍几种在线检测技术。

1. 近红外光谱技术

近红外光谱（NIR）是介于可见光谱区和中红外光谱区之间的电磁波，波长范围为700~2500nm。NIR可分为短近红外波段（SW-NIR）和长近红外波段（LW-NIR），其波段范围分别为700~1100nm和1100~2500nm。NIR与中红外区的分子振动基频吸收不同，由于频率较高，NIR谱区分子对其吸收主要是分子振动的倍频与合频吸收。

有机物在NIR谱区的吸收带主要是含氢基团（如C—H，O—H，S—H，N—H等）的各级倍频和合频。农产品中的大多数有机化合物如蛋白质、脂肪、有机酸、碳水化合物等都含有不同的含氢基团，所以通过对其进行近红外光谱分析就可测定这些成分的含量。通过近红外光谱分析，不仅可以获得各种化学成分的含量，还能以此为依据，进一步识别和鉴定农产品的等级和真假。NIR光谱技术不仅用于常量成分分析，还可以用于微量成分（如氨基酸、维生素等）和有毒、有害成分（如棉酚等）的检测，并且已发展应用于营养价值的评定。被测样品的物态可以是固态、液态或气态。此技术可用于谷物的蛋白质、水分和脂肪含量检测，水果可溶性固形物含量检测，以及水果的缺陷检测。

光纤技术大大拓宽了近红外光谱分析技术的应用范围，各种光纤探头可以方便地对被测物料进行离线、现场或在线分析。近红外光通过光纤可进行长距离传输，对一些复杂、危险环境中的样品进行检测，在线测量时，将传感器放置于物流之上，避免离线样品取样存在污染、采样失真等问题。采用多路开关，可以实现多点在线快速检测。

尽管应用光谱分析技术实现食品在线检测的研究在近些年大量涌现，但大多数属于食品品质的检测（如水果甜度检测、水果表面损伤检测等），对食品中危害物检测的食品安全在线检测的相关研究报道并不多。有关食品安全在线检测的研究和应用主要集中在果蔬表面危害物在线检测、真菌毒素快速检测、食品中甜味剂和微生物的检测等方面。由于光谱分析的食品安全检测技术，在快速、非破坏性、非侵入性等方面具有较大优势，其在食品生产和加工过程的在线检测方面具有广阔的应用前景。

2. 计算机视觉技术

计算机视觉，又称机器视觉。它是利用一个代替人眼的图像传感器获取物体的图像，将其转换成数字图像，并利用计算机模拟人的判别准则去理解和识别，达到分析和做出结论的目的。目前，计算机视觉技术在农产品和食品检测的应用研究日益增加。

农产品的生产过程和食品的加工过程会受到自然和人为等复杂因素的影响，产品品质差异很大，如大小、形状、颜色等都是变化的。计算机视觉不仅具备人眼的功能，还具备人脑的部分功能，能够在检测中具有足够的调节能力来适应这些变化。计算机视觉技术不仅可识别外形、大小、颜色等，应用于鸡蛋、水果、蔬菜等产品的分级，提高这些产品分级机械的速度和精度，而且还可以应用于产品表面缺陷和损伤检测。

3. 人工嗅觉检测技术

人工嗅觉系统就是现在人们所说的电子鼻，它是20世纪90年代发展起来的分析、识别和检测复杂气味及大多数挥发性成分的仪器。目前食品气味测定方法中用的最多的是气相色谱法，但该法费时，且设备较大，不适用于现场快速检测。而人工嗅觉系统操作快速简便，样品不需要前处理，测定一个样品通常只需要几分钟至几十分钟。与传统的感官评定方法相比，人工嗅觉检测技术更为客观，重复性更高。

人工嗅觉系统模拟人的嗅觉器官，因而其工作原理与人的嗅觉形成相似，包括三个部分：①气味分子被人工嗅觉系统中的传感器阵列吸附，产生信号；②生成的信号经各种方法加工处理与传输；③将处理后的信号经模式识别系统做出判断。该技术可用于生鲜肉制品的快速检测，以判断其新鲜度。

4. 核磁共振技术

核磁共振波谱法（nuclear magnetic resonance spectroscopy，NMR）是一种现代仪器分析方法。该技术利用某些带有磁性的原子核在外加直流磁场作用下吸收能量，产生原子核能级间的跃迁，通过纵向弛豫、横向弛豫、自旋回波和自由感应衰减等参数研究高分子结构和性质。

核磁共振检测技术具有三个优点：①是一种非破坏性的检测方法；②制样方便，测定快速，精度高，重现性好；③受材料样本大小与外观色泽的影响较小。但是核磁共振技术也有缺点：①仪器的造价昂贵；②讯号分析方法具有专门性与复杂性等。

5. 分子印迹固相萃取技术

固相萃取技术（SPE）作为一种先进的试样预处理技术，因其具备设备简单、处理快速、萃取精度高、范围广、操作条件温和、易与其他仪器联用等优点，被认为是分析化学样品处理技术的一场革命。但随着样品组成日趋复杂，样品来源越来越广泛，传统固相萃取填料由于非特异性、不能重复使用导致重现性差等问题，在应用上受到了一定的限制，因而就需发掘更高效、高特异性的填料。基于分子印迹聚合物（MIPs）作为填料的分子印迹固相萃取技术正是满足上述要求的新技术，与免疫吸附材料具有相似的选择性，克服了传统固相萃取技术特异性差等缺点，且具有制备简单、稳定性好和可重复使用等优点，在农药检测领域展现了良好的应用前景。

分子印迹固相萃取技术以 MIPs 作为固相萃取的填料，可特异性锁定目标物，其工作原理包括预处理、加样、除杂质和洗脱等。样品萃取之前进行柱预处理，使填料溶剂化，增加填料和目标物间的相互作用；且可去除填料中可能存在的杂质。样品基质会直接影响 MIPs 的识别特性，恰当的加样溶剂可提高目标物与 MIPs 间的特异性作用。

6. 生物传感器检测技术

生物传感器检测技术的原理已在第一节食源性致病微生物生物传感器检测技术中详细介绍，其可应用于农药残留、抗生素残留、食品中其他成分以及细菌和病毒的在线检测。

7. 免疫检测试剂条检测技术

免疫检测试剂条检测技术即实时免疫学检测技术，它将抗原或抗体固定结合在适当的膜上，检测时只需将测试样品提取液滴加在试剂条上就可以在几十分钟或几分钟内得到检测结果。将各种放大技术（如脂质体放大技术）和试剂条相结合，产生的生物放大试剂条，不仅可以缩短检测时间，还可以大大提高检测的灵敏度。

思考题

1. 农药残留检测中样品预处理新技术有哪些？
2. 重金属检测新技术有哪些？
3. 食品在线检测技术有哪些？
4. 什么是近红外光谱检测技术？
5. 简述多聚酶链反应技术的工作原理。
6. 样品预处理应遵循哪些原则？
7. 简述固相萃取技术的原理。

第十三章 13

食品安全性管理

学习目标

1. 掌握绿色食品和有机食品的标准水平、认证体系和生产方式的区别。
2. 掌握 HACCP 体系的 7 个原理。
3. 了解食品安全追溯召回制度。

随着商品结构、性能越来越复杂，商品质量难以通过感官做出直接判定，且附在商品上由生产者提供的“合格声明”也不总是可信。因此，商品的生产者需要通过一定的方式来证明其提供的产品（包括服务）符合特定要求，且消费者也需要有一定的方式来证实自己购买的产品质量是有保证的，因此由第三方来证实产品质量的认证制度便应运而生。认证是随着商品生产和交换而发展起来的，是市场经济的产物。西方发达国家从 20 世纪 30 年代起开始产品认证，发展中国家大多从 20 世纪 70 年代起开始引入产品认证概念，20 世纪 80 年代又兴起了管理体系认证、实验室认可等认证形式。随着经济全球化进程不断加快，国际认证机构的相互认可对开展国际贸易起到的作用越来越大。

认证形式可分为产品（服务）认证和体系认证，其区别是认证对象不同。产品认证的对象是特定产品或服务；而体系认证的对象是生产企业的管理体系，包括质量管理体系、环境管理体系等，体现的是保证能力。产品认证如我国实施的强制认证制度（CCC）和自愿性认证制度，体系认证如 ISO 9000 系列标准认证和 HACCP 认证等。

要保证食品安全，必须有动力来源，法律法规强制必不可少。但是，法律法规强制属于外在力量，难以解决根本问题。要真正保证食品安全，必须有食品行业的自觉、充分参与，必须激发食品企业的内在动力。这种动力来自追逐利润。而要获得利润，必须创自己的品牌产品，必须赢得消费者的信任。为此，可以通过让消费者了解不安全食品和恶劣生产环境下加工的食品的风险，帮助消费者鉴别企业行为的规范性，从而在促进企业提高食品安全水平方面起到非常重要的作用。在食品产业链中建立食品安全质量认证系统，可以保证从食品的生产加工开始就确保其质量和安全。

欧美食品安全在一般管制的基础上，鼓励食品部门的自我管理。食品安全管理部门制定一系列食品企业通用管理规范，如良好操作规范（GMP）和危害分析与关键控制点（HACCP），由食品企业自愿采纳并融合到自己的管理系统中，而且鼓励企业根据自己的产品和生产特性形成自己的食品安全计划，作为强制性法规的补充或替代。这些管理大都是预防性和保护性的措施，通过认证获得承认。目前，认证已经不仅仅是促进企业和其他组织提高管理与服务水平、保证产品质量、提高竞争力的可靠方式，同时也成为一个国家从源头上确保产品安全、规范市场行为、指导消费、保护环境、保护人民生命健康、促进对外贸易的战略性选择，在国家经济建设和社会发展中起着日益重要的作用。同时，认证在建设现代化经济体系、促进高质量发展中发挥了“保底线”“拉高线”的作用，优化市场准入环境、竞争环境、消费环境，营造国际化营商环境，提升食品安全等民生重点领域的供给投入，起到促进绿色发展、服务乡村振兴的作用。

第一节　绿色食品和有机食品的管理

绿色食品和有机食品的管理

绿色食品和有机食品都是指符合一定标准的安全食品。值得注意的是，无公害食品是绿色食品与有机食品的初期形态，在此基础上才诞生绿色食品，有机食品则属于绿色食品的升级版本，比绿色食品更具营养价值。农业部自 2001 年开始制定、发布无公害食品标准。随着我国农业进入高质量发展新阶段，无公害食品的内外部形势和要求发生了深刻变化，2013 年 6 月，农业部第 1963 号公告决定废止《无公害食品葱蒜类蔬菜》等 132 项无公害食品农业行业标准，自 2014 年 1 月 1 日起停止施行，停止施行后，需要用之前标准组织生产的企业需转化为企业标准，并按标准组织生产。2022 年 10 月，农业农村部发布深入学习贯彻《中华人民共和国农产品质量安全法》的通知，指出停止无公害农产品认证，停开农产品产地证明，无公害农产品的发展落下帷幕，但停止不是取消，而是进一步的升级，配套出台了食用农产品承诺达标合格证。2023 年 1 月 1 日起《中华人民共和国农产品质量安全法》正式施行，开具承诺达标合格证成为农产品生产企业、农业专业合作社、从事农产品收购的单位或个人的一项法律义务。本节重点对绿色食品和有机食品的管理进行介绍。安全是这两类食品突出的共性，它们在种植、收获、加工生产、贮存及运输过程中都采用了无污染的工艺技术，实行了“从农田到餐桌”的全程质量控制，保证了食品的安全性。但这并不代表两种安全食品的生产技术和食品价值完全相同，它们的标准水平、认证体系和生产方式都存在区别。

1. 质量标准水平不同

绿色食品标准是由中国绿色食品中心组织指定的统一标准，分为 A 级和 AA 级，A 级的标准参照发达国家食品卫生标准和联合国食品法典委员会（CAC）的标准制定，AA 级的标准根据国际有机农业运动联合会（IFOAM）有机食品的基本原则，参照有关国家有机食品认证机构的标准，再结合我国的实际情况而制定，其质量标准与有机食品标准基本相同。

2. 认证体系不同

这两类食品都必须经过专门机构认定，许可使用特定的标志，但是认证体系有所不同。绿色食品由中国绿色食品发展中心负责认证。中国绿色食品发展中心在各省、市、自治区及部分计划单列市设立了 40 个委托管理机构，负责本辖区的有关管理工作，有统一的也是唯一的商标标志在中国内地、香港特别行政区和日本注册使用。有机食品的认证由国家认监委批准、认可的认证机构进行，有 26 家机构，在国际上一般由政府管理部门审核、批准的民间或私人认证机构认证，全球范围内无统一标志（图 13-1），各国标志呈现出多样化，我国有代理国外认证机构进行有机认证的组织，如德国的 BCS。

3. 生产方式不同

绿色食品生产是将传统农业技术与现代常规农业技术相结合，从选择、改善农业生态环境入手，限制或禁止使用化学合成物及其他有毒有害生产资料，并实施“从农田到餐桌”全程质量控制与精准监测。有机食品生产必须在认证机构监督下，完全按有机生产方式生产 1~3 年（转化期），被确认为有机农场后，通过自然条件与环境生产有机食品，则可在产品上使用有机标志和“有机”字样上市。

图 13-1　我国绿色食品和有机食品标志

一、绿色食品认证与管理

1. 绿色食品的特点

绿色食品指遵循可持续发展原则，按照特定生产方式生产，经专门机构认证，许可使用绿色食品标识的无污染的安全、优质、营养类食品。绿色食品有三个显著特征，因而食用更安全：一是绿色食品强调产品出自最佳生态环境。绿色食品生产从原料产地的生态环境入手，通过对原料产地及其周围的生态环境因子严格监测，判定其是否具备生产绿色食品的基础条件。二是绿色食品必须对产品实行全程质量控制。绿色食品生产实施从“农田到餐桌”全程质量控制，通过生产前的环境监测和原料检测，生产中的具体生产、加工操作规程的落实，以及生产后的产品质量、卫生指标、包装、保鲜、运输、储藏、销售控制，确保绿色食品的整体产品质量，并提高整个生产过程的技术含量。三是绿色食品对产品依法实行标识管理。绿色食品标识作为特定的产品质量证明商标，属知识产权范畴，受《中华人民共和国商标法》保护。

2. 绿色食品的标准与要求

绿色食品标准分为两个技术等级，即 A 级绿色食品标准和 AA 级绿色食品标准。A 级绿色食品标准要求：生产地的环境质量符合《绿色食品产地环境质量标准》，生产过程严格按绿色食品生产资料使用准则和生产操作规程要求，限量使用限定的化学合成生产资料，并积极采用生物学技术和物理方法，保证产品质量符合绿色食品产品标准要求。AA 级绿色食品标准要求：生产地的环境质量符合《绿色食品产地环境质量标准》，生产过程中不使用化学合成的农药、肥料、食品添加剂、饲料添加剂、兽药及有害于环境和人体健康的生产资料，而是通过使用有机肥、种植绿肥、作物轮作、生物或物理方法等技术，培肥土壤，控制病虫草害，保护或提高产品品质，从而保证产品质量符合绿色食品产品标准要求。

3. 绿色食品的认证与管理

2012 年 7 月 30 日，农业部令 2012 年第 6 号公布《绿色食品标志管理办法》，2022 年 1 月 7 日，农业农村部对《绿色食品标志管理办法》进行了修订。中国绿色食品发展中心负责全国绿色食品标志使用申请的审查、颁证和颁证后跟踪检查工作。省级人民政府农业行政农村部门所属绿色食品工作机构负责本行政区域绿色食品标志使用申请的受理、初审和颁证后跟踪检查工作。

（1）申请使用绿色食品标志的生产单位（以下简称申请人），应当具备下列条件。

①能够独立承担民事责任。

②具有绿色食品生产的环境条件和生产技术。

③具有完善的质量管理和质量保证体系。

④具有与生产规模相适应的生产技术人员和质量控制人员。

⑤具有稳定的生产基地。

⑥申请前三年内无质量安全事故和不良诚信记录。

（2）申请人应当向省级工作机构提出申请，并提交下列材料。

①标志使用申请书。

②产品生产技术规程和质量控制规范。

③预包装产品包装标签或其设计样张。

④中国绿色食品发展中心规定提交的其他证明材料。

（3）省级工作机构应当自收到申请之日起十个工作日内完成材料审查。符合要求的，予以受理，并在产品及产品原料生产期内组织有资质的检查员完成现场检查。申请人委托符合条件的检测机构，对申请产品和相应的产地环境进行检测，出具产品质量检验报告和产地环境监测报告，提交省级工作机构和申请人。

（4）省级工作机构对申请材料进行初审，并将初审合格材料报中国绿色食品发展中心。

（5）中国绿色食品发展中心会同权威的环境保护机构，对所报材料进行审核。合格的由中国绿色食品发展中心指定的食品监测机构对其申报产品进行抽样，并依据绿色食品质量和卫生标准进行检测；对不合格的，当年不再受理其申请。

（6）中国绿色食品发展中心对质量和卫生检测合格的产品进行综合审查（含实地核查），并与符合条件的申请人签订“绿色食品标志使用协议”；由农业农村部颁发绿色食品标志使用证书及编号；报国家工商行政管理局商标局备案，同时公告于众。对卫生检测不合格的产品，当年不再受理其申请。绿色食品标志的单位和个人，在有效的使用期限内，应接受中国绿色食品发展中心指定的环保、食品监测部门对其使用标志的产品及生态环境进行抽查，抽检不合格的，撤销标志使用权，在本使用期限内，不再受理其申请。绿色食品标志使用权自批准之日起 3 年有效。要求继续使用绿色食品标志的，须在有效期满前三个月向省级工作机构提出续展申请，未重新申报的，视为自动放弃其使用权。

二、有机食品及认证管理

1. 有机食品的特点

我国国家环境保护总局有机食品发展中心对有机食品的定义为“来自有机生产体系，根据有机认证标准生产、加工，并且经过独立认证机构认证的农产品及其加工产品等。”有机食品（organic food）又称生态食品或生物食品等。有机食品通常来自有机农业生产体系，是一种完全不用或基本不用人工合成的化肥、农药、生长调节剂和牲畜饲料添加剂的生产体系。有机农业在可行范围内尽量依靠作物轮作、秸秆、牲畜粪肥、豆科作物、绿肥、场外有机废料、含有矿物养分的矿石补偿养分，利用生物和人工技术防治病虫草害。有机农产品指根据有机农业和有机农产品生产、加工标准生产出来的经过有机农产品颁证组织颁发给证书的一切农产品。目前列入国家《有机产品认证目录》的有机食品主要包括一般的有机农作物产品（如粮食、水果、蔬菜等)、有机茶产品、有机食用菌产品、有机畜禽产品、有机水产品、有机蜂产品、有机奶粉、采集的野生产品以及用上述产品为原料的加工产品。我国市场销售的有机食品主要是蔬菜、大米、茶叶、蜂蜜、羊奶粉等。

2. 有机食品的判断标准与要求

（1）有机食品判断标准

①原料来自有机农业生产体系或野生天然产品。

②有机食品在生产和加工过程中必须严格遵循有机食品生产、采集、加工、包装、贮藏、运输标准，禁止使用农药、化肥、激素、抗生素、食品添加剂等，禁止使用基因工程技术及该技术的产物及其衍生物。

③有机食品生产和加工过程中必须建立严格的质量管理体系、生产过程控制体系和追踪体系，一般需要转换期，转换过程需要 2~3 年，才能够被批准为有机食品。

④有机食品必须通过独立的有机产品认证机构认证审查。

（2）有机食品生产的基本要求

①生产基地在最近三年内未使用过农药、化肥等违禁物料。

②种子或种苗来自自然界，未经基因工程技术改造。

③生产单位需建立长期的土地培肥、植保、作物轮作和畜禽养殖计划。

④生产基地无水土流失及其他环境问题。

⑤作物在收获、清洁、干燥、贮存和运输过程中未受化学物质的污染。

⑥从常规种植向有机种植转换需两年以上转换期，新垦荒地例外。

⑦生产全过程必须有完整的记录档案。

（3）有机食品加工的基本要求

①原料必须是自身获得有机颁证的产品或野生无污染的天然产品。

②已获得有机认证的原料在终产品中所占的比例不得少于 95%。

③只使用天然的调料、色素和香料等辅助原料，不用人工合成的添加剂。

④有机食品在生产、加工、贮存和运输过程中应避免化学物质的污染。

⑤加工过程必须有完整的跟踪审查体系和档案记录，包括相应的票据。

3. 有机食品的认证与管理

2013 年 11 月 15 日国家质量监督检验检疫总局令第 155 号公布《有机产品认证管理办

法》，2022年9月29日国家市场监督管理总局令第61号第二次修订，该办法是有机认证机构及其监管部门开展工作的法规依据。有机食品认证强调生产过程的质量安全措施的控制，重视农事操作记录，生产资料购买和应用的记录以及质量追踪等。在我国，有机食品认证按照国际通行规则实行检查员制度，其认证方式以检查认证为主，申请认证流程如下。

（1）申请　申请者向有机食品发展中心（分中心）提出正式申请，填写申请表和交纳申请费。申请者填写有机食品认证申请书，领取检查合同、有机食品认证调查表、有机食品认证的基本要求、有机认证书面资料清单、申请者承诺书等文件。申请者按《有机食品认证技术准则》要求建立质量管理体系、生产过程控制体系、追踪体系。

（2）认证中心核定费用预算并制定初步的检查计划　认证中心根据申请者提供的项目情况，估算检查时间，一般需要2次检查：生产过程1次、加工1次，并据此估算认证费用和制定初步检查计划。

（3）签订认证检查合同　申请者与认证中心签订认证检查合同，一式三份；交纳估算认证费用的50%；填写有关情况调查表并准备相关材料；指定内部检查员（生产、加工各1人）；所有材料均使用文件、电子文档各1份，邮寄或E-mail给分中心。

（4）初审　分中心对申请者材料进行初审；对申请者进行综合审查；分中心将初审意见反馈给认证中心；分中心将申请者提交的电子文档E-mail至认证中心。

（5）实地检查评估　认证中心在确认申请者交纳颁证所需的各项费用后，派出经认证中心认可的检查员；检查员从分中心取得申请者相关资料，依据《有机食品认证技术准则》，对申请者的质量管理体系、生产过程控制体系、追踪体系以及产地、生产、加工、仓储、运输、贸易等进行实地检查评估，必要时需对土壤、产品取样检测。

（6）编写检查报告　检查员完成检查后，按认证中心要求编写检查报告；在检查完成2周内将报告文档和电子文本交认证中心；分中心将申请者文本资料交认证中心。

（7）综合审查评估意见　认证中心根据申请者提供的调查表、相关材料和检查员的检查报告进行综合审查评估，编制颁证评估表，提出评估意见并提交颁证委员会审议。

（8）颁证委员会决议　颁证委员会定期召开颁证委员会工作会议，对申请者的基本情况调查表、检查员的检查报告和认证中心的评估意见等材料进行全面审查，做出是否颁发有机证书的决定。

（9）颁发证书　根据颁证委员会决议，向符合条件的申请者颁发证书。申请者交纳认证费剩余部分，认证中心向获证申请者颁发证书；获有条件颁证申请者要按认证中心提出的意见进行改进并做出书面承诺。有机食品标志认证一次许可有效期限为一年。一年期满后可申请“保持认证”，通过检查、审核合格后方可继续使用有机食品标志。伪造、涂改、转让有机食品认证机构资格证书，年审考核不合格，有机食品认证机构及其工作人员从事有机食品的有偿咨询活动或有机食品的生产经营活动，在认证过程中弄虚作假或欺骗客户，由有机食品认可委员会给予警告，并限期改正，限期未达到要求的，取消其有机食品认证机构资格证书。已获认证的有机食品不符合有机食品认证时的标准和规范要求的，由原有机食品认证机构视情况暂扣或撤销有机食品认证证书。

目前国内外有机食品主要颁证机构有：中国的国家环境保护总局有机食品发展中心（OFDC）、美国的国际有机作物改良协会（OCIA）、欧盟有机认证机构（European Union Organic Certification Bodies）、日本的JONA（Japanese and Natural Foods Association）等。

第二节　准入制度

一、食品质量安全市场准入制度

食品质量安全市场准入制度指食品生产企业必须在生产环境、生产设备、制造工艺、产品标准等方面达到国家标准，并获得国家颁发的食品生产许可证后，才有资格从事食品生产，并使用QS标志，标志是由“质量安全（quality safety）”字头（QS）和“质量安全”中文字样组成。标志主色调为蓝色，字母“Q”与“质量安全”四个中文字样为蓝色，字母“S”为白色。从2003年8月1日起，凡在我国境内从事米、面、油、酱油、醋生产加工的企业，未按规定程序获得食品生产许可证而生产加工这5类食品，未经检验合格并加贴（印）食品市场准入标志（QS质量安全）就出厂销售的，会受到各级质量技术监督局的依法查处。2003年7月4日，国家质量监督检验检疫总局决定自2003年下半年起，对肉制品、乳制品、饮料、调味品（糖、味精）、方便面、饼干、罐头、冷冻饮品、速冻米面食品、膨化食品10类食品实施质量安全市场准入制度。2005年年底，中国全部28大类食品都被纳入食品质量安全准入范围。2015年10月1日起施行的《食品生产许可管理办法》规定食品生产许可证编号由SC（“生产”的汉语拼音字母缩写）和14位阿拉伯数字组成。QS正式退出食品安全认证。“QS”体现的是由政府部门担保食品安全，“SC”则体现了食品生产企业在保证食品安全方面的主体地位，监管部门则从单纯发证变成了持续监管。

二、食品质量安全市场准入必备条件

2003年7月4日，国家质量监督检验检疫总局发布了《食品质量安全市场准入审查通则》。为保证食品质量安全，要求食品生产企业必备的条件如下。

（1）环境卫生要求　企业周围应无有害气体、烟尘、灰尘、放射性物质及其他扩散性污染源。与食品生产相关的车间、库房、设备等卫生条件和企业环保措施应当符合国家规定的要求。

（2）生产资源要求　食品生产加工企业必须具备与保证产品质量安全相适应的生产设施、生产设备以及原料处理、生产加工、原料与成品贮存等场所。使用特殊设备生产加工食品的，还应当符合相关的法律法规要求。

（3）原辅材料要求　食品生产加工所用的原辅材料必须符合相应的国家标准、行业标准及有关规定。直接用于食品生产加工的水必须符合GB 5749—2022《生活饮用水标准》的要求。采购已实施生产许可证管理的产品作为生产原辅材料时，企业应当索取该产品的生产许可证复印件并查验其有效性。

（4）生产加工要求　食品加工工艺流程应当科学、合理。生产加工过程应当严格控制，防止生物性、化学性、物理性污染及原料与半成品、成品的交叉污染。严禁使用国家禁止使用或明令淘汰的生产工艺和设备。

（5）产品要求　企业必须按照有效的产品标准组织生产。企业生产的产品必须符合国家标准、行业标准和审查细则的强制性规定以及企业明示的质量要求。使用食品添加剂和营养强化剂必须符合 GB 2760—2024《食品安全国家标准　食品添加剂使用标准》和 GB 14880—2012《食品安全国家标准　食品营养强化剂使用标准》，严禁在食品中超量或超范围使用食品添加剂和营养强化剂。

（6）人员要求　企业负责人应当了解产品质量法律法规和企业的产品质量责任、义务。企业生产技术人员应当具有相关的专业知识。企业的生产操作人员和检验人员上岗前应当经过培训考核，持证上岗。从事食品生产加工的人员应当身体健康，无传染性疾病。食品生产加工企业各类人员应当具有必要的食品质量安全知识。

（7）检验要求　企业应当进行生产过程检验和出厂检验，企业应有能力对审查细则规定的产品出厂检验项目进行检验，企业使用的检验设备必须经检定、校准合格后在有效期内使用。企业检验部门应能够独立行使检验职权。

（8）包装及标签标识要求　用于食品包装的材料必须符合国家法律法规及强制性标准的要求。定量包装食品的净含量应当符合相应的产品标准及《定量包装商品计量监督管理办法》。食品标签标识必须符合国家法律法规及食品标签标准和相关产品标准中的要求。

（9）贮运要求　企业库房的条件应当与相关食品的贮存要求及生产规模相适应，成品库原则上应当专库专用。食品运输用的车辆、工具必须清洁卫生，不得将成品与污染物同车运输。有冷藏（冷冻）运输要求的食品，食品生产企业应具备冷藏（冷冻）运输车辆及工具。

（10）质量管理要求　企业应当根据有关法律法规要求，建立健全企业质量管理制度。实施从原材料到最终产品的全过程质量管理，严格岗位质量责任，加强质量考核。

三、市场准入制度的生产许可证申请程序

1. 申请阶段

申请食品生产许可，应当先取得营业执照等合法主体资格。企业法人、合伙企业、个人独资企业、个体工商户、农民专业合作组织等，以营业执照载明的主体作为申请人。申请人向所在地县级以上地方市场监督管理部门提交食品生产许可申请书，有效期内工商营业执照、卫生许可证、企业代码证、企业法定代表人或负责人身份证复印件，食品生产设备布局图和食品生产工艺流程图，食品生产主要设备、设施清单，专职或兼职的食品安全专业技术人员、食品安全管理人员信息和食品安全管理制度。已获得 HACCP 认证证书、出口食品卫生注册（登记）证的企业，提供证书复印件、审查细则要求提供的其他材料。申报材料不符合要求的，企业从接到通知起 20 个工作日内补正，逾期未补正的，视为撤回申请。

2. 审查阶段

书面材料合格后，按照食品生产许可证审查规则，依照食品生产许可审查通则和审查细则，在 20 日内，企业要接受审查组对企业必备条件和出厂检验能力的现场审查，现场审查时间一般不超过 2 日。现场审查合格的企业，由审查组现场抽封样品。在 7 日内将样品送达指定的检验机构进行检验。经必备条件审查和发证检验合格而符合发证条件的，地方市场监督管理部门对审查报告进行审核，确认无误后，将统一汇总材料在规定时间内报送国家市场监督管理总局。国家市场监督管理总局收到省级市场监督管理部门上报的符合发证条件的企业材料的，在规定的工作日内审核批准。

3. 发证阶段

经国家市场监督管理总局审核批准后，省级市场监督管理部门在规定的工作日内，向符合发证条件的生产企业发放食品生产许可证及其副本。食品生产许可证的有效期为 3 年。不同食品其生产许可证的有效期限在相应的规范文件中规定。在食品生产许可证有效期满前 6 个月内，企业应向原受理食品生产许可证申请的市场监督管理部门提出换证申请。市场监督管理部门应当按规定的申请程序进行审查换证。

对食品生产许可证实行年审制度。取得食品生产许可证的企业，应当在证书有效期内，每满 1 年的前 1 个月内向所在地的市（地）级以上市场监督管理部门提出年审申请。年审工作由受理年审申请的市场监督管理部门组织实施。年审合格的，市场监督管理部门应在企业生产许可证的副本上签署年审意见。

食品生产加工企业在食品原材料、生产工艺、生产设备等生产条件发生重大变化，或开发生产新种类食品时，应当在变化发生后的 20 日内提出申请。省级或市（地）级市场监督管理部门应当按照食品生产许可证审查通则和审查细则的规定重新组织现场核查和产品检验。

企业名称发生变化时，应当在变更名称后 20 日内向原受理食品生产许可证申请的市场监督管理部门提出食品生产许可证更名申请。

第三节　良好操作规范

一、良好操作规范的概念及分类

（一）良好操作规范的概念

良好操作规范最早用于药品工业，是英文 Good Manufacturing Practices for Drugs 或者 Good Practices in the Manufacturing and Quality Control of Drugs 的缩写，可直译为“优良的生产实践”。现在 GMP 被广泛应用于食品、化妆品。应用于食品时，GMP 即为 Good Manufacturing Practices for Foods。在食品加工企业中实施 GMP，可以确保食品加工企业具备良好的生产设备、合理的生产过程、完善的质量管理和严格的检测系统。目前，所有 GMP 法规仍在不断完善，最新版本的 GMP 被称为通用良好操作规范（Current Good Manufacturing Practice, CGMP）。

（二）良好操作规范的分类

1. 从适用范围分类

（1）具有国际性质的 GMP　这一类 GMP 包括 WHO 制定的 GMP、北欧七国自由贸易联盟制定的 PIC（Pharmaceutical Inspection Convention，药品生产检查相互承认公约）-GMP 及东南亚国家联盟制定的 GMP 等。

（2）国家权力机构颁布的 GMP　如原中华人民共和国卫生部及后来成立的国家药品监督管理局、美国 FDA、英国卫生和社会保险、日本厚生劳动省等政府机关制定的 GMP。

（3）工业组织制定的 GMP　如美国制药工业联合会制定的 GMP（标准不低于美国政府

制定的 GMP），中国医药工业公司制定的 GMP 实施指南，各公司自己制定的 GMP。

2. 从制度性质分类

（1）将 GMP 作为法典规定，如美国、中国和日本的 GMP。

（2）将 GMP 作为建议性的规定，如联合国的 GMP。

二、 GMP 的发展简史

（一）药品 GMP 的发展简史

20 世纪医药科技的发展带来了许多具有划时代意义的医药发明，如阿司匹林、青霉素等新药对治疗人类疾病、保证人类身体健康发挥了重大作用，但同时人类在认识药物的不良反应方面也付出了巨大代价。磺酰胺（SN）是第一个现代化学疗法化合物，但在 1937 年美国田纳西州的一位药剂师配制的磺胺药剂引起 300 多人急性肾功能衰竭，107 人死亡。为此，美国于 1938 年修改了《食品、药品和化妆品法》。

20 世纪 50 年代后期，德国生产了一种声称治疗妊娠反应的镇静药 Thalidomide，但实际上这是一种 100% 的致畸胎药。该药售出的 6 年，先后在德国、加拿大、日本、拉丁美洲、非洲共 28 个国家及地区发现畸形胎儿 12000 余例，其原因一是该药未经过严格的临床前药理试验，二是生产该药的药厂虽收到有关反应报告 100 多例，却隐瞒不报，导致更大的危害，被称为“20 世纪最大的药物灾难”。

美国、法国等少数国家幸免此难。当时这些国家的 FDA 官员在审查该药时发现缺乏足够的临床试验数据，吸取了 1938 年磺胺药剂的教训而没有批准进口该药。但此次事件的严重后果在美国引起了不安，激起公众对药品监督和药品法规的普遍关注，人们逐渐认识到以成品抽样分析检验结果为依据的质量控制方法存在一定缺陷，无法保证药品安全。最终推动了 1962 年美国国会对《食品、药品和化妆品法》的重大修改。1962 年的修改案显著加强药品法的作用，主要反映在三个方面：①要求制药企业不仅要证明药品有效，而且要证明药品安全。②要求制药企业要向 FDA 报告药品的不良反应。③要求制药企业实施药品生产和质量管理规范。

按照修正案的要求，由美国坦普尔大学 6 名专业技术人员编写制定初稿，经 FDA 官员多次讨论修改后，美国国会于 1963 年颁布了世界上第一部 GMP。GMP 经过几年的实施，收效甚好。因此，1967 年世界卫生组织在出版《国际药典》时，将 GMP 收载到其附录中。在 1969 年第 22 届世界卫生大会上，世界卫生组织建议各成员国的药品生产采用 GMP，以确保药品质量和符合“国际贸易药品质量签证体制”（Certification Scheme on the Quality of Pharmaceutical Products Moving in International Commerce，简称签证体制）。1973 年日本制药协会提出了自己的 GMP。1977 年第 28 届世界卫生大会时，WHO 再次向成员国推荐 GMP，并确定为 WHO 的法规。GMP 经过修订后，收载于《世界卫生组织正式记录》第 226 号附件 12 中。WHO 提出的 GMP 制度是药品生产全面质量管理的一个重要组成部分，是保证药品质量，把生产事故发生的可能性降低到最低程度的必要条件和可靠的办法。1978 年美国再次修订了 GMP。1980 年日本决定正式实施 GMP。随后，欧共体委员会颁布了欧共体的 GMP。到 1980 年，已有 63 个国家颁布了 GMP，目前已有 100 多个国家实施了 GMP 制度。

20 世纪 70 年代末，随着对外开放和出口药品的需求，GMP 在我国受到重视，并在一些企业和产品中得到应用。1982 年，中国医药工业公司《药品生产管理规范》试行，1984 年修订；1998 年国家药品监督管理局成立后，建立了国家药品监督管理局药品认证管理中心，国家药品监督管理局于 1999 年 6 月 18 日颁布《药品生产质量管理规范》，2010 年 10 月 19 日，现行版《药品生产质量管理规范（2010 年修订）》由卫生部部务会议审议通过。

（二）食品 GMP 的发展简史

1969 年美国 FDA 将 GMP 的观念引入食品生产的法规中，制定并颁发了《食品良好生产工艺通则》（Current Good Manufacturing Practice，CGMP），从此开创了食品 GMP 的新纪元。

1985 年国际食品法典委员会制定了《食品卫生通用 GMP》。

20 世纪 70 年代初期，为了加强、改善对食品的监管，美国 FDA 以 CGMP 为依据制定了一系列食品 GMP。根据美国《食品、药品和化妆品法》第 402（a）的规定：凡在不卫生的条件下生产、包装或贮存的食品或不符合食品生产条件下生产的食品视为不卫生、不安全的食品。为此，制定了食品生产的良好操作规范（21CFR part110）。该规范为基本指导性文件，包括了对食品生产加工、包装贮存企业的厂房、建筑物与设施、加工设备用具和人员的卫生要求和培训。同时还对仓储与分销、环境与设备的卫生管理和加工过程管理都做了详细的规定。

该法规适用于一切食品的加工生产和贮存。随后，FDA 相继制定了各类食品的操作规范，如 21CFR part106 适用于婴儿食品的营养控制，21CFR part113 适用于低酸性罐头食品加工企业，21CFR part114 适用于酸化食品加工企业，21CFR part129 适用于瓶装饮料。

到目前为止，美国在 21CFR part110 的基础上，对可可、糕点等食品也制定了相应的 GMP 法规。美国低酸性罐头食品的 GMP 是针对 20 世纪 60 年代后期美国相继发生市销罐头食品的肉毒梭菌的中毒事件而制定的，其内容包括一般事项、机械器具、内容物、罐头容器、卷边、生产过程管理、记录和报告等，其中特别关注了罐头生产中的重点工序——杀菌和卷边，包括杀菌釜结构、温度管理、卷边部分的检查方法等。

加拿大卫生部（HPB）按照《食品和药品法》制定了《食品良好制造法规》（GMRF），描述了加拿大食品加工企业最低健康标准。CAC 制定了《食品卫生通则》[CAC/RCP1-1969 Rev.3（19971）] 及一些食品生产的卫生实施法规。欧盟的食品卫生规范和要求包括 6 类：①对疾病实施控制的规定；②对农残、兽残实施控制的规定；③对食品生产、投放市场的卫生规定；④对检验实施控制的规定；⑤对第三国食品准入的控制规定；⑥对出口国当局卫生证书的规定。

食品 GMP 既是食品制造规范，又是制造食品必须遵循的技术标准。GMP 是食品质量管理的先进方法和成功经验。

目前，世界各国的食品规格或食品卫生法规大不相同。FAO 和 WHO 成立了国际食品规格委员会，致力于食品规格的统一和食品卫生法规的协调，食品制造和加工技术、食品添加剂和其他食品卫生方面的规格标准，将会逐步实现国际化。

我国的食品企业卫生规范，相当于国外广泛应用的 GMP 管理方法。1984 年由国家商检局制定了类似 GMP 的卫生法规《出口食品厂、库最低卫生要求》，对出口食品生产企业提出了强制性的卫生规范。到 20 世纪 90 年代初，在“安全食品工程研究”中，对 8 种出口食品制定了 GMP。

1994 年公布了 GB 14881—1994《食品企业通用卫生规范》，其基本卫生要求包括以下内容：①原材料采购、运输的卫生要求；②工厂设计与设施的卫生要求；③工厂的卫生管理；④生产过程的卫生要求；⑤卫生和质量检验的管理；⑥成品储存、运输的卫生要求；⑦个人卫生与健康的要求。

根据食品贸易全球化的发展以及对食品安全卫生要求的提高，1984 年版的《出口食品厂、库最低卫生要求》已经不能适应形势的要求，于 1994 年 11 月颁布了经修改的《出口食品厂、库卫生要求》。2011 年 9 月公布的《出口食品生产企业卫生要求》规定了出口食品生产企业建立并有效运行食品安全卫生控制体系、建立和实施 HACCP 体系、生产和管理人员要求、厂区环境要求、生产加工车间及设施要求、生产加工用水安全卫生要求、原辅料食品添加剂及食品相关产品安全要求、生产加工过程要求、储存运输过程卫生要求、化学物品管理要求、检测监控要求、新技术/新工艺审批要求等。在此基础上，又陆续发布了 9 个专业卫生规范：①出口畜禽肉及其制品加工企业注册卫生规范；②出口罐头加工企业注册卫生规范；③出口水产品加工企业注册卫生规范；④出口饮料加工企业注册卫生规范；⑤出口茶叶加工企业注册卫生规范；⑥出口糖类加工企业注册卫生规范；⑦出口面糖制品加工企业注册卫生规范；⑧出口速冻方便食品加工企业注册卫生规范；⑨出口肠衣加工企业注册卫生规范。

1999 年颁布了 SC/T 3009—1999《水产品加工质量管理规范》。

1997 年公布了 GB 16740—1997《保健（功能）食品通用标准》。1998 年卫生部发布了 GB 17405—1998《保健食品良好生产规范》，并于 1999 年 1 月 1 日起正式实施，属强制性技术标准。2002 年 8 月，卫生部下发了“卫生部关于审查《保健食品 GMP》贯彻执行情况的通知”。2003 年 4 月发布了《保健食品良好生产规范审查方法和评价准则》。2002 年卫生部法监司对 GB 12693—1990《乳品厂卫生规范》、GB 12694—1990《肉类加工厂卫生规范》、GB 12695—1990《饮料厂卫生规范》和 GB 8956—1988《蜜饯厂卫生规范》进行了修订，并组织起草了《益生菌类保健食品厂良好生产规范》。目前，我国现行生产经营规范标准 34 项，包括 GB 14881—2013《食品安全国家标准　食品生产通用卫生规范》、GB 31621—2014《食品安全国家标准　食品经营过程卫生规范》、GB 12693—2023《食品安全国家标准　乳制品良好生产规范》、GB 23790—2023《食品安全国家标准　粉状婴幼儿配方食品良好生产规范》、GB 29223—2023《食品安全国家标准　特殊医学用途配方食品良好生产规范》、GB 31603—2015《食品安全国家标准　食品接触材料及制品生产通用卫生规范》、GB 8950—2016《食品安全国家标准　罐头食品生产卫生规范》、GB 8951—2016《食品安全国家标准　蒸馏酒及其配制酒生产卫生规范》、GB 8952—2016《食品安全国家标准　啤酒生产卫生规范》、GB 8954—2016《食品安全国家标准　食醋生产卫生规范》等。我国 GMP 的颁布和实施，对食品卫生法的进一步贯彻执行，保证食品安全卫生，加快改善食品厂的卫生面貌，实现卫生管理标准化和规范化，保障人民健康，起到积极的重要作用。

三、食品 GMP 的内容、要素和基本原则

1. 食品 GMP 的主要内容

食品 GMP 是对食品生产过程从原料到成品各个环节、各个方面实施全面质量控制的具体技术要求。世界各国食品 GMP 的管理内容基本相似，包括硬件和软件两部分。硬件是食品企业的厂房、设备、卫生设施等方面的技术要求，而软件是指可靠的生产工艺、规范的生

产行为、完善的管理组织和严格的管理制度等。

食品 GMP 包括以下内容。

（1）某些卫生因素　老鼠、苍蝇、蚊子、蟑螂和粉尘可以携带和传播大量的致病菌，因此，它们是厂区环境中威胁食品安全卫生的主要危害因素，应最大限度地消除和减少这些因素。

（2）厂房的设计要求　科学合理的厂房设计对减少食品生产环境中微生物的进入、繁殖、传播，防止或降低产品和原料之间的交叉污染至关重要。对选址、总体布局、厂房设计、厂房布局、一般生产区、洁净区应根据相关国家标准的要求执行。

（3）生产工具、设备的要求　食品生产厂选择工具、设备时，不仅要考虑生产性能和价格，还必须考虑能否保证食品的安全性，如设备是否易于清洗消毒，与食品直接接触的工具及设备的材料不与食品发生理化反应。此外，应建立设备档案及其零部件管理制度。

（4）加工过程的要求　主要包括对生产工艺规程与岗位操作规程、工艺卫生与人员卫生条件的要求。加工过程中的原辅料必须符合食品标准，加工过程要严格控制，研究关键控制点，对关键工序的监控必须有记录（监控记录、纠正记录），制定检验项目、检验标准、抽样及检验方法，防止出现交叉污染。食品包装材料不能造成对食品的污染，更不能混入产品中。加工产品应在适宜条件下储藏。

（5）厂房设备的清洗　消毒车间地面和墙裙应定期清洁，车间的空气进行消毒杀菌。加工设备和工器具定时进行清洗、消毒。

（6）产品的储存与运输　定期对储存食品仓库进行清洁，库内产品要堆放整齐、批次清楚，堆垛与地面的距离应符合要求。食品的运输车、船必须保持良好的清洁卫生状况，并符合相应的温湿度要求。

（7）人员的要求　人员的要求包括对有关人员学历、专业、能力的要求，人员培训、健康、个人卫生的要求。

（8）记录文件　所有的 GMP 程序、文件都应有文件档案，并且记录执行过程的维持情况。

2. 食品 GMP 的要素

食品 GMP 的要素包括降低食品生产过程中人为的错误、防止食品在生产过程遭到污染或品质劣变和建立健全的自主性品质保证体系三大要素。

食品 GMP 的管理要素包括人员（man）、原料（material）、设备（machine）和方法（method）。人员指要由适合的人员来生产与管理，原料指要选用良好的原材料，设备指要采用合适的厂房和机器设备，方法指要遵照标准组织生产。

（1）降低食品生产过程中人为的错误　将人为差错、混淆控制到最低限度，必须采取有效措施，如足够的仓库容量，与生产规模、品种、规格相适应的厂房面积，厂房布局合理、生产操作不互相妨碍，投料复核，状态标志，工艺查证，物料平衡，投产前清场复核等。

（2）防止食品在生产过程中遭到污染或品质劣变　主要防止异物、有毒、有害物质及微生物对食品造成污染，要求洁净区空气净化、密封，内表面的光滑和捕尘措施；要求所用物料安全卫生，如工艺用水、消毒剂、杀虫剂管理；要求人员的清洁卫生等。

（3）建立健全的自主性品质保证体系　为了保证质量管理体系的高效运行，对食品生产实行全过程质量监控和管理，要严格执行机构与人员素质的规定；实行物料供货商的评估、采购、物料储运、生产过程、成品储运、销售、售后服务、检验等生产全过程的品质管制；实行如培训、建立文件系统、定期对生产和质量进行全面检查等事前管理体制。

3. 食品 GMP 的基本原则

GMP 的中心指导思想是任何食品质量的形成是设计和生产出来的，而不是检验出来的。GMP 是将保证食品质量的重点放在成品出厂前的整个生产过程的各个环节，而不仅仅是着眼于最终产品。因此，必须强调预防为主，在生产过程中建立质量保证体系，实行全面质量管理。

第四节　危害分析与关键控制点

危害分析与关键控制点（Hazard Analysis and Critical Control Point，HACCP）已经在国际上广为接受，是目前已知的控制食品安全和风味品质最好、最有效的管理体系。HACCP 是一个科学和系统的方法，它通过鉴别、评价和控制影响食品安全的关键危害性因素，提高食品从最初生产到最终消费全过程的安全性。很多国家的政府要求或鼓励食品企业应用 HACCP。为了确保我国食品产业链企业采用 HACCP，需要政府与相关部门的通力合作。

《HACCP 体系及其应用准则》（以下简称《准则》）是一个指南性文件，不仅制定了危害分析与关键控制点体系的 7 个基本原理，而且提供了该体系应用时的原则，具体应用可以依照食品企业生产经营的实际情况和具体条件，科学与系统地建立 HACCP 体系，确定特定的危害及控制措施，以保证食品安全。HACCP 体系是适用于各类食品企业的简便、易行、合理、有效的控制体系。

HACCP 是一种评估危害和建立以预防为重点而不是主要依赖终产品检验的控制体系的工具。任何 HACCP 体系都具有适应变化的能力，如适应设备设计、加工工艺或技术开发方面的进步。

HACCP 可应用于从最初生产到最终消费的整个食品供应链，它的实施应在对人类健康有风险的科学证据指导下进行。实施 HACCP 不仅能加强食品安全，而且也能带来其他重大收益。此外，实施 HACCP 体系可以通过调整职责而有助于进行监督，并通过提高食品安全的可信度促进国际贸易。

HACCP 的成功实施需要管理层和员工全面的承担义务和积极参与。HACCP 需要多学科的方法、多方面知识的运用，包括农药学、兽医卫生、微生物学、医药、公共卫生、食品技术、环境卫生、化学和工程等方面的经验。应用 HACCP 与实施质量管理体系（如 ISO 9000 系列）是兼容的，在这些系统内的食品安全管理中，HACCP 是一个可供选择的系统。

（一）《准则》涉及的术语定义

（1）关键控制点（critical control point，CCP）　指能够实施控制措施的步骤，该步骤用于预防或消除食品安全危害或将其减少到可接受水平。

（2）流程图（flow diagram）　指对某个具体的食品加工或生产过程的所有步骤或操作顺序的系统描述。

（3）控制（control，动词）　指为保证和保持 HACCP 计划中所建立的控制标准而采取的所有必要措施。

（4）控制（control，名词）　指执行了正确的操作程序并符合控制标准的状况。

（5）控制措施（control measure）　指能够预防或消除食品安全危害或将其降低到可接受水平的任何措施和行动。

（6）关键限值（critical limit）　区分可以接受和不可以接受水平的标准值。

（7）偏差（deviation）　指不符合关键限值。

（8）纠偏措施（corrective action）　在关键控制点（CCP）上，当监控结果显示失去控制时所采取的任何措施。

（9）危害分析与关键控制点（HACCP）　指识别、评价和控制对食品安全有显著意义的危害的系统。

（10）HACCP 计划（HACCP plan）　指依据 HACCP 原则制定的一套文件，用于保证控制食品生产、加工、销售等食品供应链相应阶段中对食品安全有显著影响的危害。

（11）危害（hazard）　指可导致潜在的对健康产生有害影响的食品中的生物性、化学性或物理性因素或其存在的状态。

（12）危害分析（hazard analysis）　指收集和评价有关危害以及导致这些危害存在条件的信息，以确定哪些对食品安全有显著意义，从而应被列入 HACCP 计划中予以解决的过程。

（13）监控（monitor）　为评价一个关键控制点（CCP）是否得到控制，而对控制指标进行一系列有计划的观测或测量活动。

（14）步骤（step）　指从初级产品到最终消费（包括原料在内）的食物链中某个点、程序、操作或阶段。

（15）确认（validation）　指获得 HACCP 计划中各要素有效的证据。

（16）验证（verification）　指为了确定 HACCP 计划是否正确实施所采用的除监控以外的方法、程序、试验和评价。

（17）关键控制点判断树（CCP decision tree）　通过一系列问题来判断一个控制点是不是关键控制点的组图，如图 13-2 所示。

（二）HACCP 体系原理

HACCP 体系由 7 个原理组成。

原理 1：进行危害性分析。

原理 2：确定关键控制点（CCPs）。

原理 3：建立关键限值。

原理 4：建立监控关键控制点的控制系统。

原理 5：建立当监控提示某个特定关键控制点失去控制时所采取的纠偏措施。

原理 6：建立证明 HACCP 系统有效运行的验证程序。

原理 7：建立有关以上原理及其应用的所有程序和记录的文件。

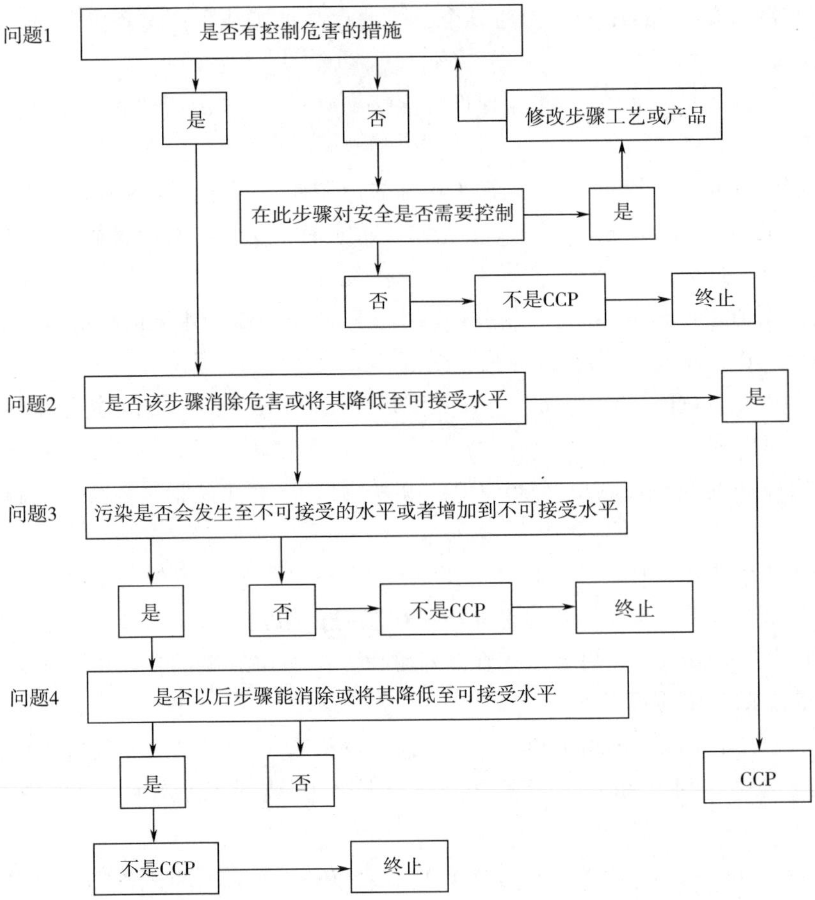

图 13-2 关键控制点判断树

（三）HACCP 体系应用指南

HACCP 应用于食品供应链的任何一个环节之前，该环节的操作必须按法典《食品卫生通则》（*Codex General Principle of Food Hygiene*）、适当的食品法典操作规范以及适用的食品安全法规进行操作。管理层对有效实施 HACCP 体系负有责任。在设计和应用 HACCP 体系时，对危害的鉴别、评估以及随后制定和应用 HACCP 的过程中，必须考虑到原料、辅料、食品生产操作规范、控制危害的加工工序的作用等，还要考虑产品的最终使用目的、消费者的类型以及与食品安全有关的流行病学根据。

HACCP 体系的目的是集中控制关键控制点（CCP）。如果已确定某个危害必须予以控制，但没有关键控制点，则应考虑重新设计操作工序。

HACCP 应独立地应用于每一特定的操作工序，在《食品卫生通则》给出的范例中确定的关键控制点，对于某个特定的应用来说可能不是唯一的关键控制点，或可能具有不同的特性。

当产品、加工过程或任何步骤改变时，应复查所应用的 HACCP 并对其作必要的修改。

在应用 HACCP 时要有适当的灵活性，并充分考虑操作的特点和生产规模。

（四）HACCP 的应用

根据 HACCP 的原理和应用逻辑顺序确定以下工作内容。

（1）组建 HACCP 工作组　为建立一个有效的 HACCP 计划，食品操作人员必须保证具备相应的产品专业知识技术和经验，最好由一个多学科人员组建的工作组来完成。如果现场不能提供这类专门技术，应从其他途径获得专家的意见。应该明确 HACCP 计划的范围，并描述这个范围涉及食品供应链的哪一环节及提出危害的总体分类（如是包括危害的所有类别或仅是部分类别）。

（2）产品描述　对产品应进行全面的描述，包括有关安全性的信息，如成分、物理或化学结构（包括水分活度、pH 等）、加工方式（如热处理、冷冻、盐渍、烟熏等）、包装、保质期、贮存条件以及销售方法。

（3）确定预期用途　预期用途必须以食品的最终使用者或消费者所期望的用途为根据。在特殊情况下，还应考虑易受伤害的消费人群，如接受集体供餐者。

（4）制作流程图　流程图应由 HACCP 工作组绘制，流程图必须包括所有加工操作步骤，当 HACCP 应用于某项特定操作时，应考虑该步骤前后的具体操作步骤。

（5）流程图的现场确认　HACCP 工作组应在现场操作的所有阶段和时间对照流程图，确认加工操作过程是否与流程图一致，必要时修改流程图。

（6）列出与每一个步骤有关的所有潜在性危害，进行危害性分析，并采取措施控制已鉴别的危害（原理 1）。HACCP 工作组应从原料、初级产品、加工、制作及销售直至最终消费，列出每一个环节可能发生的所有危害。

HACCP 工作组下一步还应对 HACCP 计划进行危害分析，以确定哪些危害对食品安全来说必须予以消除或减少到可接受的水平。

进行危害分析时，一般应包括：①危害发生的可能性及其对健康影响的严重性；②定性或定量评价出现的危害；③有关微生物的存活或繁殖；④食品中产生的毒素、化学或物理因素的产生及其持久性；⑤导致上述因素的条件。

HACCP 工作组还必须对每个危害提出可应用的控制措施。

控制一个特定的危害可能需要采取一个以上的控制措施，而一个特定的控制措施可能用来控制一个以上的危害。

（7）确定关键控制点（原理 2）　可能在几个关键控制点上所采取的控制措施都针对同一危害，应用判断树（图 13-2）这一逻辑推理方法很容易确定 HACCP 体系中的 CCP。对判断树的应用应当灵活，在生产、屠宰、加工、贮存、销售及其他不同的情况都可应用。确定关键控制点时应以判断树作为指南，本书所给的判断树可能不适合于所有的情况，也可用其他的方法。建议对如何应用判断树进行培训。

如果在某步骤上确定的危害需要控制以保证食品安全，但在该步骤及其他步骤中都没有相应的控制措施，那么，对该步骤或该步骤前后的产品或加工步骤必须进行修改，以使该步骤包括相应的控制措施。

（8）建立各 CCP 的关键限值（原理 3）　在可能的情况下，必须对每个关键控制点规定和确认关键限值。某些情况下，在特定步骤上要建立一个以上的关键限值，通常使用的标准包括温度、时间、相对湿度、pH、水分活度、有效氯的测定以及感官指标（如外观和组织形态）。

（9）建立各关键控制点（CCP）的监控程序（原理 4）　监控是对与关键控制点有关的关键限值按计划进行测量或观察。监控程序必须能够查出关键控制点失控的情况。此外，监控应能及时提供纠偏措施方面的信息，以便作出调整，确保过程受控，防止偏离关键限值。可能的情况下，当监控结果提示某一个关键控制点有失去控制的趋势时，必须对加工过程进行调整，这种调整必须在偏离发生之前进行。从监控系统获得的数据资料必须由具有一定专业技术知识和被授权的人员进行分析评价，并执行纠偏措施。如果监控不是连续进行的，那么监控的数量或监控频率必须足够充分以确保关键控制点处于控制中。因为关系到生产线加工，没有时间进行费时的分析检验，所以大多数关键控制点的监控程序需要快速完成。由于物理和化学检验可以迅速完成，而且通常能用于指示食品微生物的控制情况，因此，物理和化学检验通常优于微生物检验。与关键控制点监控有关的所有记录和文件必须由监控执行人和公司负责审核的管理人员签字。

（10）建立纠偏措施（原理5） 在 HACCP 系统中，为了纠正可能出现的偏离，对每一个关键控制点都应当建立特定的纠偏措施。所采取的纠偏措施必须能够保证关键控制点处于控制之中，纠偏措施还必须包括对受影响食品的合理处理，偏离和对产品的处理程序必须记载在 HACCP 体系文件中保存。

（11）建立验证程序（原理6） 验证和审核方法、程序、试验，包括随机抽样及分析，可用于确定 HACCP 系统是否正确运转。验证的频率应当足以证实 HACCP 系统有效运行，验证措施的实例包括：①复查 HACCP 系统及其记录；②复查偏离和产品的处理；③确定关键控制点是在控制之中。

可能的情况下，确认活动应当包括 HACCP 计划中所有要素功效的证实。

（12）建立文件和记录保存系统（原理7） 有效、准确的保存记录是实施 HACCP 系统所必需的。HACCP 的程序应当文件化，文件和记录的保存必须与操作的性质和规模相适应。

文件实例为：危害分析；关键控制点的确定；关键限值的确定。

记录实例为：关键控制点监控活动；偏离及相关的纠偏措施；HACCP 系统的改进。

（五）HACCP 的培训

对行业、政府和学术界进行 HACCP 的原理和应用的培训，提高消费者的意识，是有效实施 HACCP 的重要基础。为有助于 HACCP 计划的具体培训，应建立工作说明和程序，规定每个关键控制点操作人员的任务和工作方法。初级生产者、加工行业、贸易组织、消费者组织以及主管机构之间的合作至关重要。应为行业和主管机构提供联合培训的机会，并鼓励和保持持续沟通，在应用 HACCP 的实践中营造一个相互理解的良好氛围。

第五节 ISO 系列管理体系

一、ISO 9000 质量管理体系

ISO 9000 标准是关于运用当代质量管理科学理论和方法建立和健全组织质量体系，是国际上第一个关于质量管理和质量保证的管理标准，通过对企业质量体系的不断改进和完善来达到产品质量提高的一种国际通用方法。实施 ISO 9000 系列标准对影响产品质量的各个因素和产品质量形成过程的各个环节进行监控，可以减少和消除质量缺陷，预防质量问题的发

生，生产满足要求的产品。此体系在一般性的工业产品安全方面得到较广泛应用，对农产品性的食品类企业针对性较差。

1987 年第一次发布，包括 6 项国际标准。

ISO 8402《质量——术语》

ISO 9000《质量管理和质量保证标准——选择和使用指南》

ISO 9001《质量体系——设计开发、生产、安装和服务的质量保证模式》

ISO 9002《质量体系——生产和安装的质量保证模式》

ISO 9003《质量体系——最终检验和实验的质量保证模式》

ISO 9004《质量管理和质量体系要素——指南》

以上 6 项标准，统称为 ISO 9000 质量管理体系标准或 1987 年版 ISO 9002 系列国际标准。

1990 年，提出将国际标准的修订分为两个阶段，第一阶段为“有限修改”。1994 年，ISO/TC176 完成了对标准的第一阶段修订工作，并由 ISO 发布 1994 年版 6 项国际标准，统称为 1994 版 ISO 9000 族标准 ISO 8402、ISO 9000-1、ISO 9001、ISO 9002、ISO 9003、ISO 9004-1。分别取代 1987 版的 6 项标准。同时又陆续制定发布了其他 10 项指南性国际标准，1994 版 ISO 9000 发展到 16 项。第二阶段修订为“彻底修改”，在广泛征求标准使用者意见（来自五大洲 31 国的 338 个组织投出的六千多条意见），了解使用者对标准修订要求，比较各种修改方案后进行表决，于 2000 年 12 月 15 日正式发布 ISO 9000、ISO 9001、ISO 9004 国际标准。ISO 规定自正式发布之日起三年内，1994 版标准和 2000 版标准将同步执行，同时鼓励需要认证的企业开始按 2000 版申请认证。2000 版标准正式发布三年期满后，1994 版标准立即废止。

二、 ISO 22000 食品安全管理体系

国际标准化组织（ISO）发布的 ISO 22000：2005《食品安全管理体系——对食品链中任何组织的要求》通用国际标准是描述食品安全管理体系要求的使用指导标准，又可作为认证和注册的审核标准，同时也是在整个食品供应链实施 HACCP 的一种工具性文件。

ISO 22000 标准适用范围更广，突出了体系管理理念，将组织、资源、过程和程序融合到体系之中，使体系结构与 ISO 9001 标准结构完全一致，强调标准既可单独使用，也可以和 ISO 9001 质量管理体系标准整合使用，充分考虑了两者兼容性。ISO 22000 标准适用范围为食品供应链中所有类型的组织，包括饲料加工、初级产品加工、食品制造、食品运输和食品储存，比 HACCP 体系范围更广，并动态地将 HACCP 原理及应用与前期要求进行整合。ISO 22000 使食品安全管理范围延伸至整个食品供应链。除此之外，还有一些重要的食品相关国际标准动态，如有关食品和饲料链可追溯系统。

可追溯系统是确保食品安全的有效工具，目前许多国家的政府机构和消费者群体迫切地要求在食品生产和食品供应链应用可追溯测量方式。所谓可追溯是一种利用已记录标记（这种标识对每一批产品是唯一的）还原产品生产历史、应用情况、发生场所或类似产品或活动的能力，目的在于发现食物链的最终端。过去的食品安全事件已证实缺乏可追溯测量或类似的系统会对食品、饲料安全产生消极作用。通过可追溯系统的建立，可识别发生问题的根本原因，实行产品召回或撤销，获得更具可信度的信息，有利于食品、饲料生产供应链的透明化，提高食品安全并增强整个食品供应链中不同利益方之间的合作和沟通。

2005 年 1 月起欧盟将可追溯立法，作为欧盟通用食品法规的一部分。在欧盟通用食品法规第 18 条明确了可追溯要求，包括食品、饲料、食品生产相关动物以及其他相关食物或与某一食品、饲料产品相关的食物。美国同样关注可追溯问题。

ISO 22000 统一整合了各国的安全标准，是一个自愿执行的国际标准，但出口产品必须执行。

它包括 8 个方面的内容：①范围；②规范性引用文件；③术语和定义；④政策和原理；⑤食品安全体系的设计；⑥实施食品安全管理体系；⑦食品安全管理体系的保持；⑧食品安全管理体系的管理评审。

2005 年 5 月 26 日，国际标准化组织宣布当年 9 月开始发行 ISO 22000《食品安全管理体系要求》标准。该标准对食品经营者系统化地建立、实施和改进食品安全管理体系提供了良好的指导方法。ISO 22000 于 2005 年 9 月 1 日正式发布，旨在保证全球的安全食品供应。

ISO 22000 可以作为技术性标准对企业建立有效的食品安全管理体系进行指导。这一标准可以单独用于认证、内审或合同评审，也可与其他管理体系如 ISO 9001 组合实施。该标准不仅是描述食品安全管理体系要求的指导性标准，也是食品生产经营供应组织认证和注册的依据。

ISO 22000 采用了 ISO 9000 标准体系结构，在食品危害风险识别、确认以及系统管理方面，参照了食品法典委员会颁布的《食品卫生通则》中有关 HACCP 体系和应用指南部分。ISO 22000 的使用范围覆盖了食品供应链全过程，即种植、养殖、初级加工、生产制造、分销直至消费者，其中也包括餐饮。此外，与食品生产密切相关的行业也可以采用这个标准建立食品安全管理体系，如杀虫剂、兽药、食品添加剂、储运、食品设备、食品清洁服务、食品包装材料等行业。

ISO 22000 适用于所有食品加工企业，它是通过对食品供应链中任何组织在生产（经营）过程中可能出现的危害（指产品）进行分析，确定关键控制点，将危害降低到消费者可以接受的水平。

ISO 22000 引用了食品法典委员会提出的 5 个初始步骤和 7 个原理，这 5 个初始步骤是：①建立 HACCP 小组；②产品描述；③预期使用；④绘制流程图；⑤现场确认流程图。7 个原理是：①对危害进行分析；②确定关键控制点；③建立关键限值；④建立关键控制点的监视体系；⑤当监视体系显示某个关键控制点失控时，确立应当采取的纠正措施；⑥建立验证程序以确认 HACCP 体系运行的有效性；⑦建立文件化的体系。

ISO 22000 表达了食品安全管理中的共性要求，而不是针对食品链中任何一类组织的特定要求。该标准也要求组织与对可能影响其产品安全的上、下游组织进行有效的沟通，将食品安全保证的概念传递到食品链中的各个环节，通过体系的不断改进，系统性地降低整个食品链的安全风险。

ISO 22000 作为管理体系标准，要求组织应确定各种产品或过程种类的使用者和消费者，并应考虑消费群体中的易感人群，应识别非预期但可能出现和产品不正确的使用和操作方法。

一方面通过事先对生产（经营）全过程的分析，运用风险评估方式，对确认的关键控制点进行有效的管理；另一方面将应急预案及响应和产品召回程序作为系统失效的后续补救手段，以减少食品安全事件对消费者造成的不良影响。

三、 ISO 14000 环境管理体系

ISO 14000 系列标准是一项旨在帮助组织实现环境保护、可持续发展、推动企业环保与可持续发展的国际性标准，其核心内容是清洁生产，即从全过程控制出发，使企业注重节能降耗、减少浪费，并采取措施将污染物消除在产品设计、生产的各个环节之中，推动企业向集约型增长和可持续发展转变，它是一个自愿性标准，不带有任何强制性，为不同层次和技术水平的企业和组织提供了较大的选择空间。在提高企业的环境质量方面得到较广泛的应用，是国际较为公认的环境认证体系。食品企业的源头与环境可以用此体系进行控制。

第六节　其他相关的保障体系

1. 良好卫生规范体系

良好卫生规范（good hygienic practices，GHP）是遵循国际食品法典委员会（CAC）制定的《国际食品卫生通则》而建立的规范，用于指导、规范食品生产经营活动的行为，它是实施 HACCP 体系的必要条件。

2. 职业健康与安全管理体系

英国标准协会等 13 个组织于 1999 年提出了职业健康与安全评价系列标准，其中的 OH—SAS18001《职业安全卫生管理体系规范》，是当时国际社会普遍采用的职业安全与卫生管理体系认证标准，是组织（企业）建立职业健康安全管理体系的基础，也是企业进行内审和认证机构实施认证审核的主要依据，2018 年，其被 ISO 45001《职业健康安全管理体系》所替代。而我国于 2000 年 11 月 12 日发布标准 GB/T 28001—2001《职业健康安全管理体系　规范，同年 12 月 20 日国家经贸委推出了《职业安全健康管理体系审核规范》，并在我国开展职业健康安全管理体系认证制度，目前该标准已被 GB/T 45001—2020《职业健康安全管理体系　要求及使用指南》所替代。进行职业健康与安全管理体系认证，一是可全面规范、改进组织职业安全与卫生管理，保障企业员工的职业健康与生命安全，保障企业的财产安全，提高工作效率；二是改善与政府、员工、社区的公共关系，提高企业声誉；三是提供持续满足法律法规要求的机制，降低组织风险，预防事故发生。

3. 卫生标准操作程序

卫生标准操作程序（sanitation standard operation procedure，SSOP）是食品 GMP 中最关键的，是食品生产中实现 GMP 全面目标的操作规程，是为保障食品安全、质量而制定的贯穿食品生产全过程的一系列措施、方法和技术要求，要求工厂在制造、包装及储运产品等过程的有关人员、建筑、设施、设备等的设置上和在卫生、制造过程、产品质量等方面的管理都能符合良好的操作规范，防止产品在不卫生条件下或在引起污染及质量降低的环境下生产，确保产品的安全卫生和质量稳定，确保最终产品的质量符合标准。要求生产制造企业必须具有良好的生产设备、合理的生产流程、完善的质量管理和严格的检测手段。SSOP 实际上是 GMP 中的最关键的基本卫生条件，一般包括 8 个条款。如美国 FDA 海产品 HACCP 法规中提

出的卫生监控范围八项规定为：水和冰的安全，与食品接触的表面要清洁，防止交叉感染，手的清洗消毒和卫生设施，防止污染物造成的污染，有害化学物的适当处理、储存和使用，雇员的健康状况，虫害的防治。

现有食品安全质量认证体系、管理体系比较如表 13-1 和表 13-2 所示。

表 13-1　　现有食品安全质量认证体系比较

名称	时间	创始国（人）	优势	缺陷	与 HACCP 的关系
GMP	1969 年	美国 FDA，此后，日本、加拿大、新加坡、德国、澳大利亚都曾积极推行食品的 GMP	强调在生产、加工、储运各个环节对食品安全的监控，而不仅仅着眼于对最终产品的抽样、检测	主体上仍是一个技术管理型的规范，尚未形成一个完善的质量管理体系	是国际社会公认的开发和实施 HACCP 的必备程序，与 HACCP 有着共同的基础和目标
SSOP	1996 年	美国 FSIS/USDA，要求肉禽加工企业必须把发展和执行 SSOP 作为企业卫生操作规范的准则	是 GMP 中最关键的卫生操作规范	仅仅关注加工厂的环境卫生	是国际社会公认的实施 HACCP 的必备程序，与 HACCP 的融合将使食品危害的预防和监控变得更为有效
ISO 9000	1987 年	国际标准化组织颁布的国际通行的质量管理体系认证	对于减少、消除，特别是预防质量缺陷产品的产生具有重要作用，有利于提高企业内部的质量管理水平	ISO 9000 系列标准适用于所有类型的行业，故而在应用于食品行业的食品安全监管时针对性不够，专业性不强	HACCP 可以看作 ISO 9000 系列标准在食品工业中的具体应用

表 13-2　　现有食品安全质量管理体系比较

项目	GMP	SSOP	ISO 9000	HACCP
出发点	从食品生产者和供应者的角度出发，就食品生产、加工储运等各个环节向食品企业提供确保食品安全的要求	从食品企业的角度出发，向食品生产者提出的与食品卫生操作和加工厂环境有关的要求	从顾客的角度，向食品生产企业提出的质量管理方面的要求	从食品生产企业的角度，提出确保食品安全的质量方面的要求

续表

项目	GMP	SSOP	ISO 9000	HACCP
目标	确保企业在生产、加工、包装、储运等各个环节上的食品安全和品质稳定，从而保证成品的安全指标符合规范标准	确保食品的生产操作程序和加工点的环境卫生符合卫生标准操作规范的要求	确保质量管理体系的推行和实施符合要求，以及最终产品的安全、营养、健康等质量满足顾客的需求	确保食品安全生产满足顾客需求
反应性	非反应性，食品质量确保体系属于一种预防性的安全保障工具	非反应性，食品质量确保体系属于一种预防性的食品安全保障工具	非反应性，以预防为主	非反应性，食品质量确保体系属于一种预防性的食品安全保障工具
应用范围	食品生产、加工、包装、储藏、储运等各个环节的食品安全质量确保技术	食品的卫生操作程序和加工厂的环境卫生	与食品质量保障有关的全部活动	与食品安全保障相关的整个食品链的各个阶段
适用范围	适用于食品行业，也可应用于其他行业如医药	专业性较强，通用于食品行业	通用于各种行业的质量管理	专业性较强，适用于食品行业
管理测量点	食品链条上的各个环节包括人员配置、硬件设施内部管理等方面的食品污染与危害的预防和监控	食品卫生操作程序以及加工的环境卫生状况	重视过程控制，强调所有的质量确保工作都是通过过程控制来实现的	关键控制点的识别监控和纠偏活动
监管对象	有	有	无	有
推行方式	强制性	强制性	自愿性	强制性
实施的先决条件	无	无	无	有（GMP 和 SSOP）
社会、经济效益	可以有效地控制和预防食品链各个环节存在的各种实际存在的和潜在的食品危害	有效地预防和控制食品卫生标准操作和加工厂的环境卫生	有效的过程控制技术，但实施费用较高，且文件工作烦琐	有效地减少或消除食源性疾病的发生概率，投入小，有较高的经济效益和社会效益（包括医疗成本的减降和生产率损失的降低等）

续表

项目	GMP	SSOP	ISO 9000	HACCP
与 HACCP 的关系	是成功实施 HACCP 体系的基础和先决条件	是成功实施 HACCP 体系的基础和先决条件	HACCP 可以看作 ISO 9000 质量管理体系的一个有机组成部分	—
独立性	可单独使用	可单独使用	是一个独立完整的体系，可单独实施	是一个独立完整的体系，可单独实施

第七节　食品追溯与召回制度

一、食品安全可追溯系统

食品安全可追溯系统，是一套利用自动识别和 IT 技术，帮助食品企业监控和记录食品种植（养殖）、加工、包装、检测、运输等关键环节信息的综合性管理服务平台。根据食品包装上的追溯标签，通过互联网、终端查询机、手机短信、电话等方式可以查询上述信息。

1. 定义

国际食品法典称之为追溯——产品追查，美国称之为记录保存，还有的称之为跟踪与追溯。

国际标准 ISO 9001 中提及了追溯问题，认为追溯是质量管理系统中的一个重要组成部分，并定义为：回溯目标对象的历史、应用或位置的能力。

在食品安全领域，追溯被定义为通过记录的标识对具体实体的历史、应用或位置进行回溯的能力。

追溯是指从供应链下游至上游识别一个特定的单元或一批产品来源的能力，即通过记录标识的方法回溯某个实体来历、用途和位置的能力。

跟踪是指从供应链的上游至下游，跟随一个特定的单元或一批产品运行路径的能力。

商品追溯过程示意如图 13-3 所示，商品跟踪过程示意如图 13-4 所示，商品追溯系统示意如图 13-5 所示。

食品溯源制度，是食品安全管理的一项重要手段，最初是由欧盟为应对“疯牛病”问题于 1997 年开始逐步建立起来的。它利用现代化信息管理技术给每件商品标上号码，保存相关的管理记录，从而进行追踪溯源。一旦在市场上发现危害消费者健康的食品，就可根据标记将其从该市场中撤出。

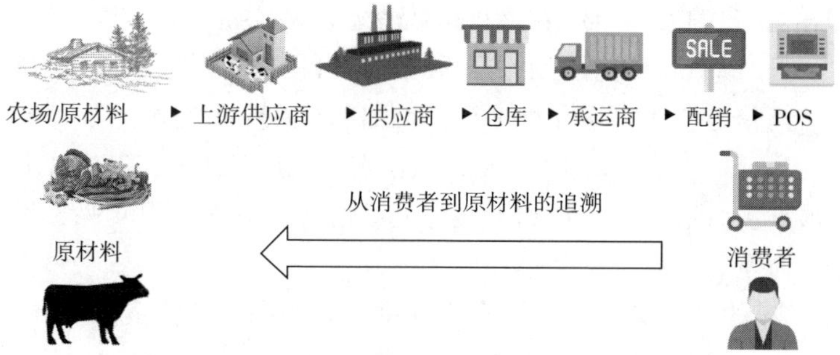

图 13-3　商品追溯过程示意图

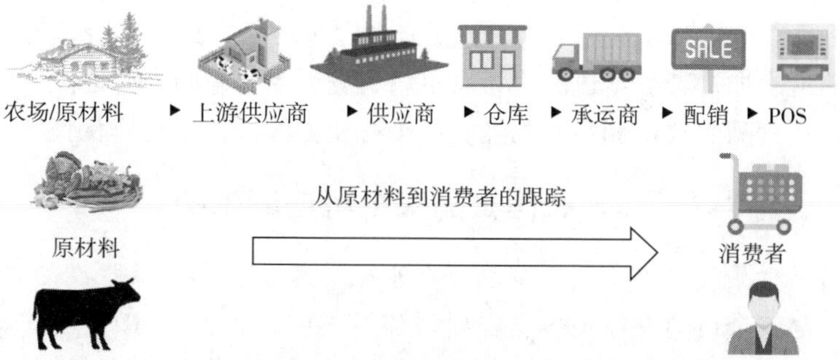

图 13-4　商品跟踪过程示意图

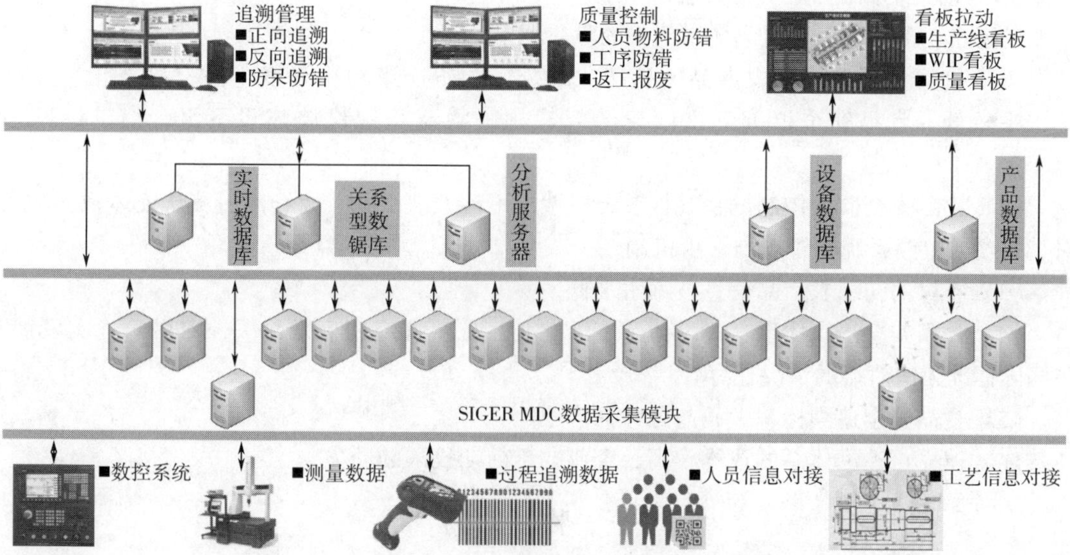

图 13-5　商品追溯系统示意图

2. 国外相关的法律法规

联合国欧洲经济委员会已经正式推荐 European Article Numbering · Uniform Code Council（EAN · UCC）系统用于食品的跟踪与追溯。欧盟采用 EAN · UCC 系统对食品进行跟踪与追溯的方法被称为 UN/ECE 追溯标准。2005 年，EAN · UCC 系统改名为 GS1 系统。

2000年欧盟出台了（EC）NO1760/2000号法规（又称新肉标签法规），要求自2002年1月1日起所有在欧盟国家上市销售的牛肉产品必须具备可追溯性，在生肉产品的标签上必须标明牛的出生地、饲养地、屠宰场和加工厂，否则不允许上市销售。

2002年欧盟出台了（EC）NO178/2002号法规，要求从2005年1月1日起凡是在欧盟国家销售的食品必须具备可追溯性，否则不允许上市销售。对于进口食品，不具备可追溯性的食品禁止进口。

美国2002年发布的《公共安全和生物恐怖主义防备和反应法案》也要求对食品的生产、加工、包装、运输、分销、接收等供应链环节建立记录保存的法律要求，以实现食品的可追溯性。

2003年6月，日本国会立法通过了称为"牛肉生产履历表"的牛肉销售履历表制度，要求从2003年12月1日起在日本各个超市，所有牛肉包装必须具有履历表包括牛肉所属性别、出生年月、饲养地、加工者、零售商、无疯牛病病变说明、检验合格证。

国外成功应用食品安全追溯系统的经验在于有相关的法律法规作保证。

二、我国食品安全可追溯系统

在我国，目前食品安全可追溯系统已经在水果、蔬菜、牛肉及水产品等领域展开试点，全国范围内的食品安全可追溯体系也正在研讨建设之中。2022年10月，国家市场监督管理总局印发《食品相关产品质量安全监督管理暂行办法》，要求生产者实现食品相关产品质量安全追溯，保证从原辅料和食品添加剂采购到产品销售所有环节均可进行有效控制，并及时排查生产过程中存在安全风险隐患。

我国建立食品安全可追溯体系面临的障碍如下。

（1）我国食品尤其是农产品的生产比较分散，生产集约化程度不高，科技化、标准化水平较低。食品安全追溯制度缺乏统筹建构，物流基础设施建设不足，信息标准不统一。

（2）食品安全监管体制的系统性、统一性还不够。缺少统一监管部门及认证体系，缺乏对企业参与追溯系统的管理与评价机制。

（3）农村的初级农产品信息技术水平低。

（4）食品安全法律体系、标准体系不够健全，有关规定和标准缺失，滞后于现实发展、与国际标准无法对接的情况还存在。

（5）食品安全追溯标识编码与国际标准脱轨。

（6）建立可追溯体系的成本较高，企业缺乏前期投入的动力。

三、物品编码

针对食品安全可追溯性的法律要求，国际物品编码协会采用现有的全球统一标识系统（GS1系统）跟踪与追溯食品。

UCC——1970年，美国食品杂货工业协会发起组织了美国统一代码委员会（UCC），应用UPC条码。

EAN——1973年欧洲物品编码系统，简称EAN协会，随后许多国家加入。1981年改名为国际物品编码协会（EAN）。我国于1988年成立中国物品编码协会，并于1991年正式加入 EAN。UCC 于 2002 年加入 EAN。

全世界已有 150 多个国家和地区的超过 120 万家公司和企业使用 GS1 系统的商品条码对物品进行标识，超过 40 个国家和地区采用 GS1 系统对食品的生产过程进行跟踪与追溯，获得了良好的效果。

中国物品编码中心也颁布了 GB 12904—1998《商品条码》，在此基础上，结合了《GS1 通用规范》和我国实际情况，于 2008 年修订为 GB 12904—2008《商品条码零售商品编码与条码表示》，是商品条码系统标准体系的重要标准。

EAN 商品条形码又称通用商品条形码，由国际物品编码协会制定，通用于世界各地，是目前国际上使用最广泛的一种商品条形码。目前我国在国内推行使用的也是这种商品条形码。EAN 商品条形码分为 EAN-13（标准版）和 EAN-8（缩短版）两种。

条码分为商品条码、物流条码，其形式有一维条码、二维条码。

EAN-13 通用商品条形码一般由前缀码、制造厂商代码、商品代码和校验码组成，如表 13-3 所示。

表 13-3 EAN-13 数据结构

结构	前缀码	制造厂商代码	商品代码	校验码
1	N1N2N3	N4N5N6N7	N8N9N10N11N12	N13
2	N1N2N3	N4N5N6N7N8	N9N10N11N12	N13
3	N1N2N3	N4N5N6N7N8N9	N10N11N12	N13

前缀码是用来标识国家或地区的代码，赋码权在国际物品编码协会。制造厂商代码的赋码权在各个国家或地区的物品编码组织，我国由国家物品编码中心赋予制造厂商代码。商品代码是用来标识商品的代码，赋码权由产品生产企业自己行使，生产企业按照规定条件自行决定在自己的何种商品上使用哪些阿拉伯数字为商品条形码。商品条形码最后用 1 位校验码来校验条形码中前 12 位数字代码的正确性。它由制作条码原版胶片或直接打印条码的设备自动生成，有一定的计算公式。

二维条形码是在水平和垂直方向的二维空间存储信息的条形码，是一种比一维码更高级的条码格式。一维码只能在一个方向（一般是水平方向）上表达信息，而二维码在水平和垂直方向都可以存储信息。一维码只能由数字和字母组成，而二维码能存储汉字、数字和图片等信息，因此二维码的应用领域更广泛。二维码目前在我国应用领域多为付款码和企业的溯源管理。

商品条形码的编码遵循唯一性原则，以保证商品条形码在全世界范围内不重复，即一个商品项目只能有一个代码，或一个代码只能标识一种商品项目。不同规格、不同包装、不同品种、不同价格、不同颜色的商品只能使用不同的商品代码。

商品条形码的诞生极大地方便了商品流通，现代社会已离不开商品条形码。据统计，目前我国已有 50 万种产品使用了国际通用的商品条形码，上海已经有 50 家超市在使用食品溯源质量安全信息平台，信息查询系统已经较为完善。

思考题

1. 绿色食品和有机食品的标准水平、认证体系和生产方式有何区别？
2. 食品 GMP 的基本原则是什么？
3. HACCP 体系的 7 个原理有哪些？
4. 什么是食品安全可追溯系统？

参考文献

［1］丁晓雯，柳春红．食品安全学［M］．北京：中国农业大学出版社，2016.

［2］孙秀兰．食品安全学：应用与实践［M］．北京：化学工业出版社，2021.

［3］钟耀广．食品安全学［M］．北京：化学工业出版社，2005.

［4］刘斌，黎天勇，蔡扬尧．“镉大米”的现状、危害及修复方法简述［J］．现代食品，2018，11（21）：86-89.

［5］张立实．中国食品安全法制建设70年［J］．中华疾病控制杂志，2019，23（9）：5.

［6］胡颖廉．改革开放40年中国食品安全监管体制和机构演进［J］．中国食品药品监管，2018（10）：4-24.

［7］李名路．2015年新食品安全法亮点浅析［J］．企业科技与发展，2015，（13）：113-114.

［8］任端平，郗文静，任波．新食品安全法的十大亮点（一）［J］．食品与发酵工业，2015，41（7）：1-6.

［9］林海滢，梁永恒，任艳琦，等．食品安全现状及食品质量管理的探讨［J］．食品工业，2023，44（6）：341-343.

［10］思伟，刘成，李荣，等．城镇污水处理工艺去除病原微生物的研究进展［J］．净水技术，2022，41（4）：4-13.

［11］陈能场，郑煜基，何晓峰，等．《全国土壤污染状况调查公报》探析［J］．农业环境科学学报，2017，36（9）：1689-1692.

［12］闻昌成，李灿然，梅键民，等．湖泊环境中有机磷阻燃剂的污染现状与生物富集研究进展［J］．环境科学导刊，2023，42（4）：11-17，44.

［13］韩晓雯，徐婕妤，王伟伟，等．内分泌干扰物三氯生和双酚A对斑马鱼神经毒性的健康风险研究［J］．中国环境科学，2024（2）：1111-1121.

［14］刘冬梅，周若雅，王勇，等．煎炸及烤制食品中危害物的形成与控制研究进展［J］．食品工业科技，2021，42（17）：405-412.

［15］严建民，高美须，冯敏，等．辐照食品的卫生安全性研究现状［J］．核农学报，2010，24（1）：88-92，124.

［16］严俊安，朱李佳，于微，等．微波加热对食用油品质及脂肪酸成分的影响［J］．中国粮油学报，2020，35（3）：110-115.

［17］王艳．浅析微波加工对食品营养成分的影响［J］．江苏食品与发酵，2003（3）：13-15.

［18］周逸婧，刘晓庚．微波技术对食品的安全性研究［J］．农产品加工（学刊），2007（10）：41-44.

［19］刘晓庚，曹崇江，周逸婧．微波加工对食品安全性的影响［J］．食品科学，2008（5）：484-488.

［20］雒晓玲．食品添加剂、食品营养强化剂及食品非法添加物解析［J］．现代食品，2023，29（11）：27-29.

［21］黄升谋，余海忠．食品安全学［M］．武汉：华中科技大学出版社，2021.

［22］曾杨，曾新安．冷冻浓缩处理对荔枝汁品质的影响［J］．食品科学，2010，31（3）：91-93.

［23］孙秀兰，李耘，李晓薇，等．食品加工过程安全性评价及风险评估［M］．北京：化学工业出版社，2017.

［24］任媛媛，郝建雄，王云峰．食品安全概论［M］．北京：北京师范大学出版社，2021.

［25］纵伟．食品安全学［M］．北京：化学工业出版社，2018.

［26］陈颖．食品中转基因成分检测指南［M］．北京：中国标准出版社，2010.

［27］王一，陈喜生．大健康产业背景下我国保健食品发展现状思考［J］．商业经济，2022（10）：51-52，76.

［28］李泽明．保健食品安全风险法律控制机制研究［D］．北京：中国政法大学，2021.

［29］田明，王玉伟，冯军，等．我国功能性食品与保健食品的比较研究［J］．食品科学，2023，44（15）：390-396.

［30］Zheng X. C. , Niu H. L. , Yu J. J. , et al. Responses of alpha-linolenic acid strain（C-12）from Chlorella sp. L166 to low temperature plasma treatment［J］. Bioresource Technology，2021，336：125291.

［31］贾士荣．生物技术与食品安全性［J］．生物技术通报，1997（1）：4-10.

［32］张得福，王建荣．转基因克隆动物研究［J］．生物技术通报，1999，15（4）：16-19.

［33］高炜．转基因食品标识管理体系分析研究及新型筛查方法的开发［D］．北京：中国农业大学，2018.

［34］Yan J. Y. , Wu A. H. , Liu L. Q. , et al. Development of an immunochromatographic assay for the rapid screening of torasemide in health food［J］. Food Chemistry，2024（432）：137166.

［35］王家祺，郭顺星．我国保健食品及国外同类产品安全指标对比分析［J］．中国现代中药，2021，23（12）：2046-2050.

［36］李巧玲，韩俊华．食品分析技术［M］．北京：北京师范大学出版社，2019.

［37］王冬伟，刘畅，周志强，等．新型农药残留快速检测技术研究进展［J］．农药学学报，2019，21（5-6）：852-864.

［38］王春琼，李苓，李振杰，等．分子印迹固相萃取技术在农药残留检测中的应用进展［J］．江西农业学报，2021，33（6）：59-64.

［39］高野．食品检验中生物检测技术应用［J］．现代食品，2023，29（6）：173-175.

［40］李平兰，贺稚飞．食品微生物学实验原理与技术［M］．北京：中国农业出版社，2005.

［41］李明华．食品安全概论［M］．北京：化学工业出版社，2014.